Paul Julius Möbius

Neurologische Beiträge

Paul Julius Möbius

Neurologische Beiträge

ISBN/EAN: 9783743605978

Hergestellt in Europa, USA, Kanada, Australien, Japan

Cover: Foto ©berggeist007 / pixelio.de

Weitere Bücher finden Sie auf **www.hansebooks.com**

NEUROLOGISCHE BEITRÄGE

VON

P. J. MÖBIUS

I. HEFT

ÜBER DEN BEGRIFF DER HYSTERIE
UND
ANDERE VORWÜRFE VORWIEGEND PSYCHOLOGISCHER ART

LEIPZIG
AMBR. ABEL (ARTHUR MEINER)
1894

Vorwort.

In den „Neurologischen Beiträgen" will ich einen Theil meiner da und dort veröffentlichten Arbeiten ihrem Inhalte nach in Gruppen zusammenstellen und will, je nachdem, die einzelnen Aufsätze fortführen, ergänzen, berichtigen. Man wird also Altes und Neues nebeneinander finden. Das Alte erscheint, abgesehen von kleinen, vorwiegend sprachlichen Verbesserungen, unverändert.

Wegen des Sinnes meines Unternehmens verweise ich auf den 2. Absatz der 160. Seite des 1. Heftes. Möchte es den „Beiträgen" gelingen, Freunde zu finden und dem Vorgetragenen Verbreitung zu geben. Jede Kritik, jeder Tadel ist mir willkommen, nur gelesen möchte ich werden.

Leipzig, im Juli 1894.

P. J. M.

Inhalt.

I.

Ueber den Begriff der Hysterie.[1])

Jeder Erörterung sollte eine Begriffsbestimmung des Gegenstandes vorausgehen. Das klingt altväterisch, ist aber richtig. Bei wenig Gegenständen hat der Mangel an einer ausreichenden Begriffsbestimmung so viel Unklarheiten, Widersprüche, Missverständnisse bewirkt wie bei der Hysterie.

Dass die Wortbedeutung (etwa = Gebärmuttersucht) nicht dem Begriffe entspricht, sah man allerdings verhältnissmässig frühzeitig ein. Man kann fragen, ob es zweckmässig sei, das unpassende Wort überhaupt beizubehalten. Die Frage ist wohl zu bejahen, wenn wirklich alle hysterischen Erscheinungen ein gemeinsames Kennzeichen haben. Alte Gebräuche lassen sich nicht ohne weiteres beseitigen und in Wirklichkeit denkt doch jetzt Niemand mehr an den Uterus, wenn er von Hysterie spricht. Dieses Wort ist eben mit der Zeit zum blossen Zeichen geworden und schliesslich müsste das Wort, das an seine Stelle treten sollte, auch erst seiner eigentlichen Bedeutung beraubt werden, da man neue Worte nicht schaffen kann. Mit der Melancholie, der Hypochondrie und dgl. geht es ja ähnlich, die schwarze Galle und der Bauch führen Niemand mehr irre.

Es würde nicht rathsam sein, alle die Definitionsversuche, die im Laufe der Zeit gemacht worden sind, aufzuzählen. Ein wichtiger Fortschritt in der Entwickelung ist darin zu sehen, dass mehr und mehr die Erkenntniss sich herausarbeitet, die Hysterie sei eine Psychose, d. h. die wesentliche, die primäre Veränderung sei ein krankhafter Zustand der Seele. Da nun aber anerkanntermaassen Fälle von Hysterie vorkommen (besonders bei Männern), in denen nachweisbare Störungen der seelischen Thätigkeiten im engeren Sinne nicht vorhanden sind, kann das wesent-

---

[1]) Centralblatt für Nervenheilkunde etc. XI. 3. 1888.

liche Kennzeichen nicht in der Art der psychischen, sondern in der der
somatischen Symptome gesucht werden. Die seelischen Eigenthümlichkeiten, an die wir gewöhnlich bei der Hysterie denken, die Launenhaftigkeit, die Sucht, aufzufallen und Aehnliches, können da sein oder
fehlen. Wo dagegen körperliche Symptome bestimmter Art vorhanden
sind, da diagnosticiren wir Hysterie, ohne nach etwas Weiterem zu
fragen. Wie müssen nun diese körperlichen Störungen beschaffen sein?
Ich glaube, man kann antworten: *Hysterisch sind alle diejenigen krankhaften Veränderungen des Körpers, die durch Vorstellungen verursacht
sind.*[1]) Dass Vorstellungen, die mit lebhaften Lust- oder Unlustgefühlen
verknüpft sind, allerhand körperliche Veränderungen hervorrufen, weiss
jedes Kind: das Weinen, das Lachen, die Schamröthe, das Zusammen-
laufen von Wasser im Munde, das Erbrechen aus Ekel, der Angstschweiss,
der Durchfall aus Furcht, das Starrwerden vor Schreck, die Gefühll-
losigkeit im Affekt u. s. w. u. s. w. Die hysterische Art besteht eben
darin, dass sowohl diese Veränderungen ungewöhnlich leicht und ungewöhnlich heftig durch Vorstellungen hervorgerufen werden, als dass Vorstellungen körperliche Störungen hervorrufen, die bei Gesunden überhaupt nicht beobachtet werden, z. B. Hemianästhesie. In vielen Fällen
hat die Form der körperlichen Störung keine gerade Beziehung zur ursächlichen Vorstellung. Es kann aber auch der Inhalt der letzteren die
erstere in sofern bestimmen, als durch ihn die Aufmerksamkeit auf bestimmte Körpertheile gelenkt wird. So kann ein leichter Stoss auf die
Schulter die Besorgniss einer schweren Beschädigung des Arms erwecken:
eine hysterische Lähmung des Armes ist die Wirkung. Wahrscheinlich
ist ein derartiger Zusammenhang häufiger, als es von vornherein den
Anschein hat. Es ist aber oft schwer ihm nachzugehen, da begreiflicherweise die Verknüpfung der Vorstellungen die seltsamste sein kann und
der Betroffene selbst ausser Stande zu sein pflegt, von den Vorgängen
in seinem Inneren Rechenschaft zu geben.

Man kann gegen die hier vertretene Auffassung der Hysterie in der
Hauptsache zwei Einwände machen. Man kann sagen, einmal erklärt
jene nicht alle Symptome der Hysterie und zum anderen zählt sie Dinge
zur Hysterie, die nicht zu ihr gehören.

Gegen den ersten Einwand ist Folgendes zu erwidern. Es ist zuzugeben, dass wir weder im Allgemeinen für alle hysterischen Symptome

---

[1]) Am nächsten steht dieser Begriffsbestimmung folgende Charakterisirung
Kraepelin's (Psychiatrie. p. 390): „Als wirklich einigermaassen charakteristisch für
alle hysterischen Geistesstörungen dürfen wir vielleicht die ausserordentliche Leichtigkeit und Schnelligkeit ansehen, mit welcher sich psychische Zustände in mannigfaltigen
körperlichen Reactionen wirksam zeigen . . . ."

die Entstehung durch Vorstellungen beweisen können, noch im einzelnen
Falle immer darzuthun vermögen, dass ein Symptom, das durch Vorstellungen verursacht werden kann, wirklich so zu Stande gekommen
ist. Es handelt sich eben vor der Hand um einen Analogieschluss. Die
Erfahrung lehrt, dass hysterische Erscheinungen durch Vorstellungen,
bez. durch die mit ihnen verbundenen Gemüthsbewegungen sehr oft entstehen und ebenso oft verschwinden. Diese Thatsache ist durch die
experimentellen Untersuchungen der letzten Jahre nicht entdeckt, aber
sozusagen ad oculos demonstrirt worden. Die Erfahrungen mit dem
Hypnotismus im Allgemeinen, ganz besonders aber die Ergebnisse der
Suggestion oder Eingebung, vermittelst derer nahezu alle hysterischen
Symptome nach Belieben hervorgerufen werden können, sind eben deshalb von grossem wissenschaftlichen Nutzen, weil sie auf das Wesen der
Hysterie ein helles Licht werfen. Somit, weil sehr oft Vorstellungen
Ursache der hysterischen Erscheinungen sind, glauben wir, dass sie es
immer seien. Dieser Glaube bringt Klarheit und Einheit in unsere Auf-
fassung, er bewährt sich vor allem practisch, denn er allein bietet dem
ärztlichen Handeln eine sichere Grundlage.

Ich betone, dass für Denjenigen, der die oben gegebene Definition
annimmt, die hysterische Geistesstörung zu einer Complication wird.
Dass sie die Hysterie sehr oft begleitet, das hat offenbar seinen Grund
darin, dass die seelische Veränderung, die das Wesen der Hysterie aus-
macht, vermöge der Vorstellungen die verschiedensten körperlichen
Störungen bewirken können, verwandt ist mit derjenigen, deren Erscheinung der „hysterische Charakter" oder die hysterische Geistesstörung ist.

Viel weniger Gewicht als der erste hat der zweite Einwurf. Allerdings wird durch unsere Definition das Gebiet der Hysterie erweitert,
aber darin gerade liegt ihr Werth, dass sie alles das zusammenfasst, was
wesensgleich ist. Ist die Anschauung, die man sich bisher von der
Hysterie gemacht hatte, zu eng, um alle durch Vorstellungen bewirkten
krankhaften Erscheinungen zu umfassen, nun so muss sie eben erweitert
werden, die unwesentlichen Merkmale müssen aufgegeben werden um
des wesentlichen willen. So hat man Charcot's Beweisführung, dass
die traumatische Neurose eine Form der Hysterie sei, dadurch zu widerlegen gesucht, dass der Verlauf, d. h. die Stetigkeit der Erscheinungen
und die Besserungsunfähigkeit, gegen die Annahme der Hysterie ent-
scheide. Ist aber wirklich, wie Charcot will, der Schreck (bez. die im
Schreck auftauchenden Vorstellungen) Ursache der Erkrankung, so muss
man eben anerkennen, dass die Flüchtigkeit der Symptome nicht zum
Wesen der Hysterie gehört, dass es Formen der Hysterie giebt, bei

1*

denen sich die Erscheinungen stetig verschlimmern. So hat man die
von Friedreich als Schreckneurose bezeichnete und Paramyoclonus
multiplex genannte Erkrankung von der Hysterie getrennt, weil sonst
bei Hysterischen die dem P. m. eigenthümlichen symmetrischen Zuckungen
nicht beobachtet zu werden pflegen und weil bei dem P. m. die hysterische Geistesstörung fehlt. Da aber Entstehung und Verlauf kaum einen
Zweifel über die hysterische Natur lassen, wird man eben in dem P. m.
nur eine Unterart der Hysterie zu sehen haben.[1])

Ganz unbegründet wäre die Befürchtung, dass durch unsere Defi-
nition der Begriff der Hysterie verwaschen werden möchte, da im
Gegentheile er erst durch sie feste Grenzen erhält. Nur ein Miss-
verständniss würde es z. B. sein, wenn man glaubte, auch die manche
Formen des Irreseins begleitenden körperlichen Symptome, als die
Spannung der Muskulatur in der Extase, die sogenannte Katatonie bei
Verrückten und Aehnliches, fielen unter jene Definition. Hier wirkt die
Vorstellung nicht als Ursache im engeren Sinne, sondern als Motiv.
Die Kranken verharren in bestimmten Stellungen u. dgl., weil sie glauben,
dies thun zu müssen, sie wollen z. B. in dieser oder jener Stellung
bleiben, weil eine Stimme es befiehlt. Bei der Hysterie dagegen ist von
einer Motivirung gar keine Rede, der Vorgang, durch den die Vorstellung die Lähmung oder was sonst bewirkt, liegt ausserhalb des Bewusstseins, d. h. der Kranke weiss nicht, wie er zu seiner Lähmung
kommt.

Von der Neurasthenie ist die Hysterie gänzlich verschieden. Auch
jene kann durch seelische Vorgänge entstehen, durch intellectuelle Ueber-
anstrengung, durch Kummer u. s. w., aber da handelt es sich einfach
um Ermüdung durch das Uebermaass dieser Thätigkeit, nicht um eine
Hemmung oder Steigerung körperlicher Funktionen durch einzelne Vorstellungen. Mit Erschöpfung, die laut des Namens das Wesen der
Neurasthenie bildet, hat die Hysterie nichts zu schaffen. Sie tritt unter
Völkern und zu Zeiten auf, in denen von Nervenschwäche gar keine
Rede ist, kann durchaus nicht wie die Neurasthenie als Ergebniss der
Ueber-Cultur betrachtet werden. Dass jedoch ein Hysterischer so gut
wie ein anderer neurasthenisch werden kann, das liegt auf der Hand.

Eine weite Kluft trennt Epilepsie und Hysterie. Die Epilepsie muss
eigentlich zu den organischen Gehirnkrankheiten gerechnet werden.
Wir wissen, dass Herdläsionen des Gehirns, chronische Alkoholvergiftung,
Bleivergiftung, Urämie u. A. epileptische Anfälle hervorrufen. Auch der
sog. idiopathischen Epilepsie muss eine im weiteren Sinne physikalische

---

[1]) Soweit es sich nicht um Abarten der Chorea chronica handelt (1894).

Ursache zu Grunde liegen, Vorstellungen kommen da nicht in Frage. Das irreführende Wort Hysteroepilepsie sollte gänzlich unterdrückt werden, denn wenn einmal ein Mensch sowohl an epileptischen als an hysterischen Krämpfen leidet, so hat er eben 2 Krankheiten. Hat er aber hysterische Krämpfe, die nur ähnlich aussehen wie epileptische, so leidet er an Hysterie und an nichts weiter.

Endlich könnte man meinen, die Definition grenze die Hysterie nicht genügend ab gegen die Erscheinungen des gesunden Lebens. Eine solche Grenze ist aber weder nöthig, noch möglich. Die Hysterie ist eben nur die krankhafte Steigerung einer Anlage, die in Allen vorhanden ist. Ein wenig hysterisch ist sozusagen ein Jeder. Es stände vielfach schlecht um die Erfolge der ärztlichen Praxis, wenn das nicht der Fall wäre.

In practischer Hinsicht ist die Hauptsache die, dass alle Erscheinungen der Hysterie, weil sie durch Vorstellungen entstanden sind, nur durch Vorstellungen aufgehoben werden können, soweit sie es überhaupt können. In gewöhnlicher Weise ausgedrückt heisst dies, es giebt keine andere Therapie der Hysterie als die psychische, ein Satz, der wohl schon ausgesprochen, aber oft missverstanden worden ist. Da die hysterischen Erscheinungen vom Kranken nicht absichtlich hervorgerufen werden, kann sie Absicht auch nicht beseitigen. War die Entstehungsursache kein Motiv, so wird auch die Ursache des Aufhörens keines sein. Die psychische Therapie darf daher nicht darin bestehen, dass man sich ermahnend oder erklärend an die Einsicht des Kranken wendet, sondern sie muss ihr Ziel auf Umwegen erreichen.

Wir wissen, dass im gewöhnlichen Leben manche körperliche Störungen, z. B. Singultus, leicht beseitigt werden können, sobald es gelingt, die Aufmerksamkeit in energischer Weise zu fesseln. In ähnlicher Weise gelingt es, wie Erfahrung lehrt, hysterische Erscheinungen zu heilen. Sobald das Interesse des Kranken vollständig von etwas Neuem in Anspruch genommen wird, kann (freilich nur unter bestimmten Umständen, die sich zumeist unserer Beurtheilung entziehen) die Krankheit wie durch einen Zauber gehoben sein. Der durchschnittlichen Beschaffenheit der Menschen gemäss muss es sich in der Regel um Dinge handeln, von denen das eigene Wohl und Wehe abhängt. Die Eine verliebt sich und ist gesund, die Andere hört Feuer schreien und läuft auf den vorher gelähmten Beinen davon u. s. f. Für den Arzt ist freilich in der Mehrzahl der Fälle dieser Weg nicht der rechte. Theils stehen die wirksamen Mittel nicht in seiner Macht, theils sind sie zweideutig, in sofern als die heftigen Erregungen ebensowohl schaden als nützen können und man selten voraussehen kann, welches der Fall sein wird.

Der zweite Weg ist der der Eingebung. Als sein Schema kann man die im engeren Sinne so genannte Suggestion bezeichnen: der Arzt sagt zu dem hypnotisirten Kranken: du kannst den gelähmten Arm bewegen, und der Kranke kann es wirklich. Jedoch man hat sich der Eingebung bedient, ehe man den Hypnotismus kannte, man thut es täglich und ich glaube, man braucht den Hypnotismus, der immerhin ein bedenkliches Mittel ist, gar nicht.[1]) Es kommt eben nur darauf an, die feste Zuversicht auf Heilung zu erwecken. Freilich gehört dazu ein dem hypnotischen ähnlicher Zustand: der oder die Kranke muss sich hingeben, sich mehr oder weniger des eigenen Urtheils begeben im festen Vertrauen auf das Mittel oder besser noch auf den Arzt. Das Heil liegt im Glauben und zwar, um mich eines theologischen Ausdruckes zu bedienen, in der fides, qua creditur, nicht in der fides, quae creditur. Nicht der Inhalt, sondern die Festigkeit des Glaubens ist das Wesentliche. Man kann jede hysterische Erscheinung durch jedes Mittel heilen, durch Aqua destillata so gut als durch statische Elektricität. Derjenige Arzt kann es, dessen persönliche Eigenschaften oder dessen Ruhm den Kranken bezaubern. Abgesehen von der Persönlichkeit des Arztes, wird ein Mittel um so wirksamer sein, jemehr es auf die Phantasie des Kranken wirkt. Ich brauche dies nicht näher auszuführen. Ganz entbehren lässt sich das physikalische oder chemische Mittel in der Regel nicht, da der Arzt die Rolle des Wunderthäters zumeist weder ausfüllen kann, noch übernehmen darf. Aber der wissenschaftliche Arzt muss wissen, dass, welches Mittel er auch gebrauche, er damit eine symbolische Handlung vollzieht, dass nicht der Chemismus, noch der Magnetismus, noch der Galvanismus, noch sonst etwas Materielles, sondern einzig und allein die Vorstellung wirkt.

Die Hysterie besteht nicht nur darin, dass Vorstellungen körperliche Beschwerden hervorrufen, sondern bei Hysterischen können auch durch physikalische Ursachen bewirkte Beschwerden durch die Vorstellung in gewissem Grade gehemmt werden. Es kann daher bei ihnen der Glaube den durch Entzündung verursachten Schmerz, den Husten der Bronchitis u. A. mehr oder weniger besiegen. Das ist sozusagen die nützliche Seite der Hysterie. Nun ist in irgend einem Grade jeder Mensch hysterisch. Ich erinnere hier an das Verschwinden des Zahnschmerzes beim Anblick der Zange. In dem Maasse, in dem bei dem Einzelnen die hysterische Anlage entwickelt ist, wird während irgend einer Krankheit der Glaube sich hülfreich zeigen, bei Allen aber wird

---

[1]) Diese Auffassung habe ich jetzt (1894) nicht mehr, vielmehr halte ich die hypnotische Suggestion für ein wichtiges und unentbehrliches Heilmittel.

II.

Ueber Astasie-Abasie.[1]

Es ist allgemein bekannt, dass bei Hysterischen die Fähigkeit zu bestimmten Thätigkeiten verloren gehen kann, während die in Frage kommenden Muskeln zu anderweiten Zwecken gut gebraucht werden können. Das häufigste Beispiel ist die hysterische Aphonie: die Beweglichkeit der Stimmbänder beim Athmen ist ganz frei, die Kranken können gewöhnlich auch mit Klang husten, aber sie sind nicht im Stande, laut zu sprechen. So werden auch den meisten Sachverständigen Fälle vorgekommen sein, in denen die Kr. ihre Beine in beliebiger Weise verwenden können, nur zum Gehen und Stehen nicht. Ich z. B. habe eine junge Frau, bei der ein solcher Zustand Jahre lang bestand, beobachtet und diesen Zustand in meiner allgemeinen Diagnostik der Nervenkrankheiten (p. 86) als hysterische „Gehlähmung" bezeichnet.

Eingehender hat sich mit diesen Dingen im Jahre 1888 ein Schüler Charcot's, Paul Blocq beschäftigt (Sur une affection caractérisée par de l'astasie et de l'abasie. Arch. de Neurol. XV. 43. p. 24; 44. p. 187). Er nennt Astasie-Abasie „einen krankhaften Zustand, bei dem die Unmöglichkeit des Aufrechtstehens und des normalen Gehens im Gegensatze steht zu der Unversehrtheit der Empfindlichkeit, der Muskelkraft und der Coordination der übrigen Bewegungen der Beine". Er erwähnt, dass Charcot diesen Zustand schon wiederholt in seinen Vorlesungen behandelt habe, dass noch früher Jaccoud von einer nur beim Gehen und Stehen eintretenden hysterischen Ataxie gesprochen habe, dass Weir Mitchell und Romei 1885 einschlagende Beobachtungen veröffentlicht haben. Dass Blocq sich hier auch auf die von Erlenmeyer beschriebenen „statischen Reflexkrämpfe" bezieht, könnte von vornherein als nicht ganz richtig erscheinen.

---

[1] Schm. Jahrbb. Bd. 227, Hft. 1. 1890.

Die Beobachtungen, die Blocq wiedergiebt, gehören theils Charcot an, sind theils der Literatur entnommen.

I. Ein Mädchen aus nervöser Familie war beim Spielen auf den Rücken gefallen und hatte am nächsten Tage über Rückenschmerzen und die Unmöglichkeit, sich aufrecht zu halten, geklagt. Sie legte sich auf den Bauch und duldete keine Berührung des Rückens. Letztere rief, selbst wenn das Mädchen schlief, ein heftiges Zusammenzucken hervor. Jeden Abend traten Anfälle von starken Rückenschmerzen ein. Nach 6monat. Krankheit fand Charcot das Mädchen auf der Seite liegend mit grosser Ueberempfindlichkeit der ganzen Wirbelsäulengegend. Die Kr. bewegte die Beine mit Leichtigkeit nach jeder Richtung. Sie konnte, wenn sie unterstützt wurde, auf den Füssen stehen, konnte aber nicht gehen. Die Füsse klebten am Boden und nur mit Mühe brachte sie den einen etwas nach vorn. Das Gesichtsfeld war concentrisch eingeschränkt. Heilung in 8 Tagen.

II. Ein 14jähr. Knabe, der Sohn nervöser Mutter, hatte eine Anrede an den die Schule besuchenden Bischof halten sollen. Er hatte sich darüber sehr aufgeregt, Kopfschmerzen bekommen und seine Beine schwach werden gefühlt. Am nächsten Tage lag er zu Bett und konnte nicht aufstehen. Im Bett bewegte er die Beine mit voller Kraft. Nach einigen Monaten konnte er noch nicht gehen, hüpfte aber wie eine Elster bald auf dem einen, bald auf dem anderen Fusse durchs ganze Haus. Nach weiteren 14 Tagen fing er plötzlich an, in normaler Weise zu gehen. Später trat ein Rückfall ein, von dem der Kr. nach 1 Monat genas.

Ich habe diese 2 Beobachtungen ausführlicher wiedergegeben, weil Binswanger irrthümlicherweise behauptet, dass es sich hier um willkürliche Unbeweglichkeit wegen übergrosser Schmerzhaftigkeit der Bewegungen gehandelt habe.

III. Ein 15jähr. Knabe bemerkte, als er nach einem Typhus zum 1. Male aufstehen sollte, dass er nicht gehen konnte. Gute Beweglichkeit der Beine im Bett. Wurde der Kr. aufgerichtet, so knickte er zusammen. Dabei konnte er sich sehr gut auf allen vieren fortbewegen. Leichte Einschränkung des Gesichtsfeldes. Rasche Heilung.

IV. V. Beobachtungen von Romei und von Mitchell.

VI. 15jähr. Knabe. Hysterische Anfälle. Appetitlosigkeit und Abmagerung. Unmöglichkeit zu stehen und zu gehen. Bei passiven Bewegungen Steifwerden der Beine. Dasselbe (mit Beugung im Hüftgelenk) trat beim Aufstellen mit Unterstützung ein. Der Kr. konnte springen. Allgemeine Analgesie.

VII. 14jähr. Mädchen. Schmerzen in Leib und Rücken. Dann Gehstörungen. Diagnose eines Malum Pottii und Anlegung eines Corset. Die Kranke lag seit Monaten regungslos auf dem Rücken, war aber einmal, nach einer Gemüthsbewegung, herumgelaufen. Hyperästhesie der Wirbelsäule. Die Beine waren im Bett gebeugt, konnten von der Kr. nicht gestreckt werden. Geringer Widerstand gegen passive Bewegungen. Im Sitzen konnte die Kr. die Beine strecken. Unmöglichkeit zu stehen.

VIII. Erlenmeyers Fall.

IX. 27jähr. Näherin. Kopfschmerzen. Psychische Verstimmung. Die Kr. bemerkte eines Tages, als sie sich aus der knienden Stellung beim Beten erheben wollte, dass sie sich nicht aufrecht halten konnte. Hysterische Anfälle. Im Sitzen gute Beweglichkeit der Beine. Beim Aufrichten wiederholtes Zusammenknicken (wie nach einem Schlage in die Kniekehle). Beim Gehen wurde jeder Schritt durch die unwillkürlichen Beugebewegungen unterbrochen. Peinliche Empfindungen in den Knieen. Die Kr. konnte sich durch eine Art Hinken fortbewegen, ohne zusammenzuknicken,

konnte mit geschlossenen Füssen springen, auf allen vieren laufen. Linksseitige
Hemihypästhesie.

X. 22jähr. Mädchen. Hysterische Anfälle. Als die Kr. aus dem Wochenbett aufstehen wollte, konnte sie sich nicht aufrecht erhalten. Gute Beweglichkeit der Beine
im Sitzen. Zum Gehen aufgefordert ging sie einige Schritte. Dann traten Zuckungen
der Beine ein und die Kr. würde ohne Unterstützung gefallen sein. Linksseitige Hemihypästhesie. Heilung durch Suggestion.

XI. 51jähr. Näherin. Sturz auf den Rücken. Danach 3monat. Bettliegen. Etwas
später plötzlich Rückenschmerzen und Unmöglichkeit aufzustehen. Parese aller Glieder.
Allmähliche Besserung. Die Kr. klagte über heftige Rückenschmerzen. Ihre Beine
waren sehr schwach. Stehen möglich. Beim Gehen Schwanken und Einknicken. Die
Kr. ging ungeschickt an 2 Stöcken. Complete Anästhesie bis zur Leistengegend.
Hysterogene Zone. Einschränkung des Gesichtsfeldes.

Das Stehen und Gehen ist also entweder ganz unmöglich, oder der
Kr. kann zur Noth stehen, aber sich nur mit Unterstützung vorwärts
schleppen, oder das Gehen wird durch unwillkürliche Bewegungen verhindert. Immer aber finden sich im Sitzen oder Liegen keine Störungen
der Motilität, die die Steh-Geh-Hinderung erklärten. Charakteristisch
ist, dass die zum Gehen unfähigen Kr. sich oft durch Hüpfen oder auf
allen vieren ganz gut fortbewegen können. Wenn anderweite Symptome
bestehen, so sind diese solche, die als hysterische Zeichen bekannt sind.
Als Ursache der Astasie wird am häufigsten eine Gemüthserschütterung,
bez. ein Trauma angegeben. Besonders Kinder und jugendliche Personen werden betroffen. Die Behandlung ist der der Hysterie gleich.

Zur Erklärung der Astasie-Abasie weist B. darauf hin, dass der
Mensch das Stehen und Gehen mit bewusster Anstrengung erlernt und
dass diese Funktionen später fast unbewusst auf einen bewussten Anstoss hin ausgeübt werden, dass also sozusagen die eigentliche Arbeit
beim Gehen vom Organ des Bewusstseins auf einen untergeordneten
Apparat übertragen wird, der von jenem nur in Gang gesetzt zu werden
braucht. Das Zusammenwirken nun der „corticalen Zellengruppen" und
der „spinalen Zellengruppen" kann durch Hemmung der einen oder der
anderen gestört werden, so dass entweder der Befehl nicht gegeben,
oder nicht ausgeführt wird. B. verhehlt sich nicht, dass es sich in den
meisten Fällen von Astasie-Abasie um corticale (psychische) Störungen
handeln muss, dass also der Anstoss zur automatischen Thätigkeit der
untergeordneten Centra nicht oder mangelhaft gegeben wird. Aber er
meint doch, dass die letzteren, in einigen Fällen wenigstens, der Sitz
der primären Störung sein könnten. Ferner theilt B. einige Beispiele
mit, in denen die Astasie-Abasie experimentell, durch Suggestion, bewirkt
worden ist („du kannst nicht mehr gehen, du kannst nur hüpfen" u. s. w.).
Er weist darauf hin, dass bei heftigen Affekten normalerweise die Beine
zittern, oder den Dienst versagen können, dass dieser Umstand bei ge-

eigneten (d. h. hysterischen) Personen die Autosuggestion des Nicht-
mehrstehen- oder -Gehenkönnens und damit die Astasie-Abasie zu bewirken vermag. Auch ohne nachweisbare psychische Erschütterung
könne es zu dieser Autosuggestion kommen (etwa durch einen Traum).
B. betont ausdrücklich, dass hier in der Hauptsache Vorgänge im Un-
bewusstsein in Frage kommen. Endlich spricht B. die Meinung aus,
dass, ob zwar in den wirklich beobachteten Fällen es sich um dynamische
(psychische) Veränderungen handelt, doch die Möglichkeit eines Entstehens der Astasie-Abasie durch organische, handgreifliche Veränderungen
nicht ausgeschlossen sei, da man doch die Innervation der Steh-Geh-
bewegungen an bestimmte Stellen gebunden denken müsse.

Wenn auch die Arbeit B.'s nichts durchaus Neues enthält, so ist sie
doch in allem Wesentlichen correct und die Einwürfe, die man machen
kann, betreffen nur Nebenpunkte. Zunächst könnte man bemerken, dass
B. besser gethan hätte, zu dem Namen Astasie-Abasie das Beiwort
hystérique hinzuzufügen. Er hätte damit gesagt, dass er nicht eine
Krankheit sui generis beschreibt, sondern ein Symptom. Er hätte im
Namen die Pathogenese gegeben. Er hat es nicht gethan, weil er glaubt,
dass die Astasie-Abasie auch ausserhalb der Hysterie vorkommen könne,
während er doch anerkennt, dass sie thatsächlich nur als hysterische
Erscheinung beobachtet worden ist. Nun ist aber eine organische
Astasie-Abasie von vornherein sehr unwahrscheinlich, denn es ist kaum
anzunehmen, dass für jede besondere Funktion eine besondere Zellen-
gruppe im Centralnervensystem vorhanden sei, die von einer groben
Läsion betroffen werden könnte. Vielmehr muss man annehmen, dass
dieselben Zellen den verschiedensten Funktionen dienen, dass im einzelnen Falle (Gehen, Springen, Schwimmen, Treten u. s. w.) nur der
Weg, den der Erregungsvorgang durchläuft, ein anderer ist, und dass
die Einübung für bestimmte Funktionen eben darin beruht, dass für
bestimmte Anstösse bestimmte Wege geebnet, Gleise ausgefahren werden.
Es leuchtet aber ein, dass ein organischer Process nicht eine Funktion
ausfallen lassen kann, die nur auf einer besonderen Verknüpfungsweise
der organischen Elemente beruht. Dieser Auseinandersetzung könnte
man die Erfahrungen über Aphasie entgegenhalten und wahrscheinlich
hat der Gedanke an diese B. bestimmt. Aber es ist nicht richtig, die
Diktion mit dem Gehen und Stehen in Parallele zu setzen. Vielmehr
entspricht die Lautbildung dem Gehen. Eben so wenig aber ein organischer Process in der Oblongata, der die Lautbildung aufhebt, die
Funktion der bulbären Muskeln im Uebrigen intakt lässt, eben so wenig
wird ein organischer Process Astasie-Abasie bewirken. Durch das Gesagte erledigt sich auch die Meinung B.'s über einen möglichen spinalen

Ausgang für die Astasie-Abasie, eine Meinung, die seine im Uebrigen ganz
zusammenhängenden pathogenetischen Ueberlegungen störend unterbricht.
Vollkommen zutreffend sind B.'s Angaben über die psychische Entstehung der Astasie-Abasie. Nur hätte er, um späterer Verwirrung vor-
zubeugen, schärfer hervorheben sollen, wie das Kennzeichnende für alle
hysterischen Symptome und damit auch für die Astasie-Abasie das ist,
dass der Kranke von der seelischen Vermittelung seiner Beschwerden
nichts weiss. Für das Bewusstsein des Kranken ist die hysterische
Lähmung genau ebenso gegeben wie eine beliebige organische Lähmung.
Er weiss von der Entstehung der einen eben so wenig wie von der der
anderen und unterscheidet zwischen beiden nicht. So ist auch hier dem
an Astasie-Abasie Leidenden der Zusammenhang seiner Störung mit
seiner Autosuggestion ein vollständig transcendenter: der Kr. sieht,
dass seine Beine ihn nicht tragen, und hat keine Ahnung davon, woher
das kommt. Eben weil es so ist, wird die Hysterie gewöhnlich zur
Neuropathologie und nicht zur Psychiatrie geschrieben. Erst die wissenschaftliche Untersuchung deckt den Zusammenhang des hysterischen
Symptoms mit den seelischen Vorgängen auf. Durch Vernunftschlüsse
erkennen wir den durch das Unbewusste führenden Weg, der inneren
Erfahrung aber bleibt er jederzeit unzugänglich. Das Erschlossene bewährt sich durch die hypnotischen Versuche. Auch hier verhüllt die
Amnesie dem Subjekt den Ursprung der suggerirten Veränderung.
*Die eingegebene Vorstellung wird nicht zu einem Bestandtheile des
wachen Bewusstseins, dient nicht, etwa wie eine Zwangsvorstellung,
dem Willen als Motiv, sondern sie wirkt als Ursache jenseits des
Bewusstseins.*

Dass die von B. wiedergegebenen Beobachtungen sich der von ihm
aufgestellten Definition unterordnen, ist für die Mehrzahl ohne Weiteres
zuzugeben. Zweifelhaft kann, wie schon bemerkt wurde, die Zugehörig-
keit des Erlenmeyer'schen Falles erscheinen, doch neige ich mich
auch der Meinung B.'s zu, dass es sich in Wirklichkeit um Astasie-
Abasie gehandelt habe. Am ehesten wird Fall VII Bedenken erregen,
man wird fragen, ob er nicht mehr zur gewöhnlichen hysterischen
Lähmung gehört als zur Astasie-Abasie. Alle anderen Fälle sind ein-
wurfsfrei. Strenggenommen müssten diejenigen Fälle, in denen unwillkürliche Bewegungen beim Aufrichten eintreten und das Stehen und
Gehen hindern, als Dysstasie-Dysbasie bezeichnet werden, doch liegt es
auf der Hand, dass das Wesentliche des Vorganges hier und dort dasselbe ist.

Nach Blocq hat Souza-Leite (Réflexions à propos de certaines
maladies nerveuses observées dans la ville Salvador: faits d'astasie et

d'abasie. Progrès méd. XVI. 8. 1888) 2 Fälle von Astasie-Abasie beschrieben.

Es handelt sich um Dysbasie bei 2 Hysterischen, einer 38jähr. Negerin und einer 12jähr. Weissen; beim Auftreten traten allerhand krampfartige Bewegungen ein. In beiden Fällen rasche Heilung.

Paul Berbez hat eine anziehende Besprechung der Astasie-Abasie geliefert (Du syndrome astasie-abasie. Gaz. hebd. XXXV. 48. 1888).

J. Grasset (Leçons sur un cas d'hystérie mâle avec astasie-abasie. Montpellier méd. Mars 1889. Ref. Neurol. Centr.-Bl. VIII. p. 677. 1889.) hat einen 29jähr. Hysterischen mit Dysbasie beschrieben. Die krampfhaften Bewegungen traten nur beim gewöhnlichen Gehen ein, nicht, wenn der Kr. mit gekreuzten Beinen ging.

Berthet (Sur un cas d'astasie et d'abasie. Lyon méd. LXI. 27; LXII. 45. 1889.) schildert die Astasie-Abasie als syndrome hystérique bei einer Kr., die ausserdem zahlreiche hysterische Erscheinungen darbot.

Unter den vielen nervösen Erscheinungen, die nach der Influenza beobachtet worden sind, befindet sich auch die Astasie-Abasie. Fr. Helfer hat in der med. Gesellschaft zu Leipzig einen solchen Fall erwähnt (Schm. Jahrbb. CCXXVI. p. 112). Einen weiteren habe ich neuerdings beobachtet.

Ein 10jähr. Mädchen, welches im Anfang des Mai zu mir gebracht wurde, war im Januar an Influenza erkrankt und hatte, als sie wieder aufstehen sollte, sich nicht aufrecht halten können. Seitdem hatte das Kind dauernd zu Bett gelegen. Die Mutter trug die kleine Kr. auf dem Rücken, während diese die Hände um den Hals jener geschlungen hatte und *mit den Beinen fest die Hüften der Mutter umklammerte.* Wenn man das Kind im Liegen untersuchte, war an ihm ausser einer Empfindlichkeit der oberen Brustwirbel nichts Krankhaftes zu finden: Motilität, Sensibilität, Reflexe normal. Stellte man aber das Kind auf die Füsse, so knickte es ohne Weiteres zusammen. Ich verordnete Tinct. amara und erklärte bestimmt, das Kind werde bald wieder gehen lernen. Nach 8 Tagen konnte es mit Unterstützung stehen, nach 14 Tagen sich an den Möbeln festhaltend umhergehen, nach 3 Wochen an einem Stocke gehen, nach 4 Wochen war es ganz hergestellt.

Ladame (Un cas d'abasie-astasie sous forme d'attaques. Arch. de Neurol. XIX. p. 40. 1890.) beschreibt einen Kr., der nach meiner Auffassung nicht an Astasie-Abasie litt.

Ein 54jähr. Mann, der durch lange Jahre als Reisender in Mittelamerika allen möglichen Strapazen und Gefahren ausgesetzt gewesen war, hatte zuerst vor 25 Jahren, als er auf ein Pferd springen wollte, einen Anfall von Angst und Vernichtungsgefühl erlitten. Wenige Tage später war das Angstgefühl auf einem anstrengenden Marsche wiedergekehrt und hatte ihn den Befallenen zum Niedersetzen gezwungen. Seit dieser Zeit Verstimmung und wiederholte Anfälle, die immer häufiger wurden. Schliesslich konnte der Kr. nicht einige Minuten gehen, ohne einen Anfall zu bekommen: er fühlte sich von beängstigender Schwäche ergriffen, als ob plötzlich der Blutkreislauf aufhörte, er

musste sich anhalten und wäre sonst hingestürzt. Wollte er das Weitergehen er-
zwingen, so trat ein plötzlicher Schmerz im Nacken ein, der mehrere Tage anhielt.
Auch nach längerem Sprechen fühlte der Kr. sich blass werden und verlor für einige
Zeit die Sprache; zuweilen ereignete sich das Entsprechende beim Schreiben und beim
Lesen. Der Kr. litt an verschiedenen Schmerzen im Kopf und Rücken. Vorübergehend
waren die Anfälle verschwunden gewesen.

Es fanden sich an dem Kr. durchaus keine objektiven Symptome, auch keine
Zeichen von Hysterie. Liess man ihn hin- und hergehen, so blieb er nach einiger Zeit
plötzlich stehen, machte stehend einige Gehbewegungen und wurde sehr blass. Er
griff nach einem Stuhle und liess sich nieder.

Eine neuere Beobachtung Charcot's (Abasie à forme trépidante
etc. Leçons du mardi 1888—1889. Leçon du 5 mars 1889) bringt nichts
wesentlich Neues, da es im Grunde gleichgiltig ist, ob das Gehen durch
Unvermögen oder durch allerhand krampfhafte Bewegungen gestört wird.

Endlich hat Binswanger einen ausführlichen Aufsatz geschrieben,
der sich hauptsächlich mit der Astasie-Abasie beschäftigt. (Ueber psychisch bedingte Störungen der Stehens und des Gehens. Berl. klin.
Wchnschr. XXVII. 20. 21. 1890.)

B. giebt kurz den Inhalt der Arbeit Blocq's wieder und verspricht
„die entschieden zu enge Umgrenzung der hierher gehörigen Krankheits-
fälle von Bl. zu berichtigen". Er theilt dann 3 Krankengeschichten mit.
Wir geben aus der ersten einen Auszug. Die beiden anderen sind ganz
ähnlich.

Ein 55jähr. Kaufmann aus nervöser Familie hatte viele Sorgen gehabt und sich
vielfach übermässig angestrengt. Im Winter 1883—1884 befiel den Pat. in einer Abend-
gesellschaft nach reichlicher Mahlzeit, Genuss schweren Weins und starker Havanna-
cigarren ein Gefühl von Schwäche, Schwindel und Angst, so dass er vom Spieltische
aufstehen musste. Es war, als ob plötzlich die Kräfte versagten und die aufrechte
Haltung unmöglich würde. Seitdem waren ähnliche Anfälle oft wiedergekehrt:
Schwindel und Unbehaglichkeit im Kopfe, Gefühl, nicht allein gehen und stehen zu
können. Zeitweise konnte der Kr. gar nicht gehen, fühlte sich nur im Liegen wohl.
Wo viele Menschen waren, z. B. im Theater, da war die Angst besonders gross.
Schmerzhafte Empfindungen im Hinterkopfe. Viele verkehrte Behandlung (Jod und
Quecksilber).

B. fand keine objektiven Symptome. Empfindlichkeit gegen Geräusche. Geringe
Einengung des Gesichtsfeldes. „Die Gehstörung des Pat. besteht darin, dass, nam. bei
langsamem Gehen und in freier, dem Auge und der Hand keine Stütze gewährender
Umgebung, also auf dem Blachfeld, ihn nach kürzerer oder längerer Zeit erst ein Druck
im Hinterkopfe überfällt; fast zugleich mit diesem stellt sich eine vom Hinterkopfe in
die Brust herabtretende Angst und mitunter auch ein Gefühl des Gedankenstillstandes
ein; dann erst kommt die Vorstellung und das Gefühl, nicht mehr gehen zu können.
Er hält sich nun entweder fest, oder wankt stark, oder stürzt steifen Ganges mit stark
beschleunigten grossen Schritten und gesenktem Kopfe heimwärts." Schlechter Schlaf.
Häufige Pollutionen. Ermüdung bei geistiger Thätigkeit. Am Hinterkopfe war eine
kleine Stelle druckempfindlich. Merkwürdiger Weise entschloss man sich, die Kopf-
schwarte zu spalten und das Periost über der Austrittsstelle des Vas emissarium

parietale abzuschaben. Man fand nicht das geringste krankhafte, legte in der Wunde eine Fontanelle an. Der Zustand des Kr. blieb ganz der alte. Später allmähliche Besserung.

Der Gedankengang B.'s ist, wenn ich ihn recht verstanden habe, etwa folgender. Die Astasie-Abasie ist keine besondere Krankheit, sie ist nur ein Symptom. Sie beruht auf seelischen Vorgängen. Blocq's Darstellung ist insofern unrichtig, als nicht alle seine Beobachtungen dem von ihm gegebenen Begriffe entsprechen, sie ist insofern ungenügend, als sie nicht alle durch seelische Vorgänge bewirkten Störungen des Gehens und Stehens umfasst.

B. bemüht sich, zu zeigen, dass Blocq's Beobachtungen nicht gleichartiger Natur seien. Er behauptet, dass es sich in den ersten beiden Fällen um Unbeweglichkeit wegen Hyperästhesie gehandelt habe, was geradezu unrichtig ist, er wirft ein, dass neben der Astasie-Abasie alle möglichen hysterischen Symptome vorhanden gewesen seien, was doch der Astasie-Abasie gerade wesentlich ist, er betont, dass bei manchem Kr. auch im Liegen und Sitzen die Beweglichkeit nicht ganz frei gewesen ist, während es doch nur darauf ankommt, dass diese Motilitätstörungen zur Erklärung der Astasie-Abasie nicht hinreichten. B. will nur 4 Fälle Blocq's (III. IV. V. ?), sowie den Fall Grasset's anerkennen. Hier handele es sich wirklich um Aufhebung einer bestimmten Funktion gewisser Muskelgruppen auf Grund seelischer Vorgänge. „Diese Dissociation funktionell nahe zusammengehöriger Bewegungsformen ist aber kaum verständlich ohne die Annahme einer Störung der psychischen Vorgänge im engeren Sinne, bei welcher das krankhafte Spiel der Associationen den Ausfall bestimmter Willenserregungen herbeiführt." Bei hysterischen Zuständen sei „die Neigung zu disharmonischer Vertheilung, zu einer einseitigen Verringerung oder Häufung der „dynamogenen" Vorgänge innerhalb der nervösen Centren und Leitungen vorherrschend". Es handelt sich dabei wahrscheinlich „um plötzliche, durch den Affekt-Choc bedingte Ausschaltungen der associativen Thätigkeit entweder der ganzen Bewusstseinssphäre oder nur einzelner Theile derselben". „Das Auftreten von Muskelsteifigkeit, Zittern, chronischen Muskelzuckungen bei den Versuchen des Stehens und Gehens sind [sic] demgemäss entschieden als reflektorisch und infracortical erregte Bewegungsstörungen aufzufassen." Fälle, in denen solche Bewegungen das Stehen und Gehen verhindern, d. h. die Mehrzahl der Fälle Blocq's „haben mit der Astasie und Abasie im engeren Sinne nichts gemein". Ich gestehe, dass ich ausser Stande bin, einer Bewegung ihre Infracortikalität anzusehen, und dass ich der Ueberzeugung bin, dass es im Wesen ganz gleich sei, ob ein Hysterischer eine bestimmte Bewegung

einfach nicht ausführen kann, oder ob er an ihrer Stelle unpassende
Bewegungen macht.

Nachdem B. die bisherigen Beobachtungen kritisirt und „nur eine
kleine Gruppe von Krankheitsfällen wirklicher Abasie und Astasie, die
zu den psychisch bedingten Störungen des Stehens und des Gehens gerechnet werden muss", übrig behalten hat, geht er dazu über, die
seelischen Vorgänge zu schildern, die in Betracht kommen. Er bespricht
zunächst die von Agoraphobie und die von Zwangsvorstellungen abhängigen Geh- und Stehstörungen. „Während bei jenen bestimmte
Sinneseindrücke einseitige Affektsteigerungen vom Charakter der Angst-
gefühle erwecken und dadurch zu dieser¹ᵘ⁻Hemmungen Veranlassung
werden, tritt bei der Zwangsvorstellung die im Spiel der Association
vorwaltend und einseitig erregte und dem übrigen Bewusstseinsinhalt
krankhaft aufgezwungene Vorstellungsreihe als Ursache dieser Störungen
hervor." Die Zwangsvorstellung brauche sich nicht geradezu auf das
Unvermögen zu gehen zu beziehen, sie durchkreuze an sich den geordneten Gang der Willenserregung und führe so neben anderen auch
Störungen der Beweglichkeit herbei. „Daneben giebt es eine, wenn auch
kleinere Gruppe von Krankheitsfällen, bei welchen die hypochondrische
Zwangsvorstellung unmittelbar die Geh- und Stehstörung auslöst. Es
handelt sich hierbei, psychopathologisch betrachtet, um Krankheitszustände,
bei welchen der hypochondrisch zusammengedrängte Vorstellungsinhalt
entweder vorwaltend und dauernd aus pathologischen Organempfindungen
des locomotorischen Apparats gespeist wird, oder aber ganz bestimmte
Gelegenheitsursachen das Denken einseitig und plötzlich auf die Vorstellung des locomotorischen oder statischen Unvermögens hindrängen."
Der erstere Vorgang (die andauernde Speisung des hypochondrisch zu-
sammengedrängten Vorstellungsinhaltes mit krankhaften Organgefühlen)
sei die Grundlage der von den französischen Autoren geschilderten
hysterischen Astasie-Abasie. Den anderen Vorgang scheint B. in seinen
eignen Beobachtungen zu. erblicken. Bei einem Menschen von hypochondrischer Art tritt gelegentlich ein Zustand von Schwäche ein, in
dem Ohnmacht- oder Schwindelgefühle vorherrschen und der durch verschiedene Umstände (körperliche Anstrengung, Insolation, Intoxikation
durch Alkohol, Tabak) herbeigeführt werden kann. „Indem bei diesen
Kranken die Aufmerksamkeit durch die das Bewusstsein beherrschenden
Organempfindungen, Gefühle und Vorstellungen auf die Selbstvernichtung
gerichtet ist, gewinnen diese letzteren in der Folgezeit einen be-
stimmenden Einfluss auf die Richtung ihres Denkens. War der Schwäche-
zustand vorwaltend durch motorische Hülflosigkeit mitten im Gehakt
oder beim aufrechten Sitzen ausgezeichnet, so löst das Erinnerungsbild

des stattgehabten Unfalls immer wieder die gleichen Störungen des Gehens und Stehens aus, sobald dasselbe den Charakter einer Zwangsvorstellung gewonnen hat und sich in alle associativen Erregungen von Bewegungsvorstellungen, die dem Gehakt oder dem aufrechten Sitzen (ohne Rückenstütze) dienen, hineindrängt." Es sei dabei nicht nöthig, dass die Erinnerung an den ersten Unfall im Bewusstsein gegenwärtig ist. Es genüge, dass bei der gleichen Gelegenheit die gleiche Angst wiederkehrt.

Dies scheint mir der hauptsächlichste Inhalt der Ausführungen B.'s zu sein. Sollte ich etwas missverstanden oder übersehen haben, so bitte ich um Verzeihung im Hinblick darauf, dass der Stil B.'s, wie die Citate beweisen, das Verständniss einigermaassen erschwert.

Wenn B. auch darin unzweifelhaft Recht hat, dass sowohl bei der von Blocq geschilderten Astasie-Abasie, als in den von ihm mitgetheilten Fällen die Ursache der Bewegungstörung seelische Vorgänge sind, so übersicht er doch (und mit ihm Ladame) den fundamentalen Unterschied zwischen jenen hysterischen und diesen hypochondrisch-neurasthenischen Erscheinungen.

Bei dem hysterischen Nichtkönnen ist die Vorstellung[1]) des Nichtkönnens Ursache. Ob diese Vorstellung plötzlich aufgetaucht ist (wie bei einem Unfalle), oder ob sie allmählich sich entwickelt hat (wie bei langem Bettliegen), ob sie im Traume oder im wachen Denken entstanden, ob sie von aussen (durch Suggestion) angeregt ist, das ist gleichgiltig. Die Voraussetzung ihres Wirkens ist eine angeborene, d. h. die hysterische Anlage einerseits und ein besonderer Gemüthzustand im Augenblicke andererseits. Von diesem Gemüthzustande kann man sich nur eine unklare Vorstellung machen. Er muss dem hypnotischen ähnlich sein, er muss einer gewissen Leere des Bewusstseins entsprechen, in der einer auftauchenden Vorstellung von Seiten anderer kein Widerstand entgegengesetzt wird, in der so zu sagen der Thron für den Ersten Besten frei ist. Wir wissen, dass ein solcher Zustand, ausser durch Hypnotisirung, durch Gemüthserschütterung (Schreck, Zorn u. s. w.) und durch erschöpfende Einflüsse (Schlaflosigkeit, Hunger u. s. w.) herbeigeführt werden kann. Wie nun, wenn die Voraussetzungen gegeben sind, die lähmende oder sonstwie krank machende Vorstellung wirkt, davon wissen wir rein gar nichts. Wir sehen nur das Resultat und müssen uns mit Analogien, die wir eben so wenig verstehen, behelfen, indem wir an die

---

[1]) Genau genommen, handelt es sich nicht um die blosse Vorstellung (denn diese kann als solche nicht wirken), sondern um ein seelisches Radikal, d. h. um eine Vorstellung + Wollen oder nicht-Wollen. Ueberall, wo vom Wirken der Vorstellungen gesprochen wird, ist diese Erläuterung zu ergänzen.

lähmende Wirkung der Furcht und Aehnliches denken. Das klinische
Merkmal aber der hysterischen Lähmung ist, dass über den sie verursachenden psychischen Vorgang das Bewusstsein keine Aussagen machen
kann, dass ihr der Kranke genau so gegenübersteht wie einer organischen
Lähmung (wie denn auch der Arzt, wenn er nicht durch ihre Form oder
ihr Verschwinden auf psychische Einflüsse hin belehrt wird, sie wohl
mit einer organischen Erkrankung verwechseln kann). Diese Dinge sind
schon oben erörtert worden. Ferner ist charakteristisch, dass besonders
jugendliche Personen, nicht selten Kinder, betroffen werden und dass
neben diesem oder jenem Nichtkönnen sich fast immer sogen. hysterische Stigmata (Hemianästhesie, Einschränkung des Gesichtsfeldes, Veränderungen der reflektorischen Erregbarkeit u. s. w.) finden, Symptome,
die zwar nicht eine ihnen inhaltlich entsprechende Vorstellung zur Ursache haben können, die man aber sehr wohl in der Weise von Vorstellungen abhängig denken kann, wie beim Gesunden körperliche
Störungen von Affekten abhängig sind.

Es ist in der That überraschend, dass Binswanger und Ladame
über die Verschiedenheit ihrer Beobachtungen von der hysterischen
Astasie hinwegsehen. Jeder Unbefangene, der ihre Krankengeschichten
liest, wird diese Fälle zur Agoraphobie rechnen. Ob die Vorstellung
eines zu überschreitenden Platzes oder die des Gehens überhaupt peinliche Empfindungen, besonders Angst, hervorruft, darauf kommt es doch
nicht an. Das Wesentliche ist, dass *die Vorstellung irgend einer Leistung
so unangenehme Empfindungen bewirkt, dass dadurch die Leistung
unmöglich wird.* Binswanger betont ganz richtig den Zusammenhang
dieser Erscheinungen mit den Zwangsvorstellungen und ihre mehr oder
weniger zufällige Entstehung im Anschlusse an das Zusammentreffen der
fraglichen Leistung mit einem sonstwie verursachten Uebelbefinden. Er
erwähnt auch, dass im Bewusstsein nur die Association von Gehen und
Angst vorgefunden wird, dass von dem Uebrigen der Kranke nichts
weiss. Immer aber bleibt für den Kranken seine Steh- oder Gehstörung
eine seelisch vermittelte, er weiss ganz genau, dass er einzig und allein
wegen seiner Angst und wegen der übrigen Missempfindungen nicht
gehen kann, es fällt ihm gar nicht ein, sein Leiden mit einer Lähmung
zu verwechseln. Während der Hysterische mit der Ueberraschung eines
unbetheiligten Zuschauers bemerkt, dass er nicht gehen kann, verkennt
der Neurasthenisch-Hypochondrische selbst die primäre Rolle der Empfindungen, die sekundäre der Beweglichkeitstörung durchaus nicht.
Während der Hysterische nicht weiss, warum er nicht gehen kann, weiss
der Hypochonder nicht, warum er beim Gehen Angst empfindet. Da
das Krankhafte im Eintritte abnormer Empfindungen in das Bewusstsein

besteht, alle bewussten Vorgänge aber von kurzer Dauer sind, ist es begreiflich, dass die sekundären Bewegungstörungen auch vorübergehend sind. So erklärt sich in sehr natürlicher Weise das in Anfällen auftretende Unvermögen, zu gehen, über das Ladame sich wundert. Alle Formen der Agoraphobie müssen wegen ihrer hier besprochenen Entstehungsweise in Anfällen auftreten. Zu dem wesentlichen Unterschiede zwischen dem hysterischen und dem hypochondrischen Nichtgehenkönnen kommen noch folgende. Die hypochondrischen Kranken sind fast immer Erwachsene, oft ältere Leute, wie es auch bei Ladame und Binswanger der Fall war. Dem Auftreten der Agoraphobie gehen fast immer langdauernde körperliche, intellektuelle, moralische Ueberanstrengungen voraus, d. h. die Agoraphobie erwächst auf neurasthenischem Boden, was bei der Astasie durchaus nicht immer der Fall ist. Weiter finden sich bei Agoraphobie noch anderweite neurasthenisch-hypochondrische Symptome (als Kopfdruck, Gemüthsverstimmung, Schlaflosigkeit u. s. w.), fehlen die hysterischen Stigmata. Hier und da sind wohl einige der letzteren vorhanden: es ist eben kein Wunder, wenn auch ein Hypochonder ein Bischen hysterisch ist. Endlich ist die Prognose, bez. die Therapie verschieden. Die hysterische Astasie kann mit einem Schlage verschwinden, wenn es gelingt, sozusagen den richtigen psychischen Schlüssel zu finden; sie schwindet in der Regel rasch bei richtiger Behandlung (Isolirung und Suggestion). Zur Heilung der Agoraphobie aber gehört gewöhnlich lange Zeit; hier giebt es keine Wunderkuren, sondern es gilt, zunächst durch verständige Behandlung (Ruhe, Ernährung) die nervöse Erschöpfung zu beseitigen.

III.

Thatsächliches und Hypothetisches über das Wesen der Hysterie.[1])

Oppenheim (Berl. klin. Wchnschr. XXVII. 25. 1890) sagt in einem Aufsatze, der die Ueberschrift zum Titel hat: „Die Grunderscheinung der Hysterie ist die reizbare Schwäche, d. h. die abnorme Reizbarkeit und Erschöpfbarkeit." „Aeussere und innere Reize haben zunächst einen grösseren Einfluss auf das Stimmungsleben als bei Gesunden. Aber das krankhafte Moment liegt keineswegs allein darin, dass die Affekte abnorm leicht ausgelöst werden, sondern besonders darin, dass ihr Einwirken auf die motorischen, vasomotorischen, sensorischen und sekretorischen Funktionen erleichtert und gesteigert ist." Der physikalische Ausdruck der Thatsache könne in einer „erhöhten Labilität", einer verminderten „inneren Reibung" der Moleküle gesucht werden. Neben der vermehrten Affektwirkung sei auch zu berücksichtigen, dass „der sensible Reiz zu mächtigeren Erregungen und Entladungen führt". Bei Besprechung der Heilung hysterischer Erscheinungen fügt O. sehr gut hinzu: „Doch scheint es mir, als ob der Reflex meistens nicht unmittelbar einwirke, sondern durch Vermittelung des Affektes."

O. bespricht die hysterischen Reizerscheinungen, indem er sie den Affektwirkungen bei Gesunden vergleicht und als deren Carrikatur sozusagen auffasst. Bei den Lähmungserscheinungen handle es sich um eine Erschöpfung durch den relativ übermächtigen Reiz. „Die hysterische Lähmung ist eine echte Lähmung, dort, wo der Wille auf die motorische Sphäre übergreift, muss ein Leitungshinderniss, und zwar nach unserer Vorstellung ein molekulares (eine molekulare Umlagerung?) vorliegen, das aber nur der gewollten Bewegung einen mehr oder weniger be-

---

[1]) Schm. Jahrbb. Bd. 227. p. 141. 1890.

trächtlichen Widerstand entgegensetzt." „Das Individuum ist nicht mehr im Stande, die betreffende Bewegung zu wollen, während dessen dieselbe noch im Affekt oder auf reflektorischem Wege oder als Mitbewegung zu Stande kommen kann."

Sei der einwirkende Reiz nicht nur im Verhältniss zur „Labilität" des Nervensystems zu gross, sondern absolut zu gross, so entstehe auch beim Gesunden ein Analogon der hysterischen Lähmung (traumatische Neurose).

O. nennt meine Auffassung eine ganz unvollkommene, sie sage zu wenig und zu viel. Ich finde, dass nur die Weise, wie O. meine Auffassung wiedergiebt, eine ganz unvollkommne ist, dass in der Hauptsache das, was O. sagt, sich nicht von dem unterscheidet, was ich gesagt habe, und dass das, worin O. sich von mir unterscheidet, nicht zutreffend ist.

Ich lehre: Die als hysterisch zu bezeichnenden körperlichen Veränderungen sind durch Vorstellungen verursacht. Beim Gesunden rufen Vorstellungen, die mit lebhaften Lust- oder Unlust-Gefühlen verknüpft sind, körperliche Veränderungen hervor; ebenso entsteht ein Theil der hysterischen Erscheinungen. Die Hysterie beruht eben darin, dass einerseits solche Veränderungen ungewöhnlich leicht und in ungewöhnlicher Stärke auftreten, andererseits auf diesem Wege Störungen entstehen, die beim Gesunden überhaupt nicht vorkommen. Bis hierher ist der Inhalt der Vorstellung ohne Bedeutung für die Form der Störung. Es kann aber auch in der verursachenden Vorstellung die Störung vorgedacht sein: Suggestion. Wie für den ersten, so bietet auch für den zweiten Weg das normale Leben Analoga. Denn wie Einer vor Schreck regungslos wird, so kann er ein lebhaftes Jucken empfinden, wenn er einen Floh springen sieht. Ob Gemüthsbewegung allein, ob Suggestion, in beiden Fällen handelt es sich um eine ursächliche Verknüpfung zwischen Vorstellung und körperlicher Veränderung.

Dieser Auffassung, die wenigstens den Vorzug der Klarheit hat, setzt nun O. die Entstehung der hysterischen Symptome durch Affekt oder Reflex entgegen. Was er vom Affekt sagt, tritt ganz in meine Ausführungen hinein. Ein Affekt ist eben nichts weiter als eine Vorstellung mit lebhaftem Lust- oder Unlust-Gefühle, d. i. lebhaftem Wollen oder Nicht-Wollen. Das sieht Jeder ein, sobald er sich besinnt. Man muss nur nicht Wollen mit Willkür verwechseln. O. fehlt darin, dass er über die Entstehung durch Suggestion ganz hinweggeht. Ein grosser Theil der hysterischen Erscheinungen ist aber ohne Einsicht in den Zusammenhang zwischen dem Inhalte der Vorstellung und der Form der Erscheinung ganz unverständlich. Diesen Zusammenhang klar gemacht

zu haben, ist gerade eins der grossen Verdienste Charcot's. Mit der
Betonung des Reflexes aber dürfte O. geradezu einen Rückschritt an-
bahnen. Bekanntlich spielten früher die reflektorischen Neurosen eine
grosse Rolle. Alles, was man nicht zu deuten wusste, war reflektorisch.
Wenn sich Einer an's Bein stiess und das Bein gelähmt wurde, so war
das eben eine reflektorische Neurose. Im Allgemeinen ist zwischen
psychischem Vorgange und Reflex kein grundsätzlicher Unterschied.
Man wird um so eher einen Vorgang Reflex nennen, je kürzer der Weg
zwischen Ausgangs- und Endstation ist und in je tiefer stehenden Theilen
des centralen Nervensystems er abläuft. Der Gewinn, den unser Verständniss gemacht hat, besteht darin, dass wir erkannt haben, wie bei
der Entstehung der hysterischen Erscheinungen die zu Grunde liegenden
Vorgänge sich in den höchsten Regionen abspielen, in den Theilen des
Gehirns, deren Thätigkeit mit bewussten Vorgängen verknüpft zu sein
pflegt. Will man also den Begriff des Reflexes nicht ungebührlich ausdehnen, so darf man ihn nicht in die Erklärung der hysterischen
Symptome hineintragen. Man kann sagen, seine Anwendung und das
Verständniss der Hysterie stehen im umgekehrten Verhältnisse. Früher
glaubte man, eine Erkrankung des Uterus könne, indem sie die dem
Uterus zugehörenden Hinterhornzellen reize und der Reiz auf die gegen-
überliegenden, mit den Beinmuskeln verknüpften Vorderhornzellen übertragen werde, eine Lähmung der Beine bewirken. Das wird wohl auch
O. nicht mehr glauben, auch er wird annehmen, dass der Weg durch
die Hirnrinde führe. Wozu also noch das Wort Reflex, da uns doch
die psychologische Betrachtung weiter führt?

Mit den letzten Erwägungen hängt Folgendes zusammen. Alles Geschehen in der Welt besteht in Aenderungen der Bewegungen materieller
Theilchen. Von einigen wenigen Vorgängen aber wissen wir, dass es
sich bei ihnen nicht nur darum handelt, dass die materiellen Veränderungen sozusagen nur die eine Seite der Sache sind. Wir wissen,
dass einige Bewegungen in dem Gehirn von innen gesehen Wille und
Vorstellung sind. Alles tiefere Verständniss der Welt beruht auf der
Erkenntniss, dass es sich nicht nur im Gehirn so verhält, sondern dass
alle Bewegung der Materie nur die äusserliche Erscheinung von Wille
und Vorstellung ist. Wenn dies so ist, so kann jeder beliebige Vorgang in der Theorie sowohl vom äusseren, als vom inneren Standpunkte
aus aufgefasst und in zweierlei Weise ausgedrückt werden. Thatsächlich aber sind wir nicht nur der Welt im Allgemeinen, sondern
auch dem eigenen Organismus gegenüber auf den äusseren Standpunkt
beschränkt, während für das Wenige, was in unserem individuellen
Bewusstsein vorgeht, der innere Standpunkt der allein mögliche

ist.[1]) Daher der Dualismus, der Herrschaft über die Sprache gewonnen hat und uns mittels ihrer von Kindesbeinen an den Weg zur Einsicht versperrt. Nach langer Mühe sind wir dahingelangt, die Identität der bewussten Vorgänge mit den ihnen entsprechenden materiellen Veränderungen, die wir freilich nicht wahrnehmen, sondern erschliessen, zu erkennen. Der nächste Schritt ist der, dass wir einsehen, wie nicht nur jenen cerebralen Vorgängen, sondern auch denen, die wir als reflektorische zu bezeichnen gewöhnt sind, eine innere, psychische Seite entsprechen muss. Stellt man sich rein auf den äusseren Standpunkt, so ergiebt die Beobachtung durchaus keinen wesentlichen Unterschied zwischen psychischer Reaktion und Reflex. Beide erfolgen genau nach dem gleichen Schema, denn ob mehr oder weniger zwischen den aufsteigenden und den absteigenden Schenkel des Reflexbogens eingeschaltet ist, darauf kommt es nicht an. Der Unterschied ist nur der, dass die innere Seite des Vorganges einmal in unser Bewusstsein fällt, das andere Mal nicht. Ob das für uns unbewusste Psychische ein an sich Unbewusstes sei oder nicht, lässt sich zunächst nicht entscheiden. Zahlreiche Gründe aber sprechen dafür, dass es im Organismus untergeordnete, dem oberen Bewusstsein nicht zugängliche Bewusstseinssphären giebt. Pflüger's „Rückenmarksseele" war ein Ausdruck dieser Auffassung. Also, jeder Reflex ist ein psychischer Vorgang und . jeder psychische Vorgang ist ein Reflex. Geht man von aussen aus, so gilt dieses, geht man von innen aus, so gilt jenes. Will man einen Unterschied machen, so muss man den Ausdruck Reflex für diejenigen nervösen Reaktionen bewahren, deren innere Seite unter allen Umständen unserem Hirnbewusstsein unzugänglich bleibt, wie dies bei den spinalen Reflexen der Fall ist. Der Reflex in dieser Bedeutung des Wortes hat, so glaube ich, in der Pathogenese der hysterischen Erscheinungen keine oder doch nur eine sehr untergeordnete Stelle.

Da die Naturwissenschaft im Allgemeinen auf dem äusseren Standpunkte steht, so werden besonders ihre Jünger die Neigung haben, auch für das, was uns zunächst nur vom inneren Standpunkte aus gegeben ist, die äussere Erscheinungsweise möglichst genau zu bestimmen. Hier liegt aber die Gefahr vor, dass man sich in Hypothesen verliert, für die unser höchst dürftiges Wissen von den Bewegungen der Materie im Gehirn keine rechte Stütze bietet. Dieses Bedenken möchte ich allen anatomisch-physiologischen Deutungen der hysterischen Erscheinungen entgegenhalten. Diese lassen sich vom inneren Standpunkte aus deuten, was nützen aber alle Vermuthungen von der Labilität der Moleküle, die

---

[1]) Vgl. hiezu die Erörterungen im „Anhange".

Versicherung, dass ein molekuläres Leitungshinderniss der hysterischen Lähmung zu Grunde liege, und Aehnliches, da doch für alle diese Dinge keine aufzeigbare Unterlage sich finden lässt? Dabei ist anzuerkennen, dass O. selbst die Unzulänglichkeit dieser Hypothesen betont. Andere Autoren sind viel weiter gegangen als er. Namen sind Schall und Rauch und der neuerdings ungemein beliebte „psychische Gehirn-Mechanismus" ist nichts als Schall und Rauch. —

Endlich möchte ich mich gegen die von O. gewollte Trennung der traumatischen Neurose von der Hysterie aussprechen. Auch ich bin der Meinung, dass es sich aus praktischen Gründen empfehle, den Namen traumatische Neurose beizubehalten, aber für die wissenschaftliche Beobachtung erscheint diese Neurose als Form der Hysterie (bez. Neurasthenie). Dass in der Regel die traumatischen Phänomene einer besonders starken psychischen Einwirkung folgen, könnte doch nur einen graduellen, nicht einen wesentlichen Unterschied begründen. Noch weniger beweist die relative Unheilbarkeit der traumatischen Neurose, da doch die Heilbarkeit für die hysterischen Erscheinungen gar nicht charakteristisch ist. Das Entscheidende ist der von Charcot geführte Nachweis, dass die nicht traumatische männliche Hysterie in jeder Hinsicht, auch in der der Unheilbarkeit der traumatischen Neurose gleichen kann.

IV.

Weitere Erörterungen über den Begriff der Hysterie.

Seit meiner Veröffentlichung im J. 1888 (I) hat die Erkenntniss des seelischen Wesens der hysterischen Erscheinungen wesentliche Fortschritte gemacht. Gilles de la Tourette (Consid. sur les ecchymoses spontanées et sur l'état mental des hystériques. Nouv. Iconogr. de la Salpêtrière III. 2. 49. 1890) gab eine Schilderung des *Gemüthzustandes* der Hysterischen. In Uebereinstimmung mit mir erblickt Vf. das Wesen des hysterischen Zustandes in einer grossen „Suggestibilität". Vorstellungen, die oft im nächtlichen Traume, oft im Traumzustande des Anfalls aufgetaucht sind, bewirken seelische und körperliche Symptome. Ein Kr. z. B., der ohne Schaden zu nehmen, von einem Wagen umgeworfen worden ist, träumt, die Räder des Wagens gehen ihm über den Leib, und erwacht mit einer Paraplegie und mit Anästhesie der Beine bis zum Leib. G. führt zahlreiche Beispiele an. Hierher gehört auch die Gläubigkeit der Hysterischen, die sie oft zum Opfer dieser oder jener Meinung macht und sie zu den grössten Thorheiten verleiten kann. Manche Eigenschaften, die von altersher den Hysterischen zugeschrieben werden, erklären sich bei genauerem Zusehen oft auf andere Weise. Man behauptet z. B., die Hysterischen seien lügnerisch, wird aber meist finden, dass sie, abgesehen von ihren Gedächtnisslücken, selbst an die von aussen oder von innen suggerirten Phantasmata glauben. Manche scheinbare Coquetterie, z. B. die Verwendung schreiender Farben, erklärt sich durch die Dyschromatopsie, manche absonderliche Geschmacksverirrung durch die Anästhesie des Gaumens u. s. w. Ueber die Simulation, die Zuflucht der unwissenden Beobachter, ist schon wiederholt gesprochen worden; je mehr man Einsicht erlangt in das Wesen der hysterischen Störungen, um so seltener findet man Simulation. Viele Irrthümer sind auch dadurch entstanden, dass man die Zeichen der

Degencrescenz gefunden und fälschlicher Weise oft bei Hysterischen, die ja in der Regel aus belasteten Familien stammen, zum hysterischen Charakter gerechnet hat. Ein Hysterischer kann zugleich ein déséquilibré sein, er kann Grübelsucht, délire du toucher, Kleptomanie, Dipsomanie, geschlechtliche Perversität oder andere psychische Stigmata darbieten, immer aber handelt es sich dann um eine Combination. Beim hysterischen Manne ist als Complikation oft die Neurasthenie vorhanden; diese Verbindung wird besonders oft bei traumatischer Hysterie beobachtet und entspricht der sogen. traumatischen Neurose. Bemerkenswerth ist der Unterschied zwischen jugendlichen und älteren Personen. Beim hysterischen Kinde ist die Suggestibilität überaus gross, aber die Suggestionen haften in dem wachsenden Geiste nicht fest: leichte Erkrankung, rasche Heilung. Beim Erwachsenen verliert sich die Labilität; die einmal eingeprägten Eindrücke bleiben und die Störungen gewinnen eine mit dem Alter des Erkrankten zunehmende Hartnäckigkeit.

Wichtiger als die allgemeinen Erörterungen waren die unermüdlich fortgesetzten Bemühungen Charcot's und seiner Schule, durch klinische Versuche die seelische Natur der anscheinend körperlichen Symptome der Hysterie darzuthun. Onanoff z. B. (De la perception inconsciente; Arch. de Neurol. XIX. p. 364. 1890.) · hat in der Salpêtrière psychometrische Versuche angestellt, die zu bemerkenswerthen Ergebnissen geführt haben. Wenn er einem Hysterischen mit Hemianästhesie (der oberflächlichen und der tiefen Theile) aufgab, an eine Zahl, z. B. 11, zu denken und dann bei geschlossenen Augen des Kr. einen Finger der anästhetischen Hand taktmässig drückte, so machte der Finger beim 11. Drucke eine Bewegung. Es trat auf den nicht percipirten Reiz hin eine unbewusste Bewegung ein. Wurde nun hier die Zeit zwischen Reiz und Bewegung gemessen, so ergab sich, dass sie beträchtlich kürzer war, als bei dem Versuche an Gesunden oder an der fühlenden Seite der Hysterischen.

Diese Verkürzung der Reaktionzeit ist nach O. eins der wesentlichen Kennzeichen der hysterischen (psychischen) Anästhesie. Die suggerirte Anästhesie verhält sich ebenso wie die gewöhnliche Hemianästhesie. Vf. vergisst aber nicht hinzuzufügen, dass auch bei Hysterischen, besonders bei hysterischen Männern, eine schwerere Anästhesie vorkommt, bei welcher wahrscheinlich eine unbewusste Perception nicht nachzuweisen ist. Während bei der gewöhnlichen Hemianästhesie die Beweglichkeit der unempfindlichen Theile in keiner Weise leidet, was sich eben durch die unbewusste Perception erklärt, treten bei jener schweren Anästhesie, die sozusagen tiefer in das Reich des Unbewussten hineinreicht, Coordinationstörungen auf.

Die Beobachtung O.'s über die Verkürzung der Reaktionzeit bei
psychischer Anästhesie betrifft nur einen besonderen Fall des allgemeinen
Gesetzes, dass alle seelischen Vorgänge um so rascher verlaufen, je
weniger das Bewusstsein an ihnen Theil hat. Das bewusste, discursive
Denken hinkt hinter dem intuitiven Geschehen im Unbewussten her.
Auf die weiteren Erörterungen O.'s über diesen Gegenstand und auf
seine weiteren Versuche über unbewusste Wahrnehmungen bei Gesunden
soll an dieser Stelle nicht eingegangen werden.

Vf. schliesst einige Bemerkungen über die Entstehung der hysterischen Anästhesie an. Zwar könne diese durch Suggestion oder Autosuggestion hervorgerufen werden, in der Regel aber entstehe sie nicht
auf diesem Wege, sondern sei ein direkter Ausdruck des krankhaften
Gehirnzustandes. Die Vorstellung der Unempfindlichkeit könne in der
Regel dieser nicht vorausgehen, da doch die Kr. oft gar nichts von dieser
wissen.

Diese Bemerkung ist sicher richtig. Ja, es ist geradezu unsinnig, anzunehmen, dass die Hemianästhesie und die hysterischen Stigmata überhaupt suggerirt seien, d. h. dass die Vorstellung des Symptoms
diesem vorausgehe. Wenn man sagt, dass diese hysterischen Symptome
psychisch vermittelt, von Vorstellungen abhängig sind, so kann man verständigerweise dies nur so verstehen, dass vermöge der abnormen Beschaffenheit der Hysterischen, bei ihnen Vorstellungen, die den
Willen lebhaft erregen, nicht nur diejenigen nervösen Störungen (z. B.
Gefässkrampf) bewirken, die bei allen Menschen eintreten, sondern auch
noch andere, nur den Hysterischen eigenthümliche.

Zweifellos gehen die Behauptungen Bernheim's u. A. über den
Einfluss der Suggestion auf die Gestaltung der hysterischen Symptome
zu weit. Die Stigmata sowohl wie die Erscheinungen des Anfalles stehen
offenbar zu den sie hervorrufenden Gemüthsbewegungen in einem ähnlichen Verhältnisse wie die körperlichen Veränderungen, die wir am
Gesunden als Ausdruck der Gemüthsbewegungen kennen. Wie sie einst
entstanden sein mögen, das wissen wir im einen und im anderen Falle
nicht. Möglich ist es, dass in letzter Linie Suggestionen der Ursprung
waren, für uns besteht kein inhaltlicher Zusammenhang mehr zwischen
den Vorstellungen und den in Rede stehenden körperlichen Veränderungen, sondern nur ein ursächlicher. Wie einer blass wird und
schwitzt beim Anblicke von etwas Schreckhaftem, so kann er, wenn er
hysterisch ist, eine Hemianästhesie oder einen Anfall bekommen. Demnach zerfallen die hysterischen Symptome in solche, die sozusagen vor-
gebildet sind und durch die ursächliche Gemüthsbewegung nur zum
Vorscheine kommen, und solche, die in ihrer Form durch den Inhalt

der Vorstellung bestimmt werden. Zu der 2. Klasse gehört z. B. eine
Lähmung des Armes, die dadurch entstanden ist, dass entweder der
Kranke sich gesagt hat, ich fürchte, mein Arm wird gelähmt, oder der
Arzt dem Kranken gesagt hat, dein Arm ist gelähmt. Die 2. Klasse
besteht also aus den im eigentlichen Sinne des Wortes suggerirten
Symptomen. Der Streit dreht sich nun darum, dass die Einen den Umfang der 1. Klasse, die Anderen den der 2. auf Kosten der anderen
vergrössern. Vielleicht gehen beide Parteien zu weit. Gerade bei dem
Lesen von Pitres' Buche z. B. (Leçons cliniques sur l'hystérie et
l'hypnotisme; par A. Pitres. Paris 1891. O. Doin. 2 Vol. 531 et 551
pp. 16 Planches. Gr. 8⁰. 24 Mk.) gewinnt man doch den Eindruck, als
ob dieser Autor den Einfluss der Suggestion sehr unterschätzte und besonders das unbewusste Denken der Kranken, d. h. das, von dem auch
diese keine Rechenschaft geben können, nicht genügend in Betracht
zöge, wie er es sich auch mit der Angabe, von Seiten des Arztes sei
keine Suggestion geübt worden, etwas leicht macht. Wir verweisen
z. B. auf die Lehre von den spasmogenen Zonen, und besonders auf die
von den hypnogenen Zonen.

Alles Weitere knüpft sich an den Namen Pierre Janet an. Dieser
zeigte durch mehrere Arbeiten (L'anesthésie hystérique, Arch. de Neurol.
XXIII. p. 323; l'amnésie hystérique, ibid. XXIV. p. 29; la suggestion
chez les hystériques XXIV. p. 448. 1892) und schliesslich in einem zusammenfassenden Buche (État mental des hystériques. Paris. Rueff et Co.
1893), dass die wichtigsten hysterischen Symptome, bez. die Anästhesie,
seelischer Art seien, sich zurückführen lassen auf eine Spaltung des
Bewusstseins. Die Ausführungen Janet's, die sich auf zahlreiche sinn-
volle Versuche gründen, sind m. E. unwiderleglich. Ich habe früher
Janet's Lehre in dem Satze zusammengefasst: Die anästhetischen Hysterischen fühlen, aber sie wissen es nicht. Das klingt für den, der mit
psychologischen Dingen nicht vertraut ist, wunderlich und man hat gesagt, es sei ja Mysticismus, in Wirklichkeit aber ist es nichts als ein
Ausdruck der klinischen Thatsachen.

Ich habe nicht die Absicht, an dieser Stelle auf die Lehre Janet's
weiter einzugehen, ich möchte nur mein Verhältniss zu ihr darlegen.

In einer neueren Arbeit (Quelques définitions récentes de l'hystérie;
Arch. de Neurol. XXV. p. 417. XXVI. p. 1. 1893.) fasst Janet seine
eigene Ansicht folgendermaassen zusammen: Die Hysterie ist eine Geisteskrankheit, die zur grossen Gruppe der Krankheiten durch Entartung gehört. Ihre körperlichen Symptome sind unwesentlich. Das Hauptsymptom ist die Abschwächung des Combinationsvermögen (de la syn-
thèse psychologique), die man als Einschränkung des Bewusstseinsfeldes

bezeichnen kann. Ein Theil der einfachen psychischen Vorgänge, Wahrnehmungen und Vorstellungen gelangen nicht in das wache Bewusstsein;
so entstehen die Stigmata (Anästhesie, Amnesie, Lähmung). Es entsteht
die Neigung zur dauernden und vollständigen Spaltung der Persönlichkeit, zur Bildung unabhängiger seelischer Complexe. Theils folgen die
verschiedenen Bewusstseinszustände einander zeitlich: die somnambulen
Zustände und die Anfälle. Theils bestehen sie nebeneinander, neben
dem wachen Bewusstsein existirt ein diesem nicht zugängliches Neben-
bewusstsein: dadurch kommt es zu einer Fülle scheinbar körperlicher
Symptome, die thatsächlich auf unbewussten Vorstellungen beruhen, den
hysterischen Zufällen. Noch kürzer fasst J. seine Definition so: Die
Hysterie ist eine Form des geistigen Zerfalles (désagrégation mentale),
die gekennzeichnet ist durch die Neigung zur dauernden und vollständigen Verdoppelung der Persönlichkeit.[1])

Nur ein paar Bemerkungen möchte ich mir zunächst gestatten.
Es scheint so, als hielte J. die verminderte Fähigkeit aufzufassen, die
Einschränkung des Bewusstseinsfeldes für das Primäre, deren Folge erst
die Spaltung des Bewusstseins wäre. Insbesondere bei der Besprechung

---

[1]) Ganz ähnlich ist die Auffassung von J. Breuer u. L. Freud (Ueber den
psychischen Mechanismus hysterischer Phänomene; Neurol. Centr.-Bl. XII. 1. 2. 1893).
Die Vff. setzen auseinander, dass viele hysterische Symptome traumatischer Natur sind,
nach Auftreten und Form von einem mit Gemüthsbewegung verbundenen Erlebnisse
abhängen. „Der Hysterische leide grösstentheils an Reminiscenzen". Dass eine
Reminiscenz in ungestörter Kraft jahrelang fortwirke, hänge davon ab, dass das
Trauma nicht genügend „abreagirt" wurde, d. h., dass die Reaktion gegen das Erlebniss
durch Weinen, Schreien, Sprechen, Nachdenken u. s. w. nicht genügend war. Theils
sei daran absichtliches Zurückdrängen des Erlebnisses aus dem Bewusstsein schuld,
theils der krankhaft veränderte Zustand während des Erlebnisses, dessen Folge Amnesie
ist. In der That wissen die Kr. von dem ursächlichen Erlebnisse in der Regel nichts,
während in der Hypnose die Erinnerung in voller Frische wiederkehrt. Gelingt es,
mit der Erinnerung die Gemüthsbewegung wieder hervorzurufen und den Kr. zu aus-
reichender Reaktion zu veranlassen, so kann dieses Abreagiren heilend wirken und das
Symptom beseitigen. Ebenso wie die andauernden Symptome sind die Anfälle zu erklären. Während dort nur eine bestimmte Erinnerung vom wachen Bewusstsein ab-
gesperrt ist, erlischt hier dieses zeitweise ganz, kehrt die primäre Alienation zurück,
in der der Kr. vom schmerzhaften Affekt überwältigt und im 2. Zustande ist. Gelingt
es, in der Hypnose den Anfall hervorzurufen oder im spontanen Anfalle mit dem Kr.
in Rapport zu treten, so tritt die ursächliche Erinnerung an's Licht und es kann zur
„Abreaktion" kommen. Mit Binet und Janet sehen die Vff. das Wesen der Hysterie
in der Neigung zur Spaltung des Bewusstseins. Die „hypnoiden" Zustände des Bewusstseins sind die Grunderscheinung der Hysterie. Die Vorstellungen erwerben die
Kraft, tief und dauernd auf den Organismus zu wirken, dadurch, dass sie dem associativen Verkehre entzogen werden, der Correktur durch andere Vorstellungen nicht
zugänglich sind und nun wie ein Fremdkörper sich verhalten.

der Abulie hat man den Eindruck, als hielte Vf. eine wirkliche Schwäche,
ein Unvermögen zu combiniren, für das der Hysterie Eigene. Er schildert
die hysterische Abulie, als wäre sie die neurasthenische Abulie. Die
Störung ist aber doch nur dann eine hysterische, wenn das Minus
scheinbar ist, wenn Das, was dem wachen Bewusstsein fehlt, nicht verloren geht, sondern ausser ihm existirt und unter geeigneten Umständen
wieder gewonnen werden kann. Die Einschränkung des Bewusstseins
ist nur dann hysterisch, wenn sie durch Abspaltung verursacht, wenn
das dédoublement de la personnalité das Erste ist. Uebrigens darf man
nicht vergessen, dass Spaltung, Verdoppelung nur bildliche Ausdrücke
sind, dass wir in Wirklichkeit über die Vorgänge ausserhalb des Bewusstseins gar nichts wissen.

Vf. bespricht auch meine Definition und findet sie zu eng, jedoch
habe ich, obwohl ich die Mangelhaftigkeit meiner Erörterungen aus dem
Jahre 1888 sehr wohl einsehe, von vornherein nicht nur von den Wirkungen
der idées fixes gesprochen, wie J. meint, sondern von jedweder krankhaften Veränderung im Organismus, die auf uns unbewusste Weise von
Vorstellungen bewirkt wird. Das aber bleibt doch auch jetzt Kennzeichen der Hysterie, dass hier psychische Veränderungen das Primäre
sind, während sonst, bei seelischen Krankheiten ebenso wie bei körperlichen, organische Vorgänge, bei denen die Stärke der Wirkung der der
Ursache entspricht, vorausgesetzt werden müssen. Bekommt jemand
Kopfschmerzen, weil er sich überanstrengt hat, so wird das Maass der
Schädigung von der Menge der giftigen Ermüdungstoffe abhängen. Bekommt er aber Kopfschmerzen, weil er sieht, dass ein anderer sich an
den Kopf stösst, so haben wir hier die Wirkung einer Vorstellung, wie
sie nur bei der Hysterie vorkommt, und für die sonst in der Welt kein
Analogon ist. Auch bei den Stigmata kommt es nicht nur darauf an,
dass sie auf einer Spaltung des Bewusstseins beruhen, sondern eben so
wichtig ist, dass diese Spaltung nicht wie die Hallucination des Paranoia-
kranken direkt organischen Veränderungen entspricht, sondern Wirkung
psychischer Vorgänge ist. —

Jetzt würde ich meine Auffassung etwa so zusammenfassen. Die
der Hysterie wesentliche Veränderung besteht darin, dass vorübergehend
oder dauernd der geistige Zustand des Hysterischen dem des Hypnotisirten
gleicht. D. h. jener reagirt, ohne hypnotisirt zu sein, wie dieser. Ebenso
wie alle im hypnotischen Zustande beobachteten Erscheinungen
(Anästhesie, Amnesie, Hallucination, Lähmung, Contractur, vasomotorische
Veränderungen, Oedeme, Blutungen u. s. w.) sind alle Erscheinungen
bei der Hysterie Wirkungen der Suggestion, d. h. des Vorstellens. Wie
die in dem für uns Unbewussten vor sich gehende Wirkung der Vor-

stellungen zu denken sei, ist natürlich erschöpfend nicht zu sagen. Am nächsten scheint der Wirklichkeit die Anschauung von der „Spaltung des Bewusstseins" zu kommen.

Also der Form nach sind alle hysterischen Symptome den suggerirten Erscheinungen gleich, *aber Hysterie ist nicht gleichbedeutend mit gesteigerter Suggestibilität.* Dieser Begriff ist der weitere, die Hysterie ist nur eine besondere Art krankhaft gesteigerter Suggestibilität. Beim Gesunden ist der Grad der Suggestibilität sehr verschieden. Er kann sehr hoch sein und er kann durch bestimmte Einwirkungen noch wesentlich gesteigert werden. Immer aber verwirklicht der Gesunde nur die ihm gegebene Suggestion, mag es sich um eine Vorstellung handeln, die er sich selbst gebildet hat, oder um eine, die ihm ein Anderer mitgetheilt hat. Der Hysterische dagegen reagirt in krankhafter Weise, d. h. bei ihm rufen erschreckende oder ängstigende oder sonstwie affectvolle Vorstellungen Symptome hervor, die dem Inhalte nach nicht suggerirt sind. Kein Gesunder wird jemals eine Hemianästhesie bekommen, wenn er sie sich nicht mehr oder weniger deutlich vorgestellt hat. Der Hysterische braucht nicht die mindeste Ahnung davon zu haben, dass es eine Hemianästhesie giebt und was sie ist, und doch bekommt er sie, wenn er etwa erschrickt. Das Gleiche gilt von den übrigen Stigmata. Neben den Stigmata haben die meisten Hysterischen auch Symptome, die inhaltlich suggerirt sind, und solche kann auch der Gesunde haben.

Im Sinne des Vorausgehenden kann man kurz sagen: *Alle hysterischen Erscheinungen sind Suggestionen der Form nach, ein Theil von ihnen aber ist dem Inhalte nach nicht suggerirt, sondern eine krankhafte Reaction auf Gemüthsbewegungen.*

V.

Einige casuistische Mittheilungen.

1) Ueber hysterische Stummheit mit Agraphie.[1]

Das Bild der hysterischen Stummheit ist von Charcot mit scharfen Zügen gezeichnet worden. Der Kranke ist nicht nur unfähig, zu sprechen, sondern er kann auch keinen Laut hervorbringen, wenn nicht ein unbestimmtes Grunzen, d. h. er ist aphatisch und aphonisch. Er versteht aber alles, kann lesen und drückt sich schriftlich gern und mit auffallender Gewandtheit aus. Der eigentlichen Stummheit kann eine Art Stottern vorausgehen oder folgen.

Charcot selbst hat darauf hingewiesen, dass Abweichungen von dieser typischen Form vorkommen. Er schildert in seinen Leçons du Mardi (I. p. 363. 1888) eine Kranke, bei der neben der hysterischen Stummheit ein gewisser Grad von Agraphie bestand.

Die 33jähr. Kranke war nach einem Streite bewusstlos hingeschlagen (Apoplexie hyst.). Nach dem Erwachen war sie an den rechten Gliedern gelähmt und stumm. Nach 3 Tagen verschwand die Lähmung, die Kr. aber war agraphisch. Sie hatte, wie sie später sagte, „den Begriff von der Orthographie der Worte" verloren. Anfänglich konnte sie nur Striche machen. Dann schrieb sie falsch. Fragte man sie, was die Salpêtrière sei, so schrieb sie „ho ... pice où l'on guérit des madales". Ihren Namen schrieb sie „Victirone" statt Victorine, „Mantmotre" statt Montmartre. Sie verstand alles gut, konnte lesen. Es bestand Lippen-Zungen-Krampf der linken Seite.

Aehnliche Verhältnisse scheinen bei dem Kr. mit hysterischer Stummheit, den Wernicke beschrieben hat (Jahrbb. CCXXVII. p. 69), bestanden zu haben. Nur war hier auch eine eigenthümliche Lesestörung vorhanden.

Der Kr. konnte gar nicht sprechen. Er machte sich durch Gesten verständlich. Er konnte schreiben, verschrieb sich aber oft. Er konnte lesen, erkannte aber die

---

[1] Schm. Jahrbücher. Bd. CCXXIX. 1891.

lateinische Schrift nicht mehr (die er auch nicht schreiben konnte). Der Kr. zeigte ferner eine eigenthümliche Ungeschicklichkeit der Mundbewegungen: er konnte kein Licht ausblasen, nicht ausspucken, nicht saugen.

Ich habe eine Kr. beobachtet, bei der die agraphische Störung besonders deutlich war, zugleich aber ebenso wie bei dem Kr. Wernicke's eine seltsame Form von Wortblindheit und eine Motilitätstörung der Zunge vorhanden waren.

Im Juli wurde eine 28jähr. Frau von ihrem Manne zu mir gebracht, weil sie seit 5 Tagen stumm war. Die Mutter der Kr. sollte an ähnlichen Zuständen und an Krämpfen gelitten haben. Sie selbst war angeblich immer gesund gewesen. Im Februar aber war ihr Kind gestorben und seitdem war sie verändert. Sie hatte immer viel geweint, schlecht geschlafen, wenig gesprochen. Die Stummheit war anscheinend ohne Veranlassung eingetreten. Weder ein Krampfanfall, noch eine Ohnmacht, noch Zuckungen oder Parästhesien sollten vorausgegangen sein.

Die Kr. sagte nur „nein" oder „na". Sprach man aber lebhaft auf sie ein mit vielen Fragen, so entschlüpfte ihr dieses oder jenes Wort, welches mit Ton und ganz correkt gesprochen wurde, auf Verlangen aber nicht wiederholt werden konnte. Forderte man sie auf, zu schreien oder laut zu husten, so kam kein Ton heraus. Der Mann sagte, auch zu Hause sei die Frau ganz wort- und stimmlos, sage immer nur nein oder na.

Als sie Namen und Wohnung aufschreiben sollte, schrieb sie folgendermaassen:

1) Ich heisse Luise Fischer, wohne Lindenau, Leipzigerstrasse. (Aufgabe.)

2)

(Schrift der Kranken während der Stummheit.)

3)

(Schrift der Kranken nach der Genesung.)

Sie konnte weder Gedrucktes, noch meine Schrift lesen, ihres Mannes Handschrift las sie aber ganz gut. Ihr Verständniss war sehr richtig, sie erwiderte jede Frage mit treffenden Gesten, bezeichnete alle Dinge, deren Name genannt wurde. Sie hatte zu Hause alle wirthschaftlichen Geschäfte aufs Beste besorgt.

Sie konnte den Mund nicht öffnen, ohne zugleich die Zunge herauszustrecken. Im Uebrigen waren alle Bewegungen ungestört, ebenso wie die Sensibilität und die reflektorische Erregbarkeit.

Nachdem die Kr. 14 Tage lang in ihrer Heimath elektrisirt worden war, waren *alle* Störungen allmählich verschwunden. Sie wunderte sich, als ihr die Schriftprobe vorgelegt wurde, „ob sie das wirklich geschrieben habe, da müsse sie doch ganz wirr im Kopfe gewesen sein", und schrieb nun, wie die Figur zeigt, ganz wie es ihrer Bildungstufe entsprach.

Die Mimickry der Hysterie hatte hier ein ziemlich getreues Bild der motorischen (monosyllabären) Aphasie mit Agraphie geliefert. Es ist ersichtlich, dass die Kenntniss dieser Dinge auch praktische Wichtigkeit hat.

2) Ueber allgemeinen Haarschwund bei einer Hysterischen.[1])

Ich stellte am 29. April 1890 der med. Gesellschaft zu Leipzig *eine Hysterische mit allgemeinem Haarschwunde* vor. Ich machte darauf aufmerksam, dass möglicher Weise ein Zusammenhang zwischen nervösen Störungen und der Alopecia universalis bestehe, ohne doch eine bestimmte Meinung darüber zu äussern.

Die 30jähr. Kranke stammte angeblich aus gesunder Familie und war bis zum 19. Jahre gesund gewesen. Vom 19. Jahre an litt sie an Krampfanfällen, die ungefähr zweimal im Monate wiederkehrten, in denen sie nach Aufschreien bewusstlos niederfiel und allerhand Bewegungen ausführte. Zungenbiss oder Harnabgang im Anfalle sind nicht vorgekommen. Die Anfälle wurden für epileptische gehalten und es wurde der Kranken Bromkalium verordnet, das sie zu 10 g täglich jahrelang genommen hat. Beziehungen der Anfälle zu der Monatsregel, die seit dem 15. Jahre in normaler Weise bestand, waren nie nachzuweisen. Erst im Jahre 1878 wurde die Menstruation auffallend schwach. Während 3 Monate blieb sie ganz aus und in dieser Zeit verlor die Kranke sämmtliche Haare des Körpers. Im Jahre 1879 machte die Kranke ein „Nervenfieber" durch und ein Vierteljahr später begannen die Haare wieder zu wachsen. Zwar waren sie zunächst nur dünn, farblos und erreichten nur die Länge eines Centimeter. Nachdem aber diese Wollhaare ausgefallen waren, wuchsen wieder kräftige dunkle Haare. Die Kopfhaare reichten bis zu den Schultern. Bis zum Jahre 1889 blieb die Kranke, abgesehen von ihren Anfällen, wegen deren sie seit Anfang 1889 nur noch 3 g Bromkalium täglich nahm, gesund. Im November 1889 aber begann wieder der Haarschwund, und zwar fing er, wie die Kranke mit Bestimmtheit angiebt, über dem rechten Seitenwandbeine an. Nach 4 Wochen waren alle Haare des Körpers bis auf einzelne Achselhöhlenhaare verloren gegangen. Seit Februar 1890 klagte die Kranke über schlechtes Sehen mit dem rechten Auge.

Das gut gewachsene, von den erwähnten Störungen abgesehen, ganz gesunde Mädchen zeigte einen vollständigen Haarschwund: Sowohl die Kopfhaare, als Augenbrauen und Wimpern, als Achselhöhlen- und Schamhaare, als die kleinen Härchen der übrigen Hautdecke fehlten. Nur auf der Höhe des Wirbels fanden sich noch ungefähr 10 etwa 2 mm lange dunkle Haarstümpfe. Die Kopfhaut erschien als etwas verdünnt

---

[1]) Schm. Jahrbb. CCXXVI. p. 288.

(etwa im Verhältnisse zu dem Volumenverlust der Haut durch Schwund der Haarschäfte), im Uebrigen als ganz gesund. An den übrigen enthaarten Stellen waren krankhafte Veränderungen nicht zu sehen.

Die Empfindlichkeit der rechten Körperhälfte war in mässigem Grade vermindert; die Haut- und die Sehnenreflexe waren rechts schwächer als links. Der Rachenreflex fehlte ganz. Die Gegend des linken Ovarium war gegen Druck empfindlich.

Herr Lamhofer hat die Güte gehabt, die Augen zu untersuchen. Er hat nur eine geringere Accommodationsbreite des rechten Auges nachweisen können, keines der sonst bei Hysterischen vorkommenden Augensymptome.

Aller Wahrscheinlichkeit nach sind die Anfälle der Kranken als hysterische zu deuten[1]), doch habe ich keinen beobachtet.

3) Ueber einen Fall von hysterischer Facialislähmung.

Bekanntlich ist neuerdings die Ansicht, dass die hysterische Hemiplegie das Gesicht frei lasse, erschüttert worden. Auch Charcot hat Andeutungen von Lähmung im Gebiete des Mundfacialis gesehen und hat zugegeben, dass nicht nur der von seinen Schülern Brissaud und Marie beschriebene Hemi-Spasmus der Lippe und der Zunge eine Parese der anderen Seite vortäuschen könne, sondern auch Schwäche ohne Krampf der anderen Seite vorkomme. Er hält aber daran fest, dass dies die Ausnahme sei und dass die Parese des Mundfacialis bei Hysterie sehr gering sei. W. Koenig hat diese Angaben an den Insassen der Dalldorfer Anstalt geprüft und ist dahin gelangt, sie zu bestätigen.

Er fasst seine Ergebnisse etwa folgendermaassen zusammen. 1) Eine reine, einwandfreie, nicht mit Spasmen complicirte hysterische Facialisparese ist selten. 2) Etwas häufiger scheint eine solche Parese zugleich mit spastischen Erscheinungen auf der anderen Seite vorzukommen. 3) Wie Charcot angiebt, ist die hysterische Facialisparese schwach und mit Anästhesie verbunden. Vielleicht ist das stärkere Hervortreten der Parese in der Ruhe kennzeichnend. 4) Beim Hemispasmus glossolabialis kommen Abweichungen von dem Bilde Brissaud-Marie's vor. Besonders kann die Zunge auch nach der nicht-krampfenden Seite abweichen.

Auch ich habe neuerdings zum ersten Male eine Schwäche des Mundfacialis bei einer hysterischen Hemiparese beobachtet, und zwar konnte ich sie entstehen sehen. Ein 52jähr. Zimmermann war 1889 von einer Leiter gestürzt. Er klagte danach über Schmerzen im rechten Arme und rechten Beine. Im J. 1890 fand ich geringe Schwäche der rechten Glieder und Analgesie der Hand und des Fusses, die nur bis

---

[1]) Vergl. S. 61.

zur Mitte des Vorderarmes und des Unterschenkels reichte. Langsame
Verschlimmerung. Weinerliches, aufgeregtes Wesen. Gesichtshallu-
cinationen. Im J. 1891 bestand deutliche Hemiparese der rechten
Glieder mit dem kennzeichnenden Nachschleifen des rechten Fusses.
Analgesie der ganzen rechten Körperhälfte. Einschränkung des Gesichtfeldes, Diplopia monophthalmica, Mikro-Megalopsie rechts. Erst im
Frühjahre 1892 fiel ein deutliches Herabhängen des rechten Mundwinkels
auf und eine Schlaffheit der ganzen rechten unteren Gesichthälfte. Die
Saugkraft war rechts viel schwächer als links. Beim Sprechen war kaum
ein Unterschied zwischen rechts und links zu bemerken. Die Zunge
wich beim Herausstrecken nur ganz wenig nach rechts ab. Keine Spur
von spastischen Erscheinungen. Die Analgesie hat 1892 auch die linke
Seite ergriffen, wiewohl sie hier schwächer als rechts ist.

VI.

Bemerkungen über Simulation bei Unfall-Nervenkranken.[1]

1.

Qui tacet, consentire videtur. Darum ist es bei wichtigen Angelegenheiten auch dem, welcher sachlich nicht gerade Neues vorbringen kann, getattet, zu reden und seine abweichende Meinung zu vertreten. Bis vor Kurzem schien es, als ob in der Frage nach den bei Verunglückten auftretenden Neurosen eine fortschreitende Klärung und Einigung der Ansichten stattfinde. Nicht nur war man dahin gekommen, die wesentliche Uebereinstimmung der sogenannten traumatischen Neurose, der Railway spine, des Railway brain und wie die Namen lauten mögen, mit den auf anderweiten Ursachen beruhenden „functionellen" Erkrankungen zu erkennen, so dass der Unterschied der Benennung als Wortstreit erschien, sondern man hatte auch sich dahin geeinigt, dass die früher häufige Verdächtigung, derjenige simulire, der über Beschwerden klagt, ohne Zeichen einer organischen Erkrankung darzubieten, nur selten begründet ist. Neuerdings aber hat eine Reihe hervorragender Autoren erklärt, die Simulation sei häufig, und es ist nicht zu verkennen, dass die öffentliche Meinung unter den Aerzten von dieser Erklärung stark beeinflusst wird. Man sollte nun erwarten, dass Diejenigen, die die Simulation für häufig halten, sich bemühten, recht viele überzeugende Beispiele beizubringen. Das ist aber nicht geschehen, ja die wenigen vorgebrachten Beispiele sind nichts weniger als überzeugend. Behauptung steht gegen Behauptung. Dass Simulation vorkommt, wird von Niemand bestritten, Ob der Einzelne ihr so oder so oft begegnet, das wird zum Theil vom Zufalle abhängen. Bei diesem Stande der Dinge hat es wenig Reiz, an der Debatte theilzunehmen, und nur die Theilnahme für die Kranken veranlasst mich, das Wort zu ergreifen.

---

[1] Münchener Medicin. Wochenschrift, 1890, Nr. 50. 1891, Nr. 39.

Ich blicke jetzt auf eine ziemlich lange Reihe von Fällen, in denen
ich Unfallnervenkranke zu untersuchen hatte, zurück. Reine Simulation
habe ich zufälliger Weise niemals gefunden. Dagegen waren nur wenige
unter den Kranken, die nicht von einem Arzte oder von einigen Aerzten
für Simulanten erklärt worden waren. In einem Falle (1881) hatte es
8 Jahre gedauert, bis dem Kranken sein Recht geworden war. So und
so oft habe ich gesehen, wie der Zustand des Kranken durch die
Kränkung, er sei ein Simulant, verschlimmert wurde, wie sich des Ver-
dächtigten tiefe Bitterkeit bemächtigte. Noch vor Kurzem habe ich erlebt, dass ein schwer kranker Mann, als er erfuhr, in dem Universitätsinstitut, in dem er früher behandelt worden war, sei der Verdacht der
Simulation ausgesprochen worden, beträchtlich kränker wurde. Im Laufe
der Jahre haben sich im Allgemeinen die Verhältnisse gebessert, die
Voreingenommenheit der Aerzte hat entschieden abgenommen. Jetzt
aber, da die Häufigkeit der Simulation gepredigt wird, wird es schlimmer
werden, als es gewesen ist.

Seeligmüller hat vorgeschlagen, Provinzial-Unfallskrankenhäuser
zur Entlarvung der Simulanten zu gründen. Das ist gewiss kein glücklicher Gedanke. Denn, von ökonomischen Bedenken ganz abgesehen,
man würde diese Institute nicht sowohl Simulantenschulen, als mit mehr
Recht Einrichtungen zur Verschlimmerung und Ausbreitung der Hysterie
nennen können. Jedermann weiss, dass die Hysterie eine ansteckende
Krankheit ist. In einem solchen Krankenhause würde der Leichtkranke
zum Schwerkranken werden. Seeligmüller schlägt ferner vor, ein
Gesetz zu schaffen, nach dem die Simulation streng bestraft würde. Ein
ungerecht Verurtheilter könnte ja nachträglich entschädigt werden. Das
ist eine geradezu entsetzliche Perspective. Man möge sich doch in die
Lage eines armen Kranken, der wegen seiner Krankheit nicht nur mit
den Seinigen in Noth und Elend gekommen ist, sondern auch ungerecht
verurtheilt worden ist, versetzen und sich fragen, ob eine spätere Ehren-
erklärung oder eine Geldentschädigung das Geschehene wieder gutmachen
kann. Welcher Arzt wird bei der Ungewissheit fast aller ärztlichen
Urtheile es wagen, zum Strafrichter zu werden?[1]

Seeligmüller sagt: „Gut! so mache man bessere Vorschläge!"
Nun, ich meine das ist nicht schwer. *Mögen die Aerzte sich eine
gründliche Kenntniss der Hysterie erwerben. Das ist's, was noth thut!*

---

[1] Ich freue mich, hinzufügen zu können, dass Herr Prof. A. Hoffmann in
einem Vortrage über die traumatische Neurose, den er am 25. November in der med.
Gesellschaft zu Leipzig gehalten hat, ganz ähnliche Ansichten über Seeligmüller's
Vorschläge ausgesprochen hat.

Dann wird die Nothwendigkeit, mehrfache Gutachten einzuholen, seltener werden. Die klaren Fälle, die die grosse Mehrzahl bilden, werden dann leicht erledigt werden. Die wenigen zweifelhaften werden rasch in die richtigen Hände gelangen.

Ich verstehe unter „traumatischer Neurose" ein Krankheitsbild, das nach den verschiedensten Verletzungen beobachtet wird und sich zusammensetzt aus hysterischen und neurasthenisch-hypochondrischen Symptomen. Es ist also traumatische Neurose und traumatische Hysterie oder traumatische Neurasthenie ein- und dasselbe.

Zur Diagnose der traumatischen Neurose gehört daher der Nachweis, dass die Symptome und der Verlauf einem bestimmten Krankheitsbilde, d. h. dem der Hysterie oder der Neurasthenie, häufiger eine Verbindung beider entsprechen. Es wird bei dem Arzte eine genaue Kenntniss dieser Krankheiten vorausgesetzt. Solche Kenntniss aber ist gegenwärtig noch selten. Gerade über die Hysterie stehen noch viele falsche Vorstellungen in Geltung. Viele wissen nicht, dass die Symptome der Hysterie von einer so strengen Gesetzmässigkeit sind, wie irgendwelche Symptome. Man glaubt vielfach noch, dass Launenhaftigkeit und regelloser Wechsel der Erscheinungen wesentliche Kennzeichen der Hysterie seien. Ganz besonders macht der Umstand den Aerzten Schwierigkeit, dass die Symptome der Hysterie durchweg psychisch vermittelt sind, dass ihr Auftreten und Verschwinden mit seelischen Vorgängen in Verbindung steht, wodurch der Anschein der Willkür entstehen kann, und dem nur physiologisch, nicht psychologisch Denkenden allerhand Missverständnisse erwachsen können.

Das erste und wichtigste ist, dass der Kranke genau untersucht wird. Man muss ihn sich ausziehen lassen und Motilität, Sensibilität, reflectorische Erregbarkeit systematisch untersuchen. Man muss alle Hirnnerven durchprüfen (Gesicht, Gehör, Geruch, Geschmack, Empfindlichkeit und reflectorisches Verhalten der Schleimhaut u. s. w.). Wer weiss, auf was er zu achten hat, der kann Richtwege einschlagen. Der minder Erfahrene aber kann sich nur dadurch helfen, dass er mit systematischer Gründlichkeit vorgeht und alles untersucht, was vom Nervensystem zu untersuchen ist. Bei einiger Uebung ist der Zeitverlust nicht gar so gross und eine einmalige gründliche Untersuchung ist mehr werth als so und so viele Besuche ohne Untersuchung.

Am sichersten wird der Arzt gehen, wenn er sich in erster Linie an diejenigen Erscheinungen hält, die nicht simulirt werden können. Deren aber giebt es nicht wenige. Ich nenne deutliche Steigerung der Sehnenreflexe, besonders das Fussphänomen, Ungleichheit der Sehnenreflexe auf beiden Seiten, Muskelschwund, die von Rumpf beschriebenen

bündelweise auftretenden Muskelzuckungen, unter Umständen auch Veränderungen der elektrischen Erregbarkeit, deutliche vasomotorische
Symptome, Hyper- oder Anidrosis, Oedeme. Das sind alles Veränderungen,
die der Neurose allein zukommen können, ohne dass grobe Läsionen
vorhanden zu sein brauchen.

In zweiter Linie stehen diejenigen Symptome, die zur Noth simulirt
werden können, deren Nachahmung aber ein solches Maass von Kenntnissen und Geschicklichkeit voraussetzt, dass ihre Simulation in den
meisten Fällen höchst unwahrscheinlich ist. Hierher gehören der grosse
hysterische Anfall, die Hemianästhesia totalis, die Einengung des Gesichtsfeldes und die hysterische Dyschromatopsie, die partielle Anästhesie
(Analgesie, mit oder ohne Thermanästhesie) mit ihren für die Hysterie
charakeristischen Grenzen, die hysterogenen Zonen, die hysterische Hemiparese mit ihrem eigenthümlichen Gange, der einseitige Lippenzungen-
krampf u. A. mehr. Die eigenthümliche Verknüpfung, in der Hyper-
und Anästhesie bei Hysterie aufzutreten pflegen, in die überhaupt bestimmte Gruppen von Symptomen eingehen, dürfte dem Nachahmenden
eine schwere Aufgabe sein. Wenn Jemand sagt, er lege auf den Nachweis von Anästhesie wenig Werth, so heisst das doch etwas summarisch
verfahren und ein solcher Ausspruch dürfte einer sehr eingehenden Begründung benöthigt sein, die erst zu geben wäre.

Fehlen die hysterischen Symptome, sind nur neurasthenische, mit
denen immer hypochondrische verknüpft sind, vorhanden, so wird
natürlich die Sache schwieriger. Aber auch hier kann wohl auf die
innere Wahrscheinlichkeit, auf das Zusammenstimmen der Angaben des
Kranken Werth gelegt werden, da doch in der Regel ein so eingehendes
Studium, wie es zur erfolgreichen Nachahmung nöthig wäre, bei den
Patienten nicht vorausgesetzt werden kann. Aber der Arzt muss eben
wissen, welche Angaben innere Wahrscheinlichkeit haben und welche
nicht. Natürlich ist bei einem Kranken, der durch mehrere Kliniken
gegangen ist, grössere Vorsicht nöthig, als bei einem, der zum ersten
Male untersucht wird. Meist wird längere Beobachtung nöthig sein.
Während derselben darf der Arzt Provocationen und Fallstricke anwenden. Er wird versuchen, ob der Kranke sich auf die von ihm angegebenen Symptome beschränkt, oder ob er sich zu ihrer Variation
und Vermehrung verlocken lässt. Es ist ferner durchaus zweckmässig, den Kranken heimlich zu beobachten, ihn in der Nacht zu überwachen u. dgl. Verwerflich aber sind alle Foltermittel. Mag man sich
als eines solchen etwa des faradischen Pinsels oder kränkender Worte
bedienen. immer wird man in Gefahr kommen, ein ungerechtes Urtheil
zu fällen, den gequälten Kranken in einen scheinbaren Simulanten zu

verwandeln. Die Irrenärzte haben von jeher bei ihren Kranken, bie denen körperliche Veränderungen fehlen, auf eine möglicherweise vorhandene Simulation Rücksicht nehmen müssen. Sie haben sich dabei auf die innere Wahrscheinlichkeit des Krankheitsbildes und auf die Ueberwachung des Kranken verlassen. So wie sie hat der Begutachtende den Unfallnervenkranken gegenüber zu verfahren. Sind sie fast einstimmig zu dem Ergebnisse gekommen, dass reine Simulation ausserordentlich selten ist, so wird er kaum zu einem anderen kommen.

Ganz sicher aber ist eine peinliche Beobachtung nur in der kleinen Minderzahl der Fälle nöthig. In der Mehrzahl kann der Sachverständige bei der ersten Untersuchung die Diagnose stellen. Ja auch da, wo nur subjective Beschwerden vorhanden sind, bestehen oft gar keine Bedenken, gerade so wie dem Irrenarzte in vielen dem Juristen zweifelhaften Fällen die sofortige Diagnose gelingt.

Manche Umstände, die dem Unerfahrenen auf Simulation zu deuten scheinen, überraschen den Sachverständigen nicht. Gewöhnlich schliessen sich die Beschwerden nicht direkt an den Unfall an, sondern entwickeln sich erst nach einigen Wochen. Dass diese bildlich so zu nennende Incubationsperiode (période de méditation [inconsciente] sagt treffend Charcot) auf psychologischen Gesetzen beruht, beweist der Umstand, dass sie auch in zweifellosen Fällen, z. B. in solchen, in denen von einer Entschädigung keine Rede ist, vorhanden zu sein pflegt. Zuweilen tritt eine wesentliche Besserung ein, sobald dem Verletzten eine Rente zugesprochen worden ist. Das einzige wirksame Heilmittel ist eben die Seelenruhe und diese kann eintreten, wenn die Aufregungen des Processes vorüber sind. Manche Kranke, die angeblich ihren Beruf und schwere Arbeit überhaupt nicht ausüben können, betheiligen sich als Rentenempfänger an einem Handelsgeschäfte oder dergleichen. Wenn man etwas Aehnliches bei einem Neurasthenischen sieht, der mit der Unfallversicherung nichts zu thun hat, wundert sich kein Mensch. Einzelne Kranke machen unsichere, einander widersprechende Angaben; dann ist zu prüfen, ob nicht eben ihr ganzer seelischer Zustand ein rasch wechselnder, die Urtheilstäuschungen erklärender ist. Dass Furcht und Hoffnung auf viele Symptome Einfluss haben, sollte am Ende Jeder wissen.

Endlich ist nicht zu vergessen, dass mit dem Nachweise der Simulation nicht der der Gesundheit gegeben ist. Reine Simulation ist selten, Uebertreibung häufig. Die hypochondrische Gemüthsstimmung treibt die Kranken unwillkürlich zur Uebertreibung. Misstrauen und brutale Behandlung wirken in der gleichen Richtung. Wenn ein ungebildeter und moralisch vielleicht nicht eben gefestigter Mensch von Untersuchung zu

Untersuchung geführt wird und in den zweifelnden Gesichtern der Untersucher seine Zurückweisung zu lesen glaubt, wohl auch schon in einem
Gutachten für gesund erklärt worden ist, darf es dann überraschen,
wenn er seine Beschwerden übertreibt und sich alle Mühe giebt, krank
zu erscheinen?

Ein Geständniss der Simulation ist nur mit Vorsicht zu verwerthen.
Nicht nur kann das gekränkte Ehrgefühl zu verzweifelten Aussagen veranlassen, sondern auch der krankhafte Geisteszustand selbst. Man vergesse doch nicht, dass viele Hexen freiwillig ihr Bündniss mit dem
Teufel eingestanden und sich dadurch auf den Scheiterhaufen gebracht
haben.

In vereinzelten Fällen wird der Untersucher trotz aller Mühe zu
einem non liquet gelangen. Nun, dann scheue er sich nicht, dies auszusprechen und zugleich eine Untersuchung durch einen weiteren Sachverständigen zu fordern. Die Genossenschaften werden einem solchen
Verlangen stets nachgeben, denn ihnen liegt nicht daran, zu einem
raschen, sondern daran, zu einem sicheren Urtheil zu kommen. Dem
Arzte aber wird sein ehrliches „ich weiss es nicht" nicht zum Tadel,
sondern zur Ehre gereichen.

2.

Seeligmüller (Deutsche med. Wochenschrift XVII. 31, 32, 33, 34.
1891) hat „Weitere Beiträge zur Frage der traumatischen Neurose und
der Simulation bei Unfallverletzten" geliefert. Er hat da geschrieben:
„Herr College Möbius sagt: »Man sollte erwarten, dass diejenigen, welche
die Simulation für häufig halten, sich bemühten, recht viele überzeugende
Beispiele beizubringen. Dies ist aber nicht geschehen, ja die wenigen
vorgebrachten Beispiele sind nichts weniger als überzeugend«. Dieser
Kritik gegenüber behaupte ich, dass die von mir am Schlusse meiner
Arbeit ausführlich mitgetheilten 2 Fälle für jeden Unbefangenen volle
Beweiskraft haben. Alle Herren Collegen, welche wie Herr Möbius
anderer Meinung sind, bitte ich dringend um eine Kritik meiner beiden
Gutachten."

Ich bin damals auf Seeligmüller's Gutachten nicht eingegangen,
weil ich fühlte, dass ich es mit Sanftmuth nicht thun konnte, und weil
es mir peinlich war, einen persönlich werthgeschätzten Collegen anzu-
greifen. Der directen Aufforderung Seeligmüller's gebe ich nach.
Ich thue dies um so eher, als leider recht Viele durch Seeligmüller's
Mittheilungen beeinflusst worden zu sein scheinen. Dass meine Kritik
herb ist, bedauere ich, kann es aber nicht ändern.

Ich bespreche zunächst die zwei von S. im Jahre 1890 (Deutsche med. Wochenschrift XVI, 44) veröffentlichten Gutachten.

1) Es handelt sich um einen ?jährigen Locomotivführer W. B., der im December 1886 bei einer Entgleisung erschüttert worden war, „vom 1.—6. Dec. d. Js." (das Gutachten ist vom 15. Sept. 1888 datirt) von S. beobachtet wurde. Der Mann klagte a) über Schmerzen am unteren Ende der Wirbelsäule, b) über Schwäche in den Beinen, und c) zeitweise über Zittern der Hände, besonders der rechten. Er gab selbst an, im Uebrigen gesund zu sein.

a) Das Gutachten ist unbrauchbar, weil die Hauptsache, d. h. das Verhalten der Sensibilität, in ihm nicht mit einem Worte erwähnt wird.

Seeligmüller beweist, dass B. die Rückenschmerzen simulirt habe, damit, dass weder der Ort, noch die Stärke der angeblichen Schmerzen immer ganz gleich war, dass B. mit der schmerzhaften Stelle auf der scharfen Kante eines halbfussgrossen Eisstückes liegend gefunden wurde, ohne Beschwerden zu äussern, dass trotzdem leiser Druck zuweilen als sehr schmerzhaft empfunden wurde. Der Mann lag ruhig auf der Kante des Eises, die „auf der Haut eine tiefe Furche zurückgelassen hatte". Warum that er das?

Jemand, der nicht voreingenommen ist, wird nach diesen Angaben zu der Vermuthung kommen, es habe an der Stelle des Schmerzes Analgesie bestanden. In der That giebt S. in einer weiteren (nicht zu dem Gutachten gehörigen) Ausführung Folgendes an. Die Stelle des Schmerzes sei bei einer späteren Untersuchung gegen die „stärksten" galvanischen und faradischen Ströme unempfindlich gewesen, der B. habe nur ein Berührunggefühl angegeben. Ebenso wenig habe er Schmerz angegeben, als S. „eine messerrückenscharfe Elektrodenscheibe mit aller Kraft gegen den schmerzhaften Wirbel" drückte und mit derselben langgestielten Elektrode weit ausholend mit aller Kraft auf den schmerzhaften Wirbel schlug. „Es ist, als ob Sie mich wieder berührten", sagte B. Also der Mann liess sich ruhig in der beschriebenen Weise misshandeln, obgleich es für ihn anscheinend natürlich gewesen wäre, die angeblich schmerzhafte Stelle als empfindlich erscheinen zu lassen. Er that dies nach S.'s Auffassung, weil er glaubte, „er dürfe in der gelähmten Kreuzgegend von einem elektrischen Strom nichts fühlen". Wie B. zu dieser verrückten Meinung gekommen sei, sagt S. nicht, er vermuthet nur, B. habe sie gehabt. Er setzt ferner voraus, der gutfühlende B. sei so dumm gewesen, einen Schlag mit der Elektrode für einen „elektrischen Schlag" zu halten.

Und bei alledem kein Wort von einer geordneten Untersuchung der Sensibilität! Ein Gutachten, das einen bis dahin unbescholtenen Nebenmenschen als einen Betrüger hinstellt und ihm sein Recht auf Entschädigung abspricht, und kein Wort über die Hauptsache! Eine Veröffentlichung dieses Gutachtens in einer wissenschaftlichen Zeitschrift und doch kein Wort über etwaige Anästhesie oder Analgesie!

Das, was S. bei der Untersuchung B.'s irregeführt hat, ist der Umstand, dass leichte Berührung schmerzhaft empfunden wurde, obwohl tiefer Druck nicht Schmerz, sondern nur Berührunggefühl bewirkte. Dieses bei Tabes z. B. sehr häufige und bei Hysterie nicht seltene Verhalten scheint S. nicht bekannt zu sein, ist ihm ein Beweis der Simulation. Endlich hat B. am 5. December, nachdem er erfahren hatte, er sei ein Simulant, „beim Drücken auf die schmerzhafte Stelle erklärt, Schmerz habe er eigentlich gar nicht", sondern nur ein Gefühl von Schwäche und Spannung. Diese Aeusserung, die ganz unvermittelt hingestellt wird, ist für S. ein Geständniss der Simulation und doch giebt er an, dass der B. noch nach Abfassung des Gutachtens über seine Schmerzen geklagt habe!

b) B. hatte angegeben, er könne über eine Stunde gehen, er habe aber ein Gefühl von Schwäche in den Beinen. Er stand vom Stuhle mühsam und schwerfällig auf und in dieser Beziehung „ist er nie aus der Rolle gefallen". Er behauptete, im Stehen sich mit einer Hand anhalten zu müssen, bei gemüthlicher Erregung aber stand er frei. Er versuchte „einen lahmenden Gang" zu zeigen (kein Wort über die Gangart u. s. w.!) und wurde trotzdem sicheren Schrittes gehend beobachtet. Er konnte im Liegen und im Stehen den Oberschenkel ad maximum beugen, auch kräftig mit dem Beine stossen, behauptete aber, im Liegen das gestreckte Bein nicht höher als $\frac{1}{2}$ Fuss hoch von der Unterlage erheben zu können. Ein Schluss ist natürlich aus diesen dürftigen Angaben nicht zu ziehen. Befremden könnte nur der letzterwähnte Punkt. Immerhin beobachtet man ein derartiges, einen Widerspruch einschliessendes Verhalten auch sonst bei Hysterischen. Es erklärt sich wohl daraus, dass es auch dem liegenden Gesunden viel schwerer fällt, das gestreckte Bein in die Luft zu heben, als das im Knie gebeugte an den Leib zu ziehen.

c) Wie leicht es sich S. mit der Annahme der Simulation macht, geht endlich aus dem letzten Abschnitte seiner Beweisführung hervor. Er erklärt das Zittern des B. deshalb für simulirt, weil es bald da war, bald fehlte. Oppenheim hat in richtiger Weise Seeligmüller's Behauptungen über Simulation des Zitterns beleuchtet (Neurol. Centralbl. VIII p. 613, 1889), ich verweise auf diese Auseinandersetzung.

Nach alledem halte ich es für wahrscheinlich, dass B. nicht simulirte, dass er Analgesie in der Kreuzbeingegend hatte und dass seine (wie aus S.'s Angaben hervorgeht) maassvollen Beschwerden begründet waren. Soweit man aus S.'s unvollständiger Beschreibung einen Schluss ziehen kann, litt B. an traumatischer Hysterie.

2) Im 2. Falle handelte es sich um einen 41jährigen Kupferschmied F., der am 16. Mai 1887 sich am 4. Finger der linken Hand verletzt hatte, dessen Finger infolge dessen amputirt worden war. Im October 1887 hatte sich „hochgradige Nervosität" eingestellt. Durch zwei Operationen waren angeblich „schmerzhafte Neurome" der Narbe entfernt worden. Die Schmerzhaftigkeit der Narbe hatte jedoch fortgedauert. F. wurde von S. vom 18. Juni bis 3. Juli 1890 beobachtet. Gefunden wurde: „zeitweise etwas gerötheter Kopf, Pupillen gleich weit, aber enger als normal und von träger Reaction", gesteigerte Herzthätigkeit. F. klagte über a) Schmerzen und Empfindlichkeit in der Narbe, b) gesteigerte Pulsfrequenz, c) allgemeine Nervosität.

a) Die Amputation-Narbe und ihre Umgebung sahen normal aus. Der Schmerz war auf die Narbe beschränkt, nur zeitweise strahlte er angeblich, „längs der Ulnarseite des Mittelfingers bis zur Mittelphalanx" aus. Die Armnerven waren bei Druck nicht empfindlich. Von einer geordneten Untersuchung der Sensibilität steht auch hier kein Wort! „Also von einer aufsteigenden Entzündung wenigstens der Armnerven- stämme, wie sie bei der hochgradigen Empfindlichkeit sicher zu erwarten wäre, fehlt die leiseste Spur; die Feststellung dieser Thatsache ist wichtig, insofern der Nachweis einer bis zu den Zwischenrippennerven hinauf- gestiegenen Neuritis ascendens für die Wahrscheinlichkeit einer »Herz- neurose«, die durch die Fingerverletzung hervorgebracht wäre, sprechen würde." Das sagt ein Neurologe! Die alten Phantasien von der auf- steigenden Neuritis und nicht einmal der Gedanke an die Möglichkeit der Hysterie!

Wenn wirklich nichts zu finden gewesen ist, so müsste es meines Erachtens dahingestellt bleiben, ob der F. die Schmerzen, über die er klagte, wirklich empfunden hat. Ob man ihm zu glauben hätte, das könnte nur von seiner Glaubwürdigkeit im Allgemeinen abhängen. Einem Privatkranken würde wahrscheinlich auch S. ohne Weiteres ge- glaubt haben. Auf jeden Fall aber bliebe die Sache zweifelhaft. S. jedoch ist von jedem Zweifel weit entfernt. Er erklärt, man möchte sagen mit Naivität, „die Schmerzen und die Empfindlichkeit der Narbe werden von F. simulirt", und er thut dies auf Grund folgenden Versuches hin. Er faradisirte die langen Beuger und Strecker am Vorderarm, durch die Contraction dieser Muskeln nun wurde nach seiner Ansicht die Narbe gezerrt, F. aber gab an, keine Schmerzen zu empfinden, selbst auf aus- drückliches Befragen hin nicht. Fürwahr, ein plumper Simulant!

b) In dem Gutachten ist nicht ausdrücklich angegeben, dass F. selbst sich über sein Herz beklagt habe. Die früheren Untersucher hatten eine gesteigerte Erregbarkeit des Herzens gefunden. Seeligmüller selbst sagt, „es ist nicht zu verkennen, dass F. ein leicht erregbares Herz hat". Aber dieser Umstand soll mit seiner Verletzung nichts zu thun haben, sondern Ausdruck einer Nicotinvergiftung sein. F. gestand in der That zu, dass er rauche und Tabak kaue. Den Beweis für den, wie mir scheint, höchst unwahrscheinlichen, causalen Zusammenhang führte S. dadurch, dass er den F. von 2 Dienern 48 Stunden lang überwachen liess, während deren F. nicht rauchen, bezw. priemen durfte. Da nun während dieser Zeit (F. sass natürlich dabei ruhig in der Stube, oder lag im Bette!) keine wesentliche Steigerung der Pulsfrequenz beobachtet wurde, bestand Nicotinvergiftung. Wenn nicht Tabak die Ursache des zuweilen geschwinden Pulses gewesen wäre, so hätte F. gerade während der 48 Stunden hohe Pulszahlen zeigen müssen, denn er musste sich doch über die zuchthausmässige Behandlung ärgern und einer der beiden Tage war „ein halber·Falb'scher Tag". Das ist jedenfalls stärkerer Tabak, als F. ihn geraucht hat. Ich bin der Ansicht, dass Nicotinvergiftung etwas recht Seltenes sei. Ich habe wohl Herzbeschwerden bei Rauchern importirter oder langer Virginia-Cigarren beobachtet, bei Arbeitern, die gewöhnlichen billigen Tabak gebrauchen, nie. Behauptungen kosten ja nichts. So behauptet man denn getrost, es giebt ein Nicotin-Scotom u. dergl. mehr. Ein Beweis ist nirgends zu finden. Jedenfalls ist es fraglich, ob der gewöhnliche Tabakgebrauch eine Reizbarkeit des Herzens, wie sie bei F. bestand, bewirken kann, während er sicher ist, dass sie zu den häufigsten Symptomen der Neurasthenie gehört. S. kennt auch hier keinen Zweifel. Die gesteigerte Erregbarkeit ist Folge einer chronischen Nicotinvergiftung. „Das Herznervensystem ist so leicht erregbar, dass er (F.) durch diese oder andere Mittel die Pulsfrequenz sofort, wenn auch schnell vorübergehend, steigern kann" (warum wirkten denn da der halbe Falb'sche Tag und der Aerger nicht?). Diese Hindeutung auf den Betrug, den S. überall erblickt, findet ihre Erläuterung in folgenden Worten: „Die zuweilen beobachtete hochgradige Steigerung der Pulsfrequenz bis 120 in der Minute ist von F. jedenfalls künstlich hervorgebracht, vielleicht durch Tabakrauchen, Coffeïn, lebhafte Bewegung des Körpers oder andere Manipulationen (?)". Ist das Wort „jedenfalls" wirklich ein Beweis?

c) Ueber die angebliche Nervosität F.'s wird sogut wie gar nichts mitgetheilt. S. will zugeben, dass der Schlaf nicht gut sei. Dies erkläre sich durch die Arbeitslosigkeit, das schlechte Gewissen (!) und die künstliche Erregung des Herzens. Es sei deshalb mit der Nervosität F.'s

„nicht weit her", weil F. eines Morgens erklärte, er habe vortrefflich
geschlafen, nachdem ihn S. am Tage vorher schlecht behandelt hatte.
Dass F. ein ungewöhnlich gutmüthiger Mensch war, geht allerdings aus
dem ganzen Gutachten hervor. Warum aber hat der Tölpel an jenem
Morgen nicht lieber schlechten Schlaf simulirt? S. schliesst kaltblütig:
„ebenso fehlt die allgemeine Nervosität".

Ein sicheres Schlussurtheil ist nicht möglich. Ob F. krank war
oder nicht? Es kann so sein, es kann anders sein. In S.'s Gutachten
ist nichts bewiesen. —

Das wären also die zwei Säulen, die Seeligmüller's schweren
Bau tragen sollen. Es ist vorauszusetzen, dass S., um seine Behauptungen, bezw. Anschuldigungen möglichst wirksam zu unterstützen,
die klarsten, einleuchtendsten, beweiskräftigsten Beispiele von Simulation
mitgetheilt hat. Wie mögen nun erst die anderen Fälle von Simulation
beschaffen sein? Stehen die beiden mitgetheilten Gutachten auf schwachen
Füssen, so müssen die anderen auf gar keinen stehen.

Neuerdings hat S. ein 3. Gutachten veröffentlicht (l. c.). Es leistet
ebenso wenig wie die beiden anderen. Ich will mich aber die
Mühe nicht verdriessen lassen, auch dieses, wenigstens kurz, zu besprechen.

3) Ein 33jähriger Bergmann L. war am 7. Januar 1888 dadurch
verunglückt, dass er durch Balken und eine Kohlenmasse verschüttet
worden war. Er war eine Zeit lang bewusstlos gewesen, hatte aber zunächst nur eine Quetschung der rechten Hüfte erlitten. Dann traten
Schmerzen im Kreuze und in den rechten Gliedern ein. L. klagte über
allgemeine Schwäche und Unfähigkeit, längere Zeit zu gehen. Er wurde
von S. im Mai 1891 untersucht. Da die Musculatur gut entwickelt war
und bei der Untersuchung alle Bewegungen kraftvoll ausgeführt werden
konnten, nur beim Stossen mit den Füssen sich ein Zögern des L. zeigte,
da L. 3 Monate nach dem Unfalle einmal den 53 m tiefen Schacht ohne
die geringsten Beschwerden befahren hatte (sc. nicht zur Arbeit, sondern
bei Gelegenheit einer gerichtlichen Besichtigung des Unfall-Ortes), da L.
2mal eine halbe Stunde weit ohne Beschwerden rasch gehen konnte, ist
für S. der Mann gerichtet. Hier wird auch einmal gesagt: „Von Herabsetzung der Sensibilität endlich ist nirgends die Rede". Wenn man bedenkt, dass die genaue Prüfung der verschiedenen Arten der Empfindlichkeit eigentlich die Hauptsache ist, wird man diese cursorische Er-
ledigung der Angelegenheit nicht recht am Platze finden. Im Uebrigen
ist im Gutachten von Sensibilitätprüfung nicht weiter die Rede. Vielmehr fährt S. nach dem citirten Sätzchen folgendermaassen fort: „Das
Ergebniss dieser Untersuchungen weist mit Bestimmtheit darauf hin,

dass L. die Schwäche im Kreuze und ebenso die Mattigkeit der unteren
Extremitäten simulirt". Wäre die Sache nicht so traurig, so könnte man
diese „Bestimmtheit" belustigend finden. Weiter wird angeführt, dass
L. bei einer Untersuchung unsichere Angaben machte, bald diesen, bald
jenen Wirbel als schmerzhaft bezeichnete. Dazu sagt S.: „Das bezeichnen
wir Aerzte doch allgemein als Simulation!" Ja, leider Gottes kommt
das oft genug vor, aber glücklicherweise sind nicht alle Aerzte so schnell
mit der Simulation bei der Hand.

Nun fanden sich aber bei L. mehrere Erscheinungen, die nicht recht
geeignet waren, als simulirte bezeichnet zu werden, nämlich zeitweise
Steigerung der Sehnenreflexe, zeitweise Pulsbeschleunigung, Zittern der
Hände, weinerliches Wesen. S. erklärt mit der grössten Zuversicht, dass
diese Symptome nichts mit dem Unfall zu schaffen hatten, sondern
Wirkungen des chronischen Alkoholismus und chronischer Tabakvergiftung ·
waren. Zugegeben, dass L. in der That Schnapstrinker war und Tabak
kaute, so war die Sache doch nicht so einfach. Thatsächlich können die
Wirkungen des chronischen Alkoholismus den Erscheinungen traumatischer Hysterie vollständig gleichen, so dass aus dem Thatbestande ein
Schluss auf die Ursache nicht zu ziehen ist. Es wäre zunächst festzustellen gewesen, ob etwa L. vor dem Unfalle ähnliche Erscheinungen
gezeigt hat. Wenn das nicht der Fall war (S. nimmt es freilich willkürlich an), so waren trotz des Alkoholismus die oben erwähnten
Symptome im Sinne des Unfallgesetzes als Wirkungen des Unfalles anzusehen. Denn es war dann in dem für L. ungünstigsten Falle anzunehmen, dass erst durch den Unfall die Constitution L.'s soweit geschwächt wurde, dass die vor dem Unfalle nicht vorhandenen Zeichen
des chronischen Alkoholismus zu Tage traten. Das Gesetz aber will,
dass auch solche Folgen des Unfälles als Wirkungen des Unfalles angesehen werden, bei denen dieser nicht zureichende Ursache, sondern
nur eine Bedingung ist. Dass L. sich den Alkoholismus erst nach dem
Unfalle zugezogen habe, kann man nicht annehmen, da er nach dem
Unfalle weniger Schnaps getrunken hat, als zu der Zeit, da er noch
arbeitete.

Meine persönliche Ansicht ist nach Kenntnissnahme des Gutachtens,
dass L. in Folge des Unfalles wirklich krank und in mehr oder minder
hohem Grade arbeitunfähig war, dass er von S., der ihn gesund und
vollständig erwerbfähig nennt, falsch beurtheilt wurde. Es ist von S.
in keiner Weise bewiesen, dass die Schmerzhaftigkeit und die Schwäche
im Kreuze nicht bestanden. Es kann Jemand einzelne Bewegungen
sehr kräftig ausführen und auch eine $\frac{1}{2}$ Stunde lang ohne Beschwerden
laufen, den trotzdem seine krankhaften Empfindungen hindern, den Tag

über die schwere Arbeit eines Bergmanns zu leisten. Da die Beschwerden des L. bei Unfall-Nervenkranken sehr oft mit den objectiven
Symptomen des L. zusammen gefunden werden, da die letzteren dagegen
bei Trinkern in der Art des L. oft fehlen (wahrscheinlich haben dessen
gesunde Kameraden gerade so getrunken und geraucht), so halte ich es
für wahrscheinlicher, dass die genannten objectiven Symptome Wirkungen
des Unfalles waren, oder dass doch erst durch den Unfall die nervösen
Störungen soweit entwickelt wurden, wie sie bei der Begutachtung gefunden wurden. —

Nun noch einige allgemeine Betrachtungen. Ich stelle zwei
Fragen auf.

A) *Wie kommt es, dass Seeligmüller und Andere manche
Kranke fälschlicherweise als Simulanten bezeichnen?*

S. sagt, ich solle nicht an seiner Humanität zweifeln. Nun, ich
habe stets geglaubt und glaube auch jetzt, dass er die besten Absichten
habe. Ich meine aber, dass er sich in den Gedanken vom „Ueberhand-
nehmen des Simulantenthums", wie man zu sagen pflegt, verbissen habe
und dass er durch seinen übergrossen Eifer zu einer objectiv inhumanen
Behandlung mancher Kranken geführt worden sei. Doch wäre sein
Irrthum nicht möglich, wenn nicht ein Mangel an Einsicht vorhanden
wäre. In meinem ersten Aufsatze habe ich gesagt, das beste Mittel,
um die vielen Simulanten aus der Welt zu schaffen, bestände darin, dass
die Aerzte sich eine gründliche Kenntniss der Hysterie verschafften.
Heute sage ich deutlicher: Seeligmüller und Alle, die seiner Meinung
sind, ermangeln einer genügenden Kenntniss der Hysterie. S. glaubt
das nicht. Er erwidert auf meinen Vorschlag: „Als ob die Kenntniss
einer einzelnen Krankheit es wäre, die der Mehrzahl der Aerzte fehlt!"
Allerdings ist die Hysterie nur Eine Krankheit, aber sie ist gerade die,
um die es sich handelt, denn die übergrosse Mehrzahl der Kranken, bei
denen die Frage nach der Simulation von den nichtsachverständigen
Aerzten aufgeworfen zu werden pflegt, leidet an Hysterie. Wie sehr ich
mit meiner Behauptung, dass es an Kenntniss der Hysterie fehle, Recht
habe, zeigt gerade die neue Arbeit Seeligmüller's. Er weist darauf
hin, wie gross das Gebiet seiner Beobachtung ist, und erklärt, dass er
trotz der grossen Zahl der Kranken Hysterie unter dem Arbeiterstande,
spec. unter den Unfallverletzten selten, bei Männern fast nie gesehen
habe. Nun, wer das sagt, der ist eben blind für Hysterie. Es ist eine
bekannte Thatsache, dass man eine Krankheit erst bemerkt, wenn man
sie kennt. Früher waren wir alle blind, durch Charcot's Arbeiten
haben wir sehen gelernt. S. sagt, „die Häufigkeit der Hysterie im
Charcot'schen Sinne bestreite ich", er hält sich also sozusagen gewaltsam

die Augen zu und leider thun dies mit ihm noch recht Viele. Warum das geschieht, warum tüchtige und kenntnissreiche Männer mit Hartnäckigkeit ihre Augen dem Lichte verschliessen, das ist der Gegenstand meiner zweiten Frage.

B) *Wie kommt es, dass das Verständniss für die Hysterie bis jetzt so oft den Aerzten fehlt?*

Die Hysterie ist anscheinend eine körperliche Krankheit wie die anderen auch, sie unterscheidet sich aber von den übrigen in Wirklichkeit dadurch, dass ihre Erscheinungen in ganz besonderer Beziehung zu dem seelischen Leben stehen, dass sie, wie ich es kurz ausgedrückt habe, Wirkungen von Vorstellungen sind. Es genügt zum Verständnisse der Hysterie nicht, dass man ihre Symptome durch die Erfahrung kennen lernt, sondern man muss auch die Pathogenese durchschauen. Die bloss empirische Kenntniss reicht wohl den Schulfällen gegenüber aus, aber da jeder Fall etwas Neues, Individuelles enthält, erreicht man die individuelle Klarheit nur, wenn man den Schlüssel der Erscheinungen besitzt. Dieser Schlüssel ist die Erkenntniss, dass die hysterischen diejenigen krankhaften Veränderungen des Körpers sind, die durch Vorstellungen, genauer durch ein mit Vorstellung verbundenes Wollen verursacht werden. Es ist deshalb, nebenbei gesagt, von vornherein ersichtlich, dass die hysterischen Symptome, soweit sie überhaupt simulirbar sind, simulirten gleichen müssen, dass alle die Methoden, die zur Entlarvung von Simulanten ersonnen worden sind, z. B. das Prismenvorhalten bei einseitiger Blindheit, der Hysterie gegenüber unbrauchbar sind und unzählbare Ungerechtigkeiten bewirkt haben.

Weil die Erscheinungen der Hysterie psychisch vermittelt sind, weil die Hysterie eine Psychose im Körperlichen ist, deshalb ist sie so vielen Aerzten fremd und unverständlich. Dieser Umstand aber ist wieder eine Folge aus der in ärztlichen Kreisen vorherrschenden Grundrichtung des Denkens. Diese ist bekanntlich eine mehr oder weniger „mechanistische". Man hat sich gewöhnt, das allein wahrhaft Wirkliche, das Wollen, für das Unwirkliche zu halten, die Schemen aber, die die Gelehrten zum Verständnisse der äusseren Wahrnehmungen ersonnen haben, für das Reale, von dem das Geistige nur ein „Reflex" wäre. Diese „somatische" Richtung hat die Aerzte vielfach veranlasst, die Seele für eine zu vernachlässigende Grösse zu erachten, und hat ihnen die Gegenstände, zu denen ein psychologisches Verständniss erforderlich ist, als fremd und dunkel erscheinen lassen. Es ist nicht zu verkennen, dass sich neuerdings eine Reaction gegen die physikalische Einseitigkeit entwickelt. Im ärztlichen Bereiche hat diese Reaction zwei Centra. Das eine ist die Schule Charcot's, die die Lehre von der Hysterie ausbaut, das

andere ist die Schule von Nancy, die uns die hypnotischen Erscheinungen
verstehen gelehrt hat. Die Differenzen zwischen Paris und Nancy sind
vorübergehender Art und der „somatische" Charakter der Charcot'schen
Schule ist eine Schale, die weggeworfen werden wird. Zwar hat die
Wissenschaft kein Vaterland, aber es ist unmöglich, dass nationale Unterschiede in wissenschaftlichen Kreisen ganz bedeutungslos würden. Schon
die fremde Sprache ist für die Majorität der Aerzte eine Schranke, im
Grossen und Ganzen empfangen diese doch das in anderen Ländern Erworbene aus zweiter Hand. Diese Erwägungen können dazu beitragen,
verständlich zu machen, dass dieses Mal der Fortschritt auf deutscher
Seite langsamer ist, dass das von auswärts kommende Gute sich hier
relativ langsam verbreitet. Die anatomisch-physiologische Begeisterung
lässt uns noch vielfach übersehen, dass Anatomie und Physiologie doch
nur Eine Seite der Sache darstellen, und der französische Ursprung der
psychologischen Erkenntniss erschwert ihr den Eingang bei uns.

Pour revenir à nos moutons, um wieder von der Simulation zu
reden, so findet man thatsächlich um so häufiger Simulanten, je weniger
vertraut die Begutachter mit Seelenkunde sind. Ich habe das schon
früher ausgesprochen und finde es neuerdings von Ad. Kühn (Ueber
die Geisteskrankheiten der Corrigenden. Arch. f. Psych. XXII. 2. p. 345;
3. p. 614, 1891) bestätigt. Die Worte Kühn's, deren Schärfe Verfasser
selbst vertreten mag, lauten: „Die Zahl der Simulanten, welche der Arzt
beobachtet haben will, steht gewöhnlich in umgekehrtem Verhältnisse
mit dem psychiatrischen Wissen des Beobachters." In unserem Falle
würde man, da es sich nicht um Psychosen im engeren Sinne handelt,
·sagen müssen: ärztlich-psychologisches Wissen. —

Noch ein paar Bemerkungen über streitige Punkte möchte ich anschliessen.

1) Man scheint vielfach anzunehmen, es kommen nur unter den
Arbeitern Unfall-Nervenkranke vor. Das ist ganz unrichtig, ein Blick
in die Literatur über traumatische Hysterie und jede grössere Erfahrung
lehren vielmehr, dass genau die gleichen Krankheitbilder, die gewöhnlich
aus hysterischen und zugleich aus neurasthenisch-hypochondrischen Zügen
entstehen, auch bei solchen, die das Unfallgesetz nicht angeht, gefunden
werden. Aus den letzten Monaten allein kann ich eine ganze Reihe von
Beispielen anführen: a) Quetschung des Fusses bei einem wohlhabenden
Officier: andauernde Schmerzen mit Hemianästhesie; b) Ueberfall eines
Geschäftsmannes durch 3 Strolche, die ihn schlugen: Tic. convulsif mit
Anästhesie der Hälfte des Kopfes; c) Prügelung eines Lehrlings durch
andere Lehrlinge: Kopfschmerzen, Erbrechen, hysterische Anfälle. Hemianästhesie; d) ein 80jähriger Mann wurde von seiner Nichte mit einer

Kohlenschaufel auf den Rücken geschlagen: halbseitige Kopfschmerzen, Schlaflosigkeit, Angstzustände; e) eine kräftige Frau wurde von einer Thüre am Kopfe geschlagen: Zittern, Schlaflosigkeit, hysterische Aura; f) eine 30jährige Dame vertrat sich den Fuss auf der Treppe: 3 Jahre lang dauernde Schmerzen und Unfähigkeit zu gehen. Bemerkenswerth war mir der Fall b: Der 50jährige kräftige Mann litt an dem Uebel, das seine Arbeitkraft lähmte, seit $^5/_4$ Jahren; es war gar keine Ursache aufzufinden. Endlich sagte ich dem Kranken: „Sie haben gewiss einen Unfall erlitten"; da stürzten ihm Thränen aus den Augen und er erzählte von dem Ueberfalle, den zu erwähnen er erst sich geschämt hatte. Eine Sammlung recht interessanter Beobachtungen findet man in dem neuen Buche Bernheim's (Hypnotisme, Suggestion, Psychothérapie, Paris 1891, p. 239 ff.): 18 Fälle von Névroses traumatiques. Entschädigungansprüche kommen nicht in Frage. Dass die Fälle von traumatischer Neurose in den letzten Jahren häufiger geworden sind, ist zweifellos richtig. Ebenso richtig ist, dass das Unfallgesetz die Zahl der durch Unfall Arbeitunfähigen vermehrt hat. Viele, die früher mit Aufbietung aller Kräfte trotz ihrer Beschwerden die Arbeit fortsetzten, verlangen jetzt ihre Rente und das ist ihr Recht. Wichtiger als dieser Umstand scheint mir aber das zu sein, dass überhaupt die Zahl der an Hysterie oder Neurasthenie Leidenden rasch wächst: an den vielen Unfall-Nervenkranken zeigt sich nur in besonders deutlicher Weise die verminderte Widerstandfähigkeit, die uns Söhnen der „Jetztzeit" eigen ist und über die man sich recht viele Gedanken machen kann.

2) Die dauernde concentrische Einschränkung des Gesichtfeldes ist, wie Charcot es stets gelehrt hat, ausschliesslich Zeichen der Hysterie. Man darf sie bei denen nicht erwarten, die nur an neurasthenisch-hypochondrischen Erscheinungen leiden.

3) Die Lebhaftigkeit der Sehnenreflexe wechselt in der That mit den psychischen Zuständen. Irgendwie das Gewöhnliche überschreitende Schwankungen dürften aber nur bei kranken Menschen vorkommen. Dass insbesondere das Fussphänomen durch Gemüthsbewegungen bei einem Gesunden hervorgerufen werden könnte, bezweifle ich, bis der Nachweis geliefert ist.

4) Dass bei Alkoholisten ein Unfall das Acquilibrium dem Nervensystem leichter nimmt, als bei vorher Gesunden, ist höchst wahrscheinlich. Nach meiner Erfahrung jedoch sind unter den Unfall-Nervenkranken recht wenige Trinker. Gerade die schwersten Fälle von Hysterie habe ich bei solchen gesehen, die vollständig mässig waren. Dass Tabakgebrauch, eine weitzurückliegende Infection mit Syphilis und Aehnliches eine Prä-

disposition für traumatische Hysterie lieferten, ist gänzlich unbewiesen und sehr unwahrscheinlich.

3.

H. Oppenheim (Die traumatischen Neurosen. 2. Aufl. Berlin. 1892. A. Hirschwald. p. 201) hat den Locomotivführer B., der durch Seeligmüller zu „trauriger Berühmtheit" gekommen ist, untersuchen können. O. hatte ebenso wie ich geglaubt, dass der Mann irrthümlich der Simulation beschuldigt worden sei. *„Nicht aber* (fährt er fort) *hätte ich ge-. ahnt, dass der Mann so krank sei und eine solche Anzahl ausgeprägter objectiver Krankheitserscheinungen bieten würde,* wie ich sie bei wiederholentlicher Untersuchung feststellen konnte." O. fand Cyanose und fibrilläres Zittern an den Oberschenkeln, Steigerung der Sehnenreflexe, Atrophie des linken Unterschenkels, Fehlen der electrischen Erregbarkeit des M. tib. anticus u. s. w.

Im vergangenen Jahre hatte ich vor Gericht ein Gutachten über einen Mann abzugeben, der des Betruges (d. h. der Simulation) angeklagt war und der m. M. nach an traumatischer Hysterie litt. Drei andere Aerzte erklärten, der Angeklagte sei Simulant. Auf meinen Antrag hin, den Mann einer Klinik zur Beobachtung zu übergeben, beschloss der Gerichtshof, ein Obergutachten einzuholen. Bei dem 2. Termine wurde ein Gutachten des Medicinal-Collegium der Provinz verlesen, das erklärte, der Angeklagte habe simulirt. Dies gehe schon daraus hervor, dass die lähmungsartige Schwäche eines Armes nicht mit Atrophie verbunden sei, denn, da die angebliche Schwäche schon über Jahr und Tag bestehe, müsste sie, wenn sie nicht simulirt wäre, zu Atrophie geführt haben. Auf dieses Gutachten hin wurde der Angeklagte wegen Betruges durch Vortäuschung nicht vorhandener Krankheit zu Gefängniss verurtheilt. Ist das nicht schmachvoll? Welchen Händen sind Ehre und Sicherheit der Bürger anvertraut?

Die Simulanten-Riecherei kann nicht scharf genug verurtheilt werden. Wenn man bedenkt, wie viel Unrecht, wie viel Kränkung und Benachtheiligung armer, in jeder Hinsicht beklagenswerther Menschen durch ärztliche Urtheile herbeigeführt worden ist, sicher herbeigeführt worden ist, weil früher niemand die Hysterie kannte und Alle sich auf irgendwelche Kniffe, die bei Hysterie nicht anwendbar sind, verliessen, so wird einem schlecht zu muthe. Wie schnell auch hochstehende Aerzte mit dem furchtbar schweren Urtheile: Simulation, bei der Hand sind, haben in neuester Zeit gewisse Processe gezeigt, auf die ich an dieser Stelle nicht eingehen kann.

Dass nach meiner Ueberzeugung gewöhnlich Mangel an Einsicht den von den Aerzten ausgesprochenen Beschuldigungen zu Grunde liegt, habe ich offen gesagt. Ich kann aber auch nicht verschweigen, dass mir das Urtheil der Aerzte manchmal auch noch durch anderes getrübt zu werden scheint. Ich spreche hier weder von Seeligmüller noch von sonst einer bestimmten Person, auch glaube ich, dass es sich mehr um unwillkürliche Beeinflussung als um klar gewordene Ueberzeugungen handle. Oft aber habe ich den Eindruck gehabt, als wären nicht wenige Aerzte von vornherein geneigt, die Sache der Cassen, der Genossenschaften u. s. w. gegen die Arbeiter zu vertreten. In vielen Schiedsgerichten oder Gerichts-Verhandlungen, denen ich beigewohnt habe, wurde der Geschädigte, dessen Glaubwürdigkeit von irgend einer Seite bezweifelt wurde, vom Vorsitzenden angefahren und a priori als verdächtig behandelt. Ebenso habe ich gesehen, dass viele Aerzte von allem Anfange an zur Annahme von Simulation geneigt sind und dem Armen alles Schlechte zutrauen. Es wäre mir lieb, wenn ich falsch gesehen hätte. Sollten aber Aerzte, weil sie gesellschaftlich denen, an die die Ansprüche gemacht werden, näher stehen als denen, die die Ansprüche erheben, weil ihre politische Ansicht sie jenen zuführt und nicht diesen, sich in ihrem Urtheile beeinflussen lassen, so vergessen sie, was ihrem Stande ziemt, und schädigen diesen schwer.

VII.

1) Ueber die Seelenstörungen nach Selbstmordversuchen.[1])

Julius Wagner hat 1889 in einem anregenden Aufsatze „über einige Erscheinungen im Bereiche des Centralnervensystems, welche nach Wiederbelebung Erhängter beobachtet werden", gesprochen (Wien. Jahrb. f. Psych. VIII. p. 313). Die fraglichen Erscheinungen sind: 1) „Convulsionen", 2) Amnesie, 3) Zustände von Irresein, die sich gewöhnlich als vorübergehende, verworrene Erregtheit, selten als längere Seelenstörung darstellen, 4) vorübergehende oder dauernde Besserung des vor dem Selbstmordversuche vorhandenen krankhaften Geisteszustandes. Alle Erscheinungen bezieht Wagner auf die Veränderungen im Gehirne, die durch die Asphyxie und den Verschluss der Carotiden beim Erhängen bewirkt werden. Er geht z. B. bei den Krämpfen auf Erörterungen darüber ein, ob die Asphyxie oder der Carotidenverschluss die eigentliche Ursache sei, und glaubt schliesslich, dass nach experimentellen Untersuchungen beide Umstände die Krämpfe hervorrufen können. Die Amnesie ist nach Wagner „eine directe Wirkung der Schädigung der Gehirnernährung". Er bemerkt ausdrücklich, dass er die Amnesie bei den vom Strange Abgeschnittenen nicht mit der nach heftigen Gemüthsbewegungen und nach anderen Selbstmordversuchen beobachteten für gleichartig halte. Es fehle in diesen Fällen die retroactive Amnesie und es sei bei anderen Formen des Selbstmordes zwar zuweilen unvollständige Erinnerung vorhanden, aber „nicht der vollständige blinde Fleck im Gedächnisse, wie bei den Strangulirten, die gar nicht wissen, dass sie einen Selbstmord ausgeführt haben". Dagegen gleiche die Amnesie der Strangulirten der nach „Gehirnerschütterung". Wagner theilt 2 eigene Beobachtungen mit und citirt 17 fremde. Später (Wien. klin. Wochenschr. IV. 53. 1891) hat er einen weiteren Fall beschrieben.

Ich habe bei Besprechung der letzteren Arbeit ebenfalls über einen Fall von Wiederbelebung eines Erhenkten berichtet und habe darauf

---

[1]) Münchner med. Wochenschr. XXXIX. 36. 1892. XL. 5. 7. 10. 1893.

hingewiesen, dass es doch zweifelhaft sei, „ob die sozusagen grobmechanischen Erklärungen der Symptome (Carotidenverschluss und Asphyxie)
ausreichen, dass es sich vielmehr wenigstens in einem Theile der Fälle um
traumatische Hysterie zu handeln scheine (Schmidt's Jahrb. CCXXXIV.
p. 36. April 1892).[1])

Eine neue Beobachtung veranlasst mich, meine Gedanken über diesen
Gegenstand etwas genauer darzulegen.

Man kann alle Krampfanfälle trennen in epileptische und in hysterische, ein Unterschied, der sich weniger auf die Form als auf die Entstehung beziehen soll. In der Form kann ein hysterischer Anfall vollkommen einem epileptischen gleichen; er ist aber keiner, weil er auf
andere Weise zu Stande kommt. Epileptisch nenne ich einen Anfall,
der durch physische Reizung des Gehirns entsteht. Reizt man z. B. die
Gehirnoberfläche mit electrischen Strömen, so tritt ein epileptischer Anfall ein. Die gleiche Wirkung können Geschwülste des Gehirns, Blu-

---

[1]) Das Referat lautet: „Im Anschlusse an seine früheren Mittheilungen (vgl. Schm. Jahrb. CCXXII. p. 267) weist Vf. auf einige
Fälle hin, die ihm früher entgangen waren, bez. neuerdings veröffentlicht
worden sind, und theilt eine neue Beobachtung mit.

Ein 22jähr., erblich belasteter Mensch, der in Folge eines Gelenkrheumatismus
einen Herzfehler hatte, war in einem heftigen Streite mit seinem Vater von diesem
leicht am Kopfe verwundet worden, hatte etwas später den Vater niedergestochen und
sich aufgehenkt. Er wurde rasch abgeschnitten und wieder zum Leben gebracht. Er
fiel dann in starke Krämpfe, „in denen er wild um sich schlug, sodass ihn mehrere
Männer kaum halten konnten, und stiess dabei unartikulirte Schreie aus." In der
Anstalt war er anfänglich ganz verwirrt, widerspenstig, schlief viel. Er wusste von
dem Kampfe mit dem Vater und dem Selbstmordversuche nichts, machte allerhand
falsche Angaben. Später gelang es durch suggerirende Fragen die Erinnerung zum
Theil wieder hervorzurufen, doch blieb dieselbe mangelhaft und einzelne Punkte schienen
dem Pat. auch nach Wochen noch nicht klar zu sein.

Vf. macht darauf aufmerksam, dass in diesem Falle die Kenntniss
von der retroactiven Amnesie und der Verwirrtheit nach der Wiederbelebung Erhenkter forensische Wichtigkeit erhielt und den etwaigen
Verdacht absichtlicher Täuschung abwendete.

Von W. ist ein nicht uninteressanter Fall Taylor's (Glasgow med.
Journ. XIV. p. 387. 1880. Schm. Jahrb. CXCI. p. 279) nicht erwähnt
worden, in dem langandauernder Bewusstlosigkeit Amnesie folgte, Krämpfe
aber nicht vorhanden gewesen zu sein scheinen. Eine eigene Beobachtung möchte ich hier kurz mittheilen.

Im Herbste 1889 kam ein etwa 50jähr. Herr zu mir, der schon früher an Melancholie gelitten hatte und neuerdings wieder über Angst klagte. Er hatte angeblich
in der letzten Zeit sein Amt vernachlässigt und bildete sich ein, man werde ihn zur
Rechenschaft ziehen. Am nächsten Morgen besuchte ich den Kr. und fand ihn ganz

tungen, im Blute kreisende Gifte u. A. haben. So wirken auch die Verblutung und die verschiedenen Formen der Erstickung. Der hysterische Anfall dagegen ist seelisch vermittelt, er ist sozusagen Ausdruck einer Gemüthsbewegung. Natürlich entsprechen auch den seelischen Vorgängen und den durch sie hervorgerufenen Bewegungen Veränderungen im Gehirne, aber diese Veränderungen sind offenbar zu trennen von denen, die durch physische Reize verursacht sind. Beide gleichzustellen, wäre eine plumpe Voreiligkeit. Die psychisch vermittelten Veränderungen müssen wir uns, obwohl wir von ihnen gar nichts wissen, als ausserordentlich zart und flüchtig vorstellen. Am Krankenbette kann man den Unterschied ad oculos demonstriren: Ein Mensch kann 1000 hysterische Anfälle hintereinander haben, es schadet ihm gar nichts, während eine grössere Zahl epileptischer Anfälle die höchste Gefahr bringt.

Die grundsätzliche Verschiedenheit zwischen dem epileptischen und dem hysterischen Anfalle ist festzuhalten, wenn wir auch dem einzelnen Falle gegenüber nicht immer oder wenigstens nicht immer gleich mit

---

besonnen, bereit zum Eintritt in eine Heilanstalt. Etwa 1 Std. danach war der Kr. in sein Schlafzimmer gegangen, um aus dem Schranke dort, wie er sagte, etwas zu holen. Der Bruder ging ihm einige Minuten später nach und fand ihn am Thürpfosten hängend. Nach dem Abschneiden war das Bewusstsein bald (nach einigen Minuten sagten die Angehörigen) zurückgekehrt. Der Kr. hatte die Augen aufgeschlagen, sich erstaunt umgesehen und danach sich zur Seite gewandt, wie um zu schlafen. Als ich etwa 20 Min. nach dem Abschneiden hinzukam, lag der Kr. auf einer Matratze am Boden, hatte ein Leinwandtuch über den Kopf gezogen, athmete ruhig und schien zu schlafen. Am Halse fand sich eine flache Strangfurche, das Gesicht war ziemlich stark geröthet, aber nicht cyanotisch. Der Kr. war leicht zu erwecken, schien aber niemand zu erkennen, blickte starr und verwundert, stiess und schlug, wenn man ihn anfasste. Bald wurde er ruhiger, doch blieb er stumm und als man versuchte, ihm etwas einzuflössen, biss er die Zähne fest auf einander. Ich blieb etwa 1 Std. bei dem Kranken. Auf der Fahrt nach der Irrenklinik hat er begonnen zu sprechen, ist anfänglich noch verwirrt gewesen, hat sich aber später an den Selbstmordversuch erinnert. Die Melancholie dauerte an und erst nach etwa 6 Mon. konnte der Kr. aus der Klinik entlassen werden. Später hat er doch seinem Leben ein Ende gemacht.

Es erscheint mir als zweifelhaft, ob die sozusagen grobmechanischen Erklärungen der Symptome (Carotidenverschluss, Asphyxie) ausreichen. Die retroactive Amnesie findet sich, wie Wagner selbst ausführt, bei sehr verschiedenen Formen des Shock, sie kommt aber auch nach nur psychischen Erschütterungen vor. Das ganze Bild stellt doch eine Art des akuten traumatischen Irreseins dar und erinnert vielfach an die traumatische Hysterie. Die Krämpfe sind in manchen Fällen zweifellos hysterische gewesen und auch in den übrigen ist die gewöhnlich gebrauchte Bezeichnung „epileptiforme Krämpfe" oft unzutreffend, sie erscheinen vielfach nur als der körperliche Ausdruck einer verworrenen Erregtheit."

Bestimmtheit sagen können, ob es sich um diesen oder um jenen handelt.
Im Allgemeinen kommt dem epileptischen Krampfanfalle die Einfachheit
zu, die allen Zeichen grober Gehirnreizung eigen ist. Die reichste Form
ist der typische Krampfanfall bei der primären Epilepsie, alle übrigen
Formen sind Bruchstücke dieses. Die Bezeichnung „epileptiform" oder
„epileptoid" sollte ganz wegfallen; man sollte zwischen vollständigen und
unvollständigen epileptischen Anfällen unterscheiden, aber solche, die
halbepileptisch sind, giebt es nicht. Es ist, wenn man sich die einfachen
epileptischen Formen vorhält, nicht schwer, andersartigen Erscheinungen
gegenüber zu sagen: das ist nicht epileptisch.

Sieht man sich nun die Beschreibungen, die von den Krämpfen
der in's Leben zurückgerufenen Erhenkten gegeben worden sind, an, so
bemerkt man ohne Weiteres, dass da, wo überhaupt eine genauere Beschreibung vorliegt, in der Regel keine Rede von Epilepsie sein kann.
In Terrien's Falle handelte es sich um einen grossen hysterischen Anfall: arc de cercle u. s. w. Bei Wagner's 1. Patientin heisst es: „Bald
nach der Abnahme verfiel Patientin in so heftige Krämpfe, dass 4 Leute
sie kaum halten konnten, und schrie unaufhörlich durch mehr als eine
Stunde." Von dem späteren Kranken Wagner's heisst es: „verfiel in
heftige Convulsionen, in denen er wild um sich schlug, so dass ihn
mehrere Männer kaum halten konnten, und stiess dabei unarticulirte
Schreie aus". Bulakow berichtet von einem „Krampfanfall, der zuerst
mit einem epileptischen Aehnlichkeit hatte, aber von eigenthümlichen,
Gehbewegungen ähnlichen Convulsionen der Extremitäten begleitet wurde
und gegen 3 Stunden währte" u. s. f.

Ist freilich, wie oft, nur angegeben „Convulsionen" oder „epileptiforme Krämpfe", so weiss man gar nichts. Bei den älteren Beobachtungen ist überdem zu bedenken, dass früher die Kenntniss des hysterischen Anfalles äusserst mangelhaft und seine Verkennung die Regel
war. Bei den besten Schriftstellern findet man zweifellos hysterische
Anfälle als epileptische bezeichnet. Auf jeden Fall steht fest, dass
in einem Theile der Fälle die Krämpfe der wiederbelebten Erhenkten
nicht epileptische waren.

Ueber die Amnesie ist zunächst zu sagen, dass sie nicht bei allen
wiederbelebten Erhenkten vollständig ist. Abgesehen von denen, die
gar keine Amnesie zeigen, erinnern sich manche des Vorganges wie eines
Traumes, kehrt manchen auf suggerirende Fragen hin die Erinnerung
zurück. Gewöhnlich allerdings scheint sich im Gedächtniss der Wiederbelebten eine vollständige Lücke, die auf keine Weise auszufüllen ist, vor-
zufinden. Die „Retroactivität" der Amnesie kann verschieden gross sein.
Zuweilen verschwindet nur die erste Zeit des wiedergewonnenen

Bewusstseins später, oft wissen die Kranken gar nichts von dem Selbstmordversuche, manchmal geht auch ein mehr oder minder langes Stück
der Zeit vor der That verloren. Wagner sagt nun ganz richtig, dass
die retroactive Amnesie der erhenkt Gewesenen der nach „Gehirn-
erschütterungen" gleiche, er irrt aber, wenn er meint, dass sie der nach
heftigen Gemüthsbewegungen und der nach anderen Selbstmordversuchen
nicht gleiche. Ich glaube vielmehr, dass in allen diesen Fällen es sich
um dieselbe Erscheinung handle. Das merkwürdigste Beispiel von Amnesie nach Gemüthsbewegung ist die neuerdings von Charcot mitgetheilte Beobachtung von „amnésie rétro-antérograde" (Revue de Méd.
XII. 2. p. 81. 1892).

Eine 34jährige Frau war am 28. August 1891 heftig dadurch erschreckt worden,
dass ein Mann in's Zimmer trat und sagte: „Ihr Mann ist todt, man bringt ihn her".
Sie schrie laut, man lief herbei und suchte sie zu trösten. Da kam der gesunde Ehe-
mann um die Ecke und eine Nachbarin rief: „Da ist er". Bei diesen Worten verfiel
die erschreckte Frau in einen Anfall von Bewusstlosigkeit, während dessen sie zuerst
allerhand krampfhafte Bewegungen ausführte, dann jammerte und offenbar hallucinirte.
Der Anfall dauerte 2 Tage, dann hörten die Delirien auf, die Kranke wurde ruhig und
verständig, aber ihr Gedächtnis zeigte eigenthümliche Störungen. Sie konnte sich mit
grosser Deutlichkeit aller Ereignisse bis zum 14. Juli 1891, Abends 10 Uhr, entsinnen;
die Zeit von da ab bis zum Wiedererwachen aus der Bewusstlosigkeit (31. August) war
verloren, die Kranke wusste aus dieser ganzen Zeit nicht das Geringste, weder auf eine im
August unternommene Reise, noch auf das Unglück vom 28. August, noch auf sonst
etwas konnte sie sich besinnen. Damit nicht genug. Vom 31. August an schien die
Kranke die Fähigkeit verloren zu haben, Erinnerungen festzuhalten. Was geschah,
was sie wahrnahm und was sie that, vergass sie nach spätestens einer Minute und am
22. December war für sie die ganze Zeit vom 14. Juli an leer.

An Stärke und Ausdehnung liess also hier die Amnesie, die sich
an einen hysterischen Anfall angeschlossen hatte, nichts zu wünschen
übrig. Dass auch nach anderweiten Selbstmordversuchen eine retroactive
Amnesie vorkommt, beweist meine neue Beobachtung. Es handelt sich
in ihr um einen Mann, der sich wegen Streitigkeiten mit seinem Bruder
in den Mund geschossen hat, nach dem Erwachen aus der Bewusstlosigkeit einen Zustand verworrener Erregtheit durchgemacht hat und dann
eine Amnesie zeigt, die die Zeit vom Morgen des Tages der (Nachmittags 3 Uhr ausgeführten) That bis etwa zum 2. Tage nach der That
umfasst. Die Amnesie ist vollständig, der Kranke ist ganz unfähig, sich
auch nur auf das Mindeste aus den verhängnissvollen Stunden zu besinnen, er würde nicht wissen, wie er krank geworden ist, wenn man
es ihm nicht erzählt hätte.[1])

---

[1]) Begreiflicherweise ist meine Beobachtung nicht die erste derartige. Aehnliche
Fälle finden sich da und dort in der Literatur. Als Beispiel sei eine Mittheilung

Wenn Erhängen, Erschiessen, „Gehirnerschütterung" und ein ein-
facher Schreck zu demselben Ergebnisse führen, so muss der wirk-
same Umstand der sein, der allen diesen Zufällen gemein ist. Dieser
ist klärlich die Gemüthserschütterung, denn sie allein kehrt überall
wieder. Die „somatischen" Veränderungen sind ganz verschiedene, fehlen
beim einfachen Schreck vollständig. Dass es sich bei den Selbstmordversuchen ebenso wie bei dem Schrecken um hysterische Amnesie handelt,
könnte unter Umständen bewiesen werden. Bei der hysterischen Amnesie nämlich geht nicht, wie bei manchen groben Gehirnerkrankungen, ein
Theil der Erinnerungen wirklich verloren, sondern die Störung besteht
nur darin, dass die Erinnerungen an dem Eintreten in das wache Bewusstsein verhindert werden. Es wird sozusagen eine Schranke aufgerichtet, die den wachen Menschen bestimmte Theile seines Gedächtniss-
schatzes nicht sehen lässt, während doch nichts verloren ist. Die Kranke
Charcot's z. B. sprach im Traume von den Ereignissen, auf die sie im
Wachen sich nicht besinnen konnte. Es gelang, sie zu hypnotisiren, und
in der Hypnose wusste sie Alles, war die ganze Gedächtnisslücke ausgefüllt.
Vielleicht würde man auch bei den Amnestischen, die einen Selbstmordversuch gemacht haben, in der Hypnose die verloren geglaubten Erinnerungen wieder auftauchen sehen. So werthvoll ein positiv ausfallender
Versuch sein würde, so könnte doch aus negativen Erfolgen kein Schluss
gegen die hysterische Art der Amnesie gezogen werden. Bei meinem
Kranken R. ist es bisher nicht gelungen, den somnambulen Zustand hervorzurufen. Er gerieth bei den nach der Nanziger Methode angestellten
Versuchen nur in einen Zustand von Benommenheit. In diesem athmete
er tief, Zuckungen in der linken Hälfte des Gesichtes und des Halses,
im linken Arme traten auf, der Kranke knirschte mit den Zähnen und
schüttelte sich von Zeit zu Zeit wie im Frost. Die Glieder konnten
gegen meinen Befehl nicht bewegt werden, fielen aufgehoben wie todt
zurück. Auf gewöhnliche Fragen antwortete R. richtig. Als ich ihn fragte:
„wo haben Sie den Revolver gekauft?" thaten sich die Augen weit auf,

---

C. Westphal's erwähnt (vergl. Charité-Annalen III. p. 390. 1876. — Ges. Abhandl.
I. p. 456). Eine melancholisch verstimmte Frau gerieth zur Zeit der erwarteten Regel
wegen eines nichtigen Anlasses in Aufregung, tödtete ihre 3 Kinder und versuchte,
sich durch Schnitte in Hals und Arm zu tödten. Die Kranke wusste nach der That
nichts von dieser, glaubte, ihre Kinder lebten noch. Sie erinnerte sich dunkel, dass
viele Leute in die Stube gekommen wären, dass sie einen Schmerz im Halse gespürt
hätte; eine klare Erinnerung hatte sie erst vor der Zeit ihrer Ueberführung nach dem
Gefängnisse an. Westphal rettete die Frau durch sein Gutachten. Der Physikus
hatte nicht verfehlt, mit grosser Sicherheit zu erklären, dass es sich um „freche Lüge"
und „höchst ungeschickte Simulation" handle, wofür die relative Unwissenheit seiner
Zeit kaum eine nothdürftige Entschuldigung bildet.

R. sah erstaunt um sich, antwortete aber nicht und fiel gleich in den schlafartigen Zustand zurück. Im natürlichen Schlafe soll R. auch mit den Zähnen knirschen und soll nicht selten sprechen. Leider kann die Frau, die selbst fest schläft, über den Inhalt' des Gesprochenen keine Auskunft geben. Wenn nun auch diese Versuche nicht den gewünschten Erfolg hatten, so lehrten sie doch mit Bestimmtheit, dass R., obwohl er kein Stigma der Hysterie trägt, hysterisch ist. Das eben beschriebene Verhalten im hypnotischen Schlafe ist nur den Hysterischen eigen und man kann auf ein solches die Diagnose mit aller Sicherheit gründen.[1])

Erblickt man sowohl in den Krämpfen als in der Amnesie der Wiederbelebten hysterische Symptome, so treten beide in nähere Verbindung. Bei Hysterischen stellt sich die Sache gewöhnlich so dar, dass in Folge irgend einer Gemüthsbewegung ein Anfall auftritt und dass nach dem Anfalle eine mehr oder weniger ausgedehnte retroactive Amnesie zurückbleibt. Offenbar tritt während der sog. 3. Periode des Anfalles ein somnambuler Zustand ein, während dessen die oben erwähnte Schranke errichtet wird. Der eigentliche Krampfanfall kann unvollständig sein, ja sich nur durch vereinzelte Zuckungen kund geben. Werden diese übersehen, so wird nur von einem Stadium hallucinatorischer Verwirrtheit (d. h. der dritten Periode des Anfalles) berichtet. Als Nachwirkung des Anfalles aber bleibt die Amnesie. So fügt sich Alles zusammen und auch die „transitorische Manie" der Autoren, die angeblich bei vielen Wiederbelebten beobachtet worden ist, erhält ihre Erklärung, es handelt sich eben um die 3. Periode des hysterischen Anfalles.

Länger dauernde Geistesstörungen sind nach Wagner's Angaben überhaupt nur 2 mal bei wiederbelebten Erhenkten beobachtet worden (von Meding und von Schüle). Ihre Deutung möchte ich dahingestellt sein lassen.

---

[1]) Der *diagnostische Werth der Hypnotisirung* ist durchaus noch nicht genügend bekannt. Früher (Schmidt's Jahrb. CCXXVI. p. 288, 1890. Vgl. S. 34) habe ich eine Kranke mit allgemeinem Haarschwunde und Krampfanfällen beschrieben. Hysterische Stigmata waren nicht vorhanden; wenigstens musste die hysterische Art der vorübergehenden Schwäche der Accommodation des rechten Auges anfänglich zweifelhaft sein. Die Anfälle schienen der Beschreibung nach epileptische zu sein und alle früheren Aerzte der Kranken hatten sie als solche betrachtet. Ich habe nie einen Anfall gesehen und meine Annahme, die Kranke leide an Hysterie, wurde erst durch die Hypnotisirung gesichert. Die Kranke verfiel gleich in den somnambulen Zustand. Sie bekam in ihm Schütteln der rechten Glieder und nach dem Erwachen bestand eine rechtsseitige Hemiparese. Durch eine geeignete Eingebung konnte diese sofort im wieder bewirkten Somnambulismus beseitigt werden; sie ist seitdem nicht wiedergekehrt. Dieses Verhalten beweist meines Erachtens die hysterische Art.

Die hier entwickelte Auffassung wird auch durch eine Mittheilung
M oeli's gestützt, der nach einem Selbstmordversuche durch Erhängen
Einschränkung des Gesichtsfeldes und Hemianalgesie beobachtete. Wahrscheinlich wird man öfter hysterische Stigmata finden, wenn man sie sucht.
Wenn ich nun auch die Haupterscheinungen nach Selbstmordversuchen, d. h. die Krämpfe, die Verworrenheit und die Amnesie, als
Zeichen oder Theile eines hysterischen Anfalles und damit als seelisch
vermittelte Symptome betrachte, so möchte ich doch nicht dahin verstanden werden, als ob ich der „Asphyxie" und dem „Carotidenver-
schlusse" jede Bedeutung abspräche. Gewiss können diese zu groben
Gehirnstörungen führen. Abgesehen von den Fällen, in denen trotz
Wiederkehr der Athmung der Tod eintritt, liegen einzelne Beobachtungen
vor, in denen die Strangulation zu Gehirnerkrankung geführt hat. So
trat bei Petrina's Krankem eine Brückenlähmung ein. Immerhin sind
solche Fälle Ausnahmen und es ist wahrscheinlich, dass in ihnen schon
vorher eine Gefässerkrankung vorhanden war.

Ich lasse nun meine obenerwähnte neue Beobachtung folgen.

Der 45 jährige Brunnenarbeiter H. R. ist früher immer gesund gewesen und weiss
nichts von Nervenkrankheiten in seiner Familie. Im December 1891 starb seine Mutter
und seitdem lebte er in Streit mit seinem Bruder, weil er glaubte, dass dieser ihn um
die ihm zukommenden 500 M. aus der Erbschaft betrügen wolle. Der Bruder hatte
angeblich das Geld bei Seite gebracht und R. nahm sich die Sache sehr zu Herzen:
wiederholt kamen heftige Auftritte zwischen den Brüdern vor. Am 25. Mai 1892 stand
R. wie gewöhnlich früh auf und ging fort. Seine Frau bemerkte an ihm nichts besonderes und glaubte, er gehe zur Arbeit. Aus den Angaben des Bruders und der Frau
ergiebt es sich, dass R. am Vormittage mit dem Bruder nach dessen Wohnort N.
gefahren ist. Dort haben wieder erregte Auseinandersetzungen stattgefunden. Schliesslich hat der Bruder dem R. die Thür gewiesen und dieser ist mit den Worten: „Lebt
wohl, ihr seht mich nicht wieder", aufgestanden und aus dem Zimmer gelaufen.
Der Bruder ist ihm nachgelaufen und hat, als er auf die Strasse kam, gesehen, wie
R. einen Revolver hervorzog und sich in den Mund schoss. R. wurde bewusstlos in
das Haus getragen, kam nach etwa 20 Minuten wieder zu sich. Obwohl die rechten
Glieder gelähmt waren und die Sprache verloren zu sein schien, wollte er doch durchaus fort und war höchst unruhig. „Zwei Männer mussten ihn halten." Herr Dr. B.
in N. wurde nun hinzugerufen und seiner Güte verdanke ich die Angaben, dass R. ziemlich viel Blut verloren hat und dass er dem Beistande heftigen Widerstand entgegen-
setzte, beständig mit der linken Faust drohte und die Umgebung zu schlagen versuchte,
dass die vollständige Lähmung der rechten Glieder und des linken M. externus oculi
sofort wahrnehmbar waren, dass der grossen Unruhe und den Versuchen, sich mit Hilfe
der linken Glieder aus dem Bette zu schnellen, durch eine starke Morphiumeinspritzung
begegnet wurde. Als gegen Abend die telegraphisch benachrichtigte Frau kam, fand
sie den R. noch in grosser Aufregung. Er bewegte den linken Arm, wollte offenbar
fort, gab Zeichen heftigen Unwillens, sobald er des Bruders Stimme hörte. Im Allgemeinen schien er bei sich zu sein, gab auf die meisten Fragen durch Zeichen richtige
Antwort, wusste aber offenbar nichts von dem Inhalte des letzten Gespräches und von

seiner That. Zuweilen schrie er laut auf und es gelang der Frau, den Namen „Schröder" zu verstehen, den er oft wiederholte. Auch schrieb R. diesen Namen mit der linken Hand auf einen Zettel. Der Name eines Bekannten lautet so, doch hatte dieser Mann keine näheren Beziehungen zu R. und es hat sich der Sinn des Ausrufes nicht finden lassen. Ob er Ausdruck eines Delirium war, bleibt dahingestellt. In der Nacht schlief R. ziemlich viel. Am nächsten Tage war er leidlich ruhig und blieb im Bette liegen. Der Arzt konnte wieder einige Worte, z. B. „nicht spritzen!" verstehen. Ein Theil der eingeflössten Milch wurde geschluckt, ein Theil floss durch die Nase zurück. Am 3. Tage fand Herr Dr. B. den R. vollkommen beruhigt, der rechte Unterschenkel konnte wieder ein wenig bewegt werden, der Arm war noch ganz gelähmt. Die Temperatur stieg nie über 38° C., betrug am ersten Abend nur 36,8°. Am 31. Mai wurde R. auf einem Wagen in das Leipziger Krankenhaus geschafft und da ist er bis vor mehreren Wochen verpflegt worden. Seine Lähmung hat langsam abgenommen; die Wunde ist, ohne dass das Geschoss (von etwa 6 mm) entfernt worden wäre, zugeheilt.

Nach der Entlassung aus dem Krankenhause, am 29. Juli, kam R. zu mir. Ich fand eine Parese der rechten Glieder (ohne Betheiligung des Gesichtes), keine deutliche Anästhesie, Steigerung der Sehnenreflexe auf der rechten Seite; beim Gehen „mäht" das rechte Bein; der linke M. externus oc. ist vollständig gelähmt; alle anderen Hirnnerven sind in normaler Weise thätig; die Sprache aber ist etwas stockend, eigenthümlich ungeschickt und leicht näselnd; keine Empfindlichkeit des Kopfes, keine Kopfbeschwerden; am harten Gaumen eine kleine Narbe.

Der Kranke macht durchaus den Eindruck eines ruhigen und verständigen Mannes. Es ist mir nicht gelungen, ausser der gleich zu erwähnenden Amnesie, eine psychische Störung nachzuweisen. In seiner Erinnerung aber besteht eine Lücke, in die die Zeit vom Morgen des 25. Mai bis etwa zum 27. Mai fällt. Die Amnesie ist fast ganz vollständig. Er erinnert sich dunkel, mit seinem Bruder am 25. Mai nach N. gefahren zu sein, er glaubt in den ersten Tagen nach der Verletzung wahrgenommen zu haben, dass seine Frau an seinem Bette sass und dass der Arzt wiederholt in's Zimmer kam. Aber er meint, das sei ihm nur wie ein wüster Traum. Etwas weiteres weiss er nicht. Er hat keine Ahnung davon, wie er zu dem Revolver gekommen ist, den er am Morgen des 25. Mai gekauft haben muss, da er ihn vorher nicht besass, er weiss nicht, was er mit dem Bruder gesprochen, was er vor der That gedacht hat. Auf das Bestimmteste versichert er, von dem Selbstmordversuche gar nichts zu wissen.

Es hat also in diesem Falle das Geschoss des Revolvers aller Wahrscheinlichkeit nach den N. abducens sin. an der Schädelbasis zerrissen und die von der linken Hemisphäre herabsteigende Bahn direct oder indirect beschädigt: rechtseitige Lähmung der Glieder, linkseitige Lähmung des äusseren Augenmuskels, Anarthrie. Das psychische Trauma aber führte nach der Wiederbelebung zu einem hysterischen Anfalle, in dem der Kranke sehr erregt war und vielleicht hallucinirte, und der eine retroactive Amnesie hinterliess.

2) Ueber Krämpfe und Amnesie nach Wiederbelebung Erhängter.
Von Prof. Wagner in Graz. [1])

In zwei kurzen Aufsätzen (Jahrb. für Psych. VIII, und Wien. klin. Wochenschr. 1891) habe ich aufmerksam gemacht auf gewisse Störungen, welche beobachtet werden an wiederbelebten Erhängten. Da Möbius vor Kurzem diese Störungen zum Gegenstande von Erörterungen gemacht hat und ich die Auffassung nicht theilen kann über die Natur dieser Störungen, sei es mir gestattet, mit einigen Worten darauf zurückzukommen.

Ich will mich auf die Besprechung zweier Erscheinungen beschränken, die ja auch hauptsächlich das Object der Erörterungen von Möbius gewesen sind: Die nach der Wiederbelebung beobachteten Krämpfe und die Amnesie. Um den Leser über das Thatsächliche zu orientiren, führe ich einige Stellen aus meinem zweiten Aufsatze (Wien. klin. Wochenschr. 1891) wörtlich an:

„Wenn ein Erhängter abgeschnitten und wieder zum Leben gebracht wird, macht sich vor Wiederkehr des Bewusstseins eine auffallende Erscheinung bemerkbar: es treten nämlich allgemeine Convulsionen ein. Diese Convulsionen zeigen sich nie unmittelbar nach der Abnahme der Kranken, sondern erst einige Zeit danach, die von wenigen Minuten bis zu einigen Stunden variiren kann. Es scheinen diese Convulsionen zeitlich mit Aenderungen in der Respiration zusammenzufallen. Im Anfange nämlich athmen die Kranken oft gar nicht, man muss künstliche Respiration einleiten. Oder die Athmung erfolgt spontan, ist aber unregelmässig und wenig ausgiebig. Endlich werden die Athembewegungen tiefer, regelmässiger, und damit fällt in der Regel das Auftreten der allgemeinen Convulsionen zusammen. Die Dauer der Krämpfe kann von wenigen Minuten bis zu mehreren Stunden betragen. Die Convulsionen werden meist als epileptiforme bezeichnet, seltener haben sie tetanischen Charakter; noch seltener schliessen sich an die Krämpfe zwangsweise Gehbewegungen, manchmal als Manègebewegungen, an."

„Nach der Beendigung der Convulsionen erfolgt meist bald die Wiederkehr des Bewusstseins. Jetzt lässt sich eine weitere Erscheinung constatiren, nämlich das Vorhandensein einer Lücke in der Erinnerung. Diese Lücke schliesst zunächst, wie selbstverständlich, die Zeit ein, während welcher der Kranke bewusstlos war. Ferner fehlt aber dem Kranken häufig auch die Erinnerung für den ausgeführten Selbstmordversuch vollständig, sie wissen nicht, dass sie einen Selbstmordversuch begangen haben und es mangelt ihnen in Folge dessen auch jedes Verständniss für die Situation, in die sie durch ihr Tentamen gekommen sind. So glaubte ein vom Strange Abgeschnittener, als er sich im Bette fand, dass er von einem Schlagflusse gerettet worden sei. Eine Andere glaubte, ihr Uebelbefinden rühre daher, dass sie über die Treppe gefallen sei, was ganz unrichtig war. Eine von Féré und Breda beschriebene Kranke wies mit Entrüstung die Zumuthung, dass sie solle einen Selbstmordversuch begangen haben, zurück; die Heiserkeit, welche eine Folge der Strangulation war, glaubte sie sich durch eine Erkältung zugezogen zu haben; die Strangfurche hielt sie für einen Einschnürungseffect der zu engen Zwangsjacke, die man ihr nach dem Tentamen angezogen hatte. Sie

---

[1]) Der Vollständigkeit wegen lasse ich Wagner's Erwiderungen hier mit abdrucken.

suchte wiederholt in einem Sacke, in dem sie ihre Effecten aufbewahrt hatte, nach einem Stricke, der daselbst verborgen war (es war der Strick, mit dem sie sich erhenkt hatte) und wusste sich das Verschwinden desselben nicht zu erklären. Ein Kranker von Biaute wollte absolut nicht zugeben, dass er einen Selbstmordversuch begangen habe, und glaubte das Opfer eines ärztlichen Irrthums zu sein."

„Die Lücke in der Erinnerung erstreckt sich aber in vielen Fällen noch mehr oder weniger weit auf die Zeit vor dem Selbstmordversuche. Es wird durch die Strangulation eine Amnesie retroactive geschaffen, wie die Franzosen sagen. So fehlte z. B. einem Kranken König's, der sich eines Morgens in Bonn aufgehängt hatte, die Erinnerung von dem Momente an, wo er am Tage zuvor Mittags von Köln abgereist war. In anderen Fällen erstreckt sich endlich die Amnesie noch mehr oder weniger weit auf die Zeit nach wiedererlangtem Bewusstsein."

„Manchmal ist diese Amnesie keine dauernde, es kehrt nach und nach die Erinnerung an das Vorgefallene mehr oder weniger vollständig wieder; allerdings sind es in diesen Fällen doch zuerst immer die Mittheilungen seitens der Umgebung, aus denen der Kranke die erste Kunde des Vorgefallenen schöpft und an die dann weitere Reminiscenzen sich nach und nach anknüpfen, und es muss in solchen Fällen immer zweifelhaft bleiben, ob die Erinnerung auch dann wiedergekehrt wäre, wenn von Seiten der Umgebung nicht der Anstoss dazu gegeben worden wäre."

Ich habe in meinem erstcitirten Aufsatze (Jahrb. für Psych. III.) die eben geschilderten Erscheinungen, nämlich die Krämpfe und die Amnesie, auf die Veränderungen im Gehirne bezogen, die durch die Asphyxie und den Verschluss der Carotiden beim Erhängen bewirkt werden.

Möbius ist dagegen anderer Ansicht; er sieht in den Krämpfen sowohl wie in der Amnesie der Wiederbelebten nur hysterische Symptome. Ich kann, wie erwähnt, diese Ansicht nicht theilen und will versuchen, in Folgendem meine Auffassung zu begründen. Ich werde dabei von Möbius' Argumenten nur soviel reproduciren, als für meine Beweisführung nothwendig ist, und verweise wegen der Details auf den in dieser Wochenschrift erschienenen Originalartikel von Möbius.

Möbius schliesst aus der Beschreibung der Krämpfe in mehreren der Literatur entnommenen Fällen, dass diese Krämpfe nach Wiederbelebung Erhängter keine epileptischen gewesen sein können. Er kommt dann gewissermaassen auf dem Wege der Ausschliessung zu der Folgerung, dass die Krämpfe hysterische gewesen seien. Er sagt nämlich: „Man kann alle Krampfanfälle trennen in epileptische und in hysterische, ein Unterschied, der sich weniger auf die Form, als auf die Entstehung beziehen soll." Was mit dem letzten Satze gesagt sein soll, erklärt Möbius einige Zeilen weiter: „Der hysterische Anfall dagegen ist seelisch vermittelt, er ist sozusagen Ausdruck einer Gemüthsbewegung." Möbius scheint also (was er allerdings bezüglich der Krämpfe nicht ausdrücklich bemerkt, wohl aber bezüglich der Amnesie) die mit dem Erhängen einhergehende Gemüthserschütterung für das Moment zu halten von dem das Auftreten von Krämpfen nach der Wiederbelebung abhängig ist.[1]

Wenn Möbius diese Krämpfe nicht als epileptische gelten lassen will, habe ich dagegen nichts einzuwenden. Weder in meiner ersten, noch in meiner zweiten Mittheilung habe ich dieselben auch nur ein einziges Mal als epileptische bezeichnet, sondern ich habe immer nur den nicht präjudicirenden Ausdruck „Krämpfe" oder „allgemeine Convulsionen" gebraucht. Wenn die Autoren, die solche Fälle beschrieben haben, die Krämpfe als epileptische oder epileptiforme bezeichneten, so soll damit wohl auch weniger über die den Krämpfen zu Grunde liegende Ursache, als über die Form der Krämpfe etwas ausgesagt werden; sie sollten als allgemeine klonische Krämpfe charakterisirt werden zum Unterschiede von den tetanischen und trismischen Krämpfen, von denen ebenfalls in mehreren Beschreibungen die Rede ist.

Zugegeben aber, dass diese Krämpfe keine epileptischen seien, so folgt daraus noch keineswegs, dass sie hysterische sein müssen. Wenn die von Möbius getroffene Eintheilung aller Krampfanfälle in epileptische und hysterische eine erschöpfende sein soll, ist sie für mich nicht acceptabel (und ich glaube mit dieser Ansicht nicht allein zu stehen). Es giebt Krampfanfälle, die Niemand in dieser Alternative unterbringen können wird, wie z. B. die Krämpfe der Tetanie, gewisse toxische Krämpfe etc. Bei anderen Krampfformen würde es mindestens auf den keineswegs allgemein feststehenden Umfang der Begriffe epileptisch und hysterisch ankommen, ob man sie mit der einen oder anderen Bezeichnung belegen will, also in letzter Linie auf einen Wortstreit, wie z. B. bei den Verblutungs- und Erstickungs-Krämpfen, bei gewissen toxischen Krämpfen etc. Es wäre ferner auch die Auffassung aller hysterischen Anfälle als seelisch vermittelter (das soll wohl heissen, auf suggestivem Wege zu Stande gekommen) discutirbar. Ich kann in einer Mehrzahl von hysterischen Anfällen zunächst nur reflectorisch vermittelte Phänomene erblicken. Doch das Alles sind Nebensachen. Es handelt sich mir jetzt nicht um weittragende Erörterungen über die Begriffe „epileptisch" und „hysterisch", sondern ich will zeigen, dass die nach Wiederbelebung Erhängter auftretenden Krampfanfälle nicht hysterische seien.

Die Krämpfe nach Wiederbelebung Erhängter scheinen denn doch eine recht häufige Erscheinung zu sein. Wenn ich zu den 17 Fällen,

---

[1]) Könnte man mit derselben Motivirung nicht vielleicht auch die Krämpfe, welche beim Erhängen dem Eintritte des Todes vorangehen, für hysterische erklären?

über die ich in meinem ersten Aufsatze berichtete, 9 weitere hinzuzähle, nämlich die Fälle von Taylor, Westphal (Charité-Annalen III), Ritter, Pelman, Moeli, Butakow, Möbius[1]) und zwei von mir beschriebene, so sind darunter 17, in denen das Vorhandensein von Krämpfen constatirt wurde, dagegen kein einziger, in dem das Fehlen der Krämpfe ausdrücklich bemerkt worden wäre. Es wäre immerhin auffallend, dass unter diesen 26 Wiederbelebten mindestens 17 hysterische Individuen gewesen sein sollten. Es müsste ferner erwartet werden, dass diese Anfälle, wenn sie hysterische wären, doch auch gleich anderen hysterischen Anfällen die Neigung zeigen müssten, sich zu wiederholen; davon finden wir bei keinem einzigen der 24 Fälle etwas erwähnt. Immer traten die Krämpfe nur das eine Mal auf und zwar mit merkwürdiger Uebereinstimmung in einer und derselben Phase der Wiederbelebung: zu der Zeit, wo das Bewusstsein noch nicht wiedergekehrt war, aber die früher schwachen und unregelmässigen Herz- und Athembewegungen wieder kräftig und regelmässig, die kühlen und cyanotischen Körpertheile wieder warm und roth geworden waren. Dieses gesetzmässige Zusammentreffen von charakteristischen physikalischen Veränderungen mit den Krämpfen lässt es doch viel wahrscheinlicher erscheinen, dass auch die letzteren irgend welche physikalische Grundlagen haben dürften. Es ist ferner auch für die Annahme einer seelischen Vermittlung der Krämpfe keineswegs günstig, dass sie gerade immer zu einer Zeit auftreten, wo der Kranke sich im Zustande der Bewusstlosigkeit befindet und daher seelischen Einwirkungen gewiss nicht sehr zugänglich ist, während nie Krämpfe beschrieben wurden aus einem Stadium, in dem der Kranke schon wieder bei Bewusstsein war.

Es giebt endlich noch einen, wie ich glauben möchte, ziemlich schlagenden Beweis für die nichthysterische Natur dieser Krämpfe. Es dürfte kaum Jemand zu bereden sein, dass eine Erscheinung, die man an einem beliebigen Hunde oder an einer beliebigen Katze durch gewisse Eingriffe gesetzmässig hervorrufen kann, eine hysterische Störung sei.

Bevor ich meine eigenen Versuche anführe, will ich auf bereits vorliegende experimentelle Untersuchungen eingehen, die meiner Auffassung von der Pathogenese dieser Krämpfe eine kräftige Stütze geben.

Schon in meiner ersten Mittheilung habe ich eine ausgezeichnete Experimentalarbeit von Sigmund Mayer citirt (Sitzungsber. d. kais. Akad. d. Wissensch. 81. Bd.), in welcher der Autor folgendes Gesetz formulirt: „Wenn die terminalen Nervensubstanzen einer Störung ihrer

---

[1]) [In dem von mir beschriebenen Falle haben die Krämpfe ganz sicher gefehlt. Ms.]

normalen Ernährung ausgesetzt sind, die eine bestimmte, für die bestimmten terminalen Apparate verschieden lange Zeitdauer nicht überschreiten darf, so beantworten sie den Wiederbeginn der normalen Er-
nährungsvorgänge mit der Auslösung eines mehr oder weniger intensiven
Reizvorganges." Die Versuche (bezüglich deren Methodik und Details
ich auf die Originalarbeit verweise) wurden zum Theile in der Weise
angestellt, dass das Gehirn durch Verschluss der Hirnarterien nach der
Kussmaul-Tenner'schen Methode anämisch gemacht wurde. Mit dem
Verschlusse der Hirnarterien treten die bekannten Convulsionen auf.
Giebt man dann nach dem Aufhören der Krämpfe die Circulation durch
das Gehirn wieder frei, so treten neuerdings Krämpfe ein, die von
Mayer als postanämische bezeichnet wurden. Diese postanämischen
Krämpfe sind, wie sich bei geeigneter Versuchsanordnung, z. B. am
schwach curaresirten Thiere, nachweisen lässt, oft intensiver als die ur-
sprünglichen anämischen Krämpfe. Auch durch Anämisirung des Rückenmarkes bei ausgeschaltetem Gehirne lassen sich sowohl anämische als
auch postanämische, mit der Wiederherstellung der Circulation zusammen-
fallende Krämpfe demonstriren, und sind auch hier häufig die letzteren
stärker, als die ersteren. Diese Krämpfe haben häufig, und zwar auch
bei Versuchen am Rückenmarke mit ausgeschaltetem Gehirne, coordi-
nirten Charakter, ähneln Gehbewegungen. Ich hebe das ausdrücklich
hervor, weil, wie es scheint, Möbius in seiner Auffassung der Krämpfe
nach Wiederbelebung Erhängter als hysterischer bestärkt wurde durch
den Umstand, dass sie nach mehreren Beschreibungen manchmal coordi-
nirten Bewegungen ähnlich waren.

Dieselben Erscheinungen wie bei anämischer lassen sich auch bei
asphyktischer Ernährungsstörung der Nervencentren beobachten. Macht
man ein Thier durch Unterbrechung der Athmung asphyktisch und leitet
dann wieder die Athmung ein, so ist der Wiederbeginn der Athmung
von Krämpfen begleitet. Mayer macht in der Beschreibung der
postanämischen und der postasphyktischen Krämpfe keinen Unterschied.

Aehnliche Beobachtungen wurden übrigens, wie Sigmund Mayer
anführt, schon von Kussmaul und von Schroff jun. (Wien. med.
Jahrb. 1875) gemacht.

Es existirt ferner eine Mittheilung über Wiederbelebungsversuche
an Thieren (die besonders wegen der den Chloroformtod betreffenden
Ergebnisse sehr lesenswerth ist). Dieselbe rührt her von Prof. Boehm
in Dorpat und ist betitelt: „Ueber Wiederbelebung nach Vergiftungen
und Asphyxie" (Arch. f. experim. Pathol. VIII. 1878). Uns interessiren
für die vorliegende Frage nur die Wiederbelebungsversuche nach
Asphyxie. Auch Boehm hat in diesem Falle ebenso wie S. Mayer das

Auftreten von Krämpfen beobachtet, deren Beschreibung allerdings, als einer für seine Zwecke nebensächlichen Erscheinung, eine wenig eingehende ist, die aber in den Versuchsprotokollen stets ausdrücklich angegeben sind. Boehm erwähnt aber noch eines Umstandes, auf den ich bald noch einmal zurückkommen werde. Er erwähnt einer die Wiederbelebung begleitenden ausserordentlichen Steigerung der Reflexerregbarkeit und spricht von Reflexkrämpfen, scheint aber ausserdem noch eine andere Art von Krämpfen zu unterscheiden, die wohl von einem directen Hirn-Rückenmarksreiz gedacht werden müssen.

Ich selbst habe nun schon gelegentlich meiner ersten Mittheilung und auch jetzt in der Weise Versuche angestellt, dass ich Thiere strangulirte und nach eingetretener Asphyxie wiederbelebte. Man muss diese Versuche etwas anders anstellen, als das Erhängen beim Menschen ausgeführt wird, da das geringe Körpergewicht von Katzen oder Kaninchen aus einleuchtenden Gründen nicht hinreicht, um analoge Verhältnisse hervorzurufen, wie sie beim Erhängen des Menschen zu Stande kommen; man muss die Thiere eben nicht hängen, sondern erdrosseln. Es treten nach wenigen Secunden die bekannten Krämpfe auf; nach deren Aufhören ist das Thier asphyktisch, d. h. es athmet nicht mehr, und man muss jetzt rasch die Schlinge lösen und die Wiederbelebung einleiten, wenn man das Thier nicht verlieren soll. Oft genug gelingt die Wiederbelebung nicht mehr, weil bei dem Thiere bereits Lungenödem eingetreten ist, wie die schaumige, blutige Flüssigkeit verräth, die bei der künstlichen Athmung aus der Trachea ausgetrieben wird.

In allen Fällen nun, in denen die Wiederbelebung gelingt, treten vor der Wiederkehr des Bewusstseins Krämpfe auf; diese Krämpfe sind theils tonische, theils klonische und meist von ziemlich kurzer Dauer; es ist aber auch die Dauer der Wiederbelebung nie eine so lange wie häufig beim Menschen, und vergehen von der Beendigung der Strangulation bis zur Wiederkehr des Bewusstseins fast immer nur wenige Minuten, ja oft nur Secunden. Löst man die Schlinge, bevor noch die (Erstickungs- und anämischen) Krämpfe beendet waren, so kann man mit dem Freigeben der Athmung und des Hirnkreislaufs in der Regel eine bedeutende Verstärkung der Krämpfe beobachten.

Auch psychische Störungen können an derartig wiederbelebten Thieren beobachtet werden, entweder kurz dauernde Aufregungszustände mit planlosem Umherlaufen und -springen unter Schreien, mit dem sichtlichen Ausdrucke ängstlichen Affectes, Zustände, die keineswegs als Ausdruck des Schrecks über den eben erlittenen Eingriff aufgefasst werden können, wie das arglose Verhalten der Thiere unmittelbar nach diesen schwindenden Aufregungszuständen zeigt; anderemale sind es länger

dauernde stuporöse Zustände, in denen die Thiere stumpfsinnig, und ohne
durch äussere Eindrücke beeinflusst zu werden, auf einem und demselben
Flecke sitzen bleiben, eine Beobachtung, die auch Boehm an seinen
wiederbelebten Thieren gemacht hat.

Es ruft also beim Thiere das Aufhören von Hirnanämie sowohl wie
das Aufhören von Asphyxie Krämpfe hervor; es ist ferner die Verbindung beider Eingriffe bei der experimentellen Strangulation von derselben Folge begleitet; es treten endlich beim Menschen während der
Wiederbelebung vom Erhängungsscheintode, bei dem ja diese beiden
Factoren, Hirnanämie und Asphyxie gleichfalls concurriren, ebenfalls
Krämpfe auf. Es wird demnach der Schluss vollkommen gerechtfertigt
sein, dass diese Krämpfe beim Menschen von denselben Bedingungen
abhängig seien, wie im Thierexperimente, und ich glaube keine „plumpe
Voreiligkeit" begangen zu haben, wenn ich diesen Krämpfen eine „grob-
mechanische Erklärung" zu Grunde gelegt habe und ihre hysterische
Natur negire.

Es wäre, wie ich schon in meinem ersten Aufsatze hervorhob,
interessant zu wissen, ob auch bei anderen Formen von Asphyxie
Wiederbelebungskrämpfe vorkommen. Ich konnte leider diesbezügliche
Daten mit Ausnahme einer von mir bereits citirten Angabe von Tardieu
(Étude medico-legale sur la pendaison etc., Paris, 1870) nicht finden.
Dagegen sehen wir ähnliche Erscheinungen bei Wiederbelebung von
einem Vergiftungszustande, der ja mit Asphyxie grosse Aehnlichkeit hat,
nach der Kohlenoxyd- oder Leuchtgas-Vergiftung. Seidel sagt hierüber
(Maschka's Handb. d. gerichtl. Med., II. Bd.) folgendes: „Die heftigsten
Convulsionen und tetanische Zustände hat man bei solchen gefunden,
die nach einer schweren Vergiftung in frische Luft gebracht wurden."
Seidel berichtet ferner nach Christison von einem Chemikergehülfen,
der reines CO-Gas in 3—4 Athemzügen aufnahm, darauf bewusstlos
umfiel, mit fast erloschenem Pulse; nach Einblasen von Sauerstoff in die
Lungen kehrte das Leben rasch zurück, er blieb aber für den Rest des
Tages behaftet mit convulsivischen Bewegungen. — Luessem (Zeitschr.
f. klin. Med. IX.) berichtet über 2 Fälle von Leuchtgasvergiftung. Von
dem einen heisst es, dass die Musculatur des Rumpfes, besonders aber
die der Arme und Beine stark contensirt war. Abends war die Contraction der Rückenmuskeln und der Trismus besonders stark. Später
traten in mässigen Zwischenräumen an den Flexoren der Arme und
Beine Contractionen auf. Im zweiten Falle bestanden Nystagmus und
Trismus; auf passive Bewegungen oder Kneifen einer Hautfalte entstehen
leicht heftige Tremores oder Contracturen. — Schreiber (Virch. Hirsch
Jahresber. 1883) berichtet von einem Kranken, der noch am 2. Tage

der Behandlung in tiefem Coma befindlich war und an Convulsionen
litt. — E. Becker (Deutsch. med. Wochenschrift 1889, No. 26) beobachtete
einen Fall, wo mit dem Eintritte der spontanen Athmung fibrilläre
Zuckungen in allen Muskeln des Körpers auftraten, die nach 8 Stunden
zu so heftigen Krämpfen anwuchsen, dass Patient von zwei kräftigen
Wärtern gehalten werden musste. Jede Berührung löst neue Anfälle
aus, ebenso wie die Einführung der Schlundsonde. — In einem Falle
von Barthelemy und Magnan bestanden allgemeine tonische und
klonische Krämpfe, daneben fibrilläre Zuckungen in den unteren Extremitäten, Trismus und theils verticale, theils rotatorische convulsive Bewegungen der Bulbi; zeitweise steigern sich diese Convulsionen zu heftigen Anfällen, in denen zwei Wärter nicht im Stande sind, den Kranken
zu halten. Gleichzeitig bestand eine bedeutende Haut-Hyperästhesie (gesteigerte Reflexerregbarkeit?). — In einem Falle Ebstein's (cit. nach
Levinstein-Schlegel, Pathol. u. Ther. d. psych. Krankh. 1892) traten
nach Wiederkehr der selbständigen Athmung in allen Muskeln des
Körpers geringfügige Zuckungen auf, die sich nach einigen Stunden zu
heftigen Krämpfen steigerten. Mit einer genaueren Kenntniss der
Literatur über Kohlenoxyd- und Leuchtgas-Vergiftung, als ich besitze,
liessen sich diese Beispiele wahrscheinlich noch vermehren.

Es treten also auch nach Kohlenoxydgasvergiftung Wiederbelebungskrämpfe auf. Es ergiebt sich aus den angeführten Beispielen, dass diese
Krämpfe nicht blos spontan auftraten, sondern auch durch äussere Reize,
wie Kneifen von Hautfalten, passive Bewegung von Gliedern, Einführen
einer Schlundsonde hervorgerufen werden, eine Thatsache, die an die
früher citirte Beobachtung Boehm's erinnert, der nach Wiederbelebung
asphyktischer Thiere gleichfalls eine Steigerung der Reflexerregbarkeit
und Reflexkrämpfe constatirte.

Was nun die Amnesie nach Wiederbelebung Erhängter anbelangt,·
habe ich über dieselbe in meiner ersten Mittheilung gesagt, dass ich der
Ansicht zuneige, dass dieselbe eine directe Wirkung der Schädigung der
Gehirnernährung sei, welche mit dem Erhängen verbunden ist, während
Möbius auch in der Amnesie nur ein hysterisches Symptom sieht.

Wir bewegen uns bei der Discussion über die Amnesie auf einem
weniger festen Boden, da uns hierbei das Thierexperiment, das über die
Natur der Krämpfe so entscheidenden Aufschluss zu geben im Stande
ist, im Stiche lässt.

Ich will mir daher in der Beweisführung eine gewisse Reserve auf-
erlegen. Ich lege mir zuerst die Frage vor: Liegen beim Erhängungsscheintode Momente vor, die uns das Eintreten von Amnesie auch ohne
Annahme einer hysterischen Störung erklärlich machen? Und zweitens

will ich untersuchen, welche Beweise Möbius für die hysterische Natur
der Amnesie vorgebracht hat.

Die erste Frage anlangend wird man vor Allem zugeben müssen,
dass die Asphyxie und die durch den Verschluss beider Carotiden hervorgerufene Anämie des Grosshirns mit der in der Wiederbelebungsperiode
eintretenden enormen Hirnhyperämie Schädigungen sind von einer genügenden Intensität, um das Auftreten der Amnesie begreiflich zu
machen; die dabei eintretende Ernährungsstörung des Gehirns kann an
Intensität jedenfalls concurriren mit der im epileptischen Anfall und im
Rausch zu Stande kommenden, welche beiden Zustände ja auch eine,
gewiss nicht hysterische, Amnesie setzen.

Es frägt sich ferner, rufen die Asphyxie oder die temporäre Ver-
schliessung beider Carotiden, jede für sich, erfahrungsgemäss Amnesie
hervor?

Ueber Wiederbelebung nach Asphyxie liegen, abgesehen von den
Fällen nach Erhängen, kaum brauchbare Beobachtungen vor, und es
wäre erst Sache der Zukunft, hierüber Erfahrungen zu sammeln. Dagegen liegen Angaben vor über Amnesien nach einem der Asphyxie
verwandten Zustande, der Kohlenoxydgasvergiftung, die ich schon theilweise in meinem früheren Aufsatze citirt habe und deren Zahl sich
leicht vermehren liesse (Boucher, Briand, Barthelemy et Magnan,
Ebstein u. a.). Wenn diese Angaben auch nicht zahlreich sind, so ist
zu bedenken, dass die Kohlenoxydgasvergiftung häufig im Schlafe eintritt, ein Umstand, der jedenfalls der Constatirung von Amnesien, die
sich zeitlich an den Moment der Vergiftung anschliessen, nicht förderlich ist.

Da wir über die Störungen nach Asphyxie überhaupt zu wenige
Erfahrungen haben, mag es gerechtfertigt sein, am Schlusse dieses Aufsatzes einen Fall von Schwefelwasserstoffvergiftung (durch Inhalation)
mit darauffolgender Amnesie zu erzählen, dessen Mittheilung ich der
Güte des Professors der Chemie an der Grazer Universität, Dr. Schraup,
verdanke.

Ob der temporäre Verschluss beider Carotiden im Stande ist Amnesie
hervorzurufen, darüber besitzen wir keine Erfahrung; es kommt eben
dieser Eingriff ausser beim Erhängen nicht vor.

Ich wende mich nun zu den Gründen, mit denen Möbius seine
Behauptung von der hysterischen Natur der Amnesie nach Wiederbelebung
Erhängter zu stützen versucht hat. Möbius führt zunächst aus, dass
auch nach anderen Selbstmordversuchen, sowie nach blossem Schreck
Amnesie retroactive vorkomme, und sagt dann: „Wenn Erhängen, Er-
schiessen, Gehirnerschütterung und einfacher Schreck zu demselben Er-

gebnisse führen, so muss der wirksame Umstand der sein, der allen diesen Zufällen gemein ist. Dieser ist klärlich die Gemüthserschütterung, denn sie allein kehrt überall wieder."

Was zunächst die Amnesie retroactive nach anderen Selbstmordversuchen anbelangt, so scheint sie denn doch eine recht seltene Erscheinung zu sein. Verfasser kann sich darüber wohl ein Urtheil erlauben, denn er hat in seiner psychiatrischen Wirksamkeit eine beträchtliche Anzahl von Selbstmordversuchen gesehen und hat besonders seit mehr als 3 Jahren reichlich Gelegenheit hierzu, da der psychiatrischen Klinik in Graz, welche zugleich Beobachtungsstation ist, eine Menge von Individuen nach versuchten Selbstmorden zuwachsen.

Dagegen scheint die Amnesie retroactive nach Wiederbelebung Erhängter recht häufig vorzukommen, unter den mir zu Gebote stehenden 26 Fällen 18 mal, während sie in einigen von den übrigen 8 Fällen wenigstens nicht mit Sicherheit auszuschliessen ist.

Es wäre ferner noch zu untersuchen, ob nicht in den seltenen Fällen von Amnesie retroactive nach anderen Selbstmordversuchen „somatische" Veränderungen, z. B. Epilepsie, Alkoholvergiftung, Hirnerschütterung etc. zu Grunde liegen. Auch bezüglich des Raptus melancholicus mit den in ihm ausgeführten Selbstmordversuchen kann ich die Berechtigung nicht zugeben, dass man eine Gemüthserschütterung allein als Ursache aller damit verbundener Erscheinungen für erwiesen ansieht.

Jeder Beweiskraft baar ist aber der Fall, den Möbius aus eigener Beobachtung zur Stütze seiner Ansicht anführt. Man höre: Ein Mann schiesst mit dem Revolver in den Mund; er stürzt zusammen, ist 20 Minuten bewusstlos, danach durch viele Stunden psychisch gestört; es besteht bei ihm als Folge der Schussverletzung (das Geschoss, welches offenbar die Schädelbasis lädirt hatte, heilte ein) eine Lähmung des linken Abducens und der rechtsseitigen Extremitäten, Anarthrie; ferner Amnesie retrograde, die ungefähr zwei Tage umfasst. Und in diesem Falle ist Möbius im Stande, jede „grobmechanische" Begründung der Amnesie auszuschliessen und die Letztere sammt der ihr vorangegangenen psychischen Störung mit Sicherheit als eine hysterische hinzustellen! Möbius sagt ferner: „Dass es sich bei den Selbstmordversuchen ebenso wie bei dem Schreck um hysterische Amnesie handelt, könnte unter Umständen bewiesen werden." Diesen Beweis würde Möbius dann als erbracht ansehen, wenn es gelänge, in der Hypnose die verloren gegangenen Erinnerungen wieder hervorzurufen. Ich bin für den vorliegenden Zweck der Nöthigung überhoben, die Beweiskraft dieses Argumentes zu discutiren, denn in den Fällen von Amnesie nach Wiederbelebung Erhängter ist dieser Beweis kein einzigesmal erbracht worden;

er gelang übrigens, wie Möbius selbst angiebt, auch nicht in dem oben
erwähnten, von ihm berichteten Falle von Selbstmordversuch durch
Erschiessen.

Zum Schlusse möge der früher erwähnte Fall von Amnesie nach
Schwefelwasserstoffvergiftung Platz finden. Ein im chemischen Labora-
torium arbeitender Student hatte infolge ungeschickter Hantirung das
aus einem Apparate zur Erzeugung von Schwefelwasserstoff ausströmende
Gas fast rein aspirirt und fiel nach wenigen Athemzügen bewusstlos um.
Er lag leblos da, als Prof. Skraup gerufen wurde; es gelang, den
Asphyktischen durch Riechen zu Chlorgas nach ca. $^1/_4$ Stunde wieder
zum Bewusstsein zu bringen. Ob dem Eintritte des Bewusstseins
Krämpfe vorangingen, vermag Prof. Skraup nicht mehr anzugeben (die
Sache trug sich vor ca. 14 Jahren zu). Danach wurde er in die Wohnung
des Laboranten im Institute gebracht, ihm schwarzer Kaffee eingeflösst;
2 Stunden nach dem Unfalle sah Prof. Skraup den Verunglückten
neuerdings. Er sprach ganz vernünftig, erkannte alle Personen in seiner
Umgebung, wusste genaue Auskunft zu geben über das, was er am
Vormittag gemacht hatte und auch über seine ungeschickte Manipulation
am Apparate. Am andern Morgen war er ganz wohl, wusste aber davon,
dass er im Zimmer des Laboranten gelegen, dass er mit Prof. Skraup
gesprochen und seinen ganzen Unfall erzählt, dass er auch mit anderen
Personen verkehrt hatte, kurz von den Ereignissen des vorigen Tages
die sich seit der Vergiftung zugetragen hatten, kein Wort.

3) Bemerkungen zu dem Aufsatze Prof. Wagner's „Ueber Krämpfe und Amnesie nach Wiederbelebung Erhängter".

Als ich den Aufsatz Jul. Wagners in Nr. 5 dieser Wochenschrift
gelesen hatte, erschrack ich und ich beruhigte mich erst wieder, als ich
meinen eigenen Aufsatz „über die Seelenstörungen nach Selbstmordversuchen" noch einmal durchgelesen hatte. In der That empfängt man
durch Wagner's Darstellung den Eindruck, als wäre meine Beweisführung recht mangelhaft gewesen. Da ich nun nicht erwarten kann,
dass alle Leser meine Arbeit noch einmal vornehmen, möchte ich noch
ein paar Bemerkungen den Ausführungen Wagner's entgegenstellen.

Meine Thesis war und ist folgende: „dass es sich in einem Theile
der Fälle (von Wiederbelebung bei Erhenkten) um traumatische Hysterie
zu handeln scheine". Die fraglichen Erscheinungen sind 1) die bei den
Wiederbelebten auftretenden Krämpfe, 2) die Amnesie.

1) Ich hatte gesagt, „es steht fest, dass in einem Theile der Fälle
die Krämpfe der wiederbelebten Erhenkten nicht epileptische waren".

Wagner sagt, „ich will zeigen, dass die nach Wiederbelebung Erhenkter auftretenden Krampfanfälle nicht hysterische seien". Wir bedienen uns verneinender Aussagen, doch schliessen unsere Urtheile einander wirklich aus. Denn wenn auch Wagner meine Eintheilung der Krampfanfälle in epileptische, d. h. durch physische Gehirnreizung entstandene, und hysterische, d. h. seelisch vermittelte, verwirft[1]), so behauptet er doch, dass die fraglichen Krämpfe durch physische Gehirnreizung entstanden seien, es ist daher ganz gleichgiltig, ob das Wort epileptisch benützt wird oder nicht.

Wagner schickt seiner Beweisführung folgende Bemerkung voraus: „Ich werde dabei von Möbius' Argumenten nur so viel reproduciren, als für meine Beweisführung nothwendig ist." Damit macht er sich allerdings die Sache leichter. Er erwähnt nämlich mein Hauptargument gar nicht, dass in manchen Fällen zweifellos hysterische Krämpfe beobachtet worden sind. In Terrien's Falle handelte es sich um einen grossen hysterischen Anfall: Arc de cercle u. s. w. Er erwähnt nicht, dass Hemianalgesie und Einschränkung des Gesichtsfeldes beobachtet worden sind.

Wagner's Gründe gegen die hysterische Natur der Krämpfe sind: a) Viele Erhängte haben nach der Wiederbelebung Krämpfe (er fand sie bei 17 von 26 erwähnt), „es ist aber nicht wahrscheinlich, dass unter diesen 26 Wiederbelebten mindestens 17 hysterische Individuen gewesen sein sollten". Es dürfte Wagner bekannt sein, dass bei den Unfall-nervenkranken mit schwerer traumatischer Hysterie, von denen nicht wenige unmittelbar nach dem Unfalle einen Krampfanfall gehabt haben, gewöhnlich keine hysterischen Symptome vor dem Unfalle bestanden haben. Er weiss ebenso gut wie ich, dass geistig Normale mit seltenen Ausnahmen sich nicht tödten, dass fast alle Selbstmörder vor der That entweder geradezu geistig krank oder doch aus dem Gleichgewicht ge-bracht, déséquilibrés sind. Ja, es wird kaum einen Zustand geben, der der Entstehung hysterischer Zufälle so günstig wäre, wie die geistige Verfassung unmittelbar vor dem Selbstmorde. Uebrigens ist bei ver-schiedenen Wiederbelebten das Vorausgehen hysterischer Symptome er-wähnt, so bei der ersten Kranken Wagner's.

b) „Es müsste ferner erwartet werden, dass diese Anfälle, wenn sie hysterische wären, doch auch gleich andern hysterischen Anfällen die Neigung zeigen müssten, sich zu wiederholen." Auch hier verleugnet Wagner seine Kenntniss der Hysterie. Er weiss ja doch, dass sehr oft

---

[1]) Diese Eintheilung sei ungenügend, denn man könne z. B. „die Krämpfe der Tetanie" bei ihr nicht unterbringen. Ja, die Wadenkrämpfe auch nicht!

vereinzelte hysterische Anfälle vorkommen, dass bei wiederkehrenden
Anfällen sehr oft Monate oder Jahre zwischen den einzelnen liegen.
Wie lange sind denn die Wiederbelebten beobachtet worden? Wer
kann denn sagen, ob sie später nie wieder einen Anfall gehabt haben?
Ueberdem ist es nicht richtig, dass in keinem Falle Wiederkehr der
Krämpfe erwähnt sei. Wagner selbst citirt in seiner ersten Arbeit den
Fall Kussmaul's, in dem ein Mädchen, das man vom Strange abge-
schnitten und mit Mühe wieder zum Leben gebracht hatte, wochenlang
von heftigen „fallsüchtigen Anfällen" heimgesucht wurde.

   · c) Die Krämpfe seien immer nur zu der Zeit eingetreten, als das
Bewusstsein noch nicht wiedergekehrt war. Diese Behauptung weise
ich geradezu zurück. Es möchte Wagner schwer werden, sie zu beweisen. In der Regel ist der Beobachter bei den Krämpfen nicht
zugegen gewesen. Wagner z. B. hat die Krämpfe der von ihm beschriebenen Kranken nicht gesehen. Nun wird ja thatsächlich der Ausdruck Bewusstlosigkeit oft gebraucht, er bezeichnet dann aber nicht den
Zustand, in dem keine geistigen Vorgänge vorhanden sind, sondern die
Unfähigkeit, mit der Aussenwelt in gewöhnlicher Weise zu verkehren.
In dem Falle von Féré und Bréda z. B. sagen die Autoren von der
in einem Stuhle sitzenden, schwer athmenden Wiederbelebten: La ma-
lade est absolument inconsciente; elle ne s'occupe en aucune façon de
se qui se passe autour d'elle, ne répondant pas aux questions, qui lui
sont faites. War diese Kranke in Wagner's Sinne bewusstlos? Andererseits weiss Wagner nicht, dass Hysterische, wenn sie durch einen
Schreck oder sonstwie ohnmächtig werden, sehr oft in Krämpfe verfallen, ehe das „Bewusstsein" wiedergekehrt ist?

   d) Endlich treten bei erwürgten und wiederbelebten Thieren Krämpfe
ein, die nicht hysterisch sind. Dies ist Wagner's Hauptbeweis, ich bedauere jedoch, sagen zu müssen, dass er mir noch weniger als die andern
zu leisten scheint. Die Frage, ob es bei den höher stehenden Thieren
Erscheinungen giebt, die denen gleichen, die wir hysterisch nennen, ist
nicht ohne weiteres zu entscheiden. Wir wissen es nicht. Wir wissen
schon vom Menschen recht wenig, vom Thiere noch weniger und die
Erklärung ignoti per ignotius führt nicht weit. Aber angenommen, was
ich selbst glaube, die von Wagner beschriebenen Thierkrämpfe seien
nicht hysterisch, sondern durch physische Gehirnreizung entstanden, was
beweist denn das? Etwa, dass beim Menschen auch nur das vorkomme,
was bei Katzen und Kaninchen vorkommt? Dass auch beim Menschen
nach Erstickung, Erdrosselung, Erhenkung in dem von mir definirten
Sinne epileptische Krämpfe vorkommen können, hat ja kein Mensch bestritten und mein Bestreben ging nur dahin, zu zeigen, dass damit die

Sache nicht erledigt sei. Wagner aber schliesst, dass, weil die erwürgten Katzen nach der Wiederbelebung epileptische Krämpfe bekommen, auch der Mensch nur solche bekomme. Im Vergleiche zum
Menschengehirn ist ein Katzen- oder gar ein Kaninchengehirn ein sehr
rohes Werkzeug. Ich will dem Thierversuche seinen Werth nicht bestreiten, aber wenn man in der Psychiatrie an die Stelle der klinischen
Untersuchungen den Versuch am Kaninchen setzen wollte, so würde man
damit nicht erleuchten, sondern verdunkeln.

Wagner schliesst: „ich glaube keine „„plumpe Voreiligkeit"" begangen zu haben, wenn ich diesen Krämpfen eine „„grobmechanische
Erklärung"" zu Grunde gelegt habe und ihre hysterische Natur leugne."
Diese Worte erwecken die Meinung, als hätte ich Wagner plumpe Voreiligkeit vorgeworfen. Ich habe aber gesagt, es wäre plumpe Voreiligkeit, die Vorgänge im Gehirne beim hysterischen Anfalle denen beim
epileptischen Anfalle gleichzustellen. Das hat Wagner meines Wissens
nie gethan, wenn er es aber gethan hätte, würde ich den starken Ausdruck in einem gegen ihn gerichteten Aufsatze nicht gebraucht haben.

2) „Wir bewegen uns bei der Discussion über die Amnesie auf
einem weniger festen Boden, da uns hierbei das Thierexperiment, das
über die Natur der Krämpfe so entscheidenden Aufschluss zu geben im
Stande ist, im Stiche lässt." Ich denke, der Boden, auf dem wir uns
bewegen sollen und den wir nicht ohne Noth verlassen sollen, ist der
der Klinik. Wenn wir selbst so gering von der klinischen Untersuchung
denken, dann dürfen wir uns nicht wundern, wenn die Theoretiker sich
für bessere Menschen halten und wohl gar wissenschaftliche Arbeiten
und klinische Arbeiten unterscheiden.

Wagner sagt a) es liegen Gründe vor, die die Amnesie auch ohne
Annahme der Hysterie erklärlich machen, und b) die von mir vorgebrachten Gründe für diese Annahme seien nicht stichhaltig.

a) Die „Asphyxie" und der „Verschluss der Carotiden", die dadurch
hervorgerufene „Anämie des Gehirns", die nach der Wiederbelebung eintretende „enorme Hirnhyperämie" können nach Wagner die Amnesie
(er lässt das Wort „retroactive" weg) erklären. Das will ich nicht bestreiten, dass physische Schädigungen des Gehirns Amnesie bewirken
können. Nur über das Wie wissen wir gar nichts. Auch darüber wissen
wir nichts, ob nicht etwa die Anämie und die enorme Hyperämie nur
in der Phantasie existiren. Ich komme auf diese Dinge noch zurück.

b) Wagner hatte in seinem früheren Aufsatze behauptet, die Amnesie nach Erhängen gleiche der nach heftigen Gemüthserschütterungen
und der nach anderen Arten des Selbstmordes nicht. Ich habe bewiesen,
dass die Behauptung nicht zutrifft, denn der von mir citirte Fall

Charcot's, in dem ein Schreck die denkbar stärkste retroactive Amnesie
bewirkte, und meine eigene Beobachtung von retroactiver Amnesie nach
Selbstmordversuch durch Erschiessen sind unanfechtbare Thatsachen.
Die Beobachtung Charcot's, die für unsere ganze Erörterung von der
höchsten Bedeutung ist, erwähnt Wagner nicht mit einem Worte. In
Beziehung auf die anderen Formen des Selbstmordes sagt er, retroactive
Amnesie scheine hier nach seiner Erfahrung „denn doch eine recht
seltene Erscheinung zu sein". Nun, selten oder nicht, die Frage war,
ob sie vorkomme. Gegen meinen Fall wendet er ein, dieser sei „jeder
Beweiskraft baar", denn der Mann habe sich in den Kopf geschossen
und die materielle Gehirnverletzung sei da natürlich die Hauptsache.
Hätte ich einen Fall von Halsabschneiden vorgebracht, so wäre wahrscheinlich der Blutverlust die Hauptsache. Ich habe, um zu zeigen, dass
auch schon vor mir die retroactive Amnesie nach Selbstmordversuchen,
abgesehen vom Erhängen, beobachtet worden ist, einen Fall Westphal's
erwähnt, in dem eine melancholische Frau sich und ihre Kinder durch
Schnitte zu tödten versuchte und dann retroactive Amnesie zeigte.
Darauf bezieht sich wahrscheinlich Wagner's Bemerkung: „Auch bezüglich des Raptus melancholicus kann ich die Berechtigung nicht zugeben, dass man eine Gemüthserschütterung allein als Ursache aller
damit verbundenen Erscheinungen für erwiesen ansieht." Das ist einfach, nach dieser Methode braucht man nur die Berechtigung fremder
Ansichten nicht zuzugeben. Im Ernste gesprochen, so leicht hätte sich
Wagner die Sache nicht machen sollen.

Es ist also festzuhalten, dass ich durch Beispiele gezeigt habe, dass
sowohl allgemeine Krämpfe mit Verwirrtheit als retroactive Amnesie in
ganz gleicher Weise sowohl nach einfacher Gemüthserschütterung, als
nach Erhängen, als nach anderweitigen Selbstmordversuchen vorkommen
können. Da das klinische Bild bis in die kleinsten Umstände hinein
dasselbe ist, da die Veränderung, die im einen Falle zweifellos die Ursache war, in den beiden anderen Classen ebenfalls vorhanden war, so
ist es mehr oder weniger wahrscheinlich, dass auch bei ihnen die gleiche
Veränderung (d. h. die Gemüthserschütterung) Ursache war, nicht einer
der anderen vorhandenen Umstände.

Um aus der Wahrscheinlichkeit Gewissheit zu machen, ist noch
Weiteres nöthig. Wir haben in den letzten Jahren gelernt, dass die
seelisch vermittelte, d. h. hysterische Amnesie nicht aus einer Zerstörung
der Erinnerungen hervorgeht, sondern daraus, dass der Eintritt der Erinnerungen in das Bewusstsein gehemmt wird, dass ferner bei einer
Veränderung des Bewusstseinzustandes die verloren geglaubten Erinnerungen wieder auftauchen. Wir haben gelernt, diese Veränderung

des Bewusstseins absichtlich hervorzurufen durch Hypnotisirung, und wissen, dass sie oft auch auf natürlichem Wege während des Schlafes eintritt. In Charcot's Fälle konnte durch Beseitigung der Amnesie im somnambulen Zustande und durch Beobachtung der Traumäusserungen bewiesen werden, dass die Amnesie hysterisch war. Bei meinem Kranken gelang mir der Beweis nicht, weil der somnambule Zustand nicht erreicht wurde.[1]) Wohl aber gelang es, durch die Hypnotisirung zu beweisen, dass der Kranke hysterisch war, ein sehr wichtiger Umstand, der die Wahrscheinlichkeit der hysterischen Art der Amnesie wesentlich vergrössert.

Hier also handelt es sich um klinische Methoden und um wirkliche Beweise, nicht um Vermuthungen, die aus Versuchen an Katzen und Kaninchen abgeleitet werden. Aber Wagner scheint nichts davon wissen zu wollen. Dass ich die hysterische Geistesbeschaffenheit des Mannes, der sich in den Mund geschossen hatte, bewiesen habe, das erwähnt er gar nicht. Er wendet sich kühl mit folgender Bemerkung ab: er brauche „die Beweiskraft dieses Argumentes (Beseitigung der Amnesie in der Hypnose) nicht zu discutiren, denn in den Fällen von Amnesie nach Wiederbelebung Erhängter ist dieser Beweis kein einziges Mal erbracht worden". Ja hat man es denn versucht? Man hat es nicht gethan, weil man die Methode nicht kannte, und deshalb heisst es bei den früheren Fällen non liquet. Ich habe aber meine Auseinandersetzungen gerade darum veröffentlicht, um für künftige Fälle auf den Weg hinzuweisen, den der Beobachter einzuschlagen hat.

Die Frage, ob nicht aus der retroactiven Amnesie an sich ein Schluss zu ziehen sei, habe ich in meiner Arbeit nicht berührt, weil ich über das Vorkommen jener zu wenig weiss. Die Erfahrung des Einzelnen reicht nicht aus, und was ich in den Lehrbüchern darüber gefunden habe, ist in hohem Grade ungenügend, dürftig und widerspruchsvoll.

Ich könnte, nachdem ich Wagner's Ausführungen bis zum Ende nachgegangen bin und ihre Beweiskraft geprüft habe, schliessen, aber die Sache ist so wichtig, der scheinbar sich um Finessen bewegende Streit deutet auf eine so tief gehende Verschiedenheit der Denkart, dass ich noch einige Bemerkungen anknüpfen möchte.

Wo euer Schatz ist, da ist auch euer Herz. Wagner gehört offenbar zu den Psychiatern, die eine aufrichtige anatomisch-physiologische

---

[1]) Ich füge hinzu, dass mich fortgesetzte Versuche nicht weiter geführt haben, dass vielmehr der Kranke später nicht einmal in Hypotaxie versetzt werden konnte und von der Hypnotisirung überhaupt nichts mehr wissen wollte (Fremdsuggestionen?). (1894 füge ich hinzu, dass der Kranke im Frühjahre 1893 sich zum 2. Male, und zwar diesmal mit Erfolg, erschossen hat.)

Begeisterung hegen und Alles auf physiologische Weise deuten möchten. Das ist wohl der tiefere Grund dafür, dass er meine Darlegungen so ganz und gar zurückweist und von der Hysterie nichs wissen will.[1]) Ich dagegen bin der Ueberzeugung, dass die Durchsetzung der klinischen Angelegenheiten mit anatomisch-physiologischen Vorstellungen und Ausdrücken, wie die Meynert'sche Richtung es betreibt, die Erkenntniss nicht fördere, dass es unsere Aufgabe sei, einmal die Selbständigkeit der Klinik zu wahren, und andererseits dem seelischen Factor sein Recht zu verschaffen. Die Frage des Erhängens scheint mir ein gutes Beispiel zu sein, um zu zeigen, wie ich es meine.

Wagner erklärt, bei dem Erhängen kommen 2 Umstände in Betracht, die Asphyxie und der Verschluss der Carotiden. Ich glaube, dass er damit zu viel und zu wenig sagt. Wir wissen, dass ein Erhenkter Wärme im Kopfe fühlt, Rauschen vor den Ohren, Leuchten vor den Augen, dass gewöhnlich schon nach wenigen Secunden blitzartig Bewusstlosigkeit eintritt, dass dann Krämpfe im Gesichte und im ganzen Körper folgen, dass endlich rasch, gewöhnlich nach 8—10 Minuten, der Tod eintritt. Dass an diesen Erscheinungen der Verschluss der Carotiden Schuld sei, ist doch zum Mindesten zweifelhaft. Die Verletzung der Arterien ist ein seltenes Vorkommniss und Tardieu sagt geradezu: La circulation. cérébrale n'est pas sensiblement troublée. Dass Asphyxie eintritt, ist ja sicher, aber Asphyxie kommt auf sehr verschiedene Weise zu Stande und je nach dem Modus sind sowohl die klinischen als die anatomischen Veränderungen andere. Ist es zweckmässig, mit dem Worte Asphyxie ganz verschiedene Dinge, Erhängen, Erwürgen, Ertränken, durch Gift Ersticken u. s. f., in einen Topf zu werfen? Das eigenartige Bild des Todes durch Erhängen kennen wir nur durch die klinische Erfahrung und die Ausdrücke Carotidenverschluss und Asphyxie lehren uns nichts, bringen aber unsichere Theorien. Wer beweist denn, dass nicht noch andere physiologische Vorgänge in Betracht kommen? Vertritt nicht Brown-Séquard eine eigene geistreiche Theorie? Wagner folgert theoretisch, dass nach Aufhebung der bei der Erhängung wirkenden Schädlichkeiten eine enorme Hyperämie im Gehirne

---

[1]) Wie weit seine Abneigung gegen die Hysterie geht, zeigt folgendes Beispiel. In seiner ersten Abhandlung erwähnt er eine Erzählung Tardieu's, worin dieser nach Hardy von einer Panik in einem Saale voll Fabrikarbeiterinnen berichtet. Die Mädchen drängten nach der Thüre, wurden gedrückt und gestossen und zum Theil bewusstlos weggetragen. Bei mehreren von ihnen wurde traumatische Hysterie: Krämpfe, Analgesie, Amnesie u. s. w., beobachtet. Tardieu nennt die Zufälle schlechtweg Hysterie; Wagner aber meint, es handle sich hier gerade wie bei Erhenkten um Folgen der Asphyxie.

eintrete, und stellt sich vor, was diese für Folgen haben müsse. Es kann ja sein, dass das Gehirn hyperämisch wird, wir wissen nichts, rein gar nichts davon. Ueber die Symptome der Gehirnhyperämie zu reden, setzt Muth voraus, denn es ist uns ungefähr so viel davon bekannt wie von den Mondbewohnern. Die Vorgänge im Gehirne während der Wiederbelebung sind wahrscheinlich so complicirt, dass sie kein physiologisches Schlagwort, auch kein Gesetz von der Reaction der terminalen Nervensubstanzen deckt. Während nun Wagner sich mit dem gänzlich Unerwiesenen beschäftigt, lässt er das, was sicher ist, ausser Betracht. Kein Wort verliert er über die Bedeutung des Geisteszustandes vor dem Selbstmordversuche. Wir wissen ja von vornherein nicht, welchen Einfluss dieser haben wird; aber dass er einen wichtigen Einfluss haben muss, kann man doch erwarten. Der Wille zum Leben regiert alles Lebendige; ehe es dahin kommt, dass der Tod gewählt wird, müssen tiefe Erregungen durchgemacht sein, und ehe das Bewusstsein verloren wird, hat, ob klar oder unklar, der Mensch das Gefühl der Lebensvernichtung empfunden. Wenn es nur auf eine Schädigung des Gehirns im Ganzen ankäme, die mit starken Störungen der Circulation einhergeht, so müssten doch die Krämpfe und die Amnesie viel häufiger beobachtet werden. Wir haben sehr oft Gelegenheit, den Fall zu sehen, dass plötzlich durch Druck oder Stoss die Function des Gehirns aufgehoben wird, es ist wahrscheinlich dabei Anämie vorhanden und Wagner muss bei der Wiederbelebung eine enorme Hyperämie erwarten. Ich meine die gewöhnliche Gehirnblutung. Warum fehlen nach dieser und überhaupt nach Schlaganfällen die Krämpfe und die Amnesie, während sie nicht nur nach Erhängen und nach anderen Selbstmordversuchen, sondern auch nach Unfällen (bei der sogenannten „Gehirnerschütterung") beobachtet werden. Die plötzlichen Erkrankungen treten unvermuthet ein, die Unfälle (z. B. Sturz aus der Höhe, Eisenbahnunglück) aber haben das mit den Selbstmordversuchen gemein, dass dem Verluste des Bewusstseins die heftigste Gemüthsbewegung vorausgeht. Sollte diese also wirklich so gleichgültig sein, dass man sie gar nicht zu berücksichtigen braucht? Ich meine, auf solche Erwägungen müsste man kommen, wenn man auch gar nichts von der Hysterie wüsste. Dass man nicht darauf kommt, liegt meiner unmaassgeblichen Meinung nach an der einseitigen Betonung des Anatomisch-Physiologischen, die die Unbefangenheit des Klinikers stört. Nun liegen aber nicht bloss solche Erwägungen vor, sondern auch die Thatsachen der Hysterie, wahre „Experimente der Natur", um uns von der Macht des Gemüthes zu überzeugen, und sie deuten auf dasselbe Ergebniss wie jene Erwägungen.

Auf die Kraft der Thatsachen der Hysterie setze ich die Hoffnung. Sie sind jetzt noch neu und was sie lehren, verstösst vielfach gegen historisch gewordene, vertraute Ueberzeugungen. Im Grunde aber haben wir Alle nur ein Ziel, die ehrliche Beobachtung der Natur, und wenn jene Thatsachen sich als zuverlässig erweisen, was ich glaube, so werden auch die jetzt getrennten Meinungen durch sie in nicht zu ferner Zukunft versöhnt werden.

4. a) Noch ein Wort über Krämpfe und Amnesie nach Wiederbelebung Erhängter.

Eine Erwiderung an P. J. Möbius.
Von Prof. Wagner in Graz.

Der Aufsatz von P. J. Möbius in Nr. 7 dieser Wochenschrift, Jahrgang 1893, veranlasst mich, noch einmal auf dieses Thema zurückzukommen und will ich, um mich kurz fassen zu können, bei dem Leser die Kenntniss der vorangegangenen Polemik voraussetzen (Möbius, diese Wochenschrift 1892, No. 36, und Wagner, ibidem 1893, No. 5).

Es ist erwiesen, dass Thiere bei der Wiederbelebung nach Asphyxie oder bei der plötzlichen[1] Wiederherstellung der unterbrochenen Gehirncirculation Krämpfe bekommen. Es ist ferner erwiesen, dass beim Erhängungstode die Asphyxie und die Compression der Carotiden die wirksamen Momente sind. (Das Letztere, die Compression der Carotiden, bezweifelt Möbius mit Unrecht, wie aus den diesbezüglichen Untersuchungen von Prof. Hofmann in Wien hervorgeht.) Ich habe bewiesen, dass Thiere bei der Wiederbelebung vom Erhängungsscheintode Krämpfe bekommen. Ich habe aufmerksam gemacht, dass Menschen während der Wiederbelebung vom Erhängungsscheintode Krämpfe bekommen. (Unter 26 eingehender beschriebenen Fällen wurden dieselben 17 Mal constatirt, dagegen kein einziges Mal ihr Fehlen ausdrücklich angegeben.)

Es waren also diese Krämpfe nach den Resultaten vielfacher Thierversuche auch beim Menschen schon a priori zu erwarten; die Beobachtung hat gezeigt, dass sie auch beim Menschen wirklich vorkommen. Ich glaube, eine stringentere Beweiskette kann man sich kaum denken.

Und nun kommt Möbius und sagt: Dass im Thierversuche unter den angegebenen Bedingungen Krämpfe auftreten, bezweifle ich nicht; aber beim Menschen das ganz etwas Anderes; da sind diese Krämpfe hysterischer Natur.

[1] Wenn Möbius dieses Moment berücksichtigt hätte, so hätte er nicht unbegreiflicherweise die gewöhnliche Hirnblutung herbeigezogen.

Ja, so werthlos ist denn doch das Thierexperiment nicht, wenn es auch von Möbius sehr gering geschätzt wird, dass man eine unter gewissen Bedingungen am Menschen beobachtete Erscheinung, die unter denselben Bedingungen beim Thiere regelmässig hervorgerufen werden kann, ohne weiteres beim Menschen ganz anders erklären könnte als beim Thiere. Dazu bedürfte es doch sehr zwingender Gründe.

Und wie sehen die Beweise von Möbius für die hysterische Natur dieser Krämpfe aus? Sein „Hauptargument" ist, dass in manchen derartigen Fällen zweifellos hysterische Krämpfe beobachtet wurden. Und von diesen Fällen citirt er nur einen, den von Terrien, und führt die andern unter u. s. w. an. Und worin besteht der Beweis für die hysterische Natur der Kämpfe in diesem Falle? Es wurde ein starker Opisthotonus beobachtet.

Merkwürdig! Während sonst wiederholt die Beschreibungen der Autoren über solche Fälle von Möbius für ganz unzuverlässig erklärt wurden, entlehnt er auf einmal von Terrien sein „Hauptargument"; er übersieht nur, dass derselbe Terrien im vorangehenden Satze den Ausdruck „attaques epileptiformes" gebraucht. Aber ich will mit Terrien nicht so genau sein, seine attaques epileptiformes für einen Beobachtungsfehler halten und seinen Opisthotonus keineswegs in Zweifel ziehen. Dieses Hauptargument ist aber ganz hinfällig.

Das Vorkommen von Opisthotonus in einem Krampfanfalle beweist nicht die hysterische Natur desselben. Es ist richtig, dass Opisthotonus bei hysterischen Anfällen häufig ist, bei epileptischen Anfällen aber selten oder vielleicht nie vorkommt. Dagegen ist Opisthotonus eine gewöhnliche Erscheinung bei gewissen toxischen Krämpfen und vor Allem bei den asphyktischen und hirn-anämischen Convulsionen und kommt keineswegs ausschliesslich bei Hysterie vor.

Ich habe aber nur gesagt, dass die in einer bestimmten Phase der Wiederbelebung Erhängter auftretenden Krämpfe nicht hysterische seien. Die Behauptung, dass solche Individuen nicht ausserdem auch hysterische Krämpfe bekommen können, die mir Möbius imputirt, habe ich nicht gemacht; es kann das gewiss vorkommen (ebenso wie unter den wiederbelebten Erhängten Einer oder der Andere sein wird, der vor oder nach dem Selbstmordversuche irgend welche Symptome der Hysterie dargeboten hat). Aber solche Fälle müssten erst bekannt gemacht werden; bisher liegt in dieser Richtung kein einziger beweisender Fall vor, denn in dem auch von mir citirten Falle Kussmaul's, auf den sich Möbius beruft, hat der Beobachter die nach dem Selbstmordversuche durch längere Zeit bestehenden Anfälle als „fallsüchtige" bezeichnet. Wohl möglich, dass es in der That hysterische waren, aber bewiesen ist das nicht und ist auch nicht zu beweisen.

Die Amnesie retroactive anlangend macht Möbius geltend, dass sie nach anderen Selbstmordversuchen auch vorkommt. Dies zugegeben ist aber hervorzuheben, dass sie nach Erhängungsversuchen sehr häufig ist (unter 26 Fällen 18 Mal constatirt, in keinem der übrigen 8 Fälle aber mit Bestimmtheit auszuschliessen); dagegen ist sie nach anderen Selbstmordversuchen sehr selten, was auch Möbius nicht bestreiten kann. Dieser letzte Umstand ist aber nicht gleichgültig. Es geht daraus hervor, dass durch das Erhängen Bedingungen gesetzt werden, die den Eintritt der Amnesie retroactive begünstigen; Bedingungen, die bei˚ anderen Selbstmordversuchen fehlen, während die „Gemüthserschütterung" bei allen die gleiche ist. Das Experimentum crucis aber, welches die hysterische Natur dieser Amnesie retroactive nach Erhängungsversuchen beweisen sollte, ist nach Möbius' eigenem Geständnisse noch nicht angestellt worden. Das ist vielleicht zu bedauern, aber nicht zu ändern.

Damit glaube ich, den Kern der Sache erledigt zu haben. Auf zahllose andere Behauptungen von Möbius will ich nicht eingehen, schon um dieser Erwiderung den Ton zu wahren, den eine wissenschaftliche Polemik immer haben sollte. Den einzigen Verstoss in dieser Richtung möchte ich damit begehen, dass ich Möbius die an mich gerichtete Mahnung wörtlich zurückgebe: so leicht hätte sich Möbius die Sache nicht machen sollen. Besonders über den Hirnkreislauf hätte er sich mit den neueren experimentellen Arbeiten doch etwas vertrauter machen sollen; dann würde er kaum zu der Ansicht kommen, dass „uns" ungefähr so viel von der Hirnhyperämie bekannt sei, wie von den Mondbewohnern.

Und nun noch Eins: Möbius versucht auch dieser Polemik ein psychologisches Interesse abzugewinnen und charakterisirt mich nach dem während derselben gewonnenen Eindrucke als einen jener Psychiater, die eine aufrichtige anatomisch-physiologische Begeisterung hegen und Alles auf physiologische Weise deuten möchten[1]); die als Anhänger der Meynert'schen Richtung (was offenbar ein Vorwurf sein soll) klinische Angelegenheiten mit anatomisch-physiologischen Vorstellungen und Ausdrücken durchsetzen etc. Sogar eine Abneigung gegen die Hysterie hat er mir angemerkt.

Darauf habe ich zu erwidern, dass meine wissenschaftliche Richtung darin besteht, den Erscheinungen der Natur weder mit Sympathie noch

---

[1]) Um sich von der Unrichtigkeit dieser Ansicht zu überzeugen, möge man mein Referat in der Wiener klinischen Wochenschrift, 1893. No. 5, lesen.

mit Antipathie gegenüberzustehen, da dadurch nur vorgefasste Meinungen sich entwickeln; und dass ich nur 2 Methoden naturwissenschaftlicher Forschung anerkenne: die Beobachtung und das Experiment. Wichtig ist die Beobachtung, wie sie uns vor Allem die Klinik liefert, weil sie uns die Naturerscheinungen kennen lehrt: ebenso wichtig aber das Experiment, das uns die beobachteten Erscheinungen erklärt und sie verstehen lehrt. In der Ausserachtlassung aller experimentellen Ergebnisse, vor Allem derer des Thierexperimentes, die „Unbefangenheit" des Klinikers zu sehen, ist gefährlich; das wäre die Unbefangenheit der Unwissenheit.

Und damit ist dieses Thema für mich vorläufig abgethan; ich werde auf dasselbe erst zurückkommen, wenn neue Beobachtungen über Wiederbelebung Erhängter in grösserer Zahl vorliegen werden. 'Die Anregung hiezu wird hoffentlich die gegenwärtige Polemik geben, wie ich aus einzelnen mir zugegangenen Mittheilungen bereits ersehe.

b) Schlusswort.

Durch die Freundlichkeit der Redaction habe ich die Erwiderung Jul. Wagner's vor dem Drucke lesen können. Wesentlich Neues enthält sie nicht. Wagner wirft mir vor, dass ich „unbegreiflicherweise" die Wiederbelebung nach der gewöhnlichen Gehirnblutung mit der nach Asphyxie und nach „der plötzlichen Wiederherstellung der unterbrochenen Gehirncirculation" verglichen habe. Ja, es handelt sich doch in allen Fällen um eine plötzlich eintretende Schädigung des Gehirns, die zu Bewusstlosigkeit führt und von der sich das Gehirn allmählich wieder erholt. Ob die Circulation nach dem Erhängen plötzlich wiederhergestellt wird, bezweifle ich eben und ob, wenn es geschieht, die Sache von Bedeutung ist, bezweifle ich auch. Es würde zu weit führen, wollte ich von Neuem darauf eingehen, dass nur ein Theil der wiederbelebten Erhängten Krämpfe und retroactive Amnesie bekommt, dass ebenso ein Theil der Wiederbelebten nach anderen Selbstmordversuchen mit *plötzlichem* Bewusstseinsverluste sie bekommt, dass die Behauptung, in jenem Falle seien Krämpfe und retroactive Amnesie viel häufiger als in diesem, vorläufig gar nicht bewiesen werden kann. Es würde zu weit führen, wollte ich die Bedeutung des Thierversuches und seine herkömmliche Ueberschätzung erörtern. Ich will nur bemerken, dass ich nicht ganz so unwissend bin, wie Wagner glaubt. Die „neueren experimentellen Arbeiten über den Hirnkreislauf", mit denen ich mich „etwas vertrauter machen soll", kenne ich einigermaassen. Ihre anregende Lectüre hat mich eben durchaus in der Ansicht bestätigt, dass wir von den Symptomen der Gehirnhyperämie gar nichts wissen.

Dem Wunsche Wagner's, dass durch neue Beobachtungen die Streitfrage entschieden werden möge, schliesse ich mich durchaus an und ich füge nur die Hoffnung bei, dass die neuen Beobachter mit den Thatsachen der Hysterie vertraut sein möchten. Dieses Vertrautsein setze ich natürlich bei Wagner voraus, es ist aber doch nicht überall vorhanden.   P. J. Möbius.

Nachtrag.

Neue Erfahrungen habe ich bisher nicht sammeln können, doch möchte ich einen Bericht hier anfügen, den ich bald nach dem Streite mit Wagner in den „Münchener neuesten Nachrichten" (am 31. März 1893) fand und der mir sehr merkwürdig vorkam. Es handelt sich um einen Zustand von Verwirrtheit, der nach einem Mordversuche bei dem Opfer auftrat und in dem zweifellos eine Spaltung des Bewusstseins vorhanden war. Da das Opfer Blut verloren hatte, wird wohl Gehirnanämie zu Grunde gelegen haben. Leider ist es mir nicht gelungen, etwas Näheres über die Frau Brunner zu erfahren. Nur ergiebt sich aus weiteren Angaben, dass Guttenberger thatsächlich den Mord ausgeführt hat.

Der Bericht lautet:

„Der fünffache Raubmord in Dietkirchen. Das entsetzliche Verbrechen, das in seiner Ausführung grauenhaft an die Salmdorfer Mordthat erinnert, wurde, wie schon telegraphisch gemeldet, in der Nacht vom 27. auf 28. März wahrscheinlich zwischen 3 und 4 Uhr verübt. Der Schauplatz der That, das Schulhaus in Dietkirchen, liegt direct an der Einfahrt in das Dorf, und zwar etwas getrennt von den übrigen Gebäuden, so dass der, bezw. die Mörder leider von auswärts keinerlei Störungen zu befürchten hatten. Der Sachverhalt ist folgender: Lehrer Brunner befand sich Tags vorher mit seiner Frau Margaretha in dem 11 Kilometer entfernten Neumarkt i/O., wo Beide ihren ältesten Sohn Klemens, Gymnasiast in Regensburg, zur Ostervakanz abholten. Nach ihrer Heimkehr begab sich die ganze Familie alsbald zur Ruhe, und zwar schlief Lehrer Brunner wie gewöhnlich allein im ersten Stocke, während seine Frau mit dem jüngsten Kinde, dem zweijährigen Ludwig, im Wohnzimmer links zur ebenen Erde ihre Lagerstätte hatte. Neben diesem Zimmer war eine Kammer, wo die übrigen Kinder, der 4jährige Anton und die 10jährige Marie sowie die 28jährige Magd Kath. Schödl schliefen, indessen der Gymnasiast in einem Zimmer rechts vom Gange untergebracht war. Früh gegen 6 Uhr nun vernahm der Lehrer mehrere Rufe seiner Frau, worauf er sich sofort hinunterbegab und diese blutend im Bette liegend antraf. Auf seine Frage, woher das Blut komme, gab sie lallend zur Antwort, sie hätte Blutbrechen, ebenso sei die Magd unwohl und könne infolge dessen nicht wie gewöhnlich das Gebet läuten. In geradezu unbegreiflichem Diensteifer nun begab sich der Lehrer eiligst in die gegenüberliegende Kirche und holte dort die bereits verspätete Obliegenheit nach. Erst nach seiner Rückkehr entdeckte er an seiner inzwischen ohnmächtig gewordenen Gattin die wahre Ursache des Blutverlustes und zugleich in der Neben-

kammer die grässliche Verstümmelung seiner Angehörigen. Die arme Frau war geradezu bestialisch zugerichtet. Ausser drei entsetzlichen Kopfwunden hatte sie eine schwere Verletzung über dem rechten Auge und der Nase, sowie einen wahrscheinlich stumpfen Hieb über das linke Kiefer, der die Kinnlade vollkommen zerschmetterte, endlich eine starke Kontusion der linken Schulter. Draussen in der Kammer lag links der kleine Anton mit total gespaltener Stirne, die Kissen von Gehirntheilen bespritzt, rechts die 10jährige Marie mit einer klaffenden Wunde über die rechte Kopfseite, ausserdem die Magd mit vier furchtbaren Schädelwunden. Das jüngste Kind schwamm förmlich im Blute der Anderen am Boden, allerdings nur leicht verletzt, aber dem Erstickungstode nahe. Rasch war das Dorf alarmirt und in kurzer Zeit erschienen zwei Aerzte von Neumarkt, die den armen Opfern den ersten Nothverband anlegten. Der kleine Anton, den sein Vater nur mehr mit schwachen Lebenszeichen aufgefunden hatte, war inzwischen verschieden, während die Frau gegen 8 Uhr ihr Bewusstsein wieder erhielt, sich aber allerdings an nichts mehr erinnern konnte. Das Instrument, mit dem das Verbrechen verübt wurde, eine schwere Holzaxt, wurde angelehnt an der Hinterseite des Hauses aufgefunden und im Laufe des Vormittags von einem Oekonomen aus dem benachbarten Niederhofen als Eigenthum erkannt. Der Gymnasiast Klemens, der dem Blutbade entronnen ist, hatte zwar im Halbschlummer den Ruf „Hilf Vater!" vernommen, war aber sogleich wieder eingeschlafen. Das Schreibpult, in dem die vermöglichen Eheleute ihr Geld verwahrt hatten und das im Zimmer der Frau stand, war mit der Axt erbrochen, jedoch nicht beraubt. Wahrscheinlich ist der Mörder durch irgend ein Geräusch gestört worden und entflohen. Der Volksmund bezeichnete als den Thäter bereits im Laufe des Nachmittags einen schon mit Zuchthaus vorbestraften Baderssohn, der vor Jahren die Magd Schödl heirathen wollte, jedoch vom Lehrer Brunner, als einem Vetter des Mädchens, die Zustimmung nicht erhielt. Derselbe soll aber bereits fünf bis sechs Monate in München leben und wird sich nun dort auf telegraphischen Antrag der Untersuchungscommission über seinen Aufenthalt in der Mordnacht zu verantworten haben.

Im Laufe des heutigen Tages (29. März) nun erhielt die verwundete Frau insoweit ihr Gedächtniss wieder, dass sie nähere Angaben zu machen im Stande war, obwohl diese alle immer noch den Stempel der geistigen Verwirrung an sich tragen. Sie sei, erklärte sie, Nachts 3 Uhr plötzlich erwacht und habe einen struppigen Kopf zur Zimmerthür hereinblicken sehen. Auf ihre Bewegung hin habe sich derselbe rasch zurückgezogen, die Thüre sei aber offen geblieben. Nun sei sie — geradezu unbegreiflich! — mit ihrem Kinde aufgestanden und in die Nebenkammer gegangen, wo sie auch zur 10jährigen Marie ins Bett gelegt habe und wieder eingeschlafen sei. Plötzlich von Neuem erwacht, habe sie sich schrecklich unwohl gefühlt und die Magd nebenan aufgeweckt. Da aber diese sich gleichfalls krank erklärte, sei sie an die offene Wohnzimmerthür gegangen, habe laut ihrem Mann gerufen und sich dann beim Geräusch seiner Schritte wieder in ihr eigenes Bett gelegt. Gravirend ist ihre Unterschrift im Protokoll. *Sie zeichnete nämlich nicht mit Margaretha Brunner, sondern mit Margaretha — Guttenberger, dem Namen des vorerwähnten Baderssohnes,* obwohl über diesen niemals seit der That in ihrer Gegenwart gesprochen worden war. Die Frage, ob sie den bewussten Kopf erkannt habe, verneinte sie.

Während nun ihr Zustand in fortschreitender Besserung begriffen ist, lässt das Befinden der Schödl und der kleinen Marie das Schlimmste befürchten. Beide sind bewusstlos. Das Knäbchen Ludwig ist ausser Lebensgefahr. Was das Verhältniss der beiden Lehrerseheleute unter sich betrifft, so war es von jeher das beste."

VIII.

Ueber den Werth der Elektrotherapie.

Im Folgenden gebe ich die Bemerkungen wieder, die ich in meinen
Berichten über neuere elektrotherapeutische Arbeiten der Grundfrage,
ob die Elektricität überhaupt eine directe Heilwirkung habe, gewidmet
habe. Diese Berichte sind alle zwei Jahre im Januarheft von Schmidt's
Jahrbüchern erschienen. Deshalb bezeichne ich die einzelnen Absätze
kurz nur mit der Jahreszahl.

1887.

Während die physikalischen Vorfragen und die Elektrodiagnostik
eifrig bearbeitet wurden, hat die eigentliche Elektrotherapie wenig
Theilnahme von Seiten hervorragender Autoren gefunden [sc. in den
letzten Jahren]. Die eigentliche Elektrotherapie hat seit geraumer
Zeit, von einzelnen Punkten abgesehen, keine Fortschritte gemacht.
Unsere Apparate sind wesentlich verbessert, unsere Erkenntniss der physikalischen Verhältnisse, die der Strom im Körper findet, ist eine zuver-
lässigere und reichere geworden. Unser Wissen aber über die Natur
der elektrischen Heilwirkung ist nach wie vor gleich Null, unsere therapeutischen Hoffnungen sind in mancher Hinsicht zu Schanden geworden
und immer noch haben wir mehr Dogmata, die vielleicht z. Th. Phantasmata sind, als Demonstrata. Wünschenswerth wäre eine Weiterent-
wicklung der Elektrotherapie in hohem Grade, denn der bisherige feste
Besitzstand ist nicht gross. Wenn ich mich nicht ganz täusche, sind
bis jetzt, abgesehen von der schmerzstillenden Wirkung der Elektricität
bei der neuralgischen Veränderung, ungemein wenige sichere Thatsachen
gewonnen. Gerade diejenige Wirkung der Elektricität, die von altersher
als die zweifelloseste gegolten hat, die „antiparalytische", ist nichts weniger
als gut begründet. Neuere Untersuchungen haben gelehrt, dass einer
Unterbrechung der peripherischen Willensbahn in gesetzmässiger Weise

Degeneration und Regeneration der Nerven- und Muskelfasern folgen. Keine Thatsache spricht bis jetzt dafür, dass der Ablauf dieser Vorgänge durch elektrische Einwirkungen verändert werden könnte. Versuche, bei denen etwa von einer Zahl gleichmässig operirter Thiere bei den einen die gelähmten Theile elektrisirt worden wären, bei den anderen nicht, liegen nicht vor. Dass, wenn cerebrale oder spinale Nervenmasse durch Blutung, oder Nekrose, oder Entzündung zerstört worden ist, elektrische Durchströmung Regeneration bewirke, glaubt wohl Niemand mehr. Dass endlich indirecte centrale Lähmungen und sogenannte leichte peripherische Lähmungen auch ohne Behandlung heilen, lehrt die alltägliche Erfahrung, und Niemand kann sagen, ob die von vornherein nicht zu ermessende Dauer der Lähmung durch Elektrisiren abgekürzt werde (wiewohl das immerhin wahrscheinlich ist). Vielfach wird angegeben, dass sowohl bei frischen leichten, als bei alten, sozusagen ausgeheilten, schweren Lähmungen unmittelbar nach der elektrischen Behandlung die Motilität gesteigert sei, dass mit dem Beginne der Behandlung der Beginn der Besserung zusammenfalle. Das ist für einzelne Fälle zweifellos richtig, doch erscheint es fraglich, ob hier irgend welche specifische Wirkung der Elektricität in Frage komme, da auch mechanische Reize in diesen Fällen erfolgreich zu sein pflegen. Verlässt man den relativ sicheren Boden, auf dem man sich bei Neuralgie und Lähmung befindet, so geräth man ganz in das Ungewisse. Derjenige dürfte auch jetzt noch schwer zu widerlegen sein, der unter Berufung auf die Heilerfolge der Homöopathie und des thierischen Magnetismus behauptete, dass die meisten Heilwirkungen der Elektricität psychische Wirkungen seien.

Unserer betrübenden Unkenntniss nun abzuhelfen, scheinen die wenigsten neueren Arbeiten geeignet. Hauptsächlich in zwei Richtungen bewegen sich viele elektrotherapeutische Autoren, einerseits werden glänzende Heilerfolge mitgetheilt, andererseits setzt man die Heilkraft der Elektricität als erwiesen voraus und bemüht sich, sowohl eine Theorie der Wirkung zu geben, als die therapeutische Technik „exakt" zu machen.

Die Mittheilung von einzelnen therapeutischen Beobachtungen ist gewiss wünschenswerth, wenn auch gerade bei der Natur elektrisch behandelter Krankheiten ihr Werth deshalb beschränkt ist, weil Controlfälle schwer beizubringen sind. Viele elektrotherapeutische Beobachtungen aber haben von jeher Bedenken erregt, weil der Erfolg an die Person des Autors gebunden zu sein schien. Will man nicht annehmen, dass ein besonderes Schicksal existire, das zu einzelnen Elektrotherapeuten die guten Fälle führt, und hält man an der bona fides der Autoren fest, so ist es schwer verständlich, warum manche Autoren (bei Ver-

schiedenheit der Behandlungsmethoden) an glänzenden Erfolgen reich
sind, Andere, deren ärztliche Tüchtigkeit offenbar nicht geringer ist, arm.
Hier wird nahezu Alles, zuweilen auch das Unheilbare, geheilt, dort
finden sich zwischen vielen Misserfolgen nur einzelne Erfolge, die oft
gerade dann kommen, wenn man sie am wenigsten erwartet. Es bleibt
nichts übrig, als auf die Bedeutung der Psyche, der Psyche des Behandelten und des Behandelnden, zurückzugehen. Sicher vermag kaum
etwas Anderes die Seele des Kranken so zu beeinflussen, als die gewaltige und geheimnissvolle Kraft der Electricität, deren Wirken er in
sich fühlt. Eben als Medium psychischer Beeinflussung ist die elektrische Behandlung vielleicht unersetzlich. Andererseits ist es aus vielfachen anderweiten Erfahrungen bekannt, dass ein seelisch wirkendes
Mittel um so stärker wirkt, je stärker der Glaube des Anwendenden
ist. Der ehrliche Arzt, der zweifelt, vermag dies seinem Kranken trotz
allen guten Willens nicht immer zu verbergen, der Gläubige aber, ja
noch mehr der Schwärmer, nimmt die Seele des Kranken gefangen und
trägt unwillkürlich seine Zuversicht auf diese über. Der Einwurf, dass
psychische Beeinflussung nur bei sogen. funktionellen Störungen wirksam sein könne, bei organischen nicht, ist hinfällig. Die Wirkungen
der Psyche reichen viel weiter in das körperliche Gebiet hinein, als wir
gewöhnlich denken, und gerade bei organischen Erkrankungen des Nervensystems sind sie unzweifelhaft vorhanden. Es braucht nur an die seelische
Nachgiebigkeit der Hemiplegischen erinnert zu werden und an die Erfolge der Nervendehnung, die gezeigt haben, wie sehr der Zustand der
Tabeskranken seelisch beeinflusst werden kann.

Das, was der neuesten elektrotherapeutischen Literatur eigentlich
den Charakter giebt, ist der Eifer, die Verbesserungen der Apparate und
die neuerdings erreichte Möglichkeit einer genauen Strommessung thera-
peutisch zu verwerthen, ein Eifer, der zwar anerkennenswerth ist, aber
in Verkennung der thatsächlichen Verhältnisse zur wissenschaftlichen
Spielerei führen kann.

1889.

Die Elektrotherapie im engeren Sinne steht noch auf demselben
Fleck wie früher, d. h. sie ist auf dieselben Beweise angewiesen, deren
sich auch die Homöopathie und ähnliche Heilmethoden bedienen: in den
und den Fällen ist es nach dem Elektrisiren besser geworden. Mit
demselben Rechte wie die Homöopathie weist die Elektrotherapie den
Vorwurf zurück, ihre Erfolge seien zufällig, der Verwechselung des
propter hoc mit post hoc entsprungen. In der That wird kein ver-

ständiger Gegner, wenn er die Thatsachen der Erfahrung kennt, es
leugnen, dass in dem einen wie in dem anderen Falle, gewöhnlich
wenigstens, ein ursächlicher Zusammenhang zwischen Heilverfahren und
Besserung besteht. Aber er wird hier wie dort diesen Zusammenhang
für einen psychisch vermittelten, nicht für einen physikalischen erklären.
Gerade die letzten Jahre haben die Thatsächlichkeit und die Häufigkeit
der Heilungen durch den Glauben so recht ad oculos demonstrirt. Man
denke an die Metallotherapie, die Magnetotherapie u. s. w., an die Nervendehnung, an die zahlreichen neuen Medikamente, deren Wirksamkeit einige
Monate nach der Entdeckung jener aufhört. Viel beweisender aber sind
die Erfolge der sogen. Suggestion, der psychischen Heilmethode im
engeren Sinne (sine materia sozusagen). Liest man die Krankengeschichten Bernheim's, Baierlacher's u. A., so sagt man sich:
mehr kann der beste elektrische Apparat auch nicht leisten. Inhaltlich
sind die zweifellosen Heilerfolge der Suggestion dieselben wie die der
Elektrotherapie: Beseitigung von Schmerzen, von Missempfindungen
und Empfindungslosigkeit, Mehrung der Beweglichkeit, Verschwinden
von Krämpfen. Natürlich berufen sich die Elektrotherapeuten den
Suggerenten, den Homöopathen u. A. gegenüber darauf, dass die Elektricität wichtige Wirkungen auf den thierischen Körper habe: Reizung
von Nerven und Muskeln, Erregbarkeitsänderungen der Nerven, chemische
Veränderungen. Zugleich aber steht in allen Lehrbüchern der Elektrotherapie zu lesen, es sei gänzlich unbewiesen, dass die künstliche Nerven-
reizung, der flüchtige Elektrotonus, die mehr oder weniger problematischen
Polarisationserscheinungen für kranke Theile vortheilhaft seien. Die
Elektrotherapeuten selbst verwerfen, je besonnener sie sind, um so mehr,
die früher übliche Erklärung der elektrischen Heilwirkungen und stellen
sich auf den rein empirischen Standpunkt. Von diesem aus aber muss
angesichts der Suggestionswirkungen die ganze Elektrotherapie in hohem
Grade zweifelhaft erscheinen. Dazu kommen folgende Ueberlegungen.
Wenn die Kranken wissen, dass die elektrischen Einwirkungen diagnostische Zwecke haben, treten keinerlei Einwirkungen auf das Befinden
zu Tage. Die verschiedenen Aerzte erreichen mit den verschiedensten
elektrischen Methoden oft dieselben Erfolge. Der eine Arzt aber ist an
Erfolgen eben so reich, wie der andere arm. In 2 anscheinend ganz
gleichen Fällen hilft die elektrische Behandlung das eine Mal, das andere
Mal nicht. Eine grosse Zahl von Erkrankungen, bei denen gewohnter-
maassen die Elektricität angewendet wird und die einen regelmässigen
Verlauf haben, verlaufen ohne elektrische Behandlung genau so wie mit
derselben: infektiöse und toxische Neuritis, Compressionswirkungen
u. dergl. mehr.

Schliesslich wird nicht selten die persönliche Ueberzeugung in Anschlag gebracht. Da mag auch mir das Bekenntniss gestattet sein, dass
für mich das Ergebniss mehr als zehnjähriger eingehender Beschäftigung
mit der Elektrotherapie das ist: mindestens vier Fünftel der elektrischen
Heilwirkungen sind psychischer Natur und andererseits ist die Elektricität
ein zur Zeit kaum entbehrliches Mittel psychischer Beeinflussung.

1891.

Als ich vor 4 und vor 2 Jahren meine Zweifel an der Elektrotherapie aussprach, hoffte ich, Widerlegung zu finden. Meine Hoffnung hat sich nicht erfüllt. Vor 4 J. wurden jene Erörterungen überhaupt wenig beachtet. Im Progrès medical und im New York medical
Record wurden sie besprochen. Die deutschen Fachgenossen schwiegen.
Sei es, dass ihnen solche Zweifel überhaupt als unwissenschaftlich erschienen, oder dass sie Principienfragen, bei denen Maass und Rechnung
schwer anzuwenden sind, lieber unerledigt liessen, sie fuhren fort, neue
Apparate zu ersinnen und neue Heilerfolge mitzutheilen, oder das eigentlich Therapeutische überhaupt zu vermeiden, sich auf physikalisch-physiologische Dinge zu beschränken und einzelne Fragen exakt zu bearbeiten.
Seit meinem letzten Aufsatze (Januar 1889) sind wenigstens einige
Stimmen, bald in zustimmender, bald in abweisender Art, vernommen
worden. Im März 1889 verhandelte die med. Akademie zu New York
über die Heilwirkung der Elektricität. Allen Starr eröffnete die Verhandlung und sprach sich ziemlich skeptisch aus. Die meisten Redner
bekämpften seine Ansicht. Irgendwie neue Gründe, dafür oder dawider,
sind, soviel ich sehe, nicht ausgesprochen worden. Der wichtigste Punkt,
die Frage, inwieweit die thatsächlichen Erfolge der Elektrotherapie
psychisch vermittelt seien, wurde eigentlich gar nicht berührt. Gegen
mich wandte sich Friedländer in einem Aufsatze im Neurol. Centralblatt, der neuerdings in der Deutschen med. Wochenschrift wieder abgedruckt worden ist. Meine Behauptung, dass ⁴/₅ der elektrotherapeutischen Heilerfolge psychisch vermittelt seien, müsse schon deshalb als
unrichtig betrachtet werden, weil Suggestion nur bei funktionellen Neurosen wirksam sei, die Elektricität aber sich bei den verschiedensten
organischen Erkrankungen nützlich erweise. Das ist von Grund aus
falsch. Es giebt kaum einen folgenschwereren Irrthum der Aerzte, als
den Glauben, dass bei den auf organischen Erkrankungen beruhenden
Beschwerden psychische Einwirkungen bedeutungslos seien. Man kann
wohl sagen, die ganze Geschichte der Medicin wäre eine andere, weniger
beschämende, hätte man jederzeit den seelischen Faktor genügend be

rücksichtigt. Ein Gramm Kenntniss des menschlichen Gemüthes kann
dem Arzte nützlicher sein, als ein Kilogramm Physiologie ohne jenes.
Der grösste Gewinn, den uns die Erfahrungen mit dem Hypnotismus
gebracht haben, ist die klare und deutliche Einsicht in die Macht der
Suggestion. Aber auch bevor diese überzeugenden Erfahrungen gewonnen wurden, konnte der aufmerksame Beobachter erkennen, dass
die Psyche in der ganzen Therapie eine hervorragende Rolle spielt.
Die hypnotische Suggestion ist nur ein speciellcr Fall und es ist ganz
verkehrt, Suggestionstherapie und hypnotische Therapie für identische
Begriffe zu halten. Ich habe schon früher an die Homöopathie erinnert und habe dabei Niemand zu nahe treten wollen. In der That
ist die Homöopathie ein sehr schlagendes Beispiel von Suggestionstherapie. Nur wer die Thatsachen nicht kennt, kann die Erfolge leugnen,
die die Homöopathen mit ihren Nichtsen erzielen, Erfolge, die ebensowohl bei organischen, als bei funktionellen Störungen eintreten. Haben
in der wissenschaftlichen Medicin die neuen Medikamente, deren Heilkraft 3 Monate dauert, nicht auch bei organischen Krankheiten Wirkung?
Sind die günstigen Resultate der Nervendehnung bei Tabes und anderer
analoger Methoden etwa nur erlogen gewesen? Sind alte Aerzte, deren
Verfahrungsweisen uns jetzt als die verkehrtesten erscheinen, nicht
glückliche Therapeuten in allen möglichen Krankheiten gewesen? Also,
auch ehe man die hypnotische Suggestion kannte, heilte man durch
Suggestion. Jene aber leistet thatsächlich bei organischen Krankheiten
werthvolle Dienste. Wer das leugnet, bestreitet die bestimmten Angaben
zahlreicher durchaus glaubwürdiger Aerzte. Irrthümlicher Weise schiebt
Friedländer eine solche Meinung Forel zu. Das Gegentheil ist richtig.
Forel, mit dem ich ganz übereinzustimmen glaube, hatte gerade gezeigt,
dass die Suggestion tief in das unbewusste Leben eingreift und auf die
von organischen Veränderungen abhängigen Symptome ebensowohl ein-
wirkt, als auf die hysterischen. Man erwidert, ja eine gewisse Wirkung
kann man seelischen Zuständen auch bei organischen Krankheiten zu-
gestehen, aber da handelt es sich höchstens „um Beseitigung von
Symptomen, nicht um Heilung von Krankheiten". Das sind leere Worte.
Einerseits ist die grosse Mehrzahl aller therapeutischen Maassnahmen
symptomatischer Art und andererseits können psychische Einflüsse, indem
sie quälende Symptome beseitigen und die Widerstandskraft des Organismus erhöhen, die Heilung herbeiführen. Dass die Elektricität heile,
die Suggestion nur Symptome beseitige, ist speciell unrichtig. Die
Elektricität beseitigt Schmerzen und befördert dadurch die Heilung
schmerzhafter Leiden, die Suggestion thut dasselbe. Die Elektricität beseitigt Krämpfe, die Suggestion thut dasselbe. Die Elektricität vermindert

zuweilen die Ataxie der Taboskranken, die Suggestion thut dasselbe.
Und so fort. Schliesslich habe ich zu bemerken, dass ich dem Haupt-
einwurf Friedländer's schon früher begegnet bin (Jahrbb. CCXIII.
p. 87).

Um Missverständnisse möglichst zu vermeiden, will ich meine Ansicht in einzelnen Thesen nochmals zusammenfassen.

1) Es ist durch nichts bewiesen, dass die Elektricität bei organischen
Lähmungen heilend wirkt, denn Lähmungen durch Zerstörung der centralen Nervenelemente heilen überhaupt nicht, Lähmungen durch Zerstörung der peripherischen Nerven oder der Muskelfasern heilen, so weit
sie heilbar sind, in gesetzmässiger Weise von selbst, und es ist bis jetzt
keine Thatsache bekannt, die bewiese, dass die Elektricität die Regeneration beschleunigen kann. Indirekte centrale Lähmungen endlich
und sogenannte leichte peripherische Lähmungen gleichen sich auch ohne
Eingriff von aussen aus.

2) Zweifellos hilft die Elektricität nur gegen manche Schmerzen,
manche Parästhesien, gegen manche motorische Reizerscheinungen, gegen
manche Unregelmässigkeiten in der Thätigkeit verschiedener Organe
(z. B. vasomotorische Störungen, Darmträgheit, Menstruationsanomalien,
Schlaflosigkeit).

3) Genau dieselben Störungen werden von der Suggestion beeinflusst.

4) Es ist daher möglich, dass die Elektricität durch Suggestion wirkt.

5) Für diese Annahme sprechen verschiedene Gründe, besonders
die Unregelmässigkeit im Eintritte der elektrischen Heilwirkungen, die
sich gut erklärt, wenn man eine psychische Vermittelung annimmt, un-
erklärt bleibt, wenn man einen physischen Zusammenhang voraussetzt,
und der Umstand, dass zur Erreichung eines Heilerfolges die Methode
gleichgültig ist, insofern, als die gleichen Erfolge durch die verschiedensten
Anwendungsweisen der Elektricität erreicht worden sind und mit derselben Methode der eine Arzt glänzende Wirkungen erzielt, der andere
gar keine.

Nur einige wenige Anmerkungen will ich diesen Sätzen noch hinzufügen.

ad 1) Ich hatte früher vorgeschlagen, von einer Zahl gleichmässig
operirter Thiere bei den einen die gelähmten Theile zu elektrisiren, bei
den anderen nicht. Es scheint nicht, als ob seitdem solche Versuche
ausgeführt worden wären. Dagegen hat, was mir entgangen war, schon
1875 Dejerine ähnliche Versuche angestellt, freilich ohne entscheidende
Ergebnisse zu erzielen. Das Original (Bull. de la Soc. de Biol.) ist mir

nicht zur Hand, jedoch hat Herr v. Frankl-Hochwart die Güte gehabt, mir den Wortlaut mitzutheilen. Danach hat D. bei 2 Meerschweinchen die NN. ischiadici durchschnitten und hat 1 Monat lang täglich je 1 Hinterbein der Thiere faradisirt. Am elektrisirten Beine waren die gangränösen Stellen kleiner (bez. fehlten ganz), war die Atrophie weniger deutlich, war die Herabsetzung der faradischen Erregbarkeit geringer als am nicht elektrisirten Beine. Es liegt auf der Hand, dass schon die bessere Reinigung des elektrisirten Beines für das Nichtentstehen von Nekrose von Bedeutung gewesen sein kann und dass sowohl die Zahl der Versuche, als die Beobachtungzeit zu klein ist. Ueberdem ist es von vornherein nach den Beobachtungen am Menschen höchst unwahrscheinlich, dass durch Elektrisiren der Degenerationsvorgang im durchschnittenen Nerven aufgehalten werden sollte. Höchstens eine Beförderung der Regeneration wäre möglich.

A. Starr bezieht sich auf eine Beobachtung von Dr. Thatcher, nach der bei einer Lähmung beider Arme durch galvanische Behandlung der eine Arm rascher zur Norm zurückkehrte, als der andere. Näheres ist nicht mitgetheilt. Sollte der Fall etwas beweisen, so müsste man zunächst wissen, dass die Läsion wirklich auf beiden Seiten dieselbe gewesen ist.

Ich habe mich bei 1) auf die organischen Lähmungen beschränkt. Wenn Jemand glaubt, wie Friedländer, dass die Elektricität einen apoplektischen oder myelitischen Herd günstig beeinflusse, so kann ihm das nicht verwehrt werden. Aber es lohnt sich nicht, über Dinge zu verhandeln, bei denen z. Z. jede Beweisführung unmöglich ist.

ad 5) Friedländer giebt die Thatsache zu, dass ganz verschiedene Methoden dasselbe leisten, meint aber, die Elektrotherapie sei zu jung, „als dass sich bereits ganz bestimmte und allgemein anerkannte Methoden hätten herausbilden können, zumal die Einführung einer exakten Strom- und Zeitmessung erst aus den letzten Jahren datirt". Nun ist es aber merkwürdig, dass mit der Vervollkommnung der Apparate und Methoden die Heilerfolge immer dürftiger geworden sind. Nach Ducheme's und R. Remak's Zeiten elektrisirte mit schlechten Apparaten Jeder, wie er konnte, und was für grosse Krankheiten heilte man damals. Noch vor 12—15 Jahren hörte man viel von den wunderbaren Heilungen durch Elektricität. Jetzt, da wir so schöne Galvanometer haben und so vieles wissen, was unsere Vorgänger nicht wussten, erscheint die Heilkraft des Stromes als fast erloschen. Immer bescheidener sind die elektrotherapeutischen Ansprüche geworden, bewährte Elektrotherapeuten, wie v. Ziemssen, nennen ihre eigene Auffassung eine pessimistische, und nur wenige glückliche Therapeuten heilen noch wie früher.

Ist es nach dem Bisherigen zweifelhaft, ob die Elektricität eine physische Heilwirkung hat, so bleibt eine solche doch immer noch möglich und ich selbst halte es für wahrscheinlich, dass sie in manchen Fällen thatsächlich zur Geltung komme. Es fragt sich nun, wie soll der Skeptiker handeln? Das Bequemste wäre, zu sagen, es kommt nur darauf an, *dass* die Elektricität wirkt, das *Wie* ist gleichgültig, also fahren wir fort wie bisher. Diese Meinung haben wirklich Einige ausgesprochen, so Morton Prince und Sperling. Letzterer kommt, nachdem er auseinandergesetzt hat, dass „man" so weit gegangen sei, der Elektricität nur psychische Wirkung zuzuschreiben, zu folgenden merkwürdigen Sätzen. „Wie aber, wenn die Elektricität ein Agens bedeutete, welches ganz besonders geeignet wäre, die krankhaft veränderte psychische Sphäre mit adäquatem Reiz so zu treffen, dass die normale Funktion wieder hergestellt würde, und zwar sowohl durch direkte Beeinflussung des Sitzes derselben, des Gehirns, als auch indirekt durch Vermittelung der peripherischen Nerven, als Reflexaktion!" ... „Macht man sich eine solche Vorstellung von der Sache, und eine andere scheint mir kaum möglich, wenn man überhaupt psychische Wirkungen mit in Betracht ziehen will, so ist leicht einzusehen, dass sich der Werth der Elektricität in der Medicin damit noch bedeutend erhöht." Wenn ich es richtig verstanden habe, würde sich die Sache ungefähr so darstellen. Elektrisirt man z. B. ein Bein, so ist das zwar zunächst für den Zustand des Beines gleichgültig, aber auf den aufsteigenden Bahnen läuft von den getroffenen Nervenfasern aus ein geheimnissvoller Erregungsvorgang zum Gehirn, welches vielleicht auch direkt von Stromschleifen berührt wird; dadurch werden die den seelischen Thätigkeiten dienenden Gehirntheile so verändert, dass der Patient die Ueberzeugung bekommt, die Elektricität werde sein Bein heilen, und diese Ueberzeugung macht ihn nun wirklich gesund. Man sieht, dass auch bei den Aerzten, trotz der „mechanischen Weltansicht", der Glaube an Wunder nicht unmöglich ist. Nein, entweder die Elektricität heilt so wie das Wasser von Lourdes, oder sie wirkt direkt auf die kranken Theile, wie das Quecksilber auf syphilitische Neubildungen. Ein Drittes giebt es nicht. Es ist daher für den, der an die physische Wirkung der Elektricität nicht glaubt, die „genaue Stromdosirung", auf die Sperling das Hauptgewicht legt, wirklich gleichgültig, und er hat nur die Aufgabe, durch sein Verfahren die Seele des Patienten, ohne diesem zu schaden, in geschickter Weise zu beeinflussen. Auch dürfte es sich zur Gewinnung einer persönlichen Ueberzeugung empfehlen, dass der Unbefangene sich nicht an Gesetze, die C. W. Müller oder ein Anderer aus eigener Machtvollkommenheit gegeben hat, binde, sondern seine Methode möglichst variire.

Sollte es aber dem, der an der Heilkraft der Elektricität zweifelt, nicht als Pflicht erscheinen, die Elektroden überhaupt bei Seite zu legen? Ich glaube es nicht. Zunächst ist die Sache ja noch in suspenso. Es dürfte daher das Richtige sein, bis auf Weiteres bei den Krankheiten, bei denen nach Aussage der glaubwürdigen Elektrotherapeuten die Elektricität wirklich nützlich ist, die Elektricität auch jetzt noch anzuwenden. Vielleicht ist doch etwas daran und überdem bietet die elektrische Behandlung dem Arzte Vortheile, die schwer zu ersetzen wären. Sie ermöglicht es ihm, den ambulanten Kr. regelmässig zu beobachten, zu überwachen und durch seine Persönlichkeit zu beeinflussen. Sie schadet bei verständiger Anwendung nie. Sie ist als Mittel der Suggestion vortrefflich (Reiz des Geheimnissvollen, unmittelbare Fühlbarkeit u. s. w.) und irgend ein Medium physicum ist doch nothwendig, da die hypnotische Suggestion weder jedes Arztes, noch jedes Kranken Sache ist. Wie weit der Einzelne gehen mag, das muss schliesslich seinem Gewissen überlassen bleiben. Ich wende in der poliklinischen Praxis aus begreiflichen Gründen die Elektrotherapie sehr viel an. In der Privatpraxis beschränke ich sie auf diejenigen Fälle, in denen nach meiner Erfahrung ein Erfolg wahrscheinlich ist (z. B. bei Neuralgien), oder in denen doch die Möglichkeit einer förderlichen Einwirkung auf den an sich günstigen Verlauf gegeben ist (z. B. bei heilbaren Lähmungen). Aber den Muth, einen neurasthenischen oder tabeskranken Privatpatienten ein viertel oder ein halbes Jahr lang zu elektrisiren, habe ich nicht mehr. —

Diejenigen, die den Bedenken gegen die eigentliche Elektrotherapie nicht alle Bedeutung absprechen können, pflegen auf das andere Gebiet der Elektriatrie, die Elektrodiagnostik, als den rocher de bronce hinzuweisen.

Nothnagel hat gesagt, die Elektrodiagnostik habe nicht gehalten, was sie versprochen. Das ist ein hartes, aber nicht ungerechtes Urtheil.

Der praktische Werth einer Methode hängt in erster Linie von ihren Ergebnissen ab, doch sind auch ihre Handlichkeit und die Möglichkeit, sie von den Händen Vieler verwerthet zu sehen, von Bedeutung. Erfordert eine Methode zusammengesetzte Apparate, viele Vorstudien, grosse Uebung, so sind ihre Ergebnisse nicht nur theuer erkauft, sondern sie sind auch zweifelhaft, so lange nicht sicher ist, dass der Untersucher alle jene Bedingungen sein eigen nennt. Das gilt aber gerade von der Elektrodiagnostik. Sie setzt zu nutzbringendem Gebrauche theure Apparate, die nicht ganz leicht im Stande zu erhalten sind, voraus. Man denke an einen modernen Elektrisirtisch einerseits und an den Perkussionshammer andererseits und erwäge, wie wenig jener im Vergleiche

zu diesem dem Neurologen leistet. Der Elektrodiagnostiker braucht
ferner sehr viele physikalische und physiologische Vorkenntnisse, ganz
besonders aber eine grosse, nur durch Uebung zu gewinnende Geschicklichkeit. Es ist sehr schwer, eine gute elektrische Untersuchung anzustellen, viel schwerer, als manche Aerzte glauben, und die Zahl derer,
die es können, ist durchaus nicht gross. Nicht nur die meisten älteren,
mit unvollkommenen Mitteln ausgeführten elektrischen Untersuchungen,
sondern auch ein guter Theil derjenigen, die man heutigen Tages in den
medicinischen Zeitschriften findet, sind vollständig werthlos. Man sieht
ohne Weiteres, dass der Untersucher die Sache zu leicht genommen hat.
Merkwürdiger und glücklicher Weise stehen innerhalb der Elektrodiagnostik Schwierigkeit und Werth der Untersuchung im umgekehrten
Verhältnisse. Das Wichtigste ist, die Entartungsreaktion zu finden, und
das ist verhältnissmässig leicht. Das Bedeutungsloseste sind kleinere
Unterschiede der quantitativen Erregbarkeit und deren zuverlässige Bestimmung ist ausserordentlich schwer. Bei vielen Krankengeschichten
mit weitläufigen Angaben über die elektrische Erregbarkeit denkt man,
wie gut wäre es doch, wenn der Untersucher all diesen Fleiss, dessen
Erzeugniss ungeniessbar ist, auf andere Dinge verwendet hätte.

Alle Schwierigkeiten kämen nicht in Betracht, wenn die von der
elektrischen Prüfung gegebenen Aufschlüsse uns unentbehrlich wären.
Dieses aber ist doch ziemlich selten der Fall. Es giebt Neurologen, die
recht gut untersuchen und doch fast nie die Elektricität anwenden.

Die Kenntniss des Leitungswiderstandes ist in der Regel ohne Bedeutung für die Diagnose. Höchstens der Nachweis eines sehr geringen
Leitungswiderstandes könnte in vereinzelten Fällen, in denen die Diagnose
eines M. Basedowii nicht auf anderem Wege festzustellen wäre, als
kleines Gewicht in die Wagschale fallen.

Die Prüfung der Empfindlichkeit der Haut durch elektrische Ströme
ist entbehrlich. Sie hat zwar den Vortheil des Zahlenmässigen, aber
man weiss nicht recht, was man misst, da die „elektrocutane Sensibilität"
sich nicht mit einer der sonstigen Empfindungsqualitäten deckt. Die
Prüfung der excentrischen Empfindungen durch elektrische Reizung der
Nervenstämme hat überhaupt nicht zu klinisch verwerthbaren Ergebnissen
geführt.

Dass die elektrische Untersuchung von Auge und Ohr nicht zu
einer richtigen Diagnose nöthig ist, das beweist die Thatsache, dass die
grosse Mehrzahl der Augen- und Ohrenärzte, die doch sonst kluge Leute
sind, sich gar nicht um sie kümmert.

Alles das aber ist nicht die Hauptsache, diese ist die Untersuchung
des Bewegungsapparates. Man kann den Grad der Erregbarkeit und das

Wie derselben bestimmen. Weicht jener von der Norm ab, so kann man, wie ich früher einmal gesagt habe, eigentlich nur darauf schliessen, dass am Bewegungsapparat irgend etwas nicht in Ordnung ist, ein Resultat, das selten dem Arzte sehr werthvoll sein wird. Die geringeren Aenderungen der quantitativen Erregbarkeit lassen weder auf den Sitz, noch auf die Art der Läsion einen Schluss zu. In den Fällen aber, in denen die Erregbarkeit in hohem Grade vermindert ist, pflegen anderweite Symptome, die zur Diagnose ausreichen, nicht zu fehlen. Geringe Steigerung der Erregbarkeit ist ohne bestimmte Bedeutung, beträchtliche Steigerung kommt eigentlich nur bei der Tetanie, die nur in bestimmten Gegenden häufiger ist, vor. Hier bildet sie eine zweifellos interessante Thatsache, aber praktisch bedeutsam ist sie auch hier nicht, da die mechanische Reizung leicht und sicher Aufschluss giebt. Nicht einmal zur Unterscheidung zwischen organischer und psychischer Störung, bez. Simulation, ist die quantitative Erregbarkeit immer zu brauchen. Einerseits kann normale Erregbarkeit bei organischer Erkrankung vorkommen, andererseits hat man neuerdings bei Hysterie Abweichungen von der Norm gefunden (Charcot's Schüler und Schaffer) und kann bei Simulation die Erregbarkeit durch eine beliebige Ursache (z. B. Alkoholismus) in gewissem Grade verändert sein.

Bleibt die pièce de resistance der Elektrodiagnostik, die Entartungsreaktion. Diese ist in erster Linie als Bild histologischer Vorgänge interessant und bedeutsam. Ihr praktischer Werth aber ist anfänglich sehr überschätzt worden. Die neueren Untersuchungen haben mehr und mehr die Ansprüche herabgestimmt. Die Hoffnung, dass die Entartungsreaktion ein Kennzeichen peripherischer Läsionen darbiete, musste man frühzeitig aufgeben, da die Vorderhornläsionen zur gleichen Entartung und zur gleichen Entartungsreaktion führen wie jene. Man glaubte nun, durch den Nachweis der Entartungsreaktion wenigstens rein muskuläre und rein centrale Erkrankungen ausschliessen zu können. Bei primärem Muskelschwunde haben Zimmerlin, Fr. Schultze, Eisenlohr Entartungsreaktion nachgewiesen, bei Trichinosis Nonne und Hoepfner, bez. Eisenlohr, bei cerebraler Lähmung ebenfalls Eisenlohr. Man kann einwenden, dass es sich hier um ganz vereinzelte Fälle und um unvollständige Entartungsreaktion (nur träge Zuckungen und Ueberwiegen der AnSZ) handle. Aber im gegebenen Falle weiss der Untersucher doch nicht, ob er nicht etwa gerade eine solche Ausnahme vor sich habe. Bei vollständiger Entartungsreaktion kann man allerdings wohl mit Sicherheit auf Nervenentartung rechnen, aber da, wo diese Form der Entartungsreaktion vorhanden ist, pflegen überhaupt keine diagnostischen Zweifel zu bestehen. Wo Schwierigkeiten auftauchen, da handelt

7*

es sich eben gewöhnlich um jene unvollständigen Zeichen, um die Forme
fruste der Entartungsreaktion.

Kurz, die Zahl der Fälle, in denen der Nachweis der Entartungs-
reaktion dem Diagnostiker aus der Noth helfen kann und die elektrische
Prüfung darum unentbehrlich ist, dürfte recht klein sein. Unbestrittenen
Nutzen hat die elektrische Untersuchung bei der sogenannten rheuma-
tischen Facialislähmung und anderen analogen Lähmungen, insofern sie
hier die Schwere der Läsion anzeigt und somit die Prognose bestimmt.
Freilich kann auch hier sehr oft der Perkussionshammer genügenden
Aufschluss geben. Ebenso liegen die Verhältnisse bei der Thomsen'schen
Krankheit. Die Veränderungen der elektrischen Erregbarkeit bei ihr
sind sehr interessant, aber in praktischer Hinsicht reicht das Klopfen aus.

1893.

Allgemeines.

1) Edinger, L., L. Laquer, E. Asch und A. Knoblauch, Elektrotherapeut.
Streitfragen. Verhandl. d. Elektrotherapeuten-Versamml. zu Erankfurt a. M. am
27. Sept. 1891. Wiesbaden 1892. J. F. Bergmann. Gr. 8. VII u. 88 S. 3 Mk.

2) Eulenburg, Elektrotherapie u. Suggestionstherapie. Berl. klin. Wchnschr.
XXIX. 8. 9. 1892.

3) Gessler, Herm., Ueber den Werth u. d. Grenzen d. Elektrotherapie. Württemb.
Corr.-Bl. LXI. 27. 1891.

4) Gessler, Herm., Die Suggestionsfrage in der Elektrotherapie. Württemb.
Corr.-Bl. LXII. 24. 1892.

5) Kupke, Oscar, Aerztl. Bericht über die Poliklinik für Nervenkrankheiten u.
Elektrotherapie in Posen. Posen 1891. 16 S.

(Man könnte glauben, es handele sich hier um eine Täuschung und dieser Bericht
rühre nicht von einem Arzte her. Denn es fehlt an Sprach- und an Sachkenntniss und
Vf. behauptet Unglaubliches. Er will fast alle Kranken geheilt haben, darunter z. B.
einen mit Krebs der Speicheldrüse.)

6) Lewandowski, R., Elektrodiagnostik u. Elektrotherapie, einschliessl. d. phy-
sikal. Propädeutik. 2. Aufl. Wien 1892. Urban u. Schwarzenberg. Lex.-8. IV u. 476 S.
mit 174 Illustr. 10 Mk.

7) Löwenfeld, L., Einige Bemerkungen über die Elektromedicin auf d. diesjähr.
internat. Elektricitätsausstellung in Frankfurt a. M. Münchn. med. Wchnschr. XXXVIII.
42. 1891.

8) Mayerhausen, G., Polychrome Wandtafeln für den elektrotherapeutischen
Unterricht. Die motor. Reizstellen des Kopfes, Halses und der Extremitäten.
Berlin 1891.

9) Meyer, Moritz, Ueber d. katalytischen Wirkungen d. galvanischen Stromes.
Berl. klin. Wchnschr. XXVIII. 31. 1891.

10) Moll, A., Ist die Elektrotherapie eine wissenschaftl. Heilmethode? [Berl.
Klin. 41.] Berlin 1891. Fischer's med. Buchh. 8. 30 S. 60 Pf.

11) Müller, C. W., Beiträge zur prakt. Elektrotherapie in Form einer Casuistik. Wiesbaden 1891. Bergmann. Gr. 8. XVIII u. 118 S. 3 Mk.

12) Rockwell, A. D., Electrotherapeutics in America. Philad. med. News LX. 4. p. 92. Jan. 1892.

(Erörterungen ohne allgemeines Interesse.)

13) Rossbach, M. J., Lehrbuch d. physikalischen Heilmethoden. 2. Aufl. Berlin 1892. A. Hirschwald. 627 S. (S. 221—524, Elektricität.)

14) Schultze, Friedr., Ueber die Heilwirkung der Elektricität bei Nerven- u. Muskelleiden. Wiesbaden 1892. J. F. Bergmann. Gr. 8. 29 S. 80 Pf.

15) Sperling, Arthur, Elektrotherapeut. Studien. Leipzig 1892. Th. Grieben's Verl. (L. Fernau). 8. VIII u. 112 S. 2 Mk.

16) Verhoogen, René, Le courant galvanique et les affections des nerfs périphériques. Journ. de Méd. de Bruxelles L. 44. 1892.

(V. will die Elektrotherapie durch 3 Beobachtungen stützen. 1) Durchschneidung der NN. med. und uln. Beginn der elektrischen Behandlung nach reichlich 3 Monaten. Nach einigen Wochen Kribbeln im Gebiete der Anästhesie. Fortschreitende Abnahme der Lähmung. Heilung im 6. Monate. Dieser Fall beweist natürlich nichts, denn der Verlauf entsprach der natürlichen Regeneration der Nerven. 2) Facialislähmung. Nach 4monatiger galvanischer Behandlung war die Motilität unterhalb des Auges zurückgekehrt, der Stirnast war noch gelähmt. Es stellte sich heraus, dass im Beginne der Behandlung die Elektrode nicht auf den Stirnast, sondern nur auf die unteren Zweige aufgesetzt worden war. Wenn der Vf. viele Facialislähmungen gesehen haben wird, wird er finden, dass nicht selten ein Nervenast stärker von der Läsion betroffen ist, als die anderen und trotz alles Elektrisirens zurückbleibt. 3) Schmerzhafte Fussverstauchung. Sofortige Besserung durch galvanische Behandlung. Wahrscheinlich Hysterie.)

17) Vigouroux, R., L'électrothérapie, sa méthode et ses indications. Progrès méd. XIX. 42. 43. 1891.

(Eine Vorlesung, die ungefähr dasselbe enthält, was in den „Streitfragen" von V. steht.)

18) Wichmann, Ralf, Die Heilwirkung der Elektricität bei Nervenkrankheiten. Klin. Zeit- u. Streitfragen VI. 4. — Wien u. Leipzig 1892. 62 S.

Während ich meinen vorigen Bericht mit dem Bedauern darüber beginnen musste, dass die Bedenken gegen den Heilwerth der Elektrotherapie todtgeschwiegen worden wären, bin ich jetzt besser daran. Diesmal hat es geholfen. Eine ganze Reihe von Autoren hat sich in mehr oder weniger eingehender Weise mit jenen grundsätzlichen Fragen beschäftigt und die Meinungen sind lebhaft auf einander geplatzt. Wie mir scheint, ist in erster Linie L. Edinger dafür zu danken. Edinger vereinigte sich mit L. Laquer und E. Asch und auf die Einladung dieser Herren hin versammelten sich im September 1891 35 Aerzte zu Frankfurt am Main, um die „elektrotherapeutischen Streitfragen" zu besprechen. Die Verhandlungen der „Elektrotherapeuten-Versammlung" sind dann 1892 im Buchhandel erschienen. Ueber sie habe ich zunächst zu berichten und wenn auch der Raum nicht erlaubt, auf Alles, was in dem Buche steht, einzugehen, so muss ich doch etwas ausführlicher als sonst verfahren, denn die Hauptirrthümer der positiven Elektrotherapeuten treten gerade hier sehr deutlich zu Tage.

W. Erb, als Vorsitzender, drückte seine Freude darüber aus, dass die versammelten Fachgenossen sich vereinigt hätten, „der sich breitmachenden Negation, dem therapeutischen Skepticismus entgegenzutreten" und positive Arbeit anzuregen. Er sprach den sehr begründeten Wunsch aus, „möglichst nur gutes und werthvolles Material hier in die Diskussion zu bringen".

An erster Stelle sprach Leop. Laquer über folgende Fragen: „In wieweit beruht der Erfolg der elektrischen Proceduren auf SuggestionsWirkung? Lassen sich durch die Elektrotherapie Wirkungen erzeugen, welche auf suggestivem Wege nicht zu erreichen sind?" In der Art eines Redners schilderte L. meine „Umsturzideen" und „die unglückselige Lehre von der Suggestion". Hier treffen wir nun gleich so grundverkehrte Behauptungen über die Suggestion, dass eine Erörterung über diesen Begriff unvermeidlich ist. Wie es auch bei anderen Kunstausdrücken ist, versteht man jetzt unter dem Worte Suggestion mehr, als es ursprünglich besagt. Wenn man im gewöhnlichen Leben von „Eingebung" oder von „Unterschiebung" spricht, so meint man damit, dass man Jemanden zu einer Vorstellung oder zu einem Glauben bringt, ohne dass er weiss, wie er dazu gekommen ist. Als man den hypnotischen Zustand kennen lernte, erfuhr man, dass man in den Geist eines Hypnotisirten Vorstellungen einpflanzen könne, ohne dass sie an anderen schon vorhandenen Vorstellungen wie beim Gesunden Widerstand finden, dass man durch eingegebene Vorstellungen sinnliche Wahrnehmungen des Hypnotisirten hervorrufen könne u. s. f. Diese Eingebungen im hypnotischen Zustande nannte man Suggestion. Man bemerkte dann, dass der Hypnotisirte doch zuweilen Widerstand leistet, etwa unwillkürlich an Stelle der fremden Eingebungen eigene gegentheilige setzt, durch eigene Vorstellungen Hallucinationen hervorruft u. s. f. Man schied also Fremd- und Selbstsuggestionen. Man fand weiter heraus, dass der hypnotische Zustand selbst Wirkung einer eingepflanzten Vorstellung ist. Durch alle diese Erfahrungen wurde unser Blick geschärft und wir sahen, dass im wachen Leben ganz den hypnotischen Suggestionen analoge Vorgänge eine grosse Rolle spielen. Die an abnormen oder doch ungewöhnlichen Zuständen gewonnene Erkenntniss lehrte uns zahlreiche normale Vorgänge besser verstehen und zeigte uns Beziehungen und Zusammenhänge, die uns früher dunkel waren. Man hat z. B. von jeher gewusst, dass durch Vorstellungen krankhafte körperliche Zustände hervorgerufen und beseitigt werden können, aber erst die hypnotischen Experimente haben uns die Sache klarer gemacht.

Was früher zufällig und unabsichtlich geschah, konnten wir an den Hypnotisirten planmässig bewirken. Wir konnten zeigen, um wie viel breiter und tiefer die Wirkungen des Vorstellens im Körperlichen, die Einbildungen in die Leiblichkeit sind, als man gewöhnlich denkt. Mit gutem Grunde wandte man den Namen Suggestion auch auf diese Dinge an. Aber auch auf anderen Gebieten menschlichen Lebens, in den geselligen, rechtlichen, religiösen u. s. w. Beziehungen erkannte man mit Recht Analoga der Vorgänge in der Hypnose. So schien der Begriff der Suggestion sich in's Unermessliche zu dehnen und Manche, die sich dadurch verwirrt fühlten, klagten, die Lehre von der Suggestion verwirre die Köpfe und werde eine Volkskrankheit. Freilich auf den ersten Blick hin sieht die Sache wunderlich aus. Es erschrickt einer und wird gelähmt: Suggestion. Dann trinkt er geweihtes Wasser und wird geheilt: Suggestion. Einem anderen erzähle ich eine erdichtete Geschichte, er schwört später, er habe die Sache mit eigenen Augen gesehen: Suggestion. Es ertönt unbegründeter Weise der Ruf Feuer, die Angst bricht aus und Manche sehen deutlich Rauch und Flammen: Suggestion. Ich gebe einem Schlafenden den Auftrag, nach 8 Tagen einer armen Frau Geld zu geben, er thut es und erklärt, er handle aus reinem Mitleid: Suggestion. Das sind anscheinend wunderbare Vorgänge, es handelt sich aber auch um Suggestion, wenn ich beim Anblick eines Flohes Jucken fühle, wenn das Ansehen eines ekelhaften Gegenstandes Uebelkeit hervorruft, wenn in Gegenwart des Zahnarztes der Zahnschmerz aufhört u. s. f. Was ist denn nun das Gemeinsame, das, was einen geistigen Vorgang zur Suggestion macht? 1) Dass das Wirkende ein Vorstellen ist. 2) Dass die Wirkung nicht in unserem Bewusstsein vor sich geht, sondern sozusagen hinten herum und unwillkürlich. Man könnte Suggestion durch Vorstellung-Reflex wiedergeben, nur müsste man sich gegenwärtig halten, dass es sich nicht nur um Muskelzusammenziehungen handelt und dass die Wirkung in der Regel verschieden ist, je nach dem inneren Zustande des Individuum. Im bewussten Leben erweckt die Wahrnehmung Erinnerungen und an diese knüpfen sich nach bekannten Regeln weitere Vorstellungen oder es tritt eine willkürliche Bewegung ein. Bei der Suggestion finden wir ein Handeln, dessen Motiv nicht bewusst ist, Vorstellungen, die den Zusammenhang der Association durchbrechen, Empfindungen und Wahrnehmungen, die nicht durch äussere Reize, sondern sozusagen auf umgekehrtem Wege durch Vorstellungen hervorgerufen sind, oder aber es fallen Handlungen, Vorstellungen, Empfindungen, die wir erwarten sollten, aus. Was die Suggestion thut, kann die Willkür nicht nachahmen, weil wir nicht wissen, wie es zu Stande kommt, weil ein Stück des Weges im Dunkeln liegt.

Nach alledem ist die Suggestion ein alltäglicher Vorgang, der in alles menschliche Denken und Thun hineinreicht und dessen Verständniss zum Verstehen menschlichen Denkens und Thuns unentbehrlich ist. Weil aber unser Verständniss sich an den hypnotischen Erscheinungen entwickelt hat und weil das Wort Suggestion bei ihnen zuerst uns geläufig geworden ist, denkt Mancher bei Suggestion immer an hypnotische Suggestion. In Wirklichkeit ist diese ein seltener Specialfall.

Nur ein paar Worte noch über die Suggestibilität, d. h. die Empfänglichkeit für Suggestionen. Wie die Erfahrung lehrt, ist sie gesteigert in der Hypnose, die Bernheim geradezu als einen Zustand gesteigerter Suggestibilität definirt. Sie ist aber auch gesteigert in bewegten Gemüthszuständen: Furcht, Hoffnung, Schrecken u. s. w. Sie ist ferner gesteigert bei gewissen krankhaften Zuständen. Sie ist verschieden gross bei verschiedenen Individuen je nach natürlicher Anlage und geistiger Entwickelung. Natürlich verhalten sich die Individuen auch qualitativ verschieden, der eine nimmt eine Suggestion an, die beim anderen ohne Wirkung bleibt. Suggestibel überhaupt aber ist jeder Mensch.

In den Erörterungen der Elektrotherapeuten treten uns fortwährend Missverständnisse entgegen. So meint Laquer, es würde „für den nüchternen Kritiker eine Menge der Gründe seitens der Suggestionisten in der Elektrotherapie hinfällig", denn viele Nervenkranke, „die überhaupt nicht suggestibel sind, ja die sich den Einflüsterungen und Streichungen mit einer grossen Willenskraft widersetzen, wurden durch die Elektrotherapie geheilt, manche wurden geheilt, obwohl sie sich vor der Elektricität mehr fürchteten, als auf sie hofften, andere wurden ungünstig beeinflusst". Natürlich ist der, bei dem die Suggestion des Schlafes fehlschlägt, immer noch für andere Suggestionen empfänglich. Es kommt nicht auf den Glauben an die Heilung an, sondern auf den Glauben an die Wirksamkeit der Elektricität überhaupt. Die Kranken, die Schaden durch die Elektrotherapie erleiden, das sind besonders die Hypochonder, stecken voll von Autosuggestionen und leiden durch diese. Thatsächliches bringt L. nicht bei, er vertröstet auf „eine beweiskräftige Casuistik der Zukunft". Bei dieser fordert er „möglichste Ausschaltung jedes suggestiven Momentes". Wie soll denn das gemacht werden? Die Kranken dürften dann nicht wissen, dass der Arzt etwas mit ihnen vornimmt, das ihren Zustand verändern könnte. Auch bei anderen Autoren findet man Angaben wie die: „in diesem Falle war Suggestion ausgeschlossen". Seltsam!

Laquer hat auch den denkwürdigen Ausspruch gethan: „Das Gemüth von Kranken beeinflussen, meine Herren, das kann auch jeder

Prolet!" Ich will nichts weiteres darüber sagen, denn ich glaube, L. bereut jetzt, dass ihm das Wort entfahren.

Dagegen muss ich eine andere Aeusserung L.'s hervorheben. L. tadelt meine „philosophisch-psychologische Richtung", meine „ein wenig an's Metaphysische grenzenden" Bestrebungen, die „die mechanische Auffassung der Heilkunst" bedrohten. Er lobt die ärztlichen Beobachter, die „sich weniger von der mechanischen Weltanschauung abwenden".

Nun, zunächst kommt bei der Elektrotherapie die schreckliche Metaphysik nicht in Frage, es handelt sich um elementare psychologische Erörterungen. Aber in einem weiteren Sinne hat Laquer Recht, nämlich insofern, als bei allen tiefergehenden Fragen die Metaphysik im Hintergrunde auftaucht. Sie ist, wie Schopenhauer gesagt hat, der Grundbass und klingt durch. Freilich hoffe ich, dass das Verständniss seelischer Wirkungen den Aerzten den Weg zu einer höheren, zu einer philosophischen Auffassung eröffnen werde, dass sie sich von dem jämmerlichen Aberglauben, den man „mechanische Weltansicht" zu nennen beliebt, abwenden werden.

Der zweite Redner war O. Rosenbach. Er wollte die Frage beantworten: „Ist ein Nutzen von der Elektrotherapie bei organischen Erkrankungen der nervösen Centralorgane überhaupt zu erwarten"? Er verneinte diese Frage, aber thatsächlich beschränken sich seine Ausführungen nicht auf bestimmte Krankheiten, sondern beziehen sich auf das Wesen therapeutischer, bez. elektrotherapeutischer Schlussfolgerungen überhaupt. Nach R. ist rationeller Weise nichts von der Elektrotherapie zu erwarten, denn es ist absurd, elektrischen Strömen die Aufsaugung von Exsudaten u. s. w. zuzumuthen. Die Aerzte urtheilen post hoc ergo propter hoc, vergessen den natürlichen Verlauf der Krankheit ohne Eingriffe zu beobachten und halten fälschlich für eine Wirkung der elektrischen Behandlung, was die Wirkung der Natur ist. In denselben Fehler verfallen „die Anhänger der Hypnose". Auch sie halten die günstigen Veränderungen während ihrer Behandlung mit Unrecht ohne Weiteres für Erfolge der Suggestion. „Diejenigen Forscher, welche jede Besserung, die unter Anwendung einer, ihrer Ansicht nach, unwirksamen Methode erfolgt, als eine Suggestionswirkung betrachten, schädigen die Erkenntniss ebenso, wie diejenigen, die sie nur von der betreffenden Methode herleiten." Auf wen sich diese Worte, mit denen R. sein etwas dogmatisches Gutachten schliesst, beziehen sollen, das weiss ich nicht. Die einfachen Ueberlegungen, von denen R. ausgeht, habe ich natürlich auch angestellt, ehe ich etwas über die Sache niederschrieb, und dass ein grosser Theil der anscheinenden Erfolge der Elektrotherapie sich durch den natürlichen Verlauf der Krankheit erklärt, habe ich nie be-

zweifelt, wie sich deutlich aus meinen früheren Bemerkungen ergiebt.
Von vornherein aber war mir klar, dass sich die Sache nicht so obenhin
abthun lässt, dass auch bei strenger Prüfung ein Rest, und zwar ein
grosser Rest von Fällen bleibt, in denen ein vorurtheilloser Beobachter
gar nicht verkennen kann, dass zwischen der elektrischen Behandlung
und der Veränderung zum Besseren ein ursächliches Verhältniss besteht.
Wenn eine seit langer Zeit bestehende Neuralgie nach einer elektrischen
Sitzung oder nach ein paar solchen verschwindet und wenn dieses Er-
eigniss sich so und so oft wiederholt, so gehört doch eine beträchtliche
Voreingenommenheit dazu, das Zusammentreffen für einen Zufall zu
halten. Die thatsächlichen, verständigerweise gar nicht zu bezweifelnden
Heilerfolge habe ich zu erklären gesucht und habe gemeint, dass sie
möglicherweise als Suggestion-Wirkung aufzufassen seien.

L. Bruns sprach dann über die Frage: „Uebt der Strom heilende
Kraft auf peripherische Erkrankungen?" Br. beschränkte sich auf Be-
sprechung der peripherischen Lähmungen und der Neuralgien. Ueber
jene sprach er sich in ähnlicher Weise aus, wie ich es gethan habe.
Er erklärte, keine Beweise für die Heilkraft der Elektricität zu kennen;
und forderte mit Recht auf, solche Beobachtungen mitzutheilen, in denen
eine peripherische Lähmung „nach Ablauf der für die Möglichkeit einer
Spontanheilung im günstigsten Falle zu concedirenden Zeit noch ohne
Andeutung einer Besserung bestand, bei denen bis dahin eine elektrische
Behandlung nicht vorgenommen war und bei denen die jetzt eingeleitete
Elektrotherapie eine baldige und deutliche Besserung der Lähmung
hervorrief", ferner solche, in denen bei doppelseitiger Lähmung die behandelte Seite rascher geheilt wurde. Ferner betonte Br., dass Thier-
versuche wünschenswerth seien. Von den günstigen Wirkungen der
Elektricität bei Neuralgien ist Br. fest überzeugt. Ob neben der Sug-
gestion eine physische Wirkung in Betracht komme, das lässt Br. dahingestellt sein. Er kenne keine Beobachtung, bei der die Suggestion auszuschliessen war. Möglicherweise könne Folgendes „gegen die herrschende
Stellung der Suggestion sprechen". Die Brachial- und manche Occipital-
Neuralgien heilen am leichtesten bei elektrischer Behandlung, Trigeminus-
Neuralgien seien am hartnäckigsten, eine Mittelstellung nehme die
Ischias ein. Man sollte erwarten, dass der Suggestion gegenüber
die verschiedenen Körpergegenden sich gleich verhielten. Ich glaube
nicht, dass dieses Argument etwas leiste. Verständigerweise kann
man doch nur annehmen, dass die Schmerzen um so hartnäckiger
sind, je tiefer die sie verursachende Veränderung des Nerven greift.
Eine psychische Einwirkung findet da die gleichen Widerstände wie eine
physische.

An die ersten 3 Reden schloss sich eine Verhandlung an. W. Erb betonte die Schwierigkeiten des Thierversuches, man bleibe auf die experimenta naturae am Menschen angewiesen.

C. W. Müller sprach eifrig gegen die Suggestion. Wir werden auf ihn bei Besprechung seines Buches zurückkommen.

M. Benedikt erklärte, die Frage, ob die Wirkung der Elektricität durch Suggestion zu erklären sei, habe nur von solchen Herren aufgeworfen werden können, die die elektrotherapeutischen Lehren fertig übernommen haben. Es werde heute von Unreifen fortwährend Unreifes auf den Markt geworfen. Suggestion sei ein leeres Schlagwort. Er kenne den himmelweiten Unterschied zwischen einer elektrotherapeutischen und einer psychischen Einwirkung u. s. f. B. hätte einen anderen Ton anschlagen sollen. Er ist ein geistreicher Mann, aber wenn er zur „Selbstkritik" auffordert, so wirkt das überraschend. Mehr als andere hat er die Neurologie und die Elektrotherapie durch kritiklose Arbeiten geschädigt. Wäre sonst die Kritik Brenner's (Untersuchungen und Beobachtungen. II. p. 209. 1869) nöthig gewesen?

Auch Löwenfeld erklärte, er stelle sich auf die Seite der positiven Elektrotherapeuten. Seine Auffassung wird durch folgenden Ausspruch gekennzeichnet. Anfälle von Angina pectoris bei Sklerose der Kranzarterien könnten durch Galvanisation am Halse unterdrückt werden. Handelte es sich da um Suggestion, nicht um eine physikalische Einwirkung, so müsste Elektrisirung am Beine den gleichen Erfolg haben.

L. Edinger brachte, im Gegensatze zu anderen Rednern, eine thatsächliche Beobachtung bei. In einem Falle von schwerer Facialislähmung durften die Fossa mandibularis und die Regio supraorbitalis mit den Elektroden nicht berührt werden, weil diese Stellen zu schmerzhaft waren. Alle Muskeln mit Ausnahme des M. zygom. und des Corrugator wurden wieder funktionfähig. Ich wundere mich, dass E. nicht auf den nahe liegenden Gedanken gekommen ist, dass die besondere Schmerzhaftigkeit hier (wie in anderen Fällen auch) eine besonders schwere Schädigung anzeigte. Dabei muss ich die Bemerkung machen, dass je vertrauenswerther die Autoren sind, sie auf um so dürftigere Beweise sich stützen. H. Oppenheim (bei Besprechung der Streitfragen in Berl. klin. Wchnschr. XXIX. 13. 1892) beruft sich auf 3 Fälle veralteter Facialislähmung, in denen durch Elektrisirung ein Zuwachs an Motilität gewonnen wurde. Ich habe solche und ähnliche Fälle auch beobachtet, habe auch früher (Jahrb. CCXIII. p. 87) auf sie hingewiesen. Elektrisirt man einen Kranken, der etwa seit 15 Jahren eine Facialislähmung hat, so zieht sich nach den ersten Sitzungen vielleicht da oder dort ein Muskelbündelchen besser als vorher zusammen. Es macht den

Eindruck, als hätten diese Bündelchen vorher geschlafen. Dann bleibt aber alles beim Alten und wenn man auch jahrelang fortelektrisirt. Will man aus solchen Beobachtungen schliessen, dass die Elektricität auf die Nerven-Regeneration Einfluss hat? E. Remak sagt gelegentlich (Arch.. f. Psych. XXIII. 3. p. 919 ff. 1892), die Heilkraft der Elektricität werde dadurch deutlich, dass bei progressiver Bulbärparalyse durch elektrisch ausgelöste Schluckbewegungen eine vorübergehende Besserung erzielt werde. Wirkt da nicht das Schlucken wohlthätig, dessen Auslösung nur zufällig durch einen elektrischen Reiz bewirkt wurde?

R. Vigouroux hatte ein längeres schriftliches Gutachten eingesandt, das zum Theil sehr interessant ist. Gegen den ersten Theil freilich, der von der elektrischen Behandlung der Hysterie handelt, ist einzuwenden, dass die Auffassung sowohl der Hysterie als einer, zum Theil wenigstens, physischen Krankheit, als auch der Suggestion zu Einwürfen Anlass giebt. V. berücksichtigt besonders nicht, dass die Suggestion sich verschieden gestaltet je nach dem individuellen Denken und Fühlen, und dass in einem Menschenkopfe die Vorstellungen sich in wunderlicher Weise verknüpfen können, ohne dass der Mensch selbst davon Rechenschaft geben könnte. Mit grosser Befriedigung betont V., dass die Elektricität Veränderungen bewirke, deren die Suggestion unfähig ist. Man könne z. B. mit der Batterie Brandschorfe verursachen. Hat denn jemand an den elektrolytischen Wirkungen gezweifelt? Als beweisend sieht V. die regelmässige Besserung des Morbus Basedowii durch faradische Behandlung an und die stetige Verbesserung des Ernährungzustandes durch Franklinisation, die durch die Harnanalyse exakt nachzuweisen sei. Auch beim Diabetes sei die Elektricität wirksam. Nun, auch das, was unwahrscheinlich klingt, ist ja nicht unmöglich und es wäre gewiss sehr schön, wenn die Angaben V.'s über den regelmässigen Einfluss der Franklinisation auf die Ernährung von recht Vielen nachgeprüft würden. So sehr nun V. den Einfluss der Elektricität im Allgemeinen rühmt, so negativ urtheilt er über die Heilwirkungen, die von früh an als die der Elektricität eigenen betrachtet wurden. Er leugnet mit Bestimmtheit, dass die Elektricität einen direkten Einfluss auf Krankheiten des Gehirns oder des Rückenmarkes habe. Das Gehirn und das Rückenmark seien beim Lebenden dem Strome überhaupt nicht zugänglich. Bei peripherischen Erkrankungen nütze die örtliche Elektrisation durchaus nichts, sie könne nur schaden. Eine Ausnahme mache nur der „einfache Muskelschwund" (ich weiss nicht, was V. damit meint).

v. Monakow's Schreiben beschränkte sich auf die Versicherung, dass bei peripherischen und bei centralen Erkrankungen der elektrische Strom oft eine Heilwirkung habe, die der Suggestion nicht zukomme.

Es betheiligten sich noch mehrere Herren an der Verhandlung, doch darf ich diese Mittheilungen hier übergehen.

Die 2. Sitzung stellte nur eine Art Nachspiel dar. E. Hecker suchte die Frage zu beantworten, inwieweit „funktionelle Neurosen" durch die Elektricität beeinflusst werden. Er erkannte an, dass hier die Suggestion eine grosse Rolle spiele und schwer auszuschalten sei. Doch sei eine physische Wirkung der Electricität anzunehmen, weil diese doch einen gewissen Einfluss auf den Kreislauf u. s. w. habe und weil man beweisende Thatsachen anführen könne. Auf diese kommt es natürlich allein an. Hören wir, was H. vorbringt. Er führt 2 Fälle an; im 1. wurden bei einem Hypochonder, dem die Hypnotisirung nichts genützt hatte, quälende Schmerzen im Hinterkopfe durch Faradisation gebessert, im 2. hörte bei einem älteren Herren, der sich vor der Elektricität fürchtete, weil ihn sein Hausarzt damit gequält hatte, ein Angstzustand bald auf, nachdem die Galvanisirung am Halse begonnen hatte, und nach einer Behandlung von mehreren Wochen verliess der Pat. von seinen Angstzuständen befreit die Anstalt. „Es wäre abgeschmackt, sagt H., hier an eine Suggestionswirkung denken zu wollen." Ich bin so abgeschmackt und andere sind es vielleicht auch.

A. Eulenburg legte dar, welcher besondere Vortheil von der Influenzelektricität zu erwarten sei. Er schilderte anschaulich, wie gerade bei der Franklinisation auf die Einbildungskraft der Kranken gewirkt werde und wie man sich andererseits eine physikalische Einwirkung etwa denken könnte. Thatsächlich habe die Influenzmaschine sehr gute Erfolge bei Kopfdruck, Nervenschwäche, Schlaflosigkeit, hysterischen Kopfschmerzen u. s. w.

Aus der Verhandlung sei die scharfsinnige Bemerkung Benedikt's hervorgehoben: „Die Indikationen für Hypnose und Franklin'sche Dusche fallen zusammen, weil beide Methoden von der Rinde aus wirken." So etwas wird ernsthaft ausgesprochen!

Erb meinte, obwohl die Influenzmaschine die mächtigste Einwirkung auf die Phantasie zu haben scheine, so leiste sie anscheinend doch weniger als der galvanische und der faradische Strom. Auch dies spreche gegen die Suggestionstheorie. Aber die Vertreter der Franklinisation rühmen eben, dass sie auf ihre Weise mehr erreichen als die anderen Elektrotherapeuten. Ueberdem kommt es auch auf die Suggestion des Arztes an; jeder wird mit der Methode am glücklichsten sein, zu der er das meiste Vertrauen hat.

Auf das Referat Lehr's über den Nutzen elektrischer Bäder hier einzugehen, ist nicht angezeigt. L. rühmte besonders das faradische Bad und er hält es für nützlich bei den verschiedensten Störungen funktioneller Art.

Weiter folgen kurze Bemerkungen von Eulenburg und Vigouroux über krankhafte Veränderungen des Leitungswiderstandes, die nichts Neues enthalten. Den Schluss bildet ein Gutachten R. Stinzing's über die zu erstrebende Methodik, aus dem hervorgeht, dass St. für den Rückgang der Elektrotherapie und die gegen sie ausgesprochenen Zweifel, in erster Linie die mangelhafte „Stromdosirung" verantwortlich macht. Sachlich Neues enthält das Gutachten nicht, wir können auf die Berichte über St.'s frühere Arbeiten verweisen. —

Ich komme zu der Besprechung des Buches von C. W. Müller, die ich nicht gern unternehme. Von diesem Buche sollen die Elektrotherapeuten sagen: Gott schütze mich vor meinen Freunden. Nichts ist mehr geeignet, die Elektrotherapie in Verruf zu bringen, als eine solche Sammlung von Wundergeschichten. Das Buch enthält 106 Krankengeschichten, von denen die grosse Mehrzahl geradezu zauberhafte Erfolge berichtet. Als Beispiel gebe ich die 1. Geschichte wörtlich wieder.

„In den Kriegsjahren 1870|71 kam ein Lieutenant mit einer schweren *Radialislähmung* zur Behandlung, welche durch Einheilen des Nerven in den Callus nach einer Schussfraktur des Oberarmes entstanden war. Da die Bruchenden schlecht adaptirt waren, hatte sich ein enormer Callus gebildet — Klopfen auf denselben veranlasste Singeln in den drei ersten Fingern. — Die Behandlung quer durch den Callus machte ihn mehr und mehr schmelzen; die mit ihm an der Schussnarbenstelle verwachsene Haut löste sich allmählich vom Knochen und hob sich ab; der Nerv wurde aus seiner Knochenlade befreit — ich sistirte die Behandlung am Locus morbi, als die Spitzen der weit übereinander verschobenen Fragmente scharf unter der Haut standen, weil ich fast fürchten musste, dass die Knochen wieder auseinander gingen. Nach 3 Mon. war der gewaltige Callus durch percutane Galvanisation beseitigt und nach 111 Sitzungen die Radialislähmung ganz geheilt."

Diese eine Geschichte macht eigentlich jedes weitere Wort überflüssig. Da man nicht annehmen kann, dass der Vf. zu hexen vermag, und andererseits seine ganze Darstellung den Eindruck macht, er meine es ehrlich und glaube an seine eigenen Aussagen, so bleibt nur übrig anzunehmen, dass diagnostische Irrthümer den Vf. bewogen haben, Dinge mitzutheilen, die geradezu unglaublich sind. Die meisten Krankengeschichten sind so unvollständig, dass es nicht möglich ist, zu sagen, wo der Fehler steckt. Hier und da kommt man wohl auf die Spur; z. B. hat es sich in den Fällen Nr. 33 („meningo-encephalitische Erkrankung"), 38 („Myelitis incipiens oder starke Hyperämia med. spinalis"), 39, 40 („Myelitis incipiens") u. a. höchstwahrscheinlich um Hysterie gehandelt. Oft erklärt sich das Ergebniss natürlich aus dem Verlaufe der Krankheit. Wenn dagegen Vf. behauptet, er habe eine seit der Geburt bei einem 3monatigen Kinde bestehende Radialislähmung in 3 Sitzungen geheilt und dabei kein Wort über die elektrische Reaktion sagt, so hört eben Alles auf.

Warum sind die anderen positiven Elektrotherapeuten, die doch auch manches leisten, solche Stümper neben C. W. Müller? Sie sagen sich wohl selbst, woran es liegt, denn nur wenige berufen sich den Skeptikern gegenüber auf Müller's wunderbare Erfolge, was doch nahe genug läge. Man schweigt, aber es wäre besser, die Wissenden schwiegen nicht, denn es giebt Unerfahrene genug, die sich durch therapeutische frohe Botschaften irre machen lassen. Polemik ist nicht beliebt, denn man macht sich keine Freunde damit, ja sie zwingt einen oft, denen Wehe zu thun, die man schonen möchte. Doch werde ich mich durch solche Ueberlegungen nicht abhalten lassen, das Irrthum zu nennen, was meiner Ueberzeugung nach Irrthum ist. —

Durch die neueren Erörterungen über die Heilkraft der Elektricität ist Fr. Schultze veranlasst worden, einen von ihm schon 1887 gehaltenen Vortrag in erweiterter Form zu veröffentlichen. Er kommt in Beziehung auf die Erkrankungen der peripherischen Nerven zu dem Schlusse, dass eine Beschleunigung der Heilung zwar nicht bewiesen, aber doch durchaus nicht unwahrscheinlich ist. Die Aeusserung, dass man einen direkten Einfluss des Stromes auf den kranken Nerven nicht von vornherein ableugnen könne, wenn man daran denke, dass das Wachsthum der Pflanzen durch elektrisches Licht günstig beeinflusst werde, ist vielleicht mehr scherzhaft aufzufassen. Ausserdem führt Sch. einen Versuch Reid's (Edinburgh 1848) an.[1]) Bei 4 Fröschen wurden die unteren Spinalnerven durchtrennt; die Muskeln des einen Beins wurden täglich mit einem schwachen galvanischen Strome behandelt und nach 2 Monaten hatten sie ihre ursprüngliche Grösse und Festigkeit beibehalten, während die Muskeln des anderen Beins zur Hälfte geschrumpft waren, ihre Contraktilität aber behalten hatten. Diese alten Frösche scheinen mir, offen gestanden, kein grosses Vertrauen zu verdienen und auch Sch. legt auf den Versuch nicht viel Gewicht. Die eigenen Erfahrungen Sch.'s haben ihn nie von dem positiven Einflusse der Elektrisirung überzeugt. Er räth aber, die elektrische Behandlung immerhin fortzusetzen und auch bei vollständiger Entartungsreaktion die Muskeln durch den

---

[1]) Herr Moeli hat die Güte gehabt, mich auf folgende bisher übersehene Mittheilung aufmerksam zu machen.

„Dr. Moeli-Rostock. „*Ueber traumatische Lähmungen.*" Der Vortragende unterwarf nach doppelseitiger Ischiadicus-Durchschneidung oder Catgutligatur das eine Bein täglich der Faradisation. Sowohl die Veränderungen der elektrischen Erregbarkeit, welche am blossgelegten Nerven und Muskel geprüft wurden, als auch die histologischen Befunde liessen eine Differenz zwischen der faradisirten und nicht faradisirten Extremität nicht erkennen, so dass sich eine Beeinflussung der nach schweren Läsionen peripherer Nerven eintretenden Symptome durch von Anfang an geübte Faradisation nicht annehmen lässt." (Corr.-Bl. d. allgem. Mecklenb. Aerztevereins Nr. 12. 1878.)

galvanischen Strom „in den ihnen unzweifelhaft zuträglichen zeitweiligen
Contraktionzustand zu versetzen". Das „unzweifelhaft" ist mir doch
zweifelhaft; Vigouroux meint geradezu, man könne durch die Reizung
der entartenden Muskeln schaden. Bei den organischen Erkrankungen
des centralen Nervensystems ist es nach Sch. nicht erwiesen oder auch
nur wahrscheinlich gemacht, dass sie durch den Strom zu heilen seien.
Dagegen können einzelne Folgezustände durch ihn gebessert und zum
Theil beseitigt werden. Unter solche Folgezustände rechnet Sch. einzelne
Symptome der Tabes, darunter die akute Ataxie. Diese sah er während
elektrischer Behandlung zurückgehen und er hält es für möglich, dass
ein propter hoc vorlag, wiewohl er es selbst bezweifelt. Ich habe wiederholt die akute Ataxie der Tabeskranken bei ganz indifferenter Behandlung zurückgehen sehen. Weiter nennt Sch. die Blasenstörungen und
„gewisse sensible Störungen". Wie er sich den günstigen Einfluss des
Stromes denkt, sagt er nicht. „Unter den sogen. funktionellen Erkrankungen
des Nervensystems sind besonders gewisse hysterische Symptome dem
Einflusse des elektrischen Stromes am günstigsten, wobei wesentlich die
psychische Einwirkung in Betracht kommt. Ebenso sind Neuralgien und
Myalgien, sowie Schwächezustände der Organe mit glatter Muskulatur
durch den elektrischen Strom heilbar, wenn auch keineswegs regelmässig."
Auch bei den Neuralgien u. s. w. sagt Sch. nicht, wie er sich die Heilung
denkt. Ich glaube, dass er die Sache ähnlich auffasst wie ich, doch will
er von dem Worte Suggestion nicht viel wissen, weil sich ihm der Begriff
der hypnotischen Suggestion störend in den Weg stellt. Es muss Jedem,
der sich für die Sache interessiert, empfohlen werden, den vortrefflichen
Vortrag Sch.'s selbst zu lesen; leider kann ich hier auf viele erwähnens-
werthe Einzelheiten nicht eingehen. —

A. Moll theilt in seinem Vortrage, der darthun soll, dass die
Elektrotherapie keine wissenschaftliche Heilmethode sei, ungefähr dasselbe,
was ich u. A. früher gesagt haben, als Ergebniss eigener Ueberlegung
mit, ohne etwas Neues hinzuzufügen. —

Moritz Meyer weist die Zweifel gegen die Elektrotherapie zurück
und trägt eine Anzahl Beobachtungen vor, die ihm als besonders beweis-
kräftig erscheinen. Bei schmerzhaften Zuständen findet er oft Anschwellungen am Nerven. Werden diese örtlich behandelt, so tritt Heilung ein.
M. kann auch gichtische Ablagerungen, Periostosen, Callusmassen, Drüsen-
anschwellungen u. s. w. durch Galvanisiren beseitigen. —

Der 1. Vortrag H. Gessler's ist eine unbefangene Lobpreisung der
Elektrotherapie. Kennzeichnend ist z. B. der Rath, man möge bei peripherischen Lähmungen gleich von Anfang an elektrisiren, um zu verhüten,
dass aus einer leichten eine schwere Lähmung werde. In seinem

2. Vorträge sucht G. die Elektrotherapie gegen die Suggestion zu schützen, freilich ohne wesentlich Neues beizubringen. Dass die Patienten fast alle „Angst und Widerwillen" der Elektricität gegenüber empfänden, ist eine arge Uebertreibung. Dabei übersieht G., wie so Viele, dass auch die Angst die Suggestibilität steigert. Als beweisenden Fall erzählt G. von einem älteren Fräulein, bei dem „eine wallnussgrosse, steinharte Geschwulst über dem Pectoralis" durch stabile Galvanisation in wenigen Sitzungen beseitigt wurde. —

Obgleich er sich sowohl auf dem Frankfurter Concil, als in den encyklopädischen Jahrbüchern sehr vorsichtig ausgesprochen hatte, fasste Eulenburg später doch den Entschluss, als Vertheidiger der Elektrotherapie aufzutreten. Er wendet sich hauptsächlich gegen mich und sucht nachzuweisen, dass ich weit über das Ziel hinausgeschossen habe. Er bestreitet zunächst meinen Satz, es sei durch nichts bewiesen, dass die Elektricität bei organischen Lähmungen heilend wirkt. Ich hatte besonders auf die Lähmungen hingewiesen, weil mir hier am ehesten eine klare Auseinandersetzung möglich zu sein schien. E. geht weiter, denn er sagt: „Mit der Behandlung der Lähmungen steht und fällt die Existenzberechtigung der gesammten Elektrotherapie". Ich glaube, das heisst va banque spielen. Vigouroux ist ein überzeugter Elektrotherapeut und doch leugnet er geradezu, dass periphierische Lähmungen durch örtliches Elektrisiren geheilt werden können. Bruns, Schultze und ich meinen nur, die Heilwirkung sei nicht bewiesen. Als Beweis nun hält mir E. die Erfahrungen Duchenne's entgegen. Glaubt er, ich kenne sie nicht? Niemand kann Duchenne höher schätzen als ich und seine Mittheilungen waren mir im Beginne meiner Thätigkeit wie ein Stern, dem ich zu folgen hätte. Leider hat mich die Erfahrung bitter enttäuscht und Anderen ist es ebenso gegangen. Warum hat denn in Frankfurt nicht Einer aus seiner Erfahrung eine einwurfsfreie Beobachtung, wie sie Bruns forderte, mitgetheilt? Wo bleiben denn E.'s eigene Krankengeschichten? Ihm „schwebt ein Fall vor", in dem eine seit 8. J. bestehende Radialislähmung durch Elektrisiren „wesentlich gebessert" wurde. Weiter erfährt man nichts. E. eignet sich die Behauptung an, es gebe Lähmungen durch leichte Nervenverletzung (d. h. doch wohl solche ohne Veränderungen der elektr. Erregbarkeit), die „Jahr und Tag" dauern, durch elektrische Behandlung aber in wenigen Sitzungen geheilt werden. Er beweise diese Behauptung. E. glaubt wie Duchenne ferner, es könne trotz der Regeneration des Nerven die Lähmung bestehen bleiben und könne dann durch Faradisiren der Muskeln beseitigt werden. Ja, denken kann man sich viel. Dass E. dann die Contraktur der Antagonisten in die Sache hineinzieht, macht diese nicht gerade klarer. Nun muss man sich freilich fragen, wie kommt es, dass Duchenne's Erfahrungen um so viel erfreulicher waren als die heutigen. Ich weiss es nicht und verstehe z. B. den bekannten Fall Musset nicht. Manchmal hat sich ja auch Duchenne in der Diagnose geirrt und auch diesen grossen Mann hat zuweilen sein Enthusiasmus über die Grenzen der Wirklichkeit hinausgetragen. Aber es bleibt ein unverständlicher Rest. Mag sich die Sache so oder so verhalten, die Therapie ist zum gegenwärtigen Gebrauche da, und wenn in der Gegenwart keine Beweise für die Heilkraft der Elektricität bei peripherischen Lähmungen zu finden sind, so nützen uns die aus alter Zeit nichts. Das, was E. ausser dem Hinweise auf Duchenne vorbringt, ist nicht viel. Nach einer Zusammenstellung von E. Remak „erfolgte in 51 Fällen von leichterer Form der Drucklähmung [des N. radialis] die Heilung bei elektrischer Behandlung durchschnittlich in 7 (3—20) Sitzungen oder in 13 (5—40) Tagen; während dieselben Lähmungen sich selbst überlassen, meist 4—6 Wochen, zuweilen 3—5 Monate zur Herstellung erfordern". In dem mir vorliegenden Abdrucke des Remak'schen Aufsatzes steht der Satz: „während — erfordern" nicht und ich kann mir auch nicht denken, dass Remak eine so grundlose Behauptung ausgesprochen haben sollte[1]). Weiter stützt sich E. auf die traurigen Froschversuche. Wenn etwas sicher ist, so ist es die Thatsache, dass beim Menschen kein Elektrisiren die Entartung von Nerv und Muskel aufhalten kann. Den Fall von Thatcher habe ich selbst erwähnt; er beweist gar nichts. E. meint, jeder Elektrotherapeut werde bei doppelseitigen Lähmungen bemerkt haben, dass die aus Zeitmangel (!) oder experimenti causa auf eine Seite beschränkte Behandlung eben dieser Seite helfe. Heraus denn mit den Krankengeschichten!

E. wendet sich ferner gegen meinen Ausspruch: Lähmungen durch Zerstörung der centralen Nervenelemente heilen überhaupt nicht. Er wendet ein, es würden doch viele Hemiplegische wieder besser und der

---

[1]) Ganz anders als E.'s Behauptungen lauten die Angaben Delprat's über die elektrische Behandlung der Drucklähmungen des N. radialis. Ich lasse hier das Referat über die Arbeit D.'s die mir nach dem Abschlusse dieses Berichtes zukam, folgen. Zu bedauern ist nur, dass D. über den elektrodiagnostischen Befund keine genügenden Angaben macht.

Over de waarde der electrische behandeling bij slaap-verlammingen; door Dr. C. C. Delprat. (Niederl. Weekbl. II. 20. 1892.)

Durch seine Mittheilung hofft D. wenigstens für die mit dem Namen der Schlaflähmung bezeichneten peripherischen Lähmungen den Beweis zu liefern, dass die Auffassung von Möbius über die Wirkungsweise der Elektricität richtig ist und dass in derartigen Fällen mit der elektrischen Behandlung sicher wenigstens keine besseren Resultate erzielt werden, als mit der blossen Suggestion. Im Laufe von 10 J. hat D. 133 Kranke mit Schlaflähmung gesehen, von denen 88 in regelmässiger Behandlung

Grad der Besserung hänge von der rechtzeitigen und andauernden Anwendung der Elektricität ab. Die erste Hälfte des Satzes enthält etwas,
das auch mir schon bekannt war, die zweite wäre eben zu beweisen.
Den Beweis suchte ich vergebens.

Dass E. hier, wo von Eletrotherapie am Menschen die Rede ist,
Heidenhain's erfrischende Wirkung des Stromes citirt, ist eigentlich
nicht mehr zeitgemäss.

Ich hatte gesagt, dass dann, wenn man die Fälle abzieht, in denen
es sich vermuthlich nur um Heilfolgen handelt, als wirkliche Heilerfolge
der Elektrotherapie ebendie Wirkungen gefunden werden, die wir auch
mit der hypnotischen Suggestion erzielen können. Daher sei es möglich,
dass auch die Elektricität durch Suggestion wirke. Dieses „daher" hält
E. für sehr unlogisch. Man könnte ja dann jede Heilwirkung als Suggestion
auffassen. Nun so schlimm ist es nicht. E. möge mir eins der bekannten
Medikamente nennen, das zugleich Schmerzen stillt, Verstopfung beseitigt,
hysterische Lähmungen aufhebt, die Menstruation hervorruft, Krämpfe
verhindert, Enuresis nocturna heilt, Seelenstörungen beruhigt, Spermatorrhöe
und Impotenz kurirt u. s. w. Findet er eins, dann mag er sicher sein,
dass wenigstens ein Theil der Wirkungen seelischer Art ist.

Die Unregelmässigkeit im Eintritte der Wirkung, die ich betont
hatte, kommt nach E. allen therapeutischen Methoden zu. Das ist eben
nicht wahr. Die Heilwirkung des Opium z. B. ist eine so regelmässige,
dass sie dem blödesten Auge einleuchtet, obwohl natürlich eine absolute
Regelmässigkeit auch hier nicht vorhanden ist. Nun denke man an die
tollen Widersprüche in den Erfahrungen der Elektrotherapeuten. Recht
bedenklich ist E.'s Meinung, dass die Annahme eines seelischen Zusammenhanges die Unregelmässigkeit nicht erklären würde, da doch auch

---

blieben; von diesen 88 Kr. wurden 33 faradisirt, 28 galvanisirt, 26 wurden nur zum
Schein behandelt, indem alle Manipulationen der elektrischen Behandlung ausgeführt
wurden, aber ohne Strom. Als Maassstab für die Wirksamkeit der Behandlung dienten
durchaus in übereinstimmender Weise regelmässig vorgenommene Messungen der Druck-
kraft der Hand mit dem *Mathieu*'schen Federdynamometer. Die nur zum Schein behandelten Kranken waren im Allgemeinen die am schwersten betroffenen, zeigten aber
trotzdem die besten Erfolge, hinter denen die in den beiden anderen Gruppen erlangten
bedeutend zurückblieben. Das Gesammtergebniss der Versuche war, dass 1) die von
D. angewandten elektrischen Behandlungsmethoden bei dieser Art von peripherischer
Lähmung in ihrer Wirkung auf den Heilungsvorgang nicht viel von einander verschieden
sind, dass 2) diese Wirkung wenigstens nicht grösser ist, als die einer blossen suggestiven
Scheinbehandlung, dass 3) die Suggestion hier ihren Einfluss, jedoch nicht auf die von
Möbius angenommene Weise, durch direkte Fühlbarkeit, geltend macht, denn sonst
hätte man mit den beiden anderen Methoden, bei denen der Strom direkt gefühlt wird,
mehr Wirkung erzielen müssen.

im Psychischen feste Gesetze gälten. Sollte es wirklich nöthig sein, auf solche Einwürfe zu antworten?

Dass trotz der Vervollkommnung der Apparate und der Methoden die Erfolge dürftiger geworden sind, will E. wohl gelten lassen, aber er meint, es erkläre sich durch die Verschlechterung der Elektrotherapeuten. Es gebe eine kleine Anzahl guter Arbeiter und eine „grössere Anzahl mittelmässiger Routiniers und elektrotherapeutischer Dilettanten". In welche dieser letzten beiden Gruppen E. mich und die Anderen, die über schlechte Erfolge klagen, einordnet, das weiss ich nicht. „In den Händen tüchtiger und zielbewusster Fachmänner" scheine die Heilkraft des Stromes noch nichts weniger als erloschen zu sein. Bei den glücklichen Therapeuten verkette sich eben Verdienst und Glück. E. fährt fort: „Wenn angeblich Ziemssen ... neuerdings einer mehr „ „pessimistischen" " Auffassung zuneigt", so erkläre sich das durch Z.'s Alter und durch seine Entfremdung von der Elektrotherapie. Was soll das „angeblich" heissen? Wolle doch E. in der neuen Ausgabe von Z.'s Lehrbuch nachlesen.

Nach der Anerkennung, dass doch vielleicht $\frac{1}{5}$ der elektrotherapeutischen Heilerfolge psychisch bedingt sei, schliesst E. mit der Mahnung, die Elektrotherapeuten möchten die Bedeutung der Suggestionstherapie und der seelischen Behandlung überhaupt nicht verkennen. Er hat Recht, wenn er sagt, „dass fast alle Vorkämpfer der Elektrotherapie der Suggestionstherapie eine ganz unverhohlene Abneigung und Geringschätzung entgegenbrachten". In der That scheint das Wort Suggestion in ganz eigenthümlicher Weise gereizt zu haben und der Ausdruck „Suggestionnisten" wird wie ein schlimmes Scheltwort von den positiven Elektrotherapeuten gebraucht. Es ist nicht immer klar, was sie damit sagen wollen, und sichtlich wechselt die Bedeutung. So wird offenbar zuweilen gemeint, die, welche die Wirkung der Elektricität als Erfolg der Suggestion deuten, seien Hypnotiseure und bestrebt, die bisherige Therapie durch die hypnotische Suggestion zu ersetzen. Meiner Auffassung entspricht dies nicht. Ich halte die hypnotische Suggestion für praktisch wichtig und sehe in ihr einen werthvollen Gewinn. Aber man kann nicht leugnen, dass die hypnotisirenden Therapeuten dem Enthusiasmus, der nun einmal mit jeder neuen Therapie wiederkehrt, vielfach mehr, als gut ist, nachgegeben haben, und dass es sich jetzt noch nicht übersehen lässt, inwieweit eine Einführung der Hypnose in die tägliche Praxis möglich und rathsam ist. Es wäre einseitig, den Nutzen der hypnotischen Versuche nur in der neuen Hypnotherapie zu sehen. Sicherer und vielleicht grösser ist der Nutzen für unser Urtheil. Dadurch, dass wir, von der Hypnose ausgehend, die Suggestion in dem oben von mir erörterten

Sinne kennen und verstehen lernen, wird es uns möglich, vielen Täuschungen, denen die Aerzte von jeher ausgesetzt waren, zu entgehen und
uns dem Vorbilde eines rationellen Arztes zu nähern. Bei jedem Heilverfahren müssen wir uns die Frage vorlegen, welchen Antheil kann
hier die Suggestion haben, d. h. wie weit können Vorstellungen des
Kranken ohne sein Wissen und bewusstes Wollen Ursache der beobachteten Veränderungen sein. Ohne diese Rücksicht auf den seelischen
Faktor einerseits und ohne eine gründliche Kenntniss des natürlichen
Verlaufes der krankhaften Zustände andererseits ist eine vernünftige
Therapie nicht denkbar. Die heutige Therapie ist zum guten Theile nur
ein Daraufloskuriren und wenn das Publicum im Arzte nicht sowohl
einen sachverständigen Beurtheiler, als eine Kurirmaschine sieht, so
unterstützen viele Aerzte durch ihr Haschen nach neuen Mittelchen und
neuen Methoden die thörichte Ansicht der Menge. Wenn die Aerzte
mehr zweifelten und weniger handelten, so würden sie sich und ihren
Kranken nützen. Von solchen Erwägungen ausgehend, habe ich bei
„Bekämpfung" der Elektrotherapie nicht die Nebenabsicht, einer neuen
Therapie den Weg zu ebenen, sondern die, den Zweifel zu wecken.
Meine Hauptabsicht aber war und ist einfach auf die Erkenntniss des
Wirklichen gerichtet. Was dabei sonst herauskommt, das bleibt jederzeit
eine Unterfrage. Ich bemerke dies, weil Oppenheim (l. c.), der, obwohl
er mein „Verdienst" anerkennt, E.'s „diagonale" Erörterungen lobt, von
mir sagt, ich hätte „das Bestreben, der Suggestionstherapie ein unermess-
liches Reich von Erfolgen zuzuschreiben" und ich verkännte deshalb
„den Werth empirisch ermittelter Thatsachen". —

R. Wichmann schickt seinen Ausführungen Angriffe gegen die
hypnotische Therapie voraus, die weder neu, noch begründet sind. Dann
folgt eine eifrige Vertheidigung der Elektrotherapie. W. beruft sich auf
andere glückliche Therapeuten, besonders auf Müller und Meyer, stellt
theoretische Erörterungen an und theilt eigene Beobachtungen mit. Wären
die letzteren beweisend, so hätte er sich das Theoretische sparen können.
Könnte aber mit einer dürftigen Casuistik, wie sie die aphoristischen
Krankengeschichten W.'s bieten, geholfen werden, so wäre die Elektrotherapie längst gerettet. Die weiter unten zu erwähnenden Hauptfehler
finden sich bei W. alle. —

Die Elektrotherapie Rossbach's ist in 2., vielfach veränderter und
wirklich verbesserter Auflage erschienen. Fast alle neueren Arbeiten
sind berücksichtigt, manches ist ganz umgearbeitet, ein Abschnitt über
Elektrodiagnostik ist eingefügt und der physiologische Ueberschuss ist
beschränkt worden. R.'s Auffassung war schon früher mit skeptischen
Elementen durchsetzt, er steht daher auch meiner Ansicht nicht gerade

entgegen, doch kommt er nicht zu einem sicheren Schlusse. Der alte
Grundsatz, dass die Erfolge der Elektrotherapie durch elektrolytische
Veränderungen der Körperflüssigkeiten zu Stande kommen, ist stehen
geblieben. Auch das Vertrauen auf die Physiologie ist unverändert.
R. erklärt, die Physiologie habe die Elektrotherapie „bis jetzt ganz im
Stiche gelassen", trotzdem aber müsse jene dieser einzige Leiterin sein,
indem sie allein „Methoden und Wege der künftigen Forschung vor-
schreibt". Das ist nun freilich eine fromme Liebe. Welches Urtheil die
Zukunft über die jetzt gepriesene Nervenphysiologie fällen wird, das
muss man abwarten. —

    Ein Gegner besonderer Art ist der Elektrotherapie in A. Sperling
entstanden. Er glaubt gefunden zu haben, dass die gebräuchlichen Ströme
viel zu stark sind, dass „schon die in unsern elektro-therapeutischen
Lehrbüchern empfohlenen Stromstärken genügen, um in gewissen Fällen
die Gesundheit eines Menschen empfindlich zu beeinträchtigen, bez. einen
vorhandenen Krankheitszustand erheblich zu verschlechtern, ja selbst derartig zum Schlechteren zu gestalten, dass eine Wiederherstellung nur mit
Mühe zu gewinnen ist". Da müssen freilich die Aerzte sagen: wir haben
ach mit allzustarken Strömen weit schlimmer als die Pest gehaust. Doch,
obwohl Sp. die bisherige Elektrotherapie verwirft, will er nicht zerstören,
sondern etwas Besseres an die Stelle des bisherigen setzen. Er will ein
Fundament legen, „auf welchem mit der Zeit hoffentlich ein stattliches
Gebäude erwachsen wird". „Der Kern dieses Fundaments wird gebildet
von der Thatsache, dass ein galvanischer Strom von 0.5 M.-A. auf eine
Elektrodenfläche von 50 cm vertheilt . . eine unzweifelhafte therapeutische
Wirkung auf krankhafte Zustände des Nervensystems ausübt." Die
Sitzungen sollen nur 1 Minute dauern und seltener als bisher gehalten
werden. Den Beweis für die Vortrefflichkeit seiner Methode erbringt
Sp. durch Mittheilung von Krankenbeobachtungen. Diese theilt er in
folgende Gruppen: 1) Neuralgien und andere schmerzhafte Affektionen
(Migräne u. s. w.), 2) motorische Störungen, 3) Beschäftigungsneurosen,
4) Magen-Neurosen. Begreiflicherweise wandte ich mich zunächst zur
2. Gruppe. Diese ist freilich die kleinste (5 Beobachtungen gegen 24
der 1. Gruppe). Indessen auch wenig Fälle können viel beweisen. Im
1. Falle handelt es sich um Lähmung des Arms nach Luxation des
Humerus; Besserung in 2 Monaten. 2) Vorübergehende Oculomotorius-
lähmung, wahrscheinlich tabischer Art. 3) Facialislähmung ohne Veränderung der elektrischen Erregbarkeit, Heilung in 8 Tagen. 4—5)
Facialislähmung ohne elektrische Untersuchung, Heilung in 2—3 Wochen.
Also mit der Beweiskraft der 2. Gruppe wäre es nichts, in allen 5 Fällen
könnte der Verlauf ohne Elektricität ganz der gleiche gewesen sein.

Auf die anderen 3 Gruppen kann man sich nicht wohl einlassen, weil sich Sp. gerade Fälle von unberechenbarem Verlaufe ausgewählt hat und alle etwa dem Strome zuzurechnenden Veränderungen sehr wohl auf psychischem Wege zu Stande gekommen sein können. Sp. sagt selbst, „es bedürfte der genaueren Feststellung des Conflictes zwischen physikalisch-physiologischer und psychischer Wirkung (Suggestion) der Elektricität". Er will aber vor dieser Feststellung erst „psychologische Vorstudien" machen. Inzwischen darf man in Sp.'s Beobachtungen, die sozusagen eine Elektrisirung nach homöopathischer Art darstellen, eben wegen der minimalen Dichte des Stromes psychische Experimente erblicken. Es wäre interessant, wenn Jemand mit gleichem Eifer und gleicher Ueberzeugung dieselben Versuche mit der Dichte $\frac{0.0}{0.0}$ anstellte. —

Nachdem ich alle Entgegnungen, soweit sie mir bekannt geworden sind, im Einzelnen besprochen habe, bleibt mir noch übrig, einen zusammenfassenden Blick auf den Verlauf der Angelegenheit zu richten.

Man kann die, die ihr Urtheil abgegeben haben, in Freunde und in Gegner der Elektrotherapie theilen, indem man meint, dass ihr Urtheil vorwiegend positiv oder vorwiegend negativ ausgefallen sei. Es war von vornherein nicht anders zu erwarten und es ist durchaus natürlich, dass die Mehrzahl der Elektrotherapeuten sich positiv ausgesprochen hat. Die Gegner bilden bis jetzt eine nicht gar grosse Minorität. Würde es sich um eine Abstimmung handeln, so wäre die Sache schon entschieden. Freilich kann man die Bemerkung machen, dass unter denen, die schweigen, sehr viele Zweifler und Gegner der Elektrotherapie seien, die wohl durch die That oder durch mündliche Aussprache ihre Meinung kundthun, es jedoch nicht für angezeigt halten, öffentlich hervorzutreten. Aber die positiven Elektrotherapeuten werden erwidern, das sind eben Leute, die der Elektrotherapie mehr oder weniger fern stehen, und wir haben gegen solche von Anfang an kämpfen müssen, haben gegen ihren Widerspruch der Elektrotherapie das Feld erobert. Wichtiger ist eine andere Bemerkung, die sich auf die Qualität der aktuellen Gegner bezieht. Vielleicht werden die meisten zugeben, dass Bruns, Rosenbach, Schultze, zu denen sich als Gegner der örtlichen Elektrotherapie Vigouroux gesellt, Sachverständige sind. Früher wurde die Elektrotherapie von Nichtsachverständigen angezweifelt, jetzt von solchen, die sich eine gute Reihe von Jahren eingehend mit ihr beschäftigt haben. Dazu kommt, dass wir, die Gegner, gegen unsere Wünsche handeln, ja sozusagen in unser eigenes Fleisch schneiden. Wir wünschten aufrichtig, die Lehrbücher der Elektrotherapie hätten Recht, und es wäre uns sehr lieb, wenn wir widerlegt würden. Ein Glaube, der dem Wunsche entspricht, bedarf sehr sorgfältiger Prüfung, während der

Zweifel, der liebgewordene Meinungen zerstört und unvortheilhaft ist, von voruberein als weniger verdächtig erscheint.

Zur Sache erkläre ich, dass mir durch die bisherigen Erörterungen weder einer der Sätze, die ich im vorigen Berichte ausgesprochen, widerlegt, noch zu ihnen etwas Wesentliches hinzugefügt worden zu sein scheint. Meine Meinung war und ist kurz diese: Die Lehren der Elektrotherapie bedürfen des Beweises. Man kann gegen sie einwerfen, dass das scheinbare propter hoc in Wirklichkeit ein post hoc sei, und dieser Einwurf ist in vielen Fällen schwer zu widerlegen. Aber es bleibt ein Rest und dieser Rest giebt der Elektrotherapie' die Kraft zu leben: Vorkommnisse, bei denen verständiger Weise an einem causalen Zusammenhange nicht zu zweifeln ist. Betrachtet man diese Thatsachen der Elektrotherapie genauer, so findet man, dass sie den Leistungen der Suggestion gleichen, dass die Suggestion dasselbe leisten kann, nachweisbar geleistet hat. Es ist daher möglich, dass es sich bei der Elektrotherapie auch um Suggestion handele. Die Möglichkeit wird durch den Mangel eines gesetzmässigen Zusammenhanges zwischen bestimmten elektrischen Einwirkungen und bestimmten Erfolgen zu einer mehr oder minder grossen Wahrscheinlichkeit. Einen Beweis, dass es sich bei den elektrischen Kuren weder um ein Ergebniss des natürlichen Verlaufes, noch um Suggestion handle, habe ich nicht finden können. Andererseits ist es nicht bewiesen, dass es keinen Weg gebe zwischen der Scylla des post hoc und der Charybdis der Suggestion, und die Möglichkeit einer physischen Heilwirkung der Elektricität ist nicht zu leugnen. Es bleibt daher bis auf Weiteres bei dem non liquet.

Die Irrthümer der positiven Elektrotherapeuten, die freilich nicht von Allen in gleicher Art begangen worden sind, scheinen mir hauptsächlich folgende zu sein:

Die häufigsten und gröbsten Täuschungen entspringen wohl aus der mangelhaften Kenntniss des natürlichen Verlaufes der Krankheiten. Rosenbach ist auf diesen Gegenstand näher eingegangen und dem, was er darüber gesagt hat, stimme ich ganz bei. Das einzige Heilmittel für die Aerzte ist hier gewissenhafte und vorurtheillose Beobachtung, die ohne den bösen Nihilismus eben nicht möglich ist.

Der andere Hauptfehler ist der Mangel an psychologischem Verständnisse, auf den hinzuweisen mein besonderes Bestreben gewesen ist. Man darf sich über ihn nicht zu sehr wundern. Gerade die jetzt lebenden Aerzte sind von ihren Lehrern zu einer einseitigen Naturauffassung angeleitet worden, gerade die „führenden Geister" haben einen Vorzug darin gesucht, das Seelische als eine zu vernachlässigende Grösse zu betrachten. Diese Einseitigkeit in Verbindung mit der natürlichen

Neigung des Arztes zum Handgreiflichen macht es fassbar, dass psychologisches Verständniss so schwer sich verbreitet. Der Process wird jetzt
der Elektrotherapie gemacht, weil diese dem Neurologen am vertrautesten
ist, die Bedeutung der Verhandlungen aber liegt darin, dass von vielen
Zweigen der Therapie das an einem Beispiele Erörterte gilt. Wie der
Begriff der von den Elektrotherapeuten vielgescholtenen Suggestion zu
fassen sei, habe ich oben zu zeigen versucht. Bald findet man eine zu
enge Fassung, die Suggestion soll nur in der Hypnose vorkommen, bald
eine zu weite, jede seelische Wirkung soll Suggestion sein. Der Hass
gegen den Hypnotismus verleitet zur Leugnung der hypnotischen Heilerfolge, obwohl für diese eben so gute Zeugen einstehen, wie für die
elektrotherapeutischen Heilerfolge. Aber auch dann, wenn es gar keine
Hypnose gäbe, bliebe die Bedeutung der Suggestion bestehen. Sie ist
überall und sobald man auf die seelischen Vorgänge, die dem bewussten
Denken nicht zugänglich sind, zu achten, sie zu enträthseln gelernt hat,
findet man die Suggestion überall. Der Arzt übersieht vielfach, dass
sie nicht nur sein Handeln begleitet, von ihm aus auf ihn zurück und
auf den Kranken wirkt, sondern dass der Kranke unter ihrem Einflusse
gestanden hat, ehe er zum Arzt kommt, dass von den Symptomen
der Krankheit ein Theil der Läsion, ein Theil der Autosuggestion zur
Last fällt.

Ein dritter Fehler, der auch jetzt noch von manchen Elektrotherapeuten begangen wird, ist die Verkennung des Unterschiedes zwischen
physiologischer und therapeutischer Wirkung. Ob z. B. die Gefässe
vorübergehend ein bischen enger oder ein bischen weiter werden, das
mag dem Physiologen interessant sein, für den Therapeuten ist damit
gar nichts gewonnen. Dass ein Muskel sich zusammenzieht, ist ja
recht schön, aber ob es ihm etwas nützt, das ist noch sehr die Frage.
Ich müsste fürchten, Ueberdruss zu erregen, wollte ich die reflektorischen, kataphorischen, katalytischen u. s. w. Wirkungen der Elektricität
noch einmal durchsprechen.

Endlich möchte ich den Mangel an methodischer Beweisführung betonen. Der Weg des Thierversuches ist nicht betreten worden. Beobachtungen am Menschen kann man in zweierlei Art verwerthen. Man
kann einzelne Fälle mittheilen, in denen verständiger Weise eine physische Heilwirkung der Elektricität angenommen werden muss, oder man
kann zu zeigen versuchen, dass unter bestimmten Bedingungen regelmässig eine Heilwirkung der Elektricität eintritt. Die bequemste Waffe
ist die Casuistik, aber auch die unzuverlässigste. Da die Bedingungen
des berichteten Heilerfolges nicht wieder hervorgerufen werden können,
kann man immer Irrthum in der Diagnose oder Unkenntniss von Neben-

bedingungen annehmen. Die Hauptsache wäre, die gesetzmässige Heilwirkung der Elektricität in einfachen, oft wiederkehrenden Fällen nachzuweisen. Ich hatte zunächst an die Neuralgien gedacht. Hier scheint in der That eine gewisse kleine Regelmässigkeit in der schmerzstillenden Wirkung vorhanden zu sein, wenn sie auch nicht etwa an die des Acetanilid bei den Tabesschmerzen oder gar an die des Morphium heranreicht. Aber gerade hier ist die Annahme der Suggestion kaum zu widerlegen. Ich hatte dann die peripherischen Lähmungen, besonders die traumatischen, als Probeobjekt gewählt. Aber bei sorgfältiger Prüfung scheint hier doch nur ein post hoc vorzukommen. Bis jetzt ist der Beweis, dass die Dauer einer Lähmung durch Nerventrennung bei elektrotherapeutischer Behandlung kürzer sei als ohne sie, nicht geliefert. Nun sollte man etwa andere Zustände, deren Bedingungen relativ durchschaubar sind, vorschlagen oder studiren. Zeugt es von Einsicht, wenn man sich gerade an die complicirtesten, unberechenbarsten Zustände macht, an Gehirnkrankheiten, sog. Constitutionskrankheiten und Aehnliches? Freilich dürften geeignete Prüfstücke schwer zu finden sein. Soviel ich sehe, würde man doch am ehesten mit der einseitigen Behandlung doppelseitiger Erkrankungen zu einem Ergebnisse gelangen. Man würde zu verlangen haben, dass die Ursache annähernd gleichmässig auf beide Seiten wirke, daher besonders akute Vergiftungen in's Auge fassen, etwa Arsenikneuritis, Diphtherieneuritis. Chronische Vergiftungen, etwa durch Alkohol, kämen in 2. Reihe. Die Beine würden besser sein als die Arme, da jene wegen gleichartiger Funktion auch in der Erkrankung gleichartiger sind als diese. Gelänge es mit der Zeit gewissenhaften Beobachtern, eine Reihe geeigneter Fälle zusammenzustellen, so gewönnen wir ein werthvolles Material. Aber die Schwierigkeiten sind gross und ich fürchte, dass wir lange warten müssen. Von einem etwas anderen Standpunkte aus wären auch veraltete peripherische Erkrankungen brauchbar. Doch wäre von ihnen wohl noch schwerer brauchbares Material zusammenzubringen. —

Meine Bemerkungen über die Elektrodiagnostik haben zu Besprechungen keinen Anlass gegeben. Etwas Neues wüsste ich nicht hinzuzufügen. Auch dieser Bericht zeigt, wie steril dieses Gebiet, auf das sich die „exakte Forschung" mit Vorliebe begiebt, geworden ist und wieviel fleissige Arbeit auf ihm verloren geht.

Nachtrag.

Seit meinem letzten. Aufsatze ist E. Remak's Arbeit „über die antiparalytische Wirkung der Elektrotherapie bei Drucklähmungen des Nervus radialis" (Deutsche Ztschr. f. Nervenheilk. IV. 5 u. 6. p. 377. 1893)

erschienen. Zum ersten Male wird hier ernstlich versucht, die Heilwirkung des elektrischen Stromes auf erkrankte Nerven darzuthun.
Remak versucht nachzuweisen, dass in den Fällen leichter Radialislähmung durch Druck die Einwirkung der Kathode eines mittelstarken
Stromes (durchschn. 6 M. A.) auf die Druckstelle die Dauer der Lähmung
abkürze und, was wichtiger ist, sofort die Motilität bessere. Das Ziel
ist bescheiden im Vergleiche zu den sonstigen Ansprüchen der Elektrotherapie, aber es wäre immerhin viel gewonnen, wenn R. Recht hätte,
es wäre der Elektrotherapie eine Art von Fundament gegeben. —
R. theilt 64 Fälle mit. Nur 9mal fehlte der unmittelbare Erfolg
der stabilen Kathodengalvanisation der Druckstelle und in diesen 9 Fällen
waren Zeichen tieferer Läsion (quantitative Veränderungen der Reaction
u. s. w.) vorhanden. Sonst wurde immer die Hebung der Hand ermöglicht oder erleichtert. In 29 von den 64 Fällen betrug die Dauer der
Behandlung durchschnittl. 11,5 Tage (2—32), die Dauer der Lähmung
durchschnittl. 17 Tage (4—73). Bei Weglassung von 4 spät in Behandlung gekommenen Kranken betrug die Dauer der Lähmung sogar durchschnittl. nur 12 Tage.

Das sind sehr beachtenswerthe Angaben und ihnen gegenüber wird
es weniger auf Raisonnement als auf correcte Nachprüfung ankommen.
Leider bin ich zu letzterer kaum befähigt, da ich sehr selten Drucklähmungen zu sehen bekomme. Seit 1 Jahre habe ich keine gesehen.
Früher habe ich wiederholt nach Remak's Angaben behandelt, habe
aber niemals die unmittelbare Wirkung der Kathode nachweisen können,
freilich kann ich nicht mit Bestimmtheit behaupten, dass ich mich immer
genau an die Vorschriften gehalten hätte. Die Nachprüfung sollte aber
auch darin bestehen, dass leichte Radialislähmungen von einem wirklich
sachverständigen Arzte mit Suggestion in der Hypnose behandelt würden.
Wenn unter dem Einflusse des galvanischen Stromes die gelähmte
Hand gehoben wird, so wird sie es in der Hypnose vielleicht auch.

Entschieden ist der Streit wohl auch jetzt noch nicht. Hoffen wir,
dass R.'s vortreffliche Arbeit nicht allein bleibe. Dass meine Zweifel zu
ihrem Erscheinen mit die Veranlassung gewesen sind, kann mir nur
erfreulich sein.[1])

[1]) Remak hatte in seiner früheren Arbeit gesagt „die leichten Schlaflähmungen
heilen auch ohne entsprechende Behandlung zuweilen in wenigen Tagen, erfordern aber,
namentlich wenn sie sich selbst überlassen werden, meistens 4—6 Wochen (Erb), zuweilen selbst 3—5 Monate (Brenner, E. Remak)". Eulenburg führte als R.'s
Worte folgenden Satz an: „während *dieselben* Lähmungen, sich selbst überlassen, meist
4—6 Wochen u. s. w. erfordern." Es ist ersichtlich, dass R.'s Satz durchaus zulässig
ist, während Eul.'s Umformung aus ihm wirklich eine „grundlose Behauptung" macht
(vgl. S. 114, Zeile 18 v. o.).

Anhang.

Um zu zeigen, dass auch ich mich früher in anderen Gedanken-
gängen bewegte, füge ich noch 2 ältere Arbeiten an.

Ueber elektrosensitive Personen.[1])

Als das Interesse an der Elektrotherapie noch lebhafter war, als es
jetzt ist, und als elektrotherapeutische Veröffentlichungen an der Tages-
ordnung waren, hatte man oft Gelegenheit, sich über die verschieden-
artigen Angaben der einzelnen Beobachter zu verwundern. Oft wurden
wunderbare Heilerfolge publicirt, und wenn dann andere Aerzte ganz
ähnliche Fälle auf ganz ähnliche Weise behandelten, erlebten sie nichts
als Misserfolge. So kam es, dass Manche nicht nur einzelne Autoren,
sondern die ganze Elektrotherapie mit Misstrauen betrachteten, ja dass
man vielfach von „Schwindel" u. s. w. reden hörte. Viele Widersprüche
klärten sich auf, als man sich über die Principien und Methoden verstehen lernte, als man mit besseren Apparaten zu arbeiten begann.
Vieles Seltsame, was früher verkündigt wurde, ist jetzt allgemein als
irrthümlich erkannt, ist dem die Ueberlegung störenden Enthusiasmus
zugeschrieben, aus mangelnder Sachkenntniss erklärt worden. Ueberaus
lehrreich ist in dieser Hinsicht die Entwickelung der Lehre von der
elektrischen Acusticus-Reaction, wie sie Brenner theils erzählt, theils
erlebt hat. Aus dem Gewirre der widersprechenden Angaben, aus dem
lebhaftesten, theilweise gehässigen Kampfe der Meinungen ist man jetzt,
und zwar hauptsächlich durch Brenner's Verdienste, zur allgemeinen
Uebereinstimmung gelangt, jeder weiss wie der Acusticus auf die verschiedenen galvanischen Reize antwortet und jeder, wenn anders er die
nöthige Geschicklichkeit und die nöthigen Apparate besitzt, kann die
Acusticusreizung ausführen.

So ist es auch mit anderen Capiteln gegangen. Indessen wenn man
auch die angeführten Momente, als da ist therapeutischer Enthusiasmus,
Unkenntniss etc., herbeizieht, so bleiben doch noch manche räthselhafte
Angaben über Wirkungen des elektrischen Stromes übrig, die wir nicht
bestätigen können und die wir doch in Anbetracht der Tüchtigkeit ihrer
Urheber nicht bezweifeln können. Mancher mag auch, da ihn nicht ein
Name schützte, ungerechterweise der Uebertreibung etc. beschuldigt
worden sein, während er doch redlich richtig beobachtete Thatsachen
erzählte. Vieles dürfte begreiflich werden, wenn man daran denken

---

[1]) Memorabilien 1881. 4. u. 5. Heft.

wollte, dass in der That manche elektrische Wirkungen nur bei bestimmten Individuen erzielt werden. Die Verschiedenheit der individuellen Reaction ist ein Factor, der mir noch nicht genügend beobachtet worden zu sein scheint.

Manche elektrische Reactionen lassen sich bei nahezu allen Gesunden gleichmässig beobachten; die Zuckungsformel ist dieselbe, auch die quantitative Erregbarkeit bei Berücksichtigung des Leitungswiderstandes (bez. der Grösse der Polarisation) ist nahezu dieselbe, nur geringen Schwankungen unterliegt die electrocutane Sensibilität bei den verschiedenen Individuen, wenn auch das Schmerzminimum sehr wechselnd ist. Bei Allen erregt die quere Durchströmung des Kopfes Schwindel, wenn auch bei sehr verschiedenen Stromstärken, doch nach gleicher Regel. Anders schon liegt die Sache bei den Sinnesorganen. Bei manchen Gesunden ist der Acusticus schwer, ja zuweilen gar nicht zur Reaction zu bringen, die optischen Reactionen sind sehr variabel, manche sehen bei AnS oder KaS dieses Farbenpaar mit dieser Umgrenzung, manche jenes mit jener, viele sehen überhaupt keine Farben. Alle anderen nun als die genannten Reactionen scheinen überhaupt nur bei einer Minderzahl hervorzubringen zu sein. Nur bei manchen tritt nach Faradisirung der Nervenstämme Schwitzen im Bezirke des betr. Nerven auf, noch seltener ist Schwitzen der Hand bei Faradisation oder Galvanisation des Halses. Verhältnissmässig selten treten Augenbewegungen bei querer Galvanisation des Kopfes ein, etwas häufiger Uebelkeit, seltener Erbrechen. Sehr verschieden verhalten sich die Baucheingeweide, zuweilen lassen sich Sedes leicht durch Faradisation der Bauchdecken erzielen, öfter schwer oder gar nicht.

Es sollen hier nun eine Anzahl seltener Reactionen angegeben werden.

Schlafbedürfniss nach Elektrisation.

Brenner sagt darüber Folgendes (Untersuchungen und Beobachtungen II. p. 79): „Diesen Gehirnsymptomen dürfte ferner noch das Schlafbedürfniss hinzuzurechnen sein, welches häufig bei Anwendung von Batterieströmen auf den Kopf eintritt. Als oft sehr willkommenes Resultat bei schmerzhaften Affectionen wird Schlafbedürfniss auch nach Faradisationen der Muskeln beobachtet. Da diese Erscheinung aber auch nach Behandlungen der Extremitäten mit nur mässig starken Inductionsströmen auftritt, so vermuthe ich, dass dieselbe in diesem Falle auf andere Weise zu Stande komme, als bei der Galvanisation des Kopfes. Das in Rede stehende Symptom ist übrigens weder durch faradische noch galvanische Ströme an jedem beliebigen Individuum mit methodischer

Sicherheit hervorzurufen, sondern hängt von individuellen Eigenthümlichkeiten ab. Ein wesentlicher Unterschied zwischen der durch Muskelfaradisation und durch Galvanisation des Kopfes erzeugten Schläfrigkeit ist zufolge zahlreicher von mir notirter Beobachtungen der, dass die durch Galvanisation des Kopfes entstehende Schläfrigkeit, wo sie überhaupt auftritt, dies auch immer thut, so oft auch die Application wiederholt wird. Die durch Muskelfaradisation erzeugte Schläfrigkeit hingegen pflegt bei zahlreichen und oft wiederholten Sitzungen bald abzunehmen und verschwindet bei länger fortgesetzter Behandlung ganz. Bei Faradisation am Kopfe allein habe ich das in Rede stehende Symptom ebenso wie den Schwindel niemals beobachtet. Als einen Beweis von der Verschiedenheit beider Stromesarten in Beziehung auf dies Symptom will ich folgende aus gegenwärtiger Zeit stammende Beobachtung anführen.

Kaufmann F. wird von mir an einer linkseitigen Atrophie der (nicht gelähmten) Facialmuskeln behandelt. Nach Application galvanischer Ströme tritt jedesmal ein mehrere Stunden anhaltendes Schlafbedürfniss ein, welches so unwiderstehlich ist, dass Pat. auf der Rückkehr von meiner Wohnung bereits in seinem Wagen einschläft. Wenn nur faradische Ströme an den Kopf applicirt worden, selbst anhaltend und in hoher Stärke, findet diese Schläfrigkeit niemals statt. Diese Verschiedenheit in der Wirkung beider Stromesarten ist so sicher und zugleich das Schlafbedürfniss nach galvanischen Strömen so unausbleiblich, dass Pat. an denjenigen Tagen, wo er die Börse besuchen muss, mich stets bittet, nicht die „schlafmachenden", sondern nur die inducirten Ströme anzuwenden."

Mit den vorstehenden Angaben Brenner's stimmen meine Erfahrungen überein. U. a. behandelte ich einen Herrn wegen einer rechtseitigen Occipitalisneuralgie, bei dem ganz wie in dem obigen Falle nach jeder galvanischen Sitzung ein lebhaftes Schlafbedürfniss eintrat. Bei diesem Herrn bestand aber auch während der ganzen etwa 3 Wochen dauernden Behandlung eine auffallende Schläfrigkeit, so dass Pat. jeden Tag gegen seine Gewohnheit bis in den Tag hinein schlief.

Eine gesunde Dame meiner Bekanntschaft reagirt ganz besonders auf schwache Inductionsströme mit Schlafbedürfniss, von allen Applicationsweisen wirkt diejenige am sichersten, bei der die Dame in jede Hand eine Elektrode nimmt. Das Schlafbedürfniss dauerte etwa eine halbe Stunde. Nach meiner Erfahrung ist die schlafmachende Wirkung der Elektricität ziemlich selten zu beobachten. Auf hundert Beobachtungen kamen nur einige (8), bei denen ich sie notiren konnte. Von französischer Seite ist neuerdings hervorgehoben worden, dass auch Galvanisation des Ischiadicus oft unmittelbar Schlafbedürfniss hervorruft.

Es ist bekannt, dass bei elektrischer Behandlung Schlaflosigkeit oft rasch
gebessert wird, dass insbesondere die allgemeine Faradisation bei Neurasthenischen in erfreulichster Weise dieses Ziel erreicht. Jedoch handelt
es sich dann nicht um eine directe Wirkung, eine unmittelbar nach der
Applikation auftretende Schläfrigkeit.

Wirkung der Elektrisation auf den Appetit.

Ebenso wie der Schlaf wird in der Regel der Appetit der Neurasthenischen durch allgemeine Faradisation noch besser. Es giebt aber
auch einzelne gesunde Personen, bei denen die lokale Elektrisation
auf den Appetit wirkt. Besonders war mir ein Fall bemerkenswerth:
ein ca. 50 jähriger Herr kam wegen eines chronischen Rheumatismus im
rechten Deltoideus täglich zu mir, nach etwa acht Tagen fragte er mich,
wie es wohl kommen möge, dass, während seine Lebensweise in nichts
geändert sei, er doch einen grösseren Appetit als je entwickele.

Erregung von Husten durch Elektrisation.

Es ist bekannt, dass durch mechanische Hautreizung zuweilen Husten
erregt wird. Viele husten, wenn sie sich im äusseren Gehörgange kitzeln
(N. auricul. vagi), manche, wenn sie in der Milz- oder Lebergegend gedrückt werden. Es giebt nun auch Personen, und zwar sind sie nicht
selten, bei denen die elektrische Reizung gewisser Hautstellen einen
kurzen, trockenen Husten hervorruft. In der Regel ist die Haut über
der Wirbelsäule in dieser Weise empfindlich, wie es scheint besonders
über den oberen Brustwirbeln. Zuweilen genügt es, mit der Elektrode
über den betreffenden Punkt zu fahren, zuweilen tritt der Husten erst
bei Stromwendungen ein. Eine Verschiedenheit in der Wirkung besteht
insofern, als die Ka etwas stärker wirkt.[1]) Durch faradische Reizung
habe ich nie Husten ausgelöst.

Salivation nach galvanischer Reizung.

Einigemale habe ich vermehrte Speichelabsonderung nach galvanischer Reizung des Nackens gesehen. Der oben erwähnte Herr mit
Occipitalisneuralgie fing jedes Mal, wenn ein Pol im Nacken stand und
der Strom unterbrochen oder gewendet wurde, an zu räuspern und zu
spucken. Es scheint sich hier, wie auch beim Husten, um eine, sei es
directe, sei es reflectorische Reizung des verlängerten Markes zu handeln.

Brenner erwähnt Speichelfluss und Husten unter den Symptomen,
die die Galvanisation des Ohrs zuweilen hervorruft. Hustenanfälle entstehen nach ihm besonders leicht, wenn die eine Elektrode die Kette

[1]) Gegenwärtig behandle ich einen Herrn, bei dem der Husten besonders leicht
eintritt. Derselbe hustet auch noch nach beendigter Sitzung und auf dem Heimwege.

am Nacken schliesst. Sie sind begleitet von einem kitzelnden oder
kratzenden Gefühle im Kehlkopfe. Die Salivation bezieht er auf Reizung
der die Glandula submaxillaris innervirenden Chorda tympani. Brenner
erwähnt ferner den kurzen, trockenen Husten bei Galvanisation der
Halsgegend als Symptom von Vagusreizung. Er erregte ihn besonders
vom vorderen Rande des M. sternocleidomastoideus und vom Nacken
aus. Die Anode wirkte bei ihm stärker als die Kathode, am sichersten
brachte der Schliessungsreiz das Symptom zu Wege, bei sehr empfindlichen Personen trat es auch beim Einschleichen in die Kette und beim
Oeffnen auf.

Excentrische Sensationen.

Erb und Brenner haben nachgewiesen, dass bei manchen Menschen,
wenn die Ka über den Lendenwirbeln steht, Schliessungzuckungen in
den vom Ischiadicus versorgten Muskeln auftreten und Oeffnungzuckungen,
wenn die An jenen Platz einnimmt. Brenner giebt ferner an, dass bei
gewissen Versuchspersonen die Schliessung mit Ka über den Lendenwirbeln mehr oder weniger deutliche Sensationen im Unterschenkel, der
Fusssohle und den Zehen entstehen lässt. Oefter und deutlicher gelang
ihm der Versuch mit Inductionströmen.

Auch ich habe einigemale ähnliches beobachtet. Einmal, bei einem
neurasthenischen Herrn, traten, wenn die An im Nacken stand und die
Ka über die untern Brustwirbel geführt wurde, ziemlich regelmässig dem
Gürtelgefühl ähnliche Sensationen ein. Einmal, bei einem jungen
Menschen, der ebenfalls an Neurasthenia litt, trat, als die Ka im Nacken,
die An über dem linken Scheitelbein stand, im rechten Arm und Bein
ein Kribbeln ein. Hier konnte ich jedoch den Versuch nicht mit Erfolg
wiederholen. —

Es sind im Vorstehenden einige der Symptome, die nur bei bestimmten Personen durch Elektrisation hervorgerufen werden können,
skizzirt. Es giebt ihrer noch mehr, Duchenne z. B. erwähnt einige
seltene Phänomene. Die Thatsachen sind nicht neu, wie ich durch den
Hinweis auf Brenner's Beobachtungen gezeigt habe. Jeder Elektrotherapeut wird ähnliche Erfahrungen berichten können. Ich glaube aber,
dass sich an sie einige allgemeine Betrachtungen anschliessen lassen.
Die Thesis ist: Es giebt gewisse Menschen, bei denen sich durch die
verschiedenen elektrischen Reize Reactionen hervorrufen lassen, die bei
der Mehrzahl der Menschen nicht eintreten, als da sind Schlafbedürfniss,
Steigerung des Appetits, Husten, Salivation u. s. w. Diese Personen
sollen kurz elektrosensitive Personen heissen. Es fragt sich nun, welche
sonstigen unterscheidenden Eigenschaften haben diese Personen? Unter

denen, die mir vorgekommen sind, waren Männer und Frauen, Junge und Alte, Robuste und Schwächliche, Rüstige und Nervenschwache. Doch treten die Phänomene nicht regellos auf, sondern, wenn einmal eine Person sich nach einer Richtung hin elektrosensitiv zeigte, war sie es oft auch nach andern Richtungen hin. Nervös waren die Elektrosensitiven in gewisser Hinsicht alle, aber Nervosität ist ein zu weiter Begriff, denn durchaus nicht alle nervösen Personen zeigten sich elektrosensitiv. Ich fragte mich, ob die Elektrosensitiven nicht noch andere Zeichen eines ungewöhnlichen nervösen Zustandes geben würden, ob sie sich z. B. nicht leicht hypnotisiren oder in Trance versetzen liessen. In der That trat bei Einigen unter Anwendung der Braid'schen Methode sehr rasch der hypnotische Zustand ein. Ich möchte daher die Hypothese aufstellen, dass elektrosensitive Personen, insonderheit solche, die nach Elektrisation schläfrig werden, dieselbe nervöse Eigenthümlichkeit besitzen wie die zu hypnotischen Versuchen sich eignenden Personen. Es wäre wünschenswerth für diese Eigenthümlichkeit einen bestimmten Namen zu besitzen. Nervöse Labilität ist zu nichtssagend, Sensitivität dürfte immer noch der beste Ausdruck sein, wenngleich er schon von Baron von Reichenbach in einer bestimmten Richtung verwendet worden ist. Mit der Sensitivität scheint die Neigung zu Somnambulismus, zu Hallucinationen Hand in Hand zu gehen und es dürfte erst später möglich sein, alle die merkwürdigen nervösen Erscheinungen zu überblicken, die von der Sensitivität abhängen. Ihr Grad kann natürlich sehr verschieden sein und natura non facit saltum. Gerade die elektrische Prüfung zeigt, wie bei vielen Menschen nur die oder die andere seltene Reaction und zuweilen auch diese nur zeitweise auftritt, während bei anderen die Reactionen zahlreich und leicht zu erhalten sind.

Von dem hier angedeuteten Gesichtspunkte aus waren mir die Ausführungen Eulenburg's[1]) über Galvanohypnotismus interessant. E. hat nämlich die Beobachtung gemacht, dass bei einzelnen Hysterischen durch eine prolongirte Galvanisation am Kopfe unter Umständen ein lethargischer, dem gewöhnlichen Hypnotismus sehr nahe verwandter oder damit identischer Zustand herbeigeführt werden konnte. Ob die Versuche von Weinhold[2]), die sich auf die Entstehung von Hypnotismus durch gewisse Formen von Elektricitätseinwirkung beziehen, hierher gehören, möchte ich nicht entscheiden. Doch spricht manches dafür, dass bei Weinhold's Versuchspersonen es sich um rein psychische Vorgänge gehandelt habe.

---

[1]) Wiener Klinik, VI. 3. März 1880.
[2]) Hypnotische Versuche. Chemnitz, 1879.

Eine praktische Folgerung lässt sich vielleicht noch aus dem Obigen ziehen. Ich glaube die Bemerkung gemacht zu haben, dass bei elektrosensitiven Personen die elektrische Behandlung ihrer nervösen Störungen einen besseren Erfolg hatte, als bei anderen, dass die günstigen Wirkungen der Behandlung bei ihnen rascher und leichter eintraten. Natürlich kommen hier zunächst functionelle Störungen, Neuralgien etc. in Frage. Wenn daher die seltenen elektrischen Reactionen während der Untersuchung auftreten, so dürfte dies im Allgemeinen ein für die Behandlung prognostisch günstiges Symptom sein.

Ueber die schmerzstillende Wirkung der Elektricität.[1]

M. H.! Der Schmerz ist das wichtigste aller Krankheitsymptome, er treibt den Kranken zum Arzte und dieser soll vor allem Schmerzen vertreiben oder lindern. So bestehen denn auch die grössten Fortschritte, die die Medicin in unserem Jahrhundert gemacht hat, in der Entdeckung anästhesirender oder narcotisirender Mittel. Wenn jedoch von schmerzstillenden Mitteln die Rede ist, nennt man wohl die Opiate, das Chloroform, den Aether, die Kälte, die Compression: fast nie ist von der Elektricität die Rede. Nussbaum z. B. erwähnt zwar in seiner Abhandlung über die Anaesthetica den Galvanismus, bezieht sich jedoch nur auf die verkehrten Versuche, die Extractio dentis dadurch schmerzlos zu machen, dass man den einen Pol einer Batterie mit der Zahnzange verband, während der andere Pol auf eine beliebige Körperstelle aufgesetzt war.[2] In den Arbeiten der Elektrotherapeuten ist die Einwirkung des elektrischen Stromes auf die motorischen Nerven und Muskeln stets der Hauptgegenstand; mit Recht, da an diese Lehre der Fortschritt der Elektrotherapie geknüpft ist. Die Einwirkung auf die sensiblen Organe dagegen findet nur eine mehr nebensächliche Besprechung, die schmerzstillende Wirkung der Elektricität als solche, hat allein Vivian Poore[3] in einem kurzen Vortrage zum Gegenstande der Darstellung gemacht. So kommt es, dass im ärztlichen Publikum diese Wirkung des Stromes durchaus nicht so bekannt ist, wie sie es verdient. Gestatten Sie mir daher, Ihre Aufmerksamkeit für kurze Zeit auf diesen Punkt zu lenken.

[1] Berl. klin. Wochenschr., 1880, No. 35.
[2] Dasselbe gilt von dem soeben erschienenen Buche Kappeler's über Anästhetica.
[3] Lancet, 1874, Aug. 19.

Bekannt ist, dass bei Neuralgien die Elektricität das wichtigste und zuverlässigste Heilmittel ist. Es hiesse Eulen nach Athen tragen, wollte ich mich über diesen Punkt verbreiten. Jedoch nicht nur bei den eigentlichen Neuralgien, bei denen eine nur functionelle Störung angenommen wird, sondern auch bei den Pseudoneuralgien, die in der Regel bei Entzündung, bez. Compression der Nerven oder Nervenwurzeln eintreten, versagt der elektrische Strom seine Hülfe nicht. Solche pseudoneuralgische Schmerzen kommen z. B. bei Caries der Wirbel, bei rheumatischer Spinalmeningitis, bei Phthisis (in den Intercostalnerven) vor.

V. Poore erzählt von einem Kranken, der zu ihm kam und über heftige Schmerzen in der Wirbelsäule, Taubheitsgefühl in den Füssen, und anfallsweise krampfartige Schmerzen in den Extremitäten klagte. Gegenreize und innere Mittel waren ohne Erfolg angewandt worden. Nach der ersten galvanischen Sitzung waren die Schmerzen verschwunden und der Kranke, der ins Hospital gefahren worden war, konnte allein davongehen. Die Schmerzen kamen zwar wieder, aber jede Application des Galvanismus verschaffte dem Kranken für längere Zeit Ruhe. Einige Monate später präsentirte er sich mit einem grossen Senkungsabscess und allen Zeichen der Wirbelcaries.[1]

Benedict behandelte einen tuberculösen Collegen mit häufigen Fieberanfällen gegen deren Ende die Infiltration jedesmal Fortschritte machte. In 2 solchen Anfällen traten Intercostal- und Bauchneuralgien auf, die theils lancinirend, theils continuirlich waren und durch Narcotica etc. nicht bekämpft werden konnten. Das erste Mal schwanden die Schmerzen nach wenigen galvanischen Sitzungen, das zweite Mal waren etwa 20 Sitzungen nöthig. Noch interessanter ist die Beobachtung an einem anderen Collegen. Derselbe litt an heftiger neuralgischer Affection der Hüft- und Lendengegend, die lange Zeit ihrem Wesen nach dunkel blieb, bis sich zuletzt Carcinose der Wirbelsäule herausstellte, wie später die Section bestätigte. Der Kranke bekam seine heftigsten Anfälle durch Zerrung, z. B. beim Umdrehen im Bette, und die locale galvanische oder faradische Behandlung wirkte gewöhnlich momentan beruhigend.

Ungemein häufig hat man Gelegenheit, den schmerzstillenden Einfluss der Elektricität bei der Tabes kennen zu lernen. Sowohl die lancinirenden als die fixen Schmerzen der Tabeskranken weichen in der Regel dem galvanischen Strome, und meiner Meinung nach ist dies

---

[1] Seitdem ich dies niederschrieb, habe ich selbst einen ganz ähnlichen Fall beobachtet.

die Hauptwirkung des letzteren gegen die im übrigen unbesiegbare Krankheit.

Weiter sind die Erfolge der elektrischen Behandlung bei schmerzhaften Affectionen der Muskeln und Gelenke des öfteren gerühmt worden. Die augenblickliche Erleichterung, die die Galvanisation oder Faradisation bei Muskelrheumatismen bewirkt, ist wohl jedem bekannt. Das gleiche gilt von den Gelenkneurosen. Aber auch bei Entzündungen der Gelenke hat man zuweilen Gelegenheit, die heftigsten Schmerzen durch Galvanisation beruhigen zu können. Aeusserst lehrreich ist in dieser Hinsicht eine Selbstbeobachtung Prof. Brenner's. Derselbe litt 1861 an einem sehr heftigen Gelenkrheumatismus. Die beiden Fussgelenke waren der Sitz äusserst heftiger, in die Füsse ausstrahlender Schmerzen, gegen die antiphlogistische und narcotische Mittel aller Art ohne Erfolg in Gebrauch gezogen wurden. Nachdem sie 3 Wochen lang jeden Schlaf gestört hatten, wichen sie einer einmaligen Anwendung des faradischen Stromes, ohne wiederzukehren. Bemerkenswerther Weise blieb die Entzündung des Gelenkes mit den ihr eigenthümlichen Schmerzen unverändert, nur jene neuralgiformen Schmerzen waren verschwunden.

Die durch Caries verursachten Zahnschmerzen weichen, nicht immer, aber oft genug, dem elektrischen Strome. Aehnlich verhält sich die vielgestaltige Klasse der Kopfschmerzen, glänzende Erfolge wechseln mit gänzlichen Misserfolgen.

Wahrscheinlich reicht die schmerzstillende Wirsamkeit der Elektricität weiter, als man gewöhnlich annimmt. Ich habe z. B. die quälenden, ausstrahlenden Kreuzschmerzen, über die uteruskranke Frauen klagen, durch Galvanisation beseitigt, ohne dass am Krankheitzustande etwas geändert worden wäre. Indessen liegen bis jetzt nur wenige derartige Erfahrungen vor, es gilt zukünftig, solche zu sammeln.

Die Elektricität vermag auch Schmerzen zu stillen durch Beseitigung ihrer Ursache, so die Gliederschmerzen der Hemiplegischen, die durch Zerrung der Gelenke entstehen, durch Kräftigung der Muskeln, so beliebige locale Schmerzen durch ihre allgemein tonisirende Wirkung u. dgl. mehr. Von solchen Fällen ist natürlich hier nicht die Rede. Wir handeln von einer directen schmerzstillenden Wirkung, die rein symptomatisch ist.

Ist nun die Elektricität mit anderen Anästheticis, mit Chloroform und Morphium in eine Reihe zu stellen? Sicher nicht in dem Sinne, dass sie wie die eben genannten Mittel eine allgemeine oder locale Anästhesie hervorrufen könnte, durch die ein für gewöhnlich schmerzhafter Eingriff schmerzlos wird. Alle Versuche, die Elektricität in dieser Richtung zu verwenden, haben fehlgeschlagen und werden fehlschlagen.

Ist nun die Application der Elektricität etwa einer Morphiumeinspritzung zu vergleichen, durch die man einen vorhandenen Schmerz zu dämpfen sucht? Auch dies ist nicht der Fall, denn obwohl beide direct anästhetisch wirken, der Unterschied auch nicht darin gesucht werden kann, dass das eine die centralen, das andere die peripherischen Organe beeinflusse, so liegt doch die Differenz darin, dass die Elektricität nur in einer beschränkten Zahl von Fällen sich wirksam erweist, die ein gemeinsames Merkmal haben. Es hat in diesen Fällen nämlich der Schmerz neuralgischen Character. Allerdings ist es misslich, Classen von Schmerzen aufzustellen, da der Schmerz eine eigenartige, nicht unter einen weiteren Begriff zu fassende, daher nicht zu erklärende Empfindung ist, die wir einem anderen nur dadurch beschreiben können, dass wir ihm durch Angabe der schmerzerregenden Ursache den eigenen Schmerz in's Gedächtniss rufen. Wir sprechen daher von reissenden, bohrenden Schmerzen u. s. w. Keiner weiss was periostitische Zahnschmerzen sind, es sei denn, er habe selbst welche gehabt. Da nun der neuralgische Schmerz nicht durch einen bestimmten Eingriff hervorgerufen wird, so ist man in Verlegenheit um ein bezeichnendes Epitheton für ihn. Jedoch hat glücklicher oder unglücklicher Weise ein jeder wohl ihn schon empfunden und weiss, dass er eigenthümlicher Natur ist. Recht charakteristisch ist hier wieder Brenner's Krankengeschichte.

Hier waren die beiden Fussgelenke der Sitz äusserst heftiger, in die Füsse ausstrahlender Schmerzen. Die Gelenkenzündung, die zweifellose Ursache der Neuralgie, war zur Zeit, als diese durch den elektrischen Strom gebannt wurde, auf ihrer vollen Höhe und blieb es noch lange Zeit nachher. Die von der Entzündung und der ungeändert fortbestehenden Schwellung des Gelenkes unzertrennlichen Schmerzen, die aber ganz anderer Art waren als jene neuralgischen, hatten nicht die geringste Verminderung erlitten und traten nunmehr recht deutlich hervor. Es liessen sich viele Fälle beibringen, wo Entzündungschmerzen und neuralgische nebeneinander bestehen und vom Leidenden sehr wohl unterschieden werden. Alle irradiirten Schmerzen z. B. haben neuralgischen Charakter.

Wird nun zugegeben, dass der neuralgische Schmerz ein eigenthümlicher ist, so muss natürlich seine Ursache in einer eigenthümlichen Veränderung der sensibeln Nerven oder Centralorgane gesucht werden Dass diese Veränderung, die wir kurz die neuralgische nennen wollen, nicht mit den bekannten anatomisch nachweisbaren Veränderungen, z. B. der Entzündung, identisch ist, liegt auf der Hand, denn von zwei entzündeten Nerven ist der eine vielleicht nur auf Druck schmerzhaft, der andere Sitz heftiger neuralgischer Schmerzen. Entzündung kann bestehen

ohne neuralgischen Schmerz, dieser ohne jene. Sind beide vereint, so
kann dieser schwinden, jene bleiben und umgekehrt. Die neuralgische
Veränderung ist also eine Sache für sich und, wenn wir sie etwa eine
moleculare Störung nennen, so wollen wir damit nur hinzufügen, dass
wir nichts genaueres über sie wissen. Ihre Ursache ist nicht bekannt,
da sie zwar in der Regel nach entzündlichen Störungen auftrit, ebenso
wohl aber ohne diese vorkommt. Ich erinnere in letzterer Hinsicht an
die Neuralgien Anämischer und Hysterischer. Es wird nicht immer
leicht sein, zu sagen, ob die neuralgische Veränderung in einem bestimmten Falle vorhanden sei oder nicht, da ihr wesentliches Merkmal nur
die Modification der Schmerzempfindung ist, wir also ganz auf die Angaben der Leidenden angewiesen sind. Man möge nicht glauben, dass
die neuralgische Veränderung nur in den wirklichen Neuralgien vorkomme, dass ihr also die Merkmale dieser, d. h. Beschränkung des
Schmerzes auf eine bestimmte Nervenbahn, Auftreten in Anfällen,
Druckpunkte etc., immer zur Seite stehen. Ich glaube vielmehr, dass
die neuralgische Veränderung sehr häufig vorkomme, ohne dass man
doch von Neuralgie reden könnte, wenn man mit letzterem Begriffe das
Symptomenbild der Lehrbücher meint. Wohl aber wird man oft, wenn
die Schilderung des Kranken neuralgischen Schmerz vermuthen lässt,
auch noch das eine oder andere Symptom finden aus dem Symptomencomplex der Neuralgie und so die Diagnose sichern können.

Vielleicht würde es zur Klärung mancher Discussion dienlich sein,
wenn man allgemein in der soeben angedeuteten Weise die neuralgische
Veränderung als den weiteren Begriff trennen wollte von der Neuralgie,
als einer bestimmten Krankheitsform.

Die Elektricität nun ist meiner Ansicht nach im Stande, die neuralgische Veränderung zu beseitigen: ist der Schmerz neuralgisch, so
stillt ihn die Elektricität, und umgekehrt ein Schmerz, den man durch
Application der Elektricität aufheben kann, ist neuralgischer Natur, d. h.
der galvanische Strom dient als therapeutisches und diagnostisches Mittel
zugleich. Hält man dies fest, so wird man zu einer gerechteren Beurtheilung der elektrischen Wirkung kommen, als man ihr häufig begegnet
und Ueberschätzung wie Unterschätzung derselben gleichmässig vermeiden. Besteht die Krankheit in der neuralgischen Veränderung, oder
richtiger, wirkt die Ursache der letzteren nicht mehr, so wird die Elektricität die Krankheit heilen. Ist dagegen der ursächliche Process, z. B.
die Entzündung noch florent, so kann die neuralgische Veränderung von
neuem eintreten. Stellt man sich vor, dass der Nerv dem Magneten
gleich construirt sei, so bedeutet der Zustand der Gesundheit, dass alle
Nerventheilchen gleich gerichtet sind, etwa alle Südpole nach der Peri-

pheric sehen; die neuralgische Veränderung wird dann in einer Störung
dieses Verhaltens bestehen, die Theilchen werden wie im nicht magnetischen Eisen durcheinander liegen. Das Galvaniren des Nerven bedeutet das Streichen des Eisens mit einem Magnet. Jeder Strich wird
eine Anzahl Theilchen in die normale Richtung zurückführen und je
nach der Grösse der Unordnung wird eine grössere oder geringere Zahl
von Strichen genügen, um allen Theilchen gleiche Richtung zu geben.
Wiederholen sich aber zwischen den einzelnen Strichen die Erschütterungen, die die Ordnung in Unordnung verwandelten, so wird letztere
immer von neuem wiederkehren. Werden diese Erschütterungen aber
allmälig schwächer, so wird schliesslich jeder Strich des Magneten
eine grössere Zahl von Theilchen in die normale Richtung bringen,
als die folgende Erschütterung umzuwerfen vermag, d. h. die elektrische Behandlung wird, wenn der Entzündungsvorgang decrescendo
verläuft, die Heilung herbeiführen, ohne doch auf letzteren direct ein-
zuwirken.

Diese Betrachtungsweise möchte auch einige andere elektrotherapeutische Wirkungen fasslicher machen.

Nachdem wir nun die Sache in Bild und Gleichniss dargestellt,
fragt es sich, ob wir bei dem jetzigen Stande des Wissens ein wirkliches Verständniss der schmerzstillenden Wirkung der Elektricität erlangen können. Die Antwort ist ein bedingungsloses Nein. Nirgendwo
bietet sich ein Angriffspunkt, von dem aus zu einer auf Erfahrung begründeten Theorie zu gelangen wäre. Grundlose Hypothesen bauen,
heisst aber der Erfahrung Hindernisse in den Weg legen. Nicht genug
kann man warnen vor dem Hereinziehen der Elektrophysiologie in
klinische Fragen. Die Physiologen, mit den feinsten und complicirtesten
Apparaten, mit den scharfsinnigst erdachten Methoden versehen, beschränken sich in weiser Zurückhaltung auf die Erforschung der einfachsten Probleme der Nervenphysik. Der Kliniker steht mit schwachem
Rüstzeuge den denkbar verwickeltsten Phänomenen gegenüber. Jene
begnügen sich, so zu sagen, den Inhalt regelmässiger Vielecke zu berechnen, dieser soll unregelmässig gestaltete Hohlräume bestimmen. Wie
nun letzterer Aufgabe gegenüber die mathematischen Hülfsmittel versagen, so ist der Elektrotherapeut mittellos zu rationeller Erforschung
der Erscheinungen am lebenden Menschen. Er darf aber nicht warten,
bis etwa die Fortschritte der Physiologen soweit gediehen sind, dass er
auf ihnen fussen kann, denn vor ihm steht der Leidende und fordert
Linderung seiner Schmerzen. Daher kann seine Aufgabe nur sein,
durch gewissenhafte Beobachtung und vernünftige Vergleichung der
Thatsachen, den Kreis seiner Kenntnisse und damit seines Könnens

zu erweitern. Mir ist kein einziger Fortschritt bekannt, den die Elektrotherapie der Elektrophysiologie zu danken hätte, wohl aber ist nur zu
bekannt, dass die Bemühungen, die am Froschnerven gefundenen Gesetze
auf den Menschen zu übertragen, einen Theil der besten Kräfte durch
längere Zeit absorbirt haben. Wer kann ein practisches Resultat der
mühevollen Untersuchungen über den Elektrotonus am Menschen nennen,
es sei denn die Zerstörung falscher Theorien, die nicht aufzustellen einfacher gewesen wäre. Doch nein, um gerecht zu sein, muss man sagen,
dass die Erkenntniss der Discrepanz physiologischer und klinischer Aufgaben eben dadurch deutlich wurde, dass die Vermengung beider nur
zu Verwirrung geführt hat.

Zum Schluss einige Worte über die zur schmerzstillenden Wirkung
zweckmässigste Applicationsweise des elektrischen Reizes. Empfindlich
macht sich für dieses practische Gebiet der Mangel einer Theorie geltend,
vieldeutig und unsicher sind die Ergebnisse der Erfahrung. Vernichtend
für alle bisher aufgestellten Hypothesen, mögen diese sich auf den An-
elektrotonus oder sonst etwas beziehen, ist die Thatsache, dass jede der
verschiedenen elektrischen Methoden im Stande ist, Schmerzen zu stillen,
die neuralgische Veränderung zu beseitigen. Der faradische Strom sowohl wie der constante erreichen dieses Ziel. Jener besteht aus einer
Reihe wechselnd in entgegengesetzter Richtung erfolgender Stromstösse,
man kann daher weder sagen, dass nur einem Pole die Eigenschaft, die
neuralgische Veränderung zu beseitigen, zukomme, noch einer Strom-
richtung. Das letztere ergiebt sich überdem aus den Versuchen mit dem
constanten Strome; sowohl diejenigen, die nur die Differenz der Pole
berücksichtigen, als diejenigen, die den Nerven in einer bestimmten
Richtung durchströmen lassen wollen, erzielen gute Erfolge. Indessen
ist auch keiner Methode ein Monopol zu verleihen, so ergiebt doch die
Erfahrung, dass der Wirkungskreis der einen grösser ist, als der der
anderen. Es ist sicher, dass der constante Strom öfter schmerzstillend
wirkt, als der faradische, dass im allgemeinen die Anode der Kathode
vorzuziehen ist, dass langsames Steigen und Sinken der Stromstärke
günstiger wirkt, als einzelne Stromstösse. Daraus geht die Regel hervor,
zunächst die Beseitigung des Schmerzes dadurch zu versuchen, dass
man die Anode auf den Locus morbi, die Kathode auf einen indifferenten Punkt aufsetzt und mittelst des Rheostaten ein- und ausschleicht.
Führt diese Methode nicht zum Ziele, so empfehlen sich voltaische
Alternativen, und versagen diese, so greife man zum faradischen Strome.
Die Anwendung des elektrischen Pinsels oder der elektrischen Moxa ist
wesentlich als ein Ableitungsmittel anzusehen, gehört daher nicht in den
Kreis unserer Betrachtung.

Ist nun unmittelbar nach Anwendung einer der angeführten Methoden der Schmerz verschwunden, so ist zunächst der Beweis geliefert, dass die neuralgische Veränderung vorhanden war. Kehrt der Schmerz nach längerer oder kürzerer Zeit zurück, so wirkt die Ursache der neuralgischen Veränderung noch. Wird nach jeder Application die schmerzfreie Zeit länger, so verläuft der ursächliche Process descrescendo. Kehrt aber jedesmal der Schmerz rasch wieder, so ist jener Process noch florent, der Fall daher nicht oder noch nicht zur galvanischen Behandlung geeignet.

IX.

Gutachten über die Frage, ob der Anwendung der hypnotischen Suggestion zu Heilzwecken Bedenken entgegenstehen.[1]

Die Antwort auf die Frage, ob der Anwendung der hypnotischen Suggestion als eines Heilmittels juristische oder ärztliche Bedenken entgegenstehen, ist so leicht zu geben und es können über sie bei wirklich Sachverständigen so wenig Meinungsverschiedenheiten bestehen, dass der Leser dieses Gutachtens wahrscheinlich sehr oft dieselbe Antwort erhalten wird, und dass die Menge gleichartiger Gutachten ihn ermüden wird. Ich will mich deshalb so kurz wie irgend möglich fassen.

Vor allen Dingen müssen die juristische Auffassung und die ärztliche gesondert besprochen werden.

In *juristischer Beziehung* kann, wie ich glaube, kein Denkender darüber zweifelhaft sein, dass jede Beschränkung des Arztes in der Ausübung der hypnotischen Suggestion eine Thorheit erster Klasse ist. Es kann überhaupt nur der Umstand in Betracht kommen, dass die Hypnose ein Mittel ist, das unter Umständen den Patienten zeitweise im freien Gebrauch seiner Vernunft beschränkt. Es ist genau so, als ob Aether, Chloroform oder ein ähnliches Mittel in Frage käme. Entweder sind dem Arzte alle Mittel dieser Art zu verbieten oder alle zu erlauben. Vernünftiger Weise kann man nur verlangen, dass Niemand wider seinen Willen bewusstlos gemacht werden darf. Sollte der Arzt das Mittel missbrauchen, bei Bewusstlosigkeit des Patienten etwas Strafbares thun, oder sollte er sich einen Kunstfehler zu Schulden kommen lassen, nun, so fällt er eben dem Strafgesetze anheim.

---

[1] Separatabdruck aus: Die Bedeutung der hypnotischen Suggestion als Heilmittel. Herausg. von Dr. med. J. Grossmann. Berlin, Deutsches Verlagshaus, Bong & Cie 1894.

Ob die hypnotische Suggestion gefährlich wirken kann, ist in rechtlicher Hinsicht gar nicht zu erwägen, denn der Arzt kann frei über unzählige gefährliche Mittel verfügen. Die alberne Annahme, dass die hypnotische Suggestion unter allen Umständen schädlich sei, und dass man sie deshalb anders als jedes andere Verfahren zu beurtheilen habe, braucht gar nicht besprochen zu werden.

Die Suggestion à échéance hat wiederholt zu der Erwägung Anlass gegeben, ob gesetzliche Vorschriften ihretwegen nöthig seien. Man streitet darüber, ob durch sie Verbrechen möglich seien oder nicht. Doch die Frage, ob ein Arzt hypnotisiren dürfe oder nicht, wird durch diesen Streit nicht berührt. Auch wenn es suggerirte Verbrechen geben sollte, hätte der Arzt zu ihnen kein anderes Verhältniss, als zu den anderen Verbrechen, deren Möglichkeit ihm durch seinen Beruf gewährt wird.

In *ärztlicher Beziehung* kann man natürlich nur fragen, ob dem Kranken bei gutem Willen des Arztes und genügender Vorbildung des Arztes durch die hypnotische Suggestion geschadet werden kann. Die Antwort ist eine Sache der Erfahrung, und es möchte zu empfehlen sein, dass alle Aerzte, die hypnotisirt haben, ihre Erfahrungen nicht nur über gute Erfolge, sondern auch über Misserfolge mittheilen. Thatsächlich ist dies vielfach geschehen, und es hat sich im Allgemeinen ergeben, dass kaum je ein wirksames Heilverfahren so wenig Schaden angerichtet hat, wie die Hypnose. Es giebt ja Aerzte, die vor ihr warnen, aber das sind eben solche, die nicht aus eigener Erfahrung, sondern aus theoretischen Bedenken Gegner der hypnotischen Suggestion geworden sind.

Meine eigene Erfahrung lässt mich über die Gefahren der Hypnose sagen, dass nur eine Gefahr wirklich in Betracht kommt, das ist die der Hypnosesucht. Es giebt Menschen, die nach wiederholter Hypnotisirung auch ohne ärztliche Anregung theils willkürlich, theils unwillkürlich, zeitweise in den somnambulen Zustand gerathen. Ich habe diese Hypnosesucht bisher einmal beobachtet. Ein Mädchen, das erblich schwer belastet ist und das schon vor der ersten Hypnotisirung abnorme Bewusstseinszustände wiederholt dargeboten hatte, ist durch die hypnotische Suggestion zwar von den Beschwerden, die sie zu mir führten, befreit worden, gerieth aber seitdem, sobald gewisse Associationen auftauchten, in Somnambulismus. Die Kranke nahm von vornherein nur manche Suggestionen an, begegnete anderen durch Autosuggestionen, gegen die ich nichts ausrichten konnte. Ob in diesem Falle ein Anderer, der geschickter als ich gewesen wäre, die Gefahr hätte vermeiden können, das macht nicht viel aus. Die Gefahr besteht thatsächlich und ihretwegen darf man nicht sagen, die Hypnose sei ganz ungefährlich. Wollte man aber deswegen behaupten, sie sollte überhaupt nicht angewendet werden, so wäre man ein Narr. Wird ein Arzt das Morphium entbehren wollen, weil es eine Morphiumsucht giebt? Wirklich kann man die Morphiumsucht mit der Hypnosesucht vergleichen. Beide kommen nur bei vornherein abnormen Menschen vor, aber die zweite scheint eine viel stärkere Abweichung von der Norm vorauszusetzen, als die erste. Ein gewissenhafter Arzt wird darum bei disponirten Leuten Morphium und Hypnose nur mit Vorsicht oder gar nicht anwenden. Immerhin werden in beiden Richtungen Fälle vorkommen, wo trotz aller Vorsicht die Sucht nicht vermieden werden kann. —

Auffällig bleibt, dass in Fragen der Hypnose recht oft cum ira et studio verfahren wird. Wenn man sich daran erinnert, wie ausserordentlich gefährlich viele ärztliche Mittel und Verfahren sind, wieviel Schaden tagtäglich durch Medicamente und Operationen angerichtet wird, auch von den besten und gewissenhaftesten Aerzten angerichtet wird, so sollte man meinen, die arme Hypnose dürfte nicht so hart beurtheilt werden, wie es von manchen Seiten geschieht. Bei manchen Gegnern ist die Quelle des Zornes meines Erachtens die Abneigung gegen andere als mechanische Auffassungen. Sie sind stolz auf ihre „naturwissenschaftliche" Auffassung, haben sich daran gewöhnt, die seelischen Erscheinungen als eine verdriessliche Nebensache zu betrachten, durch die sich „die Wissenschaft" nicht stören lassen dürfe. Diesem Uebelstande und dem ganzen Jammer der „mechanischen Weltansicht" ist nur dadurch abzuhelfen, dass Psychologie und Erkenntnisstheorie zu den Voraussetzungen ärztlicher Bildung werden, dass der, der den ganzen Menschen verstehen soll, sich nicht mehr blos auf Physik und Chemie verlassen darf. Die Zeit wird's bringen.

Die Zeit wird aber auch die Bedeutung der hypnotischen Suggestion erhöhen. Dass ein sehr grosser Theil der ärztlichen Mittel und Verfahren nur durch Suggestion wirksam ist, das lernen jetzt die Aerzte allmählich verstehen. In so und so viel Jahren werden es die Laien auch wissen und dann wird die indirecte Suggestion erfolglos werden. Je mehr dies geschieht, um so mehr wird in den dafür geeigneten Fällen die hypnotische Suggestion unentbehrlich werden.

Alles in Allem also werden auch die, die von den hypnotischen Heilerfolgen nicht enthusiastisch denken, und zu denen ich gehöre, Grund haben, den Werth der hypnotischen Suggestion hochzuschätzen und die gegen sie in's Feld geführten thörichten Vorurtheile zu bekämpfen.

Leipzig, den 26. November 1893.   P. J. Möbius.

X.

Ueber Freiheit, Zurechnungsfähigkeit, Verantwortlichkeit.[1])

Freiheit ist eine Verneinung und bedeutet nichts als Abwesenheit von Zwang: Es hat daher keinen Sinn, von der Freiheit schlechtweg zu sprechen, sondern es muss angegeben werden, wer frei sei und von welchem Zwange. In letzterer Hinsicht kann man eine beliebig grosse Zahl der Arten der Freiheit unterscheiden. Spricht man von der Freiheit des Willens, so ist damit gemeint, Freiheit des Menschen als eines wollenden, bezw. handelnden, da es unzulässig wäre, dem Willen als solchem Freiheit zuzuschreiben. Die Freiheit des Willens kann man trennen in eine äussere und eine innere. Zu jener gehört die politische, sociale Freiheit, mit dieser, die man auch als psychologische Freiheit bezeichnen kann, haben wir uns zu beschäftigen.

Der Begriff, der uns in erster Linie interessirt, ist der der *Zurechnungsfähigkeit*. Er ist im Laufe der Entwickelung des Rechtes entstanden. Die roheste Auffassung ist die, dass der Urheber der verbotenen That in jedem Falle bestraft wird. Sie erlitt vielleicht zuerst durch abergläubische Vorstellungen Einschränkung, insofern als man annahm, dass der Mensch nicht immer der Thäter seiner Thaten sei, vielmehr u. U. durch ihn ein anderes Wesen wirke, sei es ein Gott (Einwohnung), ein Dämon (Besessenheit), ein anderer Mensch (Behexung). Frühe aber musste man sich sagen, dass die Folgen der Handlung dem Menschen nicht zugerechnet werden können, sobald er sie nicht gewollt hat, oder nicht voraussehen konnte, sobald sie durch zufällige Umstände oder unverschuldeten Irrthum herbeigeführt wurden.

Weiterhin musste die Verantwortlichkeit eine Begrenzung finden, indem sich einmal der Unterschied zwischen Fahrlässigkeit und strafbarem

---

[1]) Centralbl. f. Nervenheilk. u. s. w. August 1893.

Willen (culpa und dolus), andererseits der zwischen der Handlung eines
normalen und der eines abnormen Menschen dem Bewusstsein auf-
drängte. Nur dann trifft nach dem entwickelten Rechtsgefühle den
Thäter die eine verbotene Handlung bedrohende Strafe, wenn er die That
gewollt hat und sein Wille nicht durch abnorme Zustände einem Zwange
unterlag. Wenn sein Wille frei von einem solchen Zwange war, ist die
Bedingung der subjectiven Zurechnungsfähigkeit gegeben. Es sind also
(bei Erwachsenen) die vom Recht gemeinte [1]) Freiheit des Willens und
die Zurechnungsfähigkeit *Wechsel-Begriffe*. Wieder aber ist die Freiheit, indem sie in dem normalen Ablaufe des Motivationsvorganges besteht, gleichbedeutend mit geistiger Gesundheit. Derjenige, der über den
Zustand der letzteren entscheidet, bezw. nachweist, inwieweit Störungen
in der Willensbildung eingetreten sind, d. h. *der Arzt*, entscheidet auch
über den Grad der Freiheit oder Zurechnungsfähigkeit. Praktische
Schwierigkeiten ergeben sich nur dadurch, dass die Bedürfnisse der
Rechtsprechung da Grenzen suchen lassen, wo die Natur keine solchen
gesetzt hat. Zunächst ist die geistige Gesundheit, wie die Gesundheit
überhaupt, ein Ideal. Eine absolute Freiheit besteht daher auch in dem
hier gebrauchten Sinne nicht. Andererseits muss die Unfreiheit, d. h.
die Verminderung der Zurechnungsfähigkeit, einen gewissen Grad erreicht haben, ehe das für den Gesunden berechnete Rechtsverfahren
aufgegeben werden kann. Eine unabsehbare Stufenleiter führt von der
fast vollständigen Freiheit zu der gänzlichen Unfreiheit und desshalb
giebt es natürlich unendlich viele Grade der Zurechnungsfähigkeit.
Auch hier heisst es: natura non facit saltum. Damit streitet das praktische Bedürfniss, das ein Entweder-Oder haben möchte. Der Arzt kann
sich auf das letztere nicht einlassen, er kann aber ebenso wenig die
Frage nach der Zurechnungsfähigkeit ablehnen, etwa sagen, das eine geht
in's andere über, also hat es keinen Sinn, zwischen Freiheit und Unfreiheit einen Strich zu machen. Eine blosse Ausflucht würde es sein,
wenn er meinte, bei der Untersuchung eines Angeklagten nur das Vorhandensein einer geistigen Störung überhaupt nachweisen zu sollen.
Nicht darauf, sondern auf den Grad der Störung geht die Frage.
Es gilt also, einen Mittelweg zu finden. Thatsächlich wird, sobald ein
stärkerer Grad von Krankheit besteht, vollständige Unfreiheit angenommen,

---

[1]) Anmerkung: Dabei ist zuzugeben, dass möglicher- oder thatsächlicherweise bei
dem Gesetzgeber ein anderer Freiheitsbegriff sich eingemischt habe. Wenigstens findet
man auch heutzutage bei Rechtslehrern oft geschraubte und sehr unklare Erörterungen
über „sittliche Freiheit". Das Wesentliche ist aber, dass die unbefangene Auslegung
des gegebenen Rechtes, d. h. Gesetzes, sich durchaus die hier vertretene Auffassung
aneignen kann.

während in den Fällen leichterer oder zweifelhafter Störung entweder auf „verminderte Zurechnungsfähigkeit" oder auf „mildernde Umstände" erkannt werden kann. Das deutsche Strafgesetzbuch kennt nur die letzteren. Dieser Umstand ist bedauerlich, weil das Gesetz nicht bei allen verbotenen Handlungen mildernde Umstände zulässt, die letzteren eher den Grad als die Form der Strafe zu ändern geeignet sein dürften, und weil Verurtheilung doch Verurtheilung bleibt. Andererseits ist der Begriff der verminderten Zurechnungsfähigkeit in praxi schwer zu handhaben, weil die Gradbestimmung oft mehr fordert, als unser Wissen leisten kann und Missbräuche schwer zu vermeiden sind.[1])

Die Zustände, in denen der Motivationsvorgang gestört ist, sind die seelischen Krankheiten im engeren Sinne, die angeborenen krankhaften Seelenzustände, die vorübergehenden Alienationen, die sich als Fieberdelirium, Rausch, Betäubung u. s. w. darstellen. Ferner gehören hierher die Schlaftrunkenheit, die Befangenheit in hypnotischen Suggestionen, die Unfreiheit durch Gewohnheit (Laster), übermächtige Gemüthsbewegungen (krankhafte Affecte und Leidenschaften). Es ist selbstverständlich, dass der Zustand von Unfreiheit, wenn er durch fahrlässige Verschuldung herbeigeführt ist, auch als solcher für strafbar erachtet werden kann, oder dass doch bei verbotenen Handlungen Unfreier die Fahrlässigkeit Strafgrund werden kann.

Eine ernsthafte Schwierigkeit scheinen der Beurtheilung nur die (auf jeden Fall äusserst seltenen) Menschen zu bieten, die man im strengen Sinne des Wortes geborene Verbrecher nennen kann und bei denen ausser der ungewöhnlichen Bösartigkeit des Charakters keine anderen geistigen Störungen bestehen. Wenn es solche Wesen überhaupt giebt, kann man in zweierlei Weise über sie urtheilen. Man kann sagen: Da der menschliche Typus in moralischer Hinsicht ein gewisses Mittel zwischen Gut und Böse darstellt mit einer zwar verschieden grossen, aber doch nie ganz fehlenden Milderung des Egoismus durch Mitgefühl und sociale Instincte, so stellt ein Mensch, bei dem die sonst wirksamen Mittel (Erziehung, Drohung, Strafe) gar nicht anschlagen, bei dem Mitgefühl nicht besteht und dessen rücksichtsloser Egoismus durch nichts zu beschränken ist, eine Abweichung vom Typus dar, die, da sie der

---

[1]) Vortrefflich sagt A. Forel (Zeitschr. f. Schweizer Strafrecht, VI. p. 321. 1893) von den „geistig Gebrechlichen mit moralischen Defecten und perversen Trieben": „Solche Leute gehören zu den vermindert Zurechnungsfähigen. Aber es sollte endlich einleuchten, dass für sie die üblichen „„mildernden Umstände"" und die Kürzung der Zuchthausstrafe so wenig passen wie die Faust auf das Auge. Sie müssen nicht kürzer, sondern *anders* gestraft werden. Die Strafe soll hier zugleich Kur und ev. dauernde Sicherheitshaft sein (je nach Erfolg)."

Gattung nachtheilig ist, nicht anders als krankhaft genannt werden kann. In einer solchen Missbildung ist keine normale Motivation möglich, ihr kommt die Freiheit des normalen Menschen nicht zu. Andererseits kann man betonen, dass das ordinär Böse ganz allmählich in das pathologisch Böse übergeht. Besteht keine intellectuelle Störung (kein Schwachsinn, der das Maass der landesüblichen Dummheit übersteigt), ist keine Anomalie der Stimmung vorhanden, so ist nicht einzusehen, warum das vom Gesetze geforderte Maass von Freiheit nicht trotz des abnormen Charakters erreicht werden soll. Praktisch kann die Differenz der Meinungen nicht von grosser Bedeutung sein, denn wenn die Thaten, auf die allein die Diagnose sich stützen kann, gegeben sind, muss von beiden Gesichtspunkten aus die dauernde Ausschliessung des pathologisch Bösen aus der Gesellschaft gefordert werden. Natürlich ist es absurd, sich über den gewöhnlichen Bösen zu erzürnen, den pathologisch Bösen aber zu bemitleiden. Bei genauerer Ueberlegung wird man jedoch einsehen, dass nur die Auffassung des (supponirten) pathologisch Bösen als eines Unfreien folgerichtig und wirklich wissenschaftlich ist. Wenn auch heutzutage die juristische Auffassung sich oft der zweiten Ansicht nähert, so ist sie doch auf die Dauer nicht aufrecht zu erhalten, da ihre psychologische Grundlage mangelhaft ist. Die Meinung, man könne, weil Uebergänge zwischen gewöhnlicher und pathologischer Schlechtigkeit bestehen, beide nicht trennen, ist so wenig begründet wie die Ansicht, dass man es aufgeben solle, zwischen Gesunden und Kranken zu unterscheiden.

Der wollende Mensch hat unter gewöhnlichen Umständen das Gefühl der Freiheit. Er fühlt sich frei von jedem Zwange und unterscheidet dieses freie Wollen von dem durch äussere Umstände oder durch einzelne mächtige Triebe erzwungenen. Jeder Entschluss ist das Product aus dem Motiv und dem Charakter. Wäre das Motiv nicht vorhanden, so würde kein Wollen zu Stande kommen, dass aber diese oder jene Vorstellung Motiv wird, das hängt von der Art des Charakters ab. Insofern nun der Entschluss auf dem Charakter beruht, erscheint er als ein Ausfluss des eigenen Wesens und als ein freier. Der Mensch kann ferner dem gelegentlichen Motiv aus seiner Erinnerung nach Belieben andere entgegenstellen und kann, indem er einzelne Zweckvorstellungen zu Grundsätzen verwerthet, sein Handeln zu einem vernunftgemässen machen. Durch Uebung lernt er, rasch den sozusagen unteren Motiven durch geeignete Gegenvorstellungen, die seinen Grundsätzen entsprechen, zu begegnen, und erwirbt Selbstbeherrschung, d. h. Freiheit von Laune und Trieb. Er kann dann wollen, was er will, d. h. seinem vernünftigen Willen gegen andere Bestrebungen zum Siege verhelfen.

Endlich ist zu erwägen, dass der Zusammenhang des Entschlusses mit den angeborenen Anlagen und den früheren Erlebnissen, die zusammen den Charakter bilden, nicht in das Bewusstsein fällt, so dass zwar der Entschluss als ein Product des Ich, aber als ein unvermitteltes, sozus. geschaffenes erscheint. Aus allem diesem geht hervor, inwieweit das Gefühl der Freiheit, auf das der naive Mensch pocht, berechtigt ist.

In irrthümlicher Weise knüpft an das Gefühl der Freiheit die Reflexion die Lehre vom *liberum arbitrium indifferentiae*, nach der die Willensentscheidungen des zureichenden Grundes entbehren. Nach dieser seltsamen Lehre wird der Entschluss zum absoluten Zufall und es ist ersichtlich, dass, wenn das richtig wäre, es weder Moral, noch Recht geben könnte, dass somit diese Lehre nicht nur theoretisch, sondern auch praktisch unbrauchbar ist. Es ist gleichgiltig, ob das liberum arbitrium bei allen Willensentscheidungen oder nur zuweilen in Kraft tritt, da es auch in letzterem Falle dem Satze vom Grunde widersprechen und die Verantwortlichkeit aufheben würde.

Die Lehre vom liberum arbitrium, die sich nur so lange halten kann, als sie in Unklarheit verharrt, wird auch als *Indeterminismus* bezeichnet. Ihr wird dann die Auffassung, die die durchgängige Giltigkeit des Satzes vom Grunde festhält, als Determinismus gegenübergestellt und so entsteht leicht der Anschein, als ob beide gleichberechtigte Gegner wären.

Nur als Anmerkung sei hinzugefügt, dass auch die von Schopenhauer gelehrte transcendente Freiheit des Menschen ein widerspruchsvoller, unvollziehbarer Begriff ist.

Mit dem Begriffe der Freiheit eng verbunden ist der der *Verantwortlichkeit*. Es ist zu unterscheiden zwischen äusserer und innerer Verantwortlichkeit. Jene besteht darin, dass der Mensch für alle seine Handlungen einzustehen hat, sofern er zurechnungsfähig ist. Die innere Verantwortlichkeit ist dasselbe wie das Schuldgefühl, die Rechenschaft vor dem sittlichen Bewusstsein. Das Schuldgefühl setzt das Gefühl der Freiheit voraus. Es sagt: Du hättest besser handeln können, als du gehandelt hast. Es bezieht sich in erster Linie auf die fahrlässige Verschuldung, die darin besteht, dass dem zur tadelnswerthen Handlung veranlassenden Motiv nicht ausreichende Gegenmotive gegenübergestellt worden sind, dass der vernünftige Wille sich sozusagen hat überrumpeln lassen. Sodann aber drückt das Schuldgefühl den Schmerz darüber aus, dass die schlechte That uns zeigt, wie wenig wir das sind, was wir zu sein wünschten. Der eigene Charakter ist uns von vornherein unbekannt, einzig und allein aus unseren Thaten lernen wir ihn kennen. Indem uns nun die eigene, d. h. freie That zeigt, dass unser Charakter ein sehr

10

mangelhafter ist, dass er nicht den Anforderungen entspricht, die unser Gewissen an ihn stellt, entsteht das Gefühl der Schuld. Da nie genau die gleichen Umstände wiederkehren, wissen wir trotz früherer Erfahrungen nie den eigenen Entschluss voraus. Wir hoffen, dass die schlechte That nicht wiederholt werden werde, da wir glauben, inzwischen wachsam gegen die Ueberrumpelung geworden zu sein und uns unserem sittlichen Ideale genähert zu haben. So wiederholt sich bei jeder Verfehlung die schmerzliche Ueberraschung und mit ihr das Schuldgefühl. Selbstverständlich setzt das Gefühl der Verantwortlichkeit ein sittliches Bewusstsein voraus und wächst mit der Entwicklung dieses Bewusstseins. Je höher im moralischen Sinne der Mensch steht, je freier er von der Herrschaft der zufälligen Motive und der egoistischen Triebe ist, desto stärker und tiefer ist sein Schuldgefühl, desto weiter reicht seine innere Verantwortlichkeit. Immerhin ist diese nicht unbeschränkt.

Man muss beachten, dass die Grenze der Verantwortlichkeit anders zu ziehen ist, je nachdem es sich um die Beurtheilung eines fremden oder um die des eigenen Charakters handelt. Im allgemeinen lässt sich nicht verkennen, dass die Ausdehnung der Verantwortlichkeit ausserordentlich wechselnd ist und dass sie bei dem Durchschnitte der Menschen nicht weit reicht. Eben desshalb ist die äussere Verantwortlichkeit unentbehrlich. Würde diese der inneren Verantwortlichkeit angepasst, so wäre eine Prämie auf die moralische Verwahrlosung gesetzt. Das Recht eines Volkes entspricht dem Zustande des Gewissens dieses Volkes und muss desshalb eine gewisse mittlere Höhe einhalten. Die innere Verantwortlichkeit der führenden Minderheit im Volke reicht über die äussere Verantwortlichkeit hinaus, während bei der grossen Masse das umgekehrte Verhältniss statthat. Im Interesse des Ganzen muss das Strafrecht auch da zur Geltung kommen, wo aller Wahrscheinlichkeit nach die Grenze der inneren Verantwortlichkeit überschritten worden ist. Immerhin wird diese Grenze in besonderen Fällen auch vom Richter berücksichtigt, z. B. wenn eine Mutter Brod gestohlen hat, um den Hunger ihrer Kinder zu stillen. Es wird dann die ungewöhnliche Stärke des Motivs zum mildernden Umstande. Laienrichter sind nicht selten geneigt, die Ueberschreitung der inneren Grenze und die Aufhebung der Zurechnungsfähigkeit zu verwechseln und in jener einen Grund der Straflosigkeit zu erblicken (Freisprechung wegen Todschlags in gekränktem Ehrgefühl u. dergl.). Jedoch ist nicht zu leugnen, dass zuweilen das eine in das andere übergeht, insofern als sehr starke Affecte und gewaltige Leidenschaften einerseits, üble Charakteranlage und sittliche Verwahrlosung andererseits an das Pathologische anstossen und der Uebergang ganz allmählich ist.

Anders stellt sich die Grenze der inneren Verantwortlichkeit vom subjectiven Standpunkte aus dar. Das sittliche Bewusstsein erkennt zunächst eine solche nicht an und zwar mit Recht, da nur unter dieser Bedingung das höchste im gegebenen Falle mögliche Ziel erreicht werden kann und bei eingetretener Verfehlung keine Sicherheit gegeben ist, ob nicht doch fahrlässige Verschuldung vorlag. In einzelnen Fällen aber, wenn die innere Grenze weit überschritten ist, erkennt auch das sittliche Bewusstsein diese Thatsache an, d. h. es hört dann das Gefühl der Verantwortlichkeit auf. Es handelt sich dann entweder darum, dass das Motiv der bösen That so gewaltsam auftrat, dass keine Vorkehrungsmaassregeln möglich waren, oder darum, dass die Anforderung des Widerstandes nach dem Zeugnisse des Gewissens über „das Menschenmögliche" hinausging. In der Regel reicht das Gefühl der Verantwortlichkeit weiter als das der Freiheit, da auch dann, wenn die Nothwendigkeit gerade dieses Handelns gefühlt wird, die That noch als Product des eignen Wesens gewusst wird. Es kann sich aber auch umgekehrt verhalten, wenn im Bewusstsein nur die Freiheit von fremdem Zwange betont wird. Bei der Unbestimmtheit der Gefühle und ihrer Abhängigkeit von Vorurtheilen kann es natürlich nicht überraschen, wenn die Aussagen bald so, bald so lauten.

XI.

Einige Bücheranzeigen.

1. **Vitalismus und Mechanismus**; *ein Vortrag* von Gustav Bunge,
Prof. d. Physiol. in Basel. Leipzig 1886. F. C. W. Vogel. 8⁰. 20 S.
(60 Pf.)[1])

Mit aufrichtiger Freude werden alle Freunde einer philosophischen
Naturbetrachtung den Protest gegen den banausischen Materialismus,
gegen die sogenannte „mechanische Weltauffassung" begrüssen, der in
dem geistvollen Vortrage des hervorragenden Physiologen Bunge ausgesprochen ist. B. führt aus, dass wir zwar in der mit unseren Sinnen
aufgefassten Welt, in der Welt als Vorstellung nur einen Complex von
Bewegungsvorgängen erkennen können, dass aber „der tiefste, der un-
mittelbarste Einblick, den wir gewinnen in unser innerstes Wesen, uns
etwas ganz Anderes zeigt, uns Qualitäten der verschiedensten Art zeigt,
uns Dinge zeigt, die nicht räumlich geordnet sind, und Vorgänge zeigt,
die nichts mit einem Mechanismus zu schaffen haben". Gegenüber der
landläufigen Behauptung, dass, je weiter die Physiologie fortschreite,
desto mehr es gelinge, Erscheinungen, die man früher einer mystischen
Lebenskraft glaubte zuschreiben zu müssen, auf physikalische und chemische Gesetze zurückzuführen, zeigt B., dass die Geschichte der Physiologie genau das Gegentheil lehrt. „Je eingehender, vielseitiger, gründ-
licher wir die Lebenserscheinungen zu erforschen streben, desto mehr
kommen wir zur Einsicht, dass Vorgänge, die wir bereits geglaubt hatten
physikalisch und chemisch erklären zu können, weit verwickelterer Natur
sind und vorläufig jeder mechanischen Erklärung spotten." Er zeigt,
dass die Resorption der Nahrungstoffe im Darme sich nicht durch Diffu-
sion und Endosmose erklären lässt, sondern dass die aktive Thätigkeit
der Epithel- und Lymphzellen ihr zu Grunde liegt, dass die Amöben
ihre Nahrung auswählen und nach derselben wandern, wie bewusste

---

[1]) Diese und die folgenden Bücheranzeigen sind Schmidt's Jahrbüchern entnommen.

' Wesen u. s. w. „Wir haben geglaubt, die Funktionen der Muskeln und Nerven auf die Gesetze der Elektricität zurückführen zu können, und müssen jetzt bekennen, dass elektrische Vorgänge im lebenden Organismus bisher mit Sicherheit nur an einigen Fischen beobachtet sind, und dass, selbst wenn sich elektrische Muskel- und Nervenströme mit aller Exaktheit nachweisen liessen, damit dennoch für die Erklärung der Muskel- und Nervenfunktionen noch herzlich wenig gewonnen wäre.“ Alle Vorgänge in unserem Organismus, die sich mechanisch erklären lassen, sind eben so wenig Lebenserscheinungen, wie die Bewegung der Blätter und Zweige am Baume, der vom Sturme gerüttelt wird. „In der Aktivität, da steckt das Räthsel des Lebens drin. Den Begriff der Aktivität aber haben wir nicht aus der Sinneswahrnehmung geschöpft, sondern aus der Selbstbeobachtung, aus der Beobachtung des *Willens*, wie er in unser Bewusstsein tritt, wie er dem inneren Sinne sich offenbart.“

So wenig wie von der Physik und Chemie ist von der mikroskopischen Forschung ein Verständniss des Lebens zu erwarten. Denn in der kleinsten Zelle stecken schon alle Räthsel des Lebens und, wenn immer neue Feinheiten im Baue der Zelle erkannt werden, bleibt ihre Thätigkeit so unverständlich wie zuvor. Und dennoch muss die physiologische Forschung mit dem complicirtesten Organismus, mit dem menschlichen beginnen. Dies rechtfertigt sich deshalb, weil der menschliche Organismus der einzige ist, bei dessen Erforschung wir nicht blos auf unsere Sinne angewiesen sind, in dessen innerstes Wesen wir gleichzeitig noch von einer anderen Seite hereindringen, durch die Selbstbeobachtung, den inneren Sinn, um der von aussen vordringenden Physik die Hand zu reichen. Der richtige Weg zur Erkenntniss ist, dass wir ausgehen von dem Bekannten, von der Innenwelt, um das Unbekannte zu erklären, die Aussenwelt. — Diese sind die leitenden Gedanken des Vortrages. Sie sind freilich längst vor B. ausgesprochen worden, durch die Philosophen, bes. durch Schopenhauer einerseits und Fechner andererseits, die beide mit verschiedenen Worten dieselbe Erkenntnis lehren, dass das, was von aussen gesehen als Körper erscheint, von innen gesehen Seele ist, dass die im Raume erscheinende Wirklichkeit identisch ist mit dem Willen in uns. Für fast alle Hauptsätze B.'s liessen sich Parallelstellen aus den Werken dieser beiden Denker beibringen. Was aber B.'s Darlegung ihren hohen Werth verleiht, ist die Thatsache, dass hier ein unbefangener Physiolog vom Laboratorium ausgehend zu demselben Schlusse gelangt, zu dem Schopenhauer, von Kant's transcendentaler Aesthetik ausgehend, gelangt ist. „Es ist wie in einem Bergwerk (um einen Gedanken Schopenhauer's, den B. in anderem Zusammenhange anführt, zu brauchen), wo von verschiedenen Seiten her die Arbeiter in Stollen

vordringen, bis schliesslich durch das Gestein der eine die Hammer-
schläge des anderen vernimmt."

2. **Leitfaden der physiologischen Psychologie** *in 14 Vorlesungen;*
von Dr. Th. Ziehen. Jena 1891. G. Fischer. Gr. 8⁰. IV u. 176 S. (4 Mk.)

Z.'s Leitfaden zeichnet sich durch Klarheit und Besonnenheit aus
und ist wohl geeignet, in die Lehre von den psychischen Erscheinungen
einzuführen. Z. bemerkt selbst in der Vorrede, dass er in der Hauptsache die sog. Associationspsychologie der Engländer vertritt. Gegen
Wundt, besonders gegen dessen Lehre von der Apperception polemisirt
er vielfach. Andere Standpunkte kennt er nicht, oder will er nicht
kennen. Begreiflicherweise hat Jemand, der wie ich zu wesentlich anderen Anschauungen gelangt ist als Vf., vielfach Veranlassung, an des
Letzteren Auffassungen Kritik zu üben, ohne damit dem Vf. zu nahe
treten zu wollen. Ich will jedoch nur einige kurze Bemerkungen anfügen, welche Hauptpunkte betreffen.

Mit einem gewissen Rechte bekämpft Z. die Lehre von der „Apperception". Diese sei eine Hypostase. Dafür werden aber bei ihm die
Vorstellungen in herbartisirender Weise hypostasirt, da diese wie selbständige Schauspieler das Seelen-Stück aufführen. Der Fehler liegt darin,
dass Z. (wie viele seiner Vorgänger) das Vorhandensein eines Willens
leugnet und in diesem nur eine populäre Selbsttäuschung sieht. Auch
für Denjenigen, der das Wollen in seinem Bewusstsein nicht findet
(das Licht bei Tage nicht sieht), ist nichtsdestoweniger der Wille nicht
nur durch Schliessen erreichbar, sondern unmittelbar der inneren Wahrnehmung gegeben. Denn Lust und Unlust sind nur als Bejahung und
Verneinung des Willens verständlich. Bei Z. (und anderen physiologischen Psychologen) ist die Lust eine Eigenschaft der Vorstellung, ihr
„Gefühlston". Diese missbräuchliche Ausdrucksweise führt zu weiteren
Missverständnissen. In Wirklichkeit ist die Lust, bez. Unlust die Reaktion des Willens gegen die Vorstellung und damit der eigentliche
Direktor des Schauspiels, der in der Hauptsache die Folge der Associationen bestimmt. Die Mängel der von Z. vertretenen Auffassung zeigen
sich u. A. in der misslungenen Ableitung des logischen Denkens von
der associativen Aneinanderreihung der Vorstellungen und in der Vergewaltigung des Ich.

Z. wehrt sich ängstlich gegen die Annahme von „Willkür" im
psychischen Geschehen. Das hängt wohl damit zusammen, dass er bei
jeder Gelegenheit betont, alle inneren Vorgänge seien „necessitirt". Am
Ende aber könnte man die Frage nach dem liberum arbitrium indifferentiae in wissenschaftlichen Schriften als erledigt betrachten. Dass alle

Veränderungen, äussere und innere, eine Ursache haben, d. h. nothwendig sind, versteht sich von selbst. Damit ist aber die psychologische Freiheit sehr wohl vereinbar und ein Widerspruch zwischen Willkür und Gesetzmässigkeit besteht in keiner Weise, sofern nicht das alte Gespenst des liberum arbitrium indifferentiae sich hineinmischt.

Z. kennt nur bewusste psychische Processe. Der materielle Process, der zwischen Reiz und Bewegung liegt, ist allein ein zusammenhängender. Merkwürdiger- und unbegreiflicherweise sind einige seiner Glieder von psychischen Vorgängen begleitet, nämlich diejenigen Vorgänge im Gehirn, die während der Empfindung und der Vorstellungsverknüpfung ablaufen. Es ist ersichtlich, dass ein solcher Standpunkt für die blos naturwissenschaftliche Betrachtung ganz berechtigt ist und dass er besondere Bequemlichkeiten darbietet. Freilich kann er nur solange eingenommen werden, als man auf alle diejenigen Fragen, zu deren Lösung die Annahme für uns unbewusster psychischer Vorgänge nothwendig ist, nicht eingeht. Natürlicherweise wird durch eine solche Beschränkung auf die Oberfläche der ganzen Lehre eine gewisse Dürre eigen.

Nicht recht verständlich ist bei Z.'s Auffassung die Bedeutung, die er den „Bewegungsvorstellungen" beilegt. An verschiedenen Stellen des Buches scheint er diese als Bedingungen der auf Vorstellungen hin erfolgenden Bewegungen anzusehen. Ist aber überhaupt das Psychische auf Empfindung und Vorstellung beschränkt, so kann der materielle Process, der der Bewegung vorausgeht, bei der auf Vorstellungen folgenden so gut wie bei der automatischen Bewegung der Bewegungsvorstellung entbehren. Wenn das eben ausgekrochene Hühnchen ohne Bewegungsvorstellung auf den Boden pickt, so kann auch der Mensch ohne die unglückselige Bewegungsvorstellung auskommen, die in den meisten Fällen seine Selbstbeobachtung nicht entdeckt. Diese Bemerkungen sind natürlich nicht auf das etwaige Vorhandensein der Bewegungsvorstellung gerichtet, da doch diese sicher der Bewegung vorausgehen *kann*, sondern nur gegen ihre Unentbehrlichkeit und gegen den Missbrauch, der mit ihr getrieben wird.

Ebensowohl in principieller Hinsicht, als vom Gesichtspunkte der Zweckmässigkeit aus bin ich gegen die anatomischen Hypothesen eingenommen. Z. ist in dieser Hinsicht sehr besonnen; er betont, dass wir über die Unterlage der psychischen Processe im Gehirn so gut wie nichts wissen, dass z. B. die Rolle, die gewöhnlich den Ganglienzellen zugewiesen wird, nur eine hypothetische ist. Ein solches Zugeständniss ist gegenüber der modernen Anbetung der Ganglienzellen sehr werthvoll. Nichtsdestoweniger passt sich Z. doch dem Ueblichen an, spricht von Erinnerungzellen u. dgl. mehr. Solche Ausdrücke dürften nur rohen

Anschauungen Vorschub leisten, in denen von mancher Seite Unglaubliches geleistet wird.

Z. hatte sein Buch zunächst für den Psychiater bestimmt, später
aber einen weiteren Kreis in's Auge gefasst. Trotzdem hat er die krankhaften Seelenvorgänge eingehend berücksichtigt. Er sagt mit Recht, dass
er dies mit gutem Grunde gethan hat, denn in der That kann der
Psycholog viel vom Psychiater lernen. Ob aber die physiologische
Psychologie den Psychiater in seinem Fache fördert, daran darf man
wohl zweifeln. Vielmehr sieht man nicht selten, dass sie ihn verwirrt.
Dass bei der Psychometrie etwas herauskomme, das scheint Z. auch nicht
zu glauben. Aber selbst wenn von dieser abgesehen wird, dürfte es für
den Psychiater am rathsamsten sein, in die *Schule der Sprache* zu gehen,
die ein grosser Psycholog ist, und das, was die klinische Beobachtung
ihn lehrt, im Sinne des Sprachgebrauches wiederzugeben, nicht die gerade
herrschende Schul-Psychologie in die Klinik einzuführen und physiologisch-
psychologisch zu reden. So hielten und halten es z. B. die grossen
französischen Lehrer. Auch würde durch die Kunst-Ausdrücke dem
Arzte das Studium der Psychiatrie, das ihm ohnehin fremdartig vorkommt,
unnöthig erschwert werden,

Zum Schlusse lehnt Z. jedes Eingehen auf metaphysische (bez.
erkenntnisstheoretische) Fragen ab. „Die physiologische Psychologie aber
muss eine naturwissenschaftliche bleiben, oder sie verräth sich selbst."
Nun, so schlimm ist es wohl nicht. Innerhalb ihres Gebietes soll allerdings die Naturwissenschaft nichts sein als Naturwissenschaft, aber es
wäre wohl gut, wenn der Zusammenhang zwischen ihr und dem philosophischen Denken nicht abgebrochen würde, vielmehr die Psychologie
als Brücke diente, die auch den Jünger der Naturwissenschaft zu einer
umfassenderen Ansicht der Dinge führt, als das Fach sie bietet. Thatsächlich geht auch Z. auf den letzten Seiten seines Buches, die vortrefflich geschrieben sind, über das rein Naturwissenschaftliche hinaus und
zeigt, dass eine Psychologie ohne Erkenntnisstheorie in der Luft schwebt.
Er erhebt sich damit über die Einseitigkeit mancher Fachgenossen, die
in der Naturwissenschaft die Wissenschaft schlechthin sehen und damit
zu Vertretern der Barbarei werden.

3. Leitfaden der physiologischen Psychologie; von Prof. Th. Ziehen.
2. vermehrte u. verbesserte Aufl. Jena 1893. G. Fischer. Gr. 8. IV u.
220 S. (4 Mk. 50 Pf.)

Die 1. Auflage des „Leitfadens" ist früher (Jahrbb. CCXXIX. p. 284)
eingehend besprochen worden. Im Wesentlichen ist die 2. Auflage unverändert. Vf. trägt die „Associationspsychologie", deren Wesen sich

am besten in der Lehre von den Bewegungsvorstellungen ausdrückt, geschickt und mit Ueberzeugung vor. Da die 2. Auflage der 1. ziemlich rasch gefolgt ist, darf man nicht hoffen, dass die „Associationspsychologie" schon sehr bald ihren Einfluss verlieren werde.

4. **Geist und Körper.** *Studien über die Wirkung der Einbildungs-kraft*; von D. Hack Tuke. Uebersetzt von Dr. H. Kornfeld. Jena 1888. G. Fischer. Gr. 8. XII u. 308 S. 2 Tafeln. (7 Mk.)

Hack Tuke, der sich in seinem Buche sowohl an Aerzte, als an Leute allgemeiner Bildung schlechthin wendet, hat sich dadurch verdient gemacht, dass er eine grosse Zahl von Beobachtungen gesammelt hat, in denen ein mehr oder weniger ungewöhnlicher Einfluss des „Geistes" auf den „Körper" dargethan wird. Die Empfindungen rechnet H. T. zum Körper. Die allgemeine Theilnahme hat sich jetzt mehr als früher, z. Th. in Folge der mit dem Hypnotismus gemachten Erfahrungen, diesen Dingen zugewendet. Deshalb dürfte auch die Unternehmung Kornfeld's, trotzdem, dass die Beispiele H. T.'s zum Theil recht alt und nicht durchaus zweifellos sind, zeitgemäss sein und man kann im Interesse der Sache nur wünschen, dass H. T.'s Arbeit auch in Deutschland bekannt werde. Freilich sind die theoretischen Auseinandersetzungen H. T.'s weniger werthvoll, als die von ihm mitgetheilten Thatsachen. Zwar lässt sich H. T. anerkennenswertherweise wenig auf abstrakte Erörterungen ein, aber schon die Eintheilung zeigt die Unzulänglichkeit der grundlegenden Auffassung. Die neuere englische Psychologie spielt in deutschen Büchern eine grössere Rolle, als sie verdient. Es wäre gut, wenn ihr Einfluss statt zu-, abnähme, denn unsere eigene Waare ist besser, als die fremde. Allerdings spricht oft der sog. common sense der Engländer den Mann des Laboratorium oder des Krankensaales eher an, als die deutsche Gelehrsamkeit. Aber wenn auch diese in dem Streben, tief einzudringen, hier und da an Verständlichkeit einbüsst, so ist dies doch ein geringerer Fehler als Plattheit.

Die Uebersetzung K.'s ist recht gut. Vielleicht aber hätte er weniger der fremden Kunstausdrücke (Ideation, Aesthesie u. dgl.) unverändert übernehmen sollen.

5. **Klinische Vorlesungen über Psychiatrie auf wissenschaftlichen Grundlagen;** von Prof. Theod. Meynert. Wien 1890. W. Braumüller. Gr. 8. 304 S. (8 Mk.)

Es wäre überflüssig, Meynert's Verdienste zu rühmen. Er ist anerkanntermaassen ein hervorragender Kenner und Förderer der Hirnanatomie, er ist ein feinsinniger Irrenarzt und vortrefflicher Lehrer. Alle

diese Eigenschaften bewährt er auch in seinem neuen Buche und reiner
als früher zeigen sich hier die Züge des klinischen Psychiaters. Nichtsdestoweniger wird einem die Freude vergällt dadurch, dass M. auch in
diesen klinischen Vorträgen sein Princip festhält, der Psychiatrie bon gré
mal gré eine anatomische Unterlage zu geben. In jede klinische Auseinandersetzung drängen sich die gewagtesten anatomisch-physiologischen
Hypothesen hinein. In der Vorrede liest man den verblüffenden Satz:
„Hypothesen vermeide ich". Fängt man dann an, das Buch zu studiren,
so findet man sich schon auf der 5. Seite in einen grossen Hypothesen-
Strudel hineingerissen. Es handelt sich da um den (horribile dictu)
„Mechanismus" der Manie und Melancholie. Die einzelnen Hypothesen
sind ja wohl allen Sachverständigen bekannt, da wir sie oft genug zu
hören bekommen haben. Immer von Neuem aber erstaunt man über
die schrankenlose Willkür, mit der das luftige Gebäude aufgeführt wird,
und über die Zuversicht, mit der das mehr als Zweifelhafte dem Thatsächlichen gleichgestellt wird. Der Mittelpunkt des physiologisch-ana-
tomischen Spinnengewebes ist die „Erklärung" der cirkulären Geistesstörung.
Auf sie scheint M. mit besonderer väterlicher Liebe zu blicken. Ihr
müssen sich auch die Thatsachen fügen. M. hält fest an der irrthümlichen
Annahme, dass die Kranken immer während der melancholischen Phase
leichter, während der maniakalischen schwerer werden, obwohl Dittmar
u. A. gezeigt haben, dass es auch anders sein kann, und obwohl schon
1881 Rud. Emmerich in seiner vortrefflichen Arbeit, die in unseren
Jahrbüchern erschienen ist (CXC. p. 193), die richtige Erklärung auf
Grund der Ernährungslehre gegeben hat.

Gewöhnlich verbeugt man sich mit der Bemerkung, das Hyperämie-
Anämie-Spiel sei sehr geistreich. Manche der überraschenden Einfälle
M.'s sind zweifellos in hohem Grade geistreich. Diesen gehört z. B. sein
„Beweis" an, dass die „funktionellen Lähmungen auf vasomotorischer
Störung beruhen" (p. 190). Nur eine Arterie der Gehirnbasis ist dünn
und entbehrt des zweiseitigen Blutzuflusses, die Arteria pedunculi oder
chorioidea. Sie versorgt den inneren Theil der hinteren Kapsel, den
Tractus opticus und das Ammonshorn. Die Gesichtsfasern liegen weiter
vorn in der inneren Kapsel, werden von jener Arterie nicht versorgt.
„Die Symptome der funktionellen Lähmung sind Hemiplegien, von welchen
Zunge und Facialis meist frei bleiben, Hemianästhesie ...., Blindheit,
Geruchlosigkeit, meist ein Grad von Taubheit." „Diese besondere Symp-
tomengruppe deckt sich somit ganz mit dem Ernährungsbezirke der bei
einem Gefässkrampf in ihrem Lumen am meisten bedrohten Art. chorioidea.."
„Dieses höchst gesetzmässige häufige Bild funktioneller Lähmung muss
daher als Folge von vasomotorischer Störung angesehen werden, welche

durch Arteriensystole eingeleitet, mit dem Eintreten der Diastole ein akutes Oedem mit sich führen dürfte ." „Die Natur funktioneller Gehirnkrankheiten ist also nach einer Richtung hin sicher vasomotorisch." Der Leser, den das „bulbäre" Symptom der Angst befällt, fragt sich, ob er sich mehr wundern soll über die Geistesreichigkeit oder über die Gewaltsamkeit dieses in wilden Sprüngen dahineilenden und über die Thatsachen wegspringenden Denkens. Ein Spiel mag noch so geistreich sein, Wissenschaft ist es nicht. M. will die Psychiatrie „auf wissenschaftlichen Grundlagen" erbauen. Die Psychiatrie hat Eine Grundlage: die Klinik. Je wissenschaftlicher sie ist, um so ausschliesslicher fusst sie auf dieser. Sie steht weder auf psychologischen, noch auf anatomisch-physiologischen Hypothesen. Ihr solche thönerne Füsse unterschieben, heisst sie unwissenschaftlich machen. Wenn ein Wissen existirte von den Vorgängen im Gehirn, die den seelischen Vorgängen entsprechen, und von den krankhaften Veränderungen im Gehirn, die den Symptomen des Irreseins zu Grunde liegen, so würde das Wissensgebiet des Psychiaters erweitert werden, aber das Wissen, das die unbefangene und sorgfältige klinische Beobachtung erworben hat, würde weder umgebaut werden müssen, noch eine bessere Begründung gewinnen, als es jetzt hat. Mögen der Anatom und der Physiolog auf ihrem Wege fortschreiten, mag der Psychiater, wenn er Zeit und Neigung dazu hat, Anatomie treiben: die Psychiatrie geht das zunächst nichts an. Gewiss wird der Psychiater von allen Fortschritten des anatomischen Wissens und besonders von denen der pathologischen Anatomie sich Kenntniss zu erwerben suchen, aber er sollte sich dagegen mit aller Kraft wehren, dass ein anatomisch-physiologisches Halbwissen seine Kreise stört, dass ihm die klinische Klarheit getrübt wird durch unfertige und plumpe Hypothesen aus dem Laboratorium oder der Leichenkammer. Wenn einmal ein Theil unserer Unwissenheit über die äussere Seite der psycho-physischen Vorgänge geschwunden sein wird, werden wir uns wahrscheinlich auf's Aeusserste darüber wundern, wie kindlich die heutigen Vorstellungen gegenüber der Fülle der Wirklichkeit erscheinen. Aber selbst dann, wenn die gänzlich unbewiesenen, ja zum Theil höchst unglaubhaften Behauptungen von heute, diese seelische Erscheinung sei cortikal, jene infracortikal, jene bulbär, wahr sein sollten, würde ihre Vermengung mit der klinischen Psychiatrie nicht statthaft sein, denn der materielle Zusammenhang einerseits, der psychische andererseits erfordern eine besondere Betrachtung und die Beziehung des einen auf den andern ist wieder eine Sache für sich. Springt man aber fortwährend von der einen Erscheinungsweise in die andere, so entsteht eine für den gesunden Geschmack unerträgliche Begriff-Mengerei, die die Klarheit zerstört, während die Erkenntniss aus der Umschreibung des inneren Vorgangs mit den dem äusseren zukommenden Ausdrücken keinen Nutzen zieht.

Es ist vielfach üblich, Meynert's Hypothesen stillschweigend abzulehnen, aus Hochachtung für den Mann von der Bestreitung abzusehen. Doch kann dies nicht das Richtige sein, denn ein bedeutender Mann darf seine Schwächen haben und Meynert selbst würde es nicht billigen, wenn Jemand, der seine Auffassung für falsch hält, dies aus persönlichen Rücksichten verschweigen wollte.

Es handelt sich um das Princip, darum, die Würde und Selbständigkeit des klinischen Studium zu wahren. Die Tendenzen, die M. vertritt, sind weitverbreitet, wenn auch Andere nicht mit der genialen Unbefangenheit M.'s vorgehen. Wenn z. B. Jemand behauptet, die Aufgabe der wissenschaftlichen Psychiatrie bestehe darin, die Lokalisation der Symptome des Irreseins im Gehirn ausfindig zu machen, so ist das eine Beleidigung der Klinik. Die Ueberschätzung der anatomisch-physiologischen Arbeit gegenüber der klinischen ist allgemein und die Kliniker haben allen Grund, ihr Haus zu vertheidigen.

Neben der Hauptbeschwerde wären noch andere Klagen geltend zu machen. Besonders wäre Meynert's Psychologie von Grund aus zu bekämpfen. Doch davon ein ander Mal.

Was nun die klinische Darlegung angeht, so fasst M. seine Schilderungen in grosse Gruppen zusammen. Er bespricht die Krankheit Melancholie und die Krankheit Manie mit Einschluss der periodischen Formen und des cirkulären Irreseins. Zwischen diesen Formen und der Paranoia steht die Amentia oder Verwirrtheit, ein Capitel, das vielleicht als das eigenartigste und am meisten gelungene zu bezeichnen ist. Dann folgen die progressive Paralyse, deren Zusammenhang mit der Syphilis M. zugiebt, ohne noch in der letzteren die ausschliessliche Ursache erkannt zu haben, die sekundäre Geistesstörung, der Blödsinn durch Herderkrankung und der angeborene Blödsinn. Es ist unmöglich, hier auf Einzelheiten der M.'schen Vorträge, die übrigens zum Theil schon früher in Zeitschriften veröffentlicht worden sind, einzugehen.

Wahrscheinlich hat M. sein Buch nicht selbst niedergeschrieben, da sonst die ungemein grosse Zahl der Sprachfehler unverständlich wäre.

6. Die Hallucinationen im Muskelsinn bei Geisteskranken und ihre klinische Bedeutung; von Dr. Aug. Cramer. Freiburg 1889. J. C. B. Mohr. Gr. 8. 130 S. (3 Mk. 60 Pf.)

Die Arbeit Cr.'s zerfällt in einen theoretischen und in einen klinischen Abschnitt. Der letztere ist der weitaus grössere (104 S.) und der bedeutungsvollere. Cr. glaubt gefunden zu haben, dass mehrere Symptome,

die vorwiegend bei den an Paranoia Leidenden auftreten, sowohl ihrer
Entstehung nach verknüpft, als in gleicher Richtung von diagnostischer
und prognostischer Bedeutung seien. Diese Erscheinungen sind: Gedankenlautwerden, Zwangsvorstellungen, Zwangsreden und Zwangsbewegungen.
Alle sollen durch „Hallucinationen im Muskelsinn" hervorgerufen werden.
Unter Muskelsinn ist zu verstehen „eine centripetal verlaufende Sinnes-
bahn, welche in der Muskulatur ihre Aufnahmestation hat und deren
specifische Energie darin besteht, dass sie Bewegungsempfindungen nach
der Hirnrinde bringt, welche dort zu Bewegungsvorstellungen umgesetzt
und als solche abgelagert werden". Entsteht eine „hallucinatorische Erregung" in dieser Bahn, die eine nicht stattgefunden habende Bewegung
vortäuscht, so kommt es zur Bildung jener Symptome. Je nachdem der
Muskelsinn „des locomotorischen Apparates", oder der des Sprachapparates
betroffen ist, kommt es zu Zwangsbewegungen, bez. Stellungen, oder zu
den verschiedenen Formen des Zwangsredens. Beim Denken findet jederzeit eine schwache Innervation des Sprachapparates statt. Befindet sich
die Bahn des Muskelsinnes „in einem Zustande krankhaft erhöhter Erregbarkeit, so werden wir uns wohl denken können, dass jene leichten
motorischen Impulse, welche bei unserem Kranken während des verbalen
Denkens nach dem Sprachapparate abfliessen, dem Bewusstsein als Bewegungsempfindungen in dem Grade verstärkt vorgeführt werden, dass
es denselben Eindruck bekommt, als ob das Gedachte wirklich zum
Sprechen articuliert worden wäre". Aehnlich ist es beim Schreiben und
Lesen. Die Kranken glauben, dass Alles, was sie denken, von einer
inneren Stimme mitgesprochen werde, dass das Gelesene wiederholt werde,
dass ihnen das Geschriebene vorgesagt werde. Darin besteht das Gedankenlautwerden. Eine Zwangsvorstellung soll sich bilden, wenn die
Erregung nur ganz bestimmte Bewegungsempfindungen auslöst. „Das
Bewusstsein associirt aber in gewohnter Weise jede Bewegungsempfin-
dung im Sprachapparat mit der dazu gehörigen, durch den Acusticus
erworbenen Gehörsvorstellung und gelangt so zu einer Wortvorstellung."
Das wichtigste Ergebniss der klinischen Beobachtungen ist, dass es
bei denjenigen Kranken, bei denen die in Rede stehenden Symptome
in den Vordergrund treten, nie zu einem sogen. chronischen Stadium
kommt, in dem die Intelligenz noch lange Jahre wohl erhalten bleiben
kann, dass vielmehr fast ohne Ausnahme nach relativ raschem Verlaufe
Genesung oder geistige Schwäche eintritt. Die häufige rasche Verblödung
der an Gedankenlautwerden u. s. w. Leidenden erklärt Cr. dadurch, „dass
die dauernde krankhafte Erregung, welche bei unseren Patienten in den
anatomischen Substraten gerade des Denkens Platz gegriffen hat und sich
als Zwangsvorstellungen (Wahnvorstellungen), Zwangsreden und Gedanken-

lautwerden documentirt, dieses complicirte und zarte Organ so afficirt,
dass nach und nach immer mehr Theile funktionsunfähig werden und
hierdurch schliesslich ein völliger Zusammenbruch des geistigen Gebäudes
herbeigeführt wird." Diese zerstörende Wirkung kommt hauptsächlich
dem Gedankenlautwerden und dem Zwangsreden zu, sobald diese Erscheinungen längere Zeit bestehen. Auch scheint das Gedankenlautwerden, das bei der katatonischen Verrücktheit stets vorhanden sein dürfte,
einen nicht geringen Antheil an dem oft ungünstigen Ausgange der Krankheit zu haben. Bei manchen Paranoia-Kranken beherrscht das Gedankenlautwerden ganz isolirt das Krankheitsbild, bei manchen stehen Zwangsvorstellungen, Gedankenlautwerden und Zwangsreden in stetem Wechsel
isolirt im Vordergrunde der Erscheinungen. Dreissig meist sehr interessante Krankengeschichten, die theils aus der Marburger, theils aus der
Freiburger Klinik stammen, bilden Cr.'s Material.

Dass seine Darstellung der Kritik viele Angriffspunkte bietet, wird
Cr. selbst wissen. Psychologische Construktionen pflegen dieses Schicksal zu haben, denn ihr Boden ist trotz aller physiologischen Zuthaten
ein unsicherer. Die „Bewegungsvorstellungen", mit denen Cr. sich viel
beschäftigt, spielen in der neuen Physio-Psychologie eine grosse Rolle.
Nicht Cr. allein übersieht, dass es absurd ist zu sagen: „ein grosser Theil
unserer Hirnrinde ist mit Bewegungsvorstellungen besetzt". Wichtiger
als diese falsche Ausdrucksweise und für den Unbefangenen ganz verwirrend ist der Umstand, dass gewöhnlich schlechtweg von Bewegungsvorstellungen gesprochen wird, als ob sich das von selbst verstünde.
Die Bewegungsvorstellungen sind aber nicht, wie es danach scheinen
könnte, das, was andere Vorstellungen sind, nämlich ein Gegenstand der
inneren Wahrnehmung, sie sind etwas Erschlossenes und wir haben gar
keine unmittelbare Kenntniss von ihnen. Wenn ich mir etwas ansehe,
habe ich durchaus keine Bewegungsvorstellung: erst wenn die Aufmerksamkeit darauf gelenkt wird, entdecke ich, dass bei dem Wechsel der
Gegenstände im Sehfelde eine ganz schwache und undeutliche Empfindung in den Augen auftritt, die fehlt, sobald nicht die Bewegung der
Augen, sondern die der Gegenstände Ursache des Wechsels ist. Was
es mit jener Empfindung auf sich hat, würde ich nie erfahren, wenn ich
nicht durch die Beobachtung an Anderen Kenntniss von der Augen-
bewegung erlangt hätte. Wo bleibt da die Bewegungsvorstellung? Auf
sie hat nicht die Selbstbeobachtung geführt, sondern das Denken. Sie
ist ein Postulat des letzteren und kann, wenn sie vorhanden ist, nur im
Unbewussten gesucht werden. Man kann über sie alles das sagen, was
man schon über „unbewusste Vorstellungen" gesagt hat. Will man sie
handhaben, so darf man doch ihre hypothetische Natur nicht verkennen; es

handelt sich um einen Vorgang im Unbewussten, dem, wenn er bewusst würde, vermuthlich die Bezeichnung: Bewegungsvorstellung beigelegt werden könnte.

In Beziehung auf das Sachliche kann man unbedenklich zugeben, dass möglicher Weise das Gedankenlautwerden seinen Ursprung in einer „Hallucination des Muskelsinns" haben könne. Nur kann die letztere auch dieses Phänomen nicht allein erklären, denn eine solche Sinnestäuschung kann an sich den Kr. nur zu dem Glauben bringen, er habe eine Bewegung gemacht, im vorliegenden Falle Lippen, Zunge u. s. w. bewegt. Wenn der Kr. aber nicht dieses behauptet, sondern eine Stimme hört, und zwar bald mit diesem, bald mit jenem Klange, bald in der Brust, bald in den Füssen, bald in der Wand, so muss zu der „Hallucination des Muskelsinns" noch sehr viel hinzukommen, was der Erklärung erst recht bedürftig ist. Cr. sagt kurz: die „abnormen Sinnesbilder" des Muskelsinnes werden mit irgend einem Tone oder Geräusche „associirt", die Stimme wird dahin und dorthin „verlegt".

Viel schwieriger noch ist die Sache mit den Zwangsbewegungen und Zwangsreden. Cr. fasst diese, wenn ich recht verstanden habe, als unwillkürliche Reaktionen auf die „Hallucinationen des Muskelsinns" auf. Dann sollte man aber erwarten, dass die Kr., die zum Theil der Selbstbeobachtung sehr wohl fähig sind, über ihre Hallucinationen etwas aussagen könnten. Statt dessen sagen sie nur: ich muss, ich weiss nicht warum. Existirt also die Hallucination, so fällt sie gänzlich in das Gebiet des Unbewussten und es ist zum mindesten bedenklich, von ihr mit einiger Zuversicht zu sprechen.

Die Zwangsvorstellungen endlich werden von Cr. von seinen Muskelgefühlen in einer so gewundenen und wunderlichen Weise abgeleitet, dass die Willkürlichkeit des Verfahrens auf der Hand liegt.

Keinen Aufschluss erhält der Leser über den Ort, wo die von Cr. postulirten Erregungsvorgänge stattfinden sollen. Nach seinen Worten scheint es, als ob er sie wirklich in den peripherischen Theilen suchte. Doch ist wohl anzunehmen, dass er den ganzen Vorgang als einen cerebralen ansieht, die Erregung in der cortikalen Endstation der Muskelsinnesbahn angreifen lässt.

Ob die klinischen Aussagen Cr.'s zu Recht bestehen, ist eine Thatfrage, die weitere Beobachtungen zu entscheiden haben. Doch treten auch hier theoretische Construktionen auf, die als unbewiesen beanstandet werden müssen. Insbesondere ist die Behauptung, dass das Gedankenlautwerden als solches die geistigen Fähigkeiten zerstöre, recht kühn.

7. Gesammelte Aufsätze und kritische Referate zur Pathologie des Nervensystems; von Prof. C. Wernicke, Berlin 1893. Fischers med. Buchh. Gr. 8. X. u. 316 S.

Vf. ist durch die Verlagsbuchhandlung zum Herausgeben seiner Sammlung veranlasst worden. Er hat in sie einen Theil seiner selbständigen Arbeiten und eine Reihe von kritischen Referaten aufgenommen. Letztere bezeichnet er als Kern der Sammlung. Der erste Theil ist überschrieben „Aphasie und Folgerungen." Er ist bei Weitem der wichtigste und enthält W.'s Hauptaufsatz, die 1874 erschienene Arbeit über „den aphasischen Symptomencomplex". Im 2. Theile werden verschiedene Fragen der Gehirnlokalisation besprochen, der 3. enthält anderweite Erörterungen über Gehirnkrankheiten, der 4., kürzeste, handelt über „Rückenmark und Nerven". In den Anmerkungen werden veraltete, bez. als unrichtig erkannte Auffassungen des Vfs. berichtigt.

Es ist Keinem, der Tüchtiges geleistet hat, zu verdenken, wenn er seine verstreuten Arbeiten sammelt und aus einzelnen Reisern, die leicht zerbrechen, ein festes Bündel schnürt. Eine solche Zusammenstellung dient aber auch zum Vortheile der Anderen, denn auch dem eifrigen Arbeiter, der den Autor ganz verstehen möchte, fällt es schwer, die rasch aus einander flatternden Zeitschriften zusammen zu bekommen und das Verwandte bald da, bald dort zu suchen. In der Sammlung erläutern die einzelnen Arbeiten einander und die Auffassung des Autors ist leichter und vollständiger möglich. Das Gesagte gilt durchaus von W.'s verdienstlichen Arbeiten. W. hat sich ausgezeichnet durch eigene Arbeiten über die Gehirnkrankheiten, besonders über die Lokalisation im Gehirn, und durch eine scharfe Kritik fremder Arbeiten. Mit Recht schätzt er die Kritik. Er sagt von ihr, dass er sie oft zu seinem Nachteile ausgeübt habe; nun, jeder ehrliche Kritiker setzt seinen persönlichen Vorteil hintenan, ein Umstand, auf dem die Seltenheit und der Werth wirklicher Kritiken zugleich beruhen.

Jeder hat die Mängel seiner Tugenden. In dem Bilde, das uns W.'s Buch von ihm entwirft, erkennen wir als seine Haupttugend die Fähigkeit, Beziehungen zwischen den Symptomen und den Theilen des Gehirns zu erkennen. Seine Lokalisationsbestrebungen sind auf dem Gebiete der groben Gehirnkrankheiten sehr erfolgreich gewesen. Er hat seine Laufbahn mit der glänzenden Entdeckung der sensorischen Aphasie, als des Symptoms der Läsion der 1. Schläfenwindung eröffnet und hat später an zahlreichen Stellen die Lehre von der Lokalisation vervollständigt. Seine Auffassung ist in der Hauptsache siegreich geblieben. Fast überall darf man ihm unbedenklich zustimmen, wenn er von den groben Gehirnkrankheiten handelt.

W.'s Begeisterung für die Gehirnanatomie und die Lokalisation ist aber zugleich seine schwache Seite. Er will zu viel lokalisiren und sein Urtheil versagt da oft, wo es sich um Dinge handelt, die einer anatomischen Betrachtung nicht zugänglich sind. In seinem Aufsatze „über die Aufgaben der klinischen Psychiatrie" treten diese Mängel ganz besonders zu Tage, hier und in den „Grundzügen einer phsychiatrischen Symptomenlehre" führen sie ihn zu geradezu erschreckenden Aufstellungen.

Der richtige Gedanke, von dem W. ausgeht und den die geschmähten Philosophen schon vor ihm gehabt haben, ist der, dass jeder cerebrale Vorgang nach dem Schema des Reflexes verläuft. Bei diesem haben wir die aufsteigende Bahn, die sensorische Zelle, die Verbindung zwischen ihr und der motorischen Zelle, diese selbst und die absteigende Bahn. Im Wesentlichen entsteht die Verwickelung des Gehirnbaues dadurch, dass die Verbindung zwischen beiden Zellen ein Labyrinth werden kann. Vom inneren Standpunkte aus schiebt sich das im engeren Sinne geistige Leben zwischen Empfindung und Bewegung. Durch die Anwendung des Reflexschema bei der Lehre von der Aphasie hat W. einen grossen Erfolg erreicht. Was hier gelungen ist, möchte er auch in der Psychiatrie erzwingen und nun behandelt er die eigentlichen Psychosen wie die groben Gehirnkrankheiten. Natürlich muss jedem geistigen Vorgange eine Veränderung im Gehirne und jeder geistigen Störung eine irgendwie lokalisirte Störung im Gehirne entsprechen. Zum Erkennen dieser Dinge reichen aber unsere Mittel in keiner Weise aus. Wenn man, weil die Aphasie sich lokalisiren lässt, einen Ort für diesen oder jenen Seelenvorgang sucht, so gleicht man etwa Einem, dem seine mathematischen Kenntnisse die Winkel eines Dreiecks zu berechnen gestatteten und der nun mit diesen Kenntnissen den Inhalt eines Fasses berechnen möchte. Versucht er es, so wird sein Ergebniss falsch und er versäumt das Ausführbare. In der That ist der Erfolg der Bestrebungen W.'s eine Vergewaltigung des Problems und eine Verkennung der wirklichen Aufgaben der Klinik.

W.'s anatomischer Eifer lässt ihn oft die $\mu\varepsilon\tau\alpha\beta\alpha\sigma\iota\varsigma$ $\varepsilon\iota\varsigma$ $\alpha\lambda\lambda o$ $\gamma\varepsilon\nu o\varsigma$ begehen, z. B. sagt er von den Erinnerungsbildern, sie bevölkerten in mosaikartiger Anordnung die Hirnrinde. Man könnte eben so gut von wohlriechenden Tönen und gutschmeckendem Lichte sprechen. Man weiss ja ungefähr, was er meint, aber principiis obsta. Es giebt doch auch Leute, die sich vorstellen, jede Ganglienzelle sei ein Kästchen, in dem eine Vorstellung steckt. W. sagt: „Nur so weit das Psychische mit einem anatomischen, räumlichen Substrat direkt vergleichbar, substantiirbar, mit ihm commensurabel war, konnte es als Annäherung zu einer wirklichen Erkenntniss für uns in Betracht kommen". Das heisst doch wohl, nur

die Lokalisation ist wirkliche Erkenntniss, im Uebrigen ist „das Psychische"
kein Gegenstand der Wissenschaft. Dieser Auffassung entspricht W.'s
Stellung zur Psychologie. Hielte er diese nicht für eine quantité négligeable,
so könnte ein so scharfsinniger Mann wie er sich nicht mit einer so
überaus dürftigen und oberflächlichen Psychologie begnügen, wie die ist,
die er von seinem Lehrer übernommen hat. Es besteht nämlich der
Inhalt des Bewusstseins aus Erinnerungsbildern, Intelligenz und Wille
sind „nichts als Associationsleistungen der complicirtesten Art". Danach
wäre unser Inneres ein Bilderladen und das geistige Leben entstände
dadurch, dass die Bilder mit einander caramboliren. Wie ist es nur
möglich, an so etwas zu glauben? Ein Stein besonderen Anstosses in
dieser soidisant Psychologie ist die „Bewegungsvorstellung", ein Begriff,
bei dem man sich gar nichts Bestimmtes denken kann und der wahrscheinlich deshalb allgemeine Beliebtheit erworben hat. Ich habe mich
schon früher (gegen A. Cramer, Jahrbb. CCXXIV. p. 101) über die
Bewegungsvorstellung ausgesprochen; man hat das nicht beachtet, deshalb und weil, wie W. richtig sagt, von jeher die Wiederholung ein
Hauptargument für alles Wahre gewesen ist, will ich nochmals auf den
fragwürdigen Begriff zurückkommen. Sehen wir zunächst, was die Bewegungsvorstellung nach W.'s Darstellung ist. Er sagt, die Bewegungen
des Leibes geben zu Empfindungen Anlass, die Erinnerungsbilder in der
Grosshirnrinde zurücklassen, diese Bilder seien die Bewegungsvorstellungen. Dagegen wäre nichts einzuwenden. Beim Sprechen z. B.
haben wir allerhand Empfindungen, und Nachwirkungen davon müssen
im Rindenfelde des Trigeminus zurückbleiben; das wären die sprachlichen Bewegungsvorstellungen. So ist es aber nicht gemeint, denn ein
paar Zeilen weiterhin sagt W., die Hirnwindungen vor der Rolandischen
Furche seien motorisch, denn sie enthalten die Bewegungsvorstellungen,
die Hirnwindungen hinter der Rolandischen Furche seien sensorisch,
denn sie enthalten Erinnerungsbilder abgelaufener Sinneseindrücke.
Weiter wird gesagt, dass mächtige Faserzüge, die in das Stirnhirn ein-
strahlen, eine centripetale Bahn seien, „durch welche dem Stirnhirn die
Innervationsgefühle der reflektorisch ablaufenden Bewegungen zugeführt
werden". Es scheint danach so, als ob die „Innervationsgefühle" die
Hauptsache wären, sie sollen centripetal geleitet werden, aber keine
Sinneseindrücke sein. Glaubt denn W. an dieses aus der Luft gegriffene
Unding von Gefühlen, die keine sind, die dadurch entstehen sollen (Einige
haben den Muth gehabt, es zu behaupten), dass in den centrifugalen
Fasern während der Innervation eine Erregung centripetal läuft. Will
W. diese Ungeheuerlichkeit nicht zulassen, so sind die Innervationsgefühle
die Erregungen der sensiblen Nerven der bewegten Theile. In der That

heisst es weiterhin, „dass dieselben Stellen der Hirnoberfläche, deren
Reizung Bewegungen auslöst, also im strengsten Sinne motorische Centren,
zugleich der Sitz des Muskelgefühls, der Vorstellung von dem Maasse
und der Art der Muskelinnervation, kurz der von uns angenommenen
Bewegungsvorstellungen sind". Danach müsste man annehmen, dass die
sensibele Bahn zu den sogen. motorischen Theilen der Hirnrinde führe
und ihre Fasern mit den Pyramidenzellen, deren Ausläufer die centrifugalen Pyramidenbahnen sind, in Verbindung treten. Mit einer solchen
Auffassung ist aber wieder das Schema Fig. 2, das sich an die alte
Meynert'sche Lehre anlehnt und das W. nicht desavouirt, nicht vereinbar. Nach diesem kommt in den Gehirnganglien ein Reflexbogen zu
Stande und von der motorischen Zelle (y) aus zieht eine centripetale
Bahn zu der Rinde des Vorderhirns, auf der die Bewegungsvorstellungen
transportirt werden, und eine Art von Nebenschliessung (punktirte Linie)
verbindet dann wieder in centrifugaler Richtung die Rinde des Vorderhirns mit der motorischen Zelle. Ist es mir schon nicht möglich gewesen,
über die anatomischen Vorstellungen, mit denen die Lehre von den
Bewegungsvorstellungen einhergeht, klar zu werden, so wird die Sache
noch viel schlimmer, wenn man die psychologische Seite betrachtet.
Angenommen W. verstehe unter den Bewegungsvorstellungen wirklich
nur die Erinnerungen an die Empfindungen, die die Bewegungen begleitet haben, so fragt man, wie kommt es nun zur Bewegung. W. sagt:
„aus diesen gegebenen Grössen [den Erinnerungsbildern] lässt sich denn
auch ein einfachster Bewusstseinsvorgang, z. B. die Willensbewegung,
vollständig begreifen". „Das Bewusstwerden einer Bewegungsvorstellung
und die Bewegung selbst können aber nur als verschiedene Intensitäts-
grade der Zellenerregung aufgefasst werden, indem die Erregung der
Zelle, um die Bewegung auslösen zu können, so stark geworden sein
muss, dass sie die Widerstände der centrifugalen Bahn überwinden kann."
Später sagt W. geradezu „die Bewegungsvorstellung wird innervirt" (ein
Ausdruck, der Kürze mit Unverständlichkeit verbindet), meint aber offenbar den eben dargelegten Gedanken. Nun fragen wir, woher weiss W.
das, was er sagt? Aus seinen Gehirnpräparaten nicht, denn an ihnen
sieht man weder Empfindungen, noch Vorstellungen, aus der Beobachtung
seines Inneren aber auch nicht, denn die Selbstbeobachtung sagt uns
von jenem Anschwellen einer Bewegungsvorstellung nichts, rein gar
nichts. Frage sich doch jeder selbst, ob er vor seinen Bewegungen Bewegungsvorstellung wahrnehmen könne. Gerade bei den verwickeltsten
Bewegungen, der Lautgebung, der Sprache, dem Sehen bemerken wir
von vorausgehenden Erinnerungen gar nichts. Z. B. beim Sehen entdeckt man erst dann, wenn die Aufmerksamkeit darauf gelenkt wird,

eine ganz schwache und undeutliche Empfindung an den Augen, die
fehlt, sobald nicht die Bewegung der Augen, sondern die der Gegenstände
Ursache des Wechsels ist. Was es mit jener Empfindung auf sich hat,
wissen wir von vornherein gar nicht und vor dem Blicken finden wir
im Bewusstsein überhaupt nichts, was an jene Empfindung erinnerte.
Nur daraus, dass wir einen Theil unserer Bewegungen durch Uebung
erlernen, hat man *geschlossen,* dass der neuen Bewegung eine Erinnerung
an die alte vorausgehen müsse. Die Bewegungsvorstellung ist demnach
ein Postulat, ein Gedankending, das im Unbewussten gesucht werden
mag, aber keine Thatsache des Bewusstseins. Zugegeben jener Schluss
auf die Vorgänge im Unbewussten sei richtig, so fragt es sich, ob die
Bewegungsvorstellung uns die Bewegung verständlich mache. Was sagt
das Bewusstsein aus? Wenn etwa einem Hungernden ein Stück Brot
vorgehalten wird, so streckt er die Hand. danach aus. Er weiss, dass
das Brot seinen Hunger stillen kann, er hat Lust danach und will die
Hand danach ausstrecken. Sobald er will, tritt die Bewegung ein, wie
und wodurch, das weiss er nicht. In das Bewusstsein fallen nur der
Zweck der Bewegung und das Wollen, über das nähere Angaben ganz
unmöglich sind. Wie das Wollen es macht, dass die richtigen Muskeln
in der richtigen Weise sich zusammenziehen, das ist uns durchaus unbekannt. Nach W.'s Auffassung hätte nun jener Mensch vor dem Ausstrecken der Hand eine Erinnerung an seine früheren Bewegungen, er
bildete sich nur ein, zu wollen, in Wirklichkeit war die Erinnerung
Ursache der Bewegung. Sie war es, weil sie eine gewisse Stärke hatte
(Deutlichkeit kann man bei unbewussten Vorstellungen nicht sagen). Das
Bewusstsein behauptet nun, je grösser die Lust, um so rascher und ent-
schiedener die gewollte Bewegung. Nein, sagt die Associationspsychologie,
die scheinbare Lust ist eine complicirte Associationsleistung, von der
Stärke der Erinnerung an frühere Bewegungen hängt die Energie der
Bewegung ab. Ich merke nichts davon, sagt das Bewusstsein. Daran
ist deine Dummheit schuld, sagt die Associationspsychologie. Ein ver-
fehlter Einwand wäre der Hinweis darauf, dass die Erinnerung an frühere
Bewegungen die Auswahl der richtigen Bewegung erleichtere. Die Behauptung ist ja, dass die Bewegungsvorstellung die Bewegung als solche
bewirke und dass der Eintritt der Bewegung von der Stärke der Erinnerung abhänge. Die Erinnerung mag sich anstellen, wie sie will, sie
bleibt Erinnerung. Sie kann die Entscheidung des Willens beeinflussen,
aber nicht ersetzen. Ich breche ab, da es hier nicht gilt, eine psychologische Abhandlung zu schreiben. Es sollte nur gezeigt werden, dass
die Bewegungsvorstellungen nicht die Rolle im Bewusstsein spielen, die
ihnen W. zuschreibt, und das nicht erklären, was W. mit ihnen voll-

ständig begreiflich machen will. Er hält hier wie a. a. O. Spekulationen für Thatsachen und, obwohl er auf dem Boden der Erfahrung zu stehen glaubt, meistert er sie doch diktatorisch.

Stärker noch tritt die Neigung zur Deduktion in W.'s späteren Aufsätzen hervor. In den „Aufgaben der klinischen Psychiatrie" erklärt W. es für die Aufgabe der Psychiatrie zwischen psychischen Herdsymptomen und Allgemeinsymptomen zu unterscheiden. Diese Unterscheidung ist bei den groben Gehirnkrankheiten praktisch zulässig, je nachdem man ein grosses oder ein kleines Stück Gehirn meint, aber sie ist principiell unbrauchbar, da es strenggenommen nur Herdsymptome giebt. Doch darauf kommt es hier nicht an. W. stellt fest, dass sich das Bewusstsein in 3 Theile zerlegen lasse, in das Bewusstsein der Körperlichkeit, in das der Aussenwelt und in das der Persönlichkeit. Je nachdem das eine oder das andere erkrankt ist (was von dem Inhalte der Wahnvorstellungen abhängt!), haben wir eine oder die andere Herderkrankung anzunehmen, denn jenen 3 Bewusstseinen entsprechen 3 verschiedene Schichten in der Hirnrinde. Zu den Allgemeinsymptomen gehören die Affekte und die Rathlosigkeit. Das gegenseitige Verhältniss von Herdsymptomen und Allgemeinerscheinungen ist auch nach W. noch nicht genügend bekannt. Als ich diesen Aufsatz zuerst las, glaubte ich einen Naturphilosophen aus der ersten Hälfte des Jahrhunderts zu hören. Es klingt wie bitterer Hohn, wenn man diese Spekulationen als Aufgabe der *klinischen* Psychiatrie bezeichnet.

Ueber den Aufsatz „Aphasie und Geisteskrankheit" habe ich in den Jahrbüchern schon gesprochen (CCXXVII. p. 69).

In den „Grundzügen einer psychiatrischen Symptomenlehre" wird zum Zwecke einer „durchaus vorurtheilslosen klinischen Demonstration" empfohlen, die psychischen Symptome einzutheilen in psychosensorische, Anästhesie, Parästhesie, Hyperästhesie, in intrapsychische Afunktion, Parafunktion, Hyperfunktion, in psychomotorische, Akinose, Parakinese, Hyperkinese. Entstehe nämlich ein Symptom durch Störungen zwischen den cortikalen Sinnesflächen und den transcortikalen Centra, so sei es psychosensorisch, entstehe es im transcortikalen Gebiete zwischen Ausgangs- und Zielvorstellung, so sei es intrapsychisch, entstehe es durch Störungen zwischen der Zielvorstellung und dem Sitze der Bewegungsvorstellungen, so sei es psychomotorisch. Bewegungslosigkeit z. B. könne psychomotorisch sein, sie sei intrapsychisch beim Blödsinne, psychosensorisch, wenn verbietende Stimmen ihre Ursache sind. Diese Art der Betrachtung erleichtert nach W. dem Schüler das Verständniss des Krankheitsfalles und erspart ihm die Kunst, ein unbefangen und richtig empfundenes Krankheitsbild in das Procrustesbett eines künstlichen Ein-

theilungsystemes einzuzwängen. Man fragt sich, ob W. nicht etwa scherze,
denn giebt es etwas, das mit mehr Recht ein Procrustesbett genannt
werden könnte als seine Eintheilung?

8. Die psychopathischen Minderwerthigkeiten; von Dr. J. L. A. Koch in Zwiefalten. 1. Abtheil. Ravensburg 1891. O. Maier. 8⁰. 168 S. (4 Mk.)

Dieses 'Werk Koch's hat schon viel Anerkennung gefunden. Es
verdient sie zweifellos in mancher Hinsicht, doch lassen sich andererseits
gewisse Bedenken nicht unterdrücken.

K. schildert vortrefflich, was er schildert. Je mehr er in das Einzelne eingeht, um so anziehender ist seine Darstellung. Das Buch hat
verschiedene Druck-Grössen, man könnte sagen: je kleiner die Buchstaben, um so besser. Die als Beispiele den verschiedenen Abschnitten
angefügten Menschen-Schilderungen (der Ausdruck ist richtiger als
Krankengeschichten) zeugen von liebevoller Vertiefung in den einzelnen
Kranken und von umfassenden Kenntnissen. Verdienstvoll ist auch das
Unternehmen an sich, die „Minderwerthigkeiten" zum Gegenstande einer
eingehenden Arbeit zu machen und diese so zu gestalten, dass sie nicht
nur den Neurologen, sondern auch den anderen Aerzten, den Juristen,
den Geistlichen, den Lehrern u. s. w. zugänglich wird.

Dagegen dürfte es kaum zu billigen sein, dass K. die Sache so darstellt, als ob er ein jungfräuliches Feld beackerte. Die, denen wir die
Kenntniss der verschiedenen Formen der geistigen Degeneration in der
Hauptsache verdanken, sind französische Psychiater, besonders Morel
und Magnan. Man sucht aber in K.'s Buche vergeblich Magnan's
Namen. Seit vielen Jahren hat Magnan unermüdlich K.'s Thema, d. h.
die dégénérés supérieurs, bearbeitet und alles Thatsächliche, das K. beibringt, findet man schon bei Magnan. Man kann aber von jedem
wissenschaftlichen Buche, und als solches führt sich das K.'s ein, verlangen, dass in ihm auf die Vorgänger Rücksicht genommen werde, dass
diejenigen, die die vorgetragene Lehre begründet und ausgestaltet haben,
nicht todtgeschwiegen werden. Man muss sich fragen, hat K. seine
Vorgänger wirklich nicht gekannt? Fast möchte man es glauben.
Dann freilich läge ein Beispiel von nationaler Abgeschlossenheit vor,
von der sonst die Deutschen frei zu sein glauben.

In sachlicher Hinsicht ist K. besonders einzuwerfen, dass die von
ihm versuchte Abtrennung der „M." von den Psychosen unhaltbar ist.
Dem Publikum gegenüber muss man allerdings solche Unterschiede
machen, aber wissenschaftlich sind sie nicht brauchbar. Unter Psychosen
versteht K. das Irresein im engeren Sinne, bei dem in der Regel die

Krankheiteinsicht fehlt. Es ist aber doch das Irresein kein Ding an sich, sondern eine Art und Weise gewisser Menschen. Die Menschen nun, die irre werden, sind eben die „Minderwerthigen" (sofern man die Hauptgruppe der Psychosen, das Entartung-Irresein im Auge hat). Welche Klarheit liegt dagegen in Magnan's Auffassung, der erst den gewöhnlichen Geisteszustand der Entarteten (état mental) schildert und ihm einerseits den état syndromique (die verschiedenen Zufälle des Zwangdenkens und Zwanghandelns), andererseits den état délirant (das Irresein im engeren Sinne) gegenüberstellt, der die höherstehenden Entarteten nicht von den Schwachsinnigen und den Idioten abtrennt, sondern die ununterbrochene Reihe vom Blödsinnigen bis zum Genie verfolgt. In Wirklichkeit steht K. der Auffassung Magnan's sehr nahe, nur erschwert er sich die Sache durch seine künstlichen Abgrenzungen. Ueberdem giebt es doch kein trennendes Merkmal; manche nicht irre Entartete sind zeitweise gerade so unfrei wie Irre und andere haben eben so wenig Krankheiteinsicht wie diese.

Weniger wichtig ist die Bemerkung, dass K. durch seine Neigung zu klassificiren wohl gar zu weit geführt wird. Er will unterscheiden: 1) angeborene psychopathische Disposition, 2) angeborene psychopathische Belastung, 3) angeborene psychopathische Degeneration. Natürlich handelt es sich nur um Grade derselben Sache. Das Zwangdenken z. B. handelt K. beim 2. Grade ab, es kommt aber auch beim 1. und beim 3. vor, wie übrigens K. selbst bemerkt. Die Belasteten werden wieder eingetheilt in schwächliche, kräftige und stumpfe Naturen.

Dass das Wort „minderwerthig" nicht schön ist, sagt K. selbst; er habe einen anderen Ausdruck nicht gefunden. Nun ist aber doch das Wort Degeneration, d. h. Entartung, da und wird, so lange man die Sache kennt, gebraucht. Wozu also einen neuen Namen? Man sollte um des Verständnisses willen sprachliche Neubildungen soviel als möglich vermeiden. Auf jeden Fall sollte man nicht so grässliche Wörter bilden wie „primordial-instinctiv", ein Wort, das bei K. eine grosse Rolle spielt.

Zum Schlusse möchte ich betonen, dass ich den Werth der K.'schen Arbeit durchaus nicht unterschätze und dem Buche unter Aerzten und gebildeten Laien weite Verbreitung wünsche, dass ich es aber für wissenschaftliche Pflicht gehalten habe, die kundgegebenen Monita nicht zu verschweigen.

9. **Die psychopathischen Minderwerthigkeiten;** von Dr. J. L. A. Koch. 2. Abtheilung. Ravensburg 1892. Otto Maier. Gr. 8. p. 169—337. (4 Mk.)

Die 2. Abtheilung von K.'s Buch umfasst: „Die gemischten psychopathischen Minderwerthigkeiten. Die erworbenen andauernden psycho-

pathischen Minderwerthigkeiten (bis zur Belastung)." „Ich theile die er-
worbenen psychopathischen Belastungen zuoberst ein in A) idiopathische,
B) constitutionell beeinflusste, C) constitutionelle." So geht es fort. Der
Himmel bewahre uns vor dieser schrecklichen Nomenclatur! Wie schwer
es einem Menschen mit Sprachgefühl wird, das Buch zu lesen, geht ans
Folgendem hervor. Ich habe auf 4 Seiten gezählt, wie oft das Wort
„Minderwerthigkeit" vorkommt. Es fand sich 20, 18, 12, 15mal, im
Mittel 16.25mal!

Der richtige Gedanke in K.'s Buche ist wohl der, dass die einfache
Nervenschwäche, die chronische Ermüdung eines von Hause aus gesunden Menschen getrennt werden müsse von der Nervosität der Entarteten. Diese Auffassung theile ich. Dass die Nervosität durch Vergiftung, nach akuten Krankheiten u. s. w. eine Sache für sich ist, das
versteht sich wohl von selbst.

Auch im Einzelnen trifft man manche vortreffliche Bemerkung, freilich auch manches Nichtgelungene (z. B. die Schilderung der Hysterie).

10. Der **Verbrecher** *in anthropologischer, ärztlicher und juristischer
Beziehung*; von Prof. C. Lombroso. In deutscher Bearbeitung von
Dr. M. O. Fraenkel. Mit Vorwort von Prof. v. Kirchenheim. Ham-
burg 1887. J. F. Richter. Gr. 8. XXXII n. 562 S. (15 Mk.)

Wenn auch die Lehren Lombroso's und seiner Schule von der
Natur des Verbrechers in der Hauptsache uns Deutschen bekannt sein
dürften, so war es doch sicher ein dankenswerthes Unternehmen, durch
eine Uebersetzung des Hauptwerkes L.'s auch denen, die der italienischen
Sprache nicht mächtig sind, den Zugang zu dem bedeutenden und interessanten Autor zu verschaffen. Prof. v. Kirchenheim schildert in der
Vorrede mit folgenden Worten kurz den Gang der Darstellung. „L.
giebt jetzt zunächst eine Embryologie des Verbrechens, die Anfänge
dieser Erscheinung nach den Gesetzen der Entwickelungstheorie in die
Thierwelt und die Welt der Wilden, insbesondere aber zu den Kindern
zurückverfolgend. Eine zweite Lehre, welche überhaupt der Ausgangspunkt war, ist die Anatomie und Anthropometrie: zahlreiche körperliche Eigenthümlichkeiten in Schädelbildung, Physiognomie, Haarwuchs,
Schmerzempfindlichkeit u. s. w. treten bei den Verbrechern hervor. Eine
dritte Reihe von Beobachtungen bezieht sich auf die Verbrecher-Biologie
und -Psychologie: die krankhaften Triebe der Delinquenten, ihre Literatur und Handschrift, ihre Religion und Sprache, ihr ganzes Ver-
standes- und Gemüthsleben finden hier reiche Berücksichtigung." Für
den Arzt lässt sich L.'s Auffassung dahin zusammenfassen, dass der geborene Verbrecher und der an moral insanity Leidende im Wesentlichen

derselbe sind. Sehr gross ist der Reichthum des Buches an thatsächlichen Angaben, die sich zum Theil auf die eigenen Untersuchungen
L.'s und seiner Schüler gründen. Alle Aerzte, besonders aber Gerichts-
und Irrenärzte, werden in dem Buche Anregung und Belehrung finden.

11. **Der Verbrecher** (*Homo delinquens*) *in anthropologischer, ärztlicher und juristischer Beziehung;* von Cesare Lombroso. Deutsche
Bearbeitung von Dr. M. O. Fraenkel. 2. Band. Hamburg 1890. Verlagsanstalt Aktien-Gesellschaft. Gr. 8. 412 S. (12 Mk.)

Dass Lombroso in der Hauptsache Recht hat, kann man ernsthaft
kaum bestreiten. Der grösste Theil des Streites ist nichts als Wortstreit. Im Grunde genommen handelt es sich darum, wie man den Begriff Krankheit bestimmt. Man kann nicht wohl anders sagen, als:
krankhaft ist eine wesentliche Abweichung vom Typus zum Nachtheil
der Gattung. Krankhaft deckt sich also mit Abnorm im ärztlichen
Sprachgebrauche. Gesteht man nun zu, dass der Verbrecher ein abnormer Mensch ist, so ist die Sache entschieden. Man darf nicht vergessen, dass für den Arzt als solchen die Menschheit nur in gesunde,
d. h. normale und kranke, d. h. abnorme (im obigen Sinne) Menschen
zerfällt. Die Unterscheidung von Gut und Böse hat vom pathologischen
Standpunkte aus gar keine Bedeutung. Der Arzt hat die Abweichungen
von der Norm, sowohl die psychischen, als die körperlichen, zu prüfen,
ihren Zusammenhang untereinander und mit der Wurzel des Individuum.
Nichts weiter. Wie sich der Moralist und der Jurist mit den vom Arzte
gefundenen Thatsachen abfinden, das ist ihre Sache.

Lombroso hat bewiesen, dass bei dem Verbrecher ausser der Ab-
normität, die sich in seiner That ausdrückt, sich häufig auch andere
Abweichungen vom Typus, sowohl auf körperlichem, als auf seelischem
Gebiete finden, dass diese Abweichungen auch bei anderen krankhaften
Zuständen vorkommen, dass die Vererbung die verbrecherische Art mit
anerkannten Gehirnkrankheiten verknüpft. L. hat bei diesem Nachweise
eine solche Fülle von neuen Thatsachen mitgetheilt und hat dabei eine
so unermüdliche Thatkraft entwickelt, dass jeder Unbefangene ihm aufrichtige Bewunderung widmen muss.

Wenn man auch daraus, dass nicht bei jedem Verbrecher sich die
von L. angegebenen Kennzeichen vorfinden, keinen Vorwurf gegen seine
Hauptsätze ableiten kann (denn das wäre soviel, als verlangte man von
jedem Irren Degenerationzeichen) und eben so wenig daraus, dass Merkmale des Verbrechers bei solchen vorkommen, die kein Verbrechen begangen haben (da doch auch Menschen, die nicht im Irrenhause sind,
ein Morel'sches Ohr haben können), so bietet doch im Einzelnen die

Beweisführung L.'s Gelegenheit zu vielfachen Angriffen. Es ist nicht
zu leugnen, dass L. oft mehr beweist, als zu beweisen ist, dass er auf
Dinge Werth legt, die keinen haben, wie z. B. manche seiner statistischen Aufstellungen höchst bedenklich sind, dass hie und da seinen
Ausführungen Klarheit und Schärfe abgehen, wie er z. B. den Begriff
der Epilepsie in ungebührlicher Weise ausdehnt[1] u. s. w. Aller Tadel
aber trifft nur die Nebensachen, der Kern der Lehre ist fest. Eine besondere Angelegenheit ist die, dass L. und seine Schüler über das ärztliche Gebiet hinausgehen und auf das der Juristen übertreten. In wie
weit eine solche Grenzüberschreitung zu rechtfertigen ist, das gehört
nicht hierher.

Der 2. Band von L.'s Werk zeigt alle Vorzüge und alle Nachtheile
seiner Darstellung. Fast möchte man sagen, dass die letzteren hier besonders deutlich sind. Der 1. Theil behandelt den Verbrecher aus Leiden-
schaft, der 2. den irren Verbrecher, der 3. den Gelegenheitsverbrecher.
Es ist unmöglich, auf das Einzelne einzugehen. Vielfache Belehrung und
Anregung wird auch in diesem 2. Bande jeder Arzt finden.

Der deutsche Bearbeiter hat sich ein zweifelloses Verdienst erworben. Die Ausstattung des Buches ist gut.

12. Der Verbrecher in anthropologischer Beziehung; von Dr. A. Baer.
Leipzig 1893. G. Thieme. Gr. 8. VIII u. 456 S. mit 4 lithograph. Taf.
(15 Mk.)

Der wohlbekannte Vf., der als Oberarzt an dem Strafgefängnisse
Plötzensee viele Erfahrungen über die leiblichen und seelischen Eigenschaften der Verbrecher gesammelt hat, sucht in diesem Werke nachzuweisen, dass Lombroso's „Verbrecher-Typus" nicht existirt. Im ersten
Theile werden die körperlichen Merkmale, besonders die Schädelform,
besprochen, im 2. die geistige Beschaffenheit und die geistigen Erkrankungen, im 3. die Angaben über den sogen. „geborenen Verbrecher".
Vf. verfährt so, dass er erst über die Aussagen anderer Autoren ausführlich berichtet, indem er denen Lombroso's und seiner Anhänger
die der Andersdenkenden gegenüberstellt, und dann seine eigenen Erfahrungen und Beobachtungen mittheilt. Trotz seiner Gegnerschaft verkennt Vf. Lombroso's Verdienste nicht, der gegenüber veralteten Anschauungen die Aufmerksamkeit von der That auf den Thäter gelenkt

---

[1] Ich möchte bei dieser Gelegenheit auf einen häufig wiederkehrenden Irrthum
hinweisen, den auch L. theilt. Ich meine die Behauptung, dass Mahommed epileptisch
gewesen sei. M. litt aber nicht an Epilepsie, sondern an Hysterie. Dies geht z. B. klar
aus der „psychologischen Studie" A. Springer's: Mahommed und der Koran (Samml.
gemeinverständl. Vorträge von R. Virchow. N. F. 4. Serie. Heft 84/85. 1889) hervor.

und zur klinischen Untersuchung des Verbrechers als eines Entarteten angeleitet habe.

Die Meinung, die Vf. vertritt, unterscheidet zwischen ethischer und pathologischer Beurtheilung, entweder gehört der Untersuchte unter diese oder er gehört unter jene. Nun hat aber die ethische Auffassung, natürlich abgesehen von ihrer anderweiten Bedeutung, für den Pathologen gar keine Bedeutung. Würde sie ausgeschieden und würde andererseits die zu enge Fassung des Begriffes Krankheit aufgegeben, so könnten sich die streitenden Parteien vielleicht eher einigen. Der Patholog hat nur zu entscheiden, wie weit ein Mensch von der Norm abweicht. Krankheit ist nachtheilige Abänderung des Typus, also gleichbedeutend mit Entartung. Wenn in einem gegebenen Volke ein Mensch dauernd gegen die herrschenden Gesetze verstösst, so ist er offenbar anders beschaffen als der Durchschnitt, dem die Gesetze angemessen sind. Es besteht bei dem Gewohnheitsverbrecher eine Abweichung vom Typus, die der Allgemeinheit (und auch ihm selbst) nachtheilig ist. Die Untersuchung ergiebt nun, dass ein solcher Entarteter auch in anderer Beziehung sich körperlich und geistig anders verhält als der annähernd normale Mensch, dass bei ihm, abgesehen von seinem anstössigen Handeln, körperliche und geistige Veränderungen nachzuweisen sind, die wir auch bei anderen Zuständen der Entartung finden. Dies dürfte der Kern der Lehre Lombroso's sein und mit dieser Auffassung lassen sich auch die Angaben Baer's sehr wohl vereinigen. Auch dieser weist vielfach auf die Entartung der Verbrecher hin. Er betont z. B., dass die grosse Mehrzahl wenig Mitgefühl hat, keine Reue kennt, intellektuell überaus tief steht. Warum soll man solche verkümmerte Wesen nicht krank nennen? Wenn B. darauf hinweist, dass die Zeichen der Entartung, die die Verbrecher tragen, sich auch bei anderen Gliedern der untersten Klassen der Gesellschaft finden, so hat er freilich Recht, aber diese entarteten Armen sind eben auch krankhafte Menschen und vielfach Verbrecher κατα δυναμιν. Man hat doch das Wesen des Verbrechers nicht nur darin zu suchen, dass er gestohlen hat, sondern vielmehr darin, dass er sozusagen stehlfähig ist, dass ihm die Eigenschaften abgehen, die dem annähernd Normalen eine ordentliche Lebensführung ermöglichen und ihn gegen die Gelegenheitsursachen stark machen. Man kann einwenden, dass in dem hier entwickelten Sinne ein sehr grosser Theil der „Gesunden" entartet, d. h. krank zu nennen sei. Im wissenschaftlichen Sinne sind sie es auch und erst von diesem Gesichtspunkte aus wird unser gesellschaftliches Leben verständlich.

Wenn der Satz: die Verbrecher gehören zu den Entarteten, die Wahrheit ist, die Lombroso's Ausführungen zu Grunde liegt, so hat dieser doch gerade durch die Art seiner Beweisführung Vielen die Anerkennung erschwert. Morel zeigte als Ursachen der Entartung einerseits Entbehrungen, Intoxikationen und infektiöse Krankheiten, andererseits Uebertragung der erworbenen Schwäche durch die Vererbung. Lombroso hat sich nicht damit begnügt, zu zeigen, dass auch bei den Verbrechern diese Ursachen der Entartung vorliegen, sondern hat sich auf theoretische Ausführungen über Atavismus u. s. w. eingelassen. Während das Verbrechen doch zunächst nur auf die seelischen Eigenschaften des Verbrechers deutet, legt Lombroso das Hauptgewicht nicht auf die Analyse des Geisteszustandes im klinischen Sinne, sondern auf den Nachweis körperlicher Merkmale. Freilich sind diese exakten Untersuchungen eher zugänglich, aber die aus ihnen zu ziehenden Schlüsse sind doch im höchsten Grade unsicher. Es handelt sich dabei um eine erweiterte Physiognomik. Aus den Formen des Gesichtes ziehen wir täglich Schlüsse auf den inneren Zustand und treffen oft das Richtige dabei, irren uns zuweilen. In gleichem Sinne wie die Gestalt der Nase, mag auch die des Schädels und anderer Körpertheile auf seelische Beschaffenheiten hindeuten, aber unsere Kenntniss dieser indirekten Zusammenhänge ist so gering, die Fehlerquellen sind so zahlreich, dass von vornherein der Umweg über die Körperformen als nicht empfehlenswerth erscheint.

Baer's Auseinandersetzungen und Gründe gegen Lombroso's Atavismus-Theorie und gegen seine Ueberschätzung der äusseren Merkmale sind gewiss in vielen Punkten zutreffend, wenn er auch manchmal das Kind mit dem Bade ausschütten dürfte. Im Wesentlichen aber scheint sein Abstand von Lombroso geringer zu sein, als er selbst annimmt.

Das Buch B.'s ist auf jeden Fall so reich an literarischen und thatsächlichen Mittheilungen, dass es für Jeden, der von irgend einem Gesichtspunkte aus an dem Gegenstande Antheil nimmt, höchst werthvoll sein wird. Die Ausstattung ist gut, nur ist zu bedauern, dass die Correktur mangelhaft ausgeführt worden ist.

13. Der geniale Mensch; von Prof. Cesare Lombroso. Autoris. Uebersetzung von Dr. M. O. Fraenkel. Hamburg 1890. Verlag d. Aktiengesellschaft. Gr. 8. XXXI u. 447 S. (10 Mk.)

Dass Beziehungen zwischen Genie und Irresein bestehen, ist eine alte Wahrheit, die ausgesprochen worden ist, ehe es eine Psychiatrie gab, die ihren Namen verdient. Die Absonderlichkeiten grosser Männer, das Irrewerden mancher von ihnen, ihr verwandtschaftlicher Zusammenhang mit Geisteskranken konnten dem unbefangenen Blicke nicht verborgen bleiben.

Das wichtigste Merkmal des grossen Geistes ist die ungewöhnliche Entwickelung der Urtheilskraft. Mit ihr aber muss eine abnorme Reizbarkeit verbunden sein, vermöge der die den gewöhnlichen Menschen kalt
lassenden Eindrücke tiefe, ja leidenschaftliche Erregung bewirken, denn
erst diese überwältigende Theilnahme an den Dingen lässt die geniale
Urtheilskraft in Thätigkeit treten, nicht die elenden egoistischen Ziele
der Durchschnittsmenschen. Ist nun schon die den Menschen überhaupt
vor den Thieren und die den civilisirten Menschen vor dem Wilden aus-
zeichnende Reizbarkeit mit manchen unabwendbaren Nachtheilen verbunden, so muss in noch weit höherem Grade die geniale Geistesbeschaffenheit ihre Schattenseiten haben. Je feiner ein Instrument gearbeitet
ist, um so leichter ist es Störungen unterworfen. Ferner muss die übergrosse Ausbildung der der intellektuellen Thätigkeit dienenden Hirntheile
leicht andere Theile benachtheiligen und die Folgen nach sich ziehen,
welche Einseitigkeiten überhaupt haben. Endlich wird der intensive
Gebrauch des feinen Instrumentes oft, wenigstens unter ungünstigen
äusseren Umständen, eine vorzeitige Abnutzung zur Wirkung haben.
Diese Erwägungen werden in den meisten Fällen das anscheinend oder
wirklich Krankhafte im Genie deuten lassen. Am meisten erregt trotzdem Bedenken das Auftauchen grosser Geister aus degenerirten Familien.
Das ist im Grunde eine statistische Frage, zu deren Lösung alle Unterlagen fehlen. Wir müssten wissen, wie häufig in diesen oder jenen Ge-
sellschaftsgruppen degenerirte Familien sind, um zu sagen, ob wirklich
Geniale öfter degenerirte Verwandte haben als andere Leute, oder ob
nur der Contrast jenen Schein hervorbringt. Sollte die gewöhnliche
Annahme berechtigt sein, so könnte man sich vielleicht vorstellen, dass
eben die Lockerung des cerebralen oder geistigen Gefüges, welche die
Déséquilibration darstellt, das Eintreten einer günstigen Constellation
eher erleichtert als die normale Vererbung. Aber auch unter dieser
Voraussetzung würde man noch nicht berechtigt sein, das Genie eine
Psychose zu nennen, da wir doch eine Abweichung von der Norm nur
dann als krankhaft bezeichnen können, wenn sie zum Nachtheil der
Gattung dient. Es geht aus dem Bisherigen hervor, dass wir den Stand-
punkt L.'s nicht theilen,[1]) wenn dieser sich folgendermaassen ausspricht.
„Das häufige Vorkommen von mannigfachen Wahnvorstellungen, von
Degenerationszeichen, von Mangel an Gemüth, die Abstammung von
Alkoholikern, von Schwach- und Blödsinnigen, von Epileptischen und
vor Allem die besondere Art der Inspiration zeigen, dass das Genie eine

---

[1]) In der Hauptsache hat L. doch auch hier Recht, muss ich jetzt sagen;
vgl. Nr. 15.

Degenerationspsychose aus der Gruppe der Epilepsie ist [an einer andern
Stelle sagt L. ebenso sonderbar „aus der Gruppe des moralischen Irreseins"]. Dieser Schluss wird auch durch das häufige Auftreten einer
vorübergehenden Genialität bei den Irren und durch die neue Gruppe
von Halbirren (Mattoiden) bestätigt, denen die Krankheit alle Aeusser-
lichkeiten des Genies ohne dessen innern Gehalt verleiht". Diese Worte
geben den Hauptinhalt von L.'s Buch wieder.

Im 1. Theile werden die krankhaften Erscheinungen bei grossen
Geistern besprochen. Der Werth der Schlüsse hängt nun grösstentheils
von der Zuverlässigkeit der historischen Mittheilungen ab. Begreiflicherweise ist der Einzelne nicht im Stande, ohne besondere Nachforschungen
alle diese Mittheilungen zu prüfen. Ich habe eine Art Stichprobe gemacht, indem ich die Angaben über zwei mir genauer bekannte grosse
Männer, von denen L. viel spricht, über Rousseau und Schopenhauer,
in's Auge gefasst habe. Da ist nun sehr Vieles falsch oder wenigstens
schief aufgefasst. Ueber Rousseau finden sich sowohl irrige Aussagen
(z. B. er habe mit blossem Kopfe unter der Mittagssonne gearbeitet, er
habe mehrere Selbstmordversuche gemacht u. s. w.), als zahlreiche Miss-
deutungen an sich richtiger Thatsachen (die Aeusserungen aus gesunder
und kranker Zeit werden bunt durcheinander geworfen, Aussprüche
Rousseau's falsch gedeutet u. s. w.). Das Gleiche gilt von Schopenhauer.
Von ihm wird z. B. gesagt, er sei hochgewachsen gewesen, während er
unter Mittelgrösse war. L. hat sich offenbar hauptsächlich auf eine
Schrift des Dr. Carl v. Seidlitz über Schopenhauer verlassen, die zwar
nicht von bösem Willen diktirt zu sein scheint, aber in neurologischer
Hinsicht viel, in Bezug auf Verständniss des grossen Philosophen Alles
zu wünschen übrig lässt. Schopenhauer war in der That ein Déséquilibré,
er war aber niemals geisteskrank. Sein Charakter hatte grosse Härten,
trotzdem aber war er nicht nur ein Genie, sondern auch ein guter Mensch,
und es wäre an der Zeit, den wüsten Schmähungen seiner Gegner keinen
Glauben mehr zu schenken. In Summa, L. liefert sowohl von Rousseau,
als von Schopenhauer ein Zerrbild. Wenn die Stichprobe so ausfällt,
fragt man sich, wie weit ist dem Uebrigen zu trauen? Sicher beruhen
viele Angaben L.'s auf schlecht verbürgten Anekdoten und manche sind
sogar unsinnig. Zum Theil liegt das Uebel darin, dass es bei den meisten
in Frage kommenden Geistesgrössen an einer wirklich sachverständigen
Untersuchung ihrer krankhaften Erscheinungen fehlt. Ich habe bei
Rousseau den Versuch gemacht, diese Untersuchung zu liefern. Es wäre
gewiss wünschenswerth, dass mehr solche Einzelarbeiten erschienen.
Sie erst werden einer Arbeit, wie sie L. beabsichtigt, eine solide Unterlage geben.

Der 2. Theil des Buches handelt von dem Einflusse der Jahreszeit, des Klima, der Rasse, der gesellschaftlichen Verhältnisse auf das Entstehen genialer Menschen und genialer Werke. Auch hier sind die Unterlagen zu dürftig, um begründete Folgerungen zu erlauben. Recht befremdlich wirkt die von L. versuchte Statistik, aus der hervorgehen soll, dass in der einen Jahreszeit mehr geniale Leistungen zu Stande kommen als in der andern.

Sehr schwach ist der 3. Abschnitt: „das Genie bei den Irren". Bei den Romanschreibern kommen geniale Irre öfter vor, die meisten Psychiater wissen nichts von ihnen. Was L. zur Stütze des Satzes, dass das Irresein die Leute genial machen könne, beibringt, das ist denn recht wenig überzeugend. Viele seiner Gewährsstellen sind auffallend alt und dürften einer Kritik kaum Stand halten. Dass die krankhafte Aufregung eben so gut eine gewisse Steigerung der geistigen Leistungen bewirken kann wie die natürliche Aufregung, das ist doch nichts Verwunderliches. Von Genie ist da keine Rede. Gewöhnlich handelt es sich darum, dass ein aufgeregter Kranker anfängt, schlechte Verse zu machen oder Wortspiele und dergleichen. Sehr eingehend beschäftigt sich L. mit den „halbverrückten (mattoiden) Künstlern und Literaten". Er sieht in den „Mattoiden" eine besondere Klasse, warum, ist aus seinen Angaben nicht recht ersichtlich. Es handelt sich da doch nur um eine schwerere Form der Folie des dégénérés in Magnan's Sinne.

Der 4. Theil ist der zusammenfassenden Betrachtung gewidmet und gipfelt in der oben wiedergegebenen Schlussfolgerung.

L.'s Darstellung ist so reich an interessanten Mittheilungen und vielfach so anregend, dass man es selbst bedauert, L. nicht widerspruchslos folgen zu können. Andererseits stossen der Mangel an Ordnung in der Ausführung, der sich in fortwährenden Gedankensprüngen und Wiederholungen kundgiebt, und die Fülle mehr als kühner Behauptungen den Leser zurück. Wollte man in's Einzelne eingehen, so fände man kein Ende. Nur ein paar Bemerkungen seien noch gestattet. L. spricht immer von Irren schlechtweg, als bildeten diese eine gleichartige Masse. Für seinen Zweck kommt nur das einfache Irresein, und zwar in erster Linie die Folie des dégénérés, in Betracht. Progressive Paralyse, alkohol. Irresein u. s. w. müssten ganz ausgeschaltet werden. Daran denkt aber L. kaum. Grossen Missbrauch treibt L. mit den Begriffen des moralischen Irreseins und der Epilepsie. Was giebt es Absurderes als die Behauptung, das Genie gehöre zum moralischen Irresein? Was giebt es Schwächeres als die von L. versuchte Begründung dieser Behauptung? Beinahe eben so falsch und unwissenschaftlich wie diese Anwendung des Ausdruckes moralisches Irresein ist die von L. beliebte Ueberdehnung des

Begriffes Epilepsie. Man muss sich wundern, dass L. nicht jede geistige
Thätigkeit für Epilepsie erklärt.

Der Uebersetzer hat sich offenbar eng an sein Original angeschlossen
und ist bescheiden zurückgetreten. Nur hier und da hat er dem Texte
kleine Fussnoten beigegeben.

14. **Entartung**; von Max Nordau. Berlin. C. Duncker. 8.
I. Band. 1892. 374 S. (5 Mk.) II. Band. 1893. 506 S. (6 Mk.)
Das Buch N.'s ist C. Lombroso gewidmet. N. sagt in der Widmung:
„Einige dieser Entarteten des Schriftthums, der Musik und Malerei sind
in den letzten Jahren ausserordentlich in Schwung gekommen und werden
von zahlreichen Verehrern als Schöpfer einer neuen Kunst . . . gepriesen.
Das' ist keine gleichgiltige Erscheinung. Bücher und Kunstwerke üben
eine mächtige Suggestion auf die Massen. Wenn sie nun unsinnig und
gesellschaftfeindlich sind, so wirken sie verwirrend und verderbend auf
die Anschauungen eines ganzen Geschlechts". „Ich habe es nun unter-
nommen, die Moderichtungen in Kunst und Schriftthum möglichst nach
Ihrer [Lombroso's] Methode zu untersuchen und den Nachweis zu
führen, dass sie ihren Ursprung in der Entartung ihrer Urheber haben".

Will die Pathologie das leisten, was ihr zukommt, so darf sie sich
nicht auf die Krankenstube beschränken, sondern muss das ganze menschliche Leben zu durchdringen suchen. Auch die literarischen und künst-
lerischen Erscheinungen lassen sich nicht vom ästhetischen Standpunkte
aus vollständig begreifen und es gehört zweifellos zu den ärztlichen Aufgaben, hier auf das Krankhafte und Schädliche hinzuweisen. Es ist deshalb N.'s Unternehmen principiell verdienstlich und es fragt sich nur,
ob es ihm gelungen sei, das nachzuweisen, was er in den eben angeführten Worten verspricht.

Die Mängel dieses Werkes liegen klar zu Tage. Zunächst muss
gegen den Vf., der zwar ein Arzt ist, aber sich vorwiegend der Schrift-
stellerei gewidmet hat, eingewendet werden, dass seine Fachkenntnisse,
die in der Hauptsache auf Bücherstudien zu beruhen scheinen, nicht
ganz ausreichen. Zuweilen ist seine Auffassung geradezu laienhaft
zu nennen. Doch muss hervorgehoben werden, dass sich N., wenn
auch seine psychiatrische Auffassung nicht immer ganz correkt ist,
so ausgebreitete belletristische Kenntnisse angeeignet hat, wie sie ein
Fachmann kaum sein nennen könnte. Ein Mensch kann eben nicht
Alles gleich gut wissen. Peinlicher berührt die Neigung des Vfs.
zum Auftragen greller Farben. Er wählt möglichst starke Ausdrücke
und übertreibt geradezu. Offenbar wäre es dem Buche förderlich gewesen, wenn der Vf. sich etwas vorsichtiger ausgedrückt hätte, wenn er

festgehalten hätte, dass ein hervorragender Mann immer Hochachtung
verdient, wenn auch seine Werke krankhafte Züge enthalten.

Bei alledem muss anerkannt werden, dass Vf. in der Hauptsache
Recht hat. Es geht ihm ähnlich wie seinem Vorbilde, Lombroso. Auch
dieser stösst vielfach durch Einzelnes zurück, hat aber in der Hauptsache Recht.

Kein Sachverständiger kann leugnen, dass in vielen der von N. besprochenen Werke sich thatsächlich die Zeichen der Entartung im psychiatrischen Sinne erkennen lassen und dass der Beifall, den sie gefunden
haben und finden, zum Theil auf der Entartung des literarischen Publicum beruht. Wir nennen als besonders gelungen die Besprechung
Ibsen's und die Zola's.

Es ist hier nicht angezeigt, auf N.'s Darstellungen genauer einzugehen. Wir glauben aber mit den oben ausgesprochenen Vorbehalten,
das Werk den Aerzten empfehlen zu sollen.

15. The Insanity of Genius; by J. F. Nisbet. 3. ed. London 1893.
Ward and Downey. 8. 341 pp. (6 Mk. 80 Pf.)

N.'s Buch, das rasch 3 Auflagen erlebt hat, vertritt die Meinung,
dass das Genie eine krankhafte Erscheinung sei. Gegen die Gründe:
Krankheit der Vorfahren, krankhafte Zustände des Genialen, Krankheit
der Nachkommenschaft, kann sich auf die Dauer Niemand wehren. Man
stösst sich wohl mehr an das Wort, da man doch unter Krankheit immer
etwas Nachtheiliges versteht, das Genie aber, wenn auch nicht seinem
Träger, so doch vielen Anderen wohlthätig ist. Indessen kann das nichts
daran ändern, dass das Genie eine Hyperplasie darstellt, die nur unter
abnormen Bedingungen entsteht.

Das Bemerkenswertheste in N.'s Buche sind seine Mittheilungen über
englische Geistesgrössen, die zum Theil recht eingehend sind. Manche
Männer sind freilich so kurz behandelt, dass es nicht zu einer rechten
Ueberzeugung kommt.

**16. Vorlesungen über einige Fragen in der Behandlung von Neu-
rosen; von E. C. Seguin. Deutsch von Dr. E. Wallach. Leipzig 1892.**
G. Thieme. 8. 81 S. (1 Mk. 60 Pf.)

Man darf zweifeln, ob es richtig war, das Buch Seguin's in's
Deutsche zu übersetzen. Sicher ist es besser als viele amerikanische
Schriften über Therapie und es enthält manches Richtige, wenn dieses
auch durchaus nichts Neues ist, aber daraus geht doch nicht hervor, dass
in Deutschland ein Bedürfniss nach Seguin's therapeutischen Ansichten
bestünde. Leider muss das Buch nicht nur als ein überflüssiges, sondern

auch als ein in mancher Hinsicht schädliches angesehen werden. Ein
so hartes Urtheil bedarf der Begründung und ich muss daher etwas in
das Einzelne eingehen. Ich richte mich dabei einmal gegen die Auffassung des Vf.'s von der Therapie überhaupt, zum anderen gegen verschiedene seiner Behauptungen.

Die Therapie besteht für S. in der Hauptsache in dem Verschreiben
von Arzneimitteln. Das wäre recht gut, wenn Aerzte und Kranke um
der Apotheker willen da wären. Dass der Mensch eine Seele hat und
dass von dem Zustande dieser Seele Gesundheit und Krankheit nicht
zum Wenigsten abhängen, das scheint S. (wie ach so Viele) gar nicht
zu wissen. Er hält es bei Besprechung der Therapie der „Neurosen" für
ganz überflüssig, solche nebensächliche Dinge überhaupt zu berühren[1])
(Merkwürdigerweise hat der Verfasser die Schrift A. F o r e l gewidmet.)
Die „Heilkunst" besteht nicht nur in dem Verordnen von Medikamenten
überhaupt, sondern vorwiegend in dem Verordnen von starkwirkenden
Medikamenten in grossen Gaben, d. h. von Giften. Das ist der Weis-
heit letzter Schluss.

Die „Neurosen", deren Behandlung S. bespricht, sind: Epilepsie,
Chorea, Migräne, Trigeminusneuralgie, Basedow'sche Krankheit, eine sehr
gemischte Gesellschaft. Was S. über die Brombehandlung der Epilepsie
sagt, ist im Ganzen durchaus zutreffend. Brom ist unentbehrlich, es ist
am besten in wenigen Gaben mit viel Flüssigkeit zu verabreichen, die
Grösse der Gaben muss sorgfältig ausprobirt werden. Wer es noch nicht
weiss, sollte sich überhaupt nicht unterstehen, Epileptische zu behandeln.
S. verordnet ausser dem Bromnatrium, das er vor anderen Bromsalzen
bevorzugt, auch andere Mittel. Er „sah gute Erfolge beim dreisten Gebrauch von Strychnin und Atropin oder Belladonna neben sehr mässigen
Bromgaben", Digitalis und Ergotin giebt er auch, seine Specialität aber
ist die Verbindung von Brom mit Chloralhydrat. Er hat diese Mischung
schon früher empfohlen, bis jetzt hat sie sich bei uns nicht eingebürgert
und hoffentlich wird sie es nicht thun. Dass sich S. gegen die Castration,
gegen die ophthalmiatrische Behandlung bei Epilepsie und ähnlichen
Schwindel wendet, sei anerkennend hervorgehoben. Aber über die Bedeutung der seelischen Ruhe bekommt man nichts zu hören und doch
giebt es wenige Krankheiten, in denen jene grösser wäre als in der
Epilepsie. Auch die Vermeidung körperlicher Anstrengungen ist überaus
wichtig. Nicht wenige Epileptiker bekommen überhaupt keine Anfälle

---

[1]) Einige abgerissene Bemerkungen über Suggestion bei hysterischen Weibern und
Kindern (p. 65—66) machen den Mangel erst recht fühlbar.

mehr, wenn sie wirkliche Ruhe haben. Das gehört an die Spitze der
Therapie und dann erst kommt die Thätigkeit des Medicin-Mannes.

Bei der Chorea empfiehlt S. mit Recht den Arsenik, er räth aber
zu sehr grossen Dosen, bei denen man eben knapp an der Vergiftung
vorbeigeht. Mit jeder Dosis soll „ein grosses Bierglas alkalischen Wassers"
getrunken werden. Bei uns fasst ein Bierglas 0.4 Liter, in gesegneten
Landstrichen 0.5 Liter. Das sollen also die Kinder 3mal täglich trinken!
Der Empfehlung der Bettruhe in schweren Fällen kann man nur bei-
stimmen. Dagegen ist die Warnung vor Brompräparaten bei Chorea
durchaus nicht genügend begründet. Auch hier wird die ophthalmiatrische
Behandlung eingehend erwähnt. S. kommt zu dem Schlusse, „dass wir
uns bei der Chorea auf die Behandlung der Augen allein nicht verlassen
können".

Diese Augen-Phantasterei spielt nun die grösste Rolle bei Behandlung der Migräne. Ein Fanatiker, Dr. Stevens in New-York, untersucht alle Leute unter voller Atropinwirkung [!], findet bei Allen Fehler
der Refraktion und heilt die Nervenkrankheiten, an denen die Leute
leiden, durch Brillen. Diese Brillen haben in Amerika das grösste Auf-
sehen gemacht und die ernsthaftesten Verhandlungen hervorgerufen.
Das Beste wäre, über die Sache mit Stillschweigen hinwegzugehen[1]),
wenn aber die Verirrung durch Uebersetzungen auch bei uns populär
werden sollte, so muss man bei Zeiten protestiren. Schliesslich zieht
ja jede geistige Seuche vorüber und jede therapeutische Begeisterung
erlischt mit der Zeit. Aber wieviel Unschuldige müssen inzwischen
leiden und wieviel Testimonia paupertatis haben wir uns schon durch
therapeutische Begeisterungen ausgestellt! Also, auch nach S. ist die
Hauptursache der Migräne in Fehlern der Refraktion zu suchen und
die „mangelhaften Augen" erklären die ganze Nosologie, die erbliche
Uebertragung, das Beginnen in der Jugend, das Aufhören im höheren
Alter, die glänzende Wirkung der Mydriatica auf den Kopfschmerz.
Man wird ordentlich traurig, wenn man es liest. Zu den Mydriaticis
rechnet S. auch den indischen Hanf und er empfiehlt die systematische
Behandlung der Migränekranken mit diesem Gifte. Ausserdem natürlich
Brillen! Auch die Gicht, die Oxalurie dürfen nicht vergessen worden.
Im Anfalle soll der Kranke Antipyrin mit Digitalistinktur oder Coffein
erhalten.

Auf das Capitel über die Migräne folgt noch ein „Excurs" über die
Folgen der Schwäche des Oculomotorius oder des Abducens. Aus den

---

[1]) Wie wir denn über die therapeutischen Verirrungen Brown-Séquard's und
mancher Anderen bisher wohlmeinend geschwiegen haben.

12*

überraschenden Mittheilungen sei Folgendes hervorgehoben. „Die Fälle
der 1. Kategorie werden durch Nux vomica oder Strychnin gebessert
und durch Belladonna . . verschlimmert". „Die Fälle der 2. Klasse er-
heischen Cannabis indica, Belladonna, Atropin, Conium, Bromsalze und
Antipyrin." Den Rauchern wird es interessant sein, zu erfahren, dass
der Tabak für solche schädlich ist, „deren Oculomotorius schwach ist".

Gegen Trigeminusneuralgie wird, wie zu erwarten war, Aconitin warm
empfohlen. Man muss so viel von dem Mittel geben, dass Vergiftungs-
erscheinungen beginnen. Ausser dem Aconitin giebt S. regelmässig rothes
Quecksilberjodid und Jodkalium in grossen Dosen.

Auch der Morbus Basedowii wird mit Aconitin bekämpft. Irrthümlich glaubt S., er habe zuerst einen Druckverband gegen den Exophthalmus
angewendet.

Der folgende Abschnitt ist überschrieben „Diät und Hygiene bei
Neurosen". Hier macht S.'s Phantasie wilde Sprünge. Das Nerven-
system bestehe vorwiegend aus Fetten und Phosphorverbindungen.
Danach müsse sich die Diät richten. Den Phosphor soll man in Substanz
geben. Es ist unglaublich! Durch vieles Reis-Essen entsteht multiple
Neuritis u. s. f. u. s. f.

In der 3. Vorlesung handelt S. über die „Ruhe" und giebt dabei die
bekannten Ansichten Weir Mitchell's wieder, ferner über körperliche
Uebungen und endlich über den Missbrauch gewisser Mittel. Das Capitel gegen den Alkohol ist wohl das Beste im Buche. Das Morphium
verdammt merkwürdigerweise S. fast ganz, obwohl er sonst die starken
Gifte liebt und das Chloral, das ebenso wie das Morphium zur Sucht
führt, hochschätzt. Dass man bei einem hysterischen Anfalle kein
Morphium geben soll, ist wohl selbstverständlich, dagegen dürfte es
grausam sein, einem Tabeskranken im Magenanfalle das Morphium zu
verweigern. Uebrigens scheint auch S. in solchen Fällen Ausnahmen
zu machen. Die Hauptsache ist wohl die, dass man sich seine Leute
ansieht. Sehr Viele haben gar keine Tendenz zur Morphiumsucht und
lassen das Mittel ruhig bei Seite, wenn sie es nicht mehr brauchen.
Sine opio medicus esse nollem. Die Leistungen der modernen Therapie
sind wahrlich nicht der Art, dass der alte Satz nicht mehr gälte. Auch
gegen die übermässige Verordnung von Brom wendet sich S. mit Recht,
doch ist bei uns diese Warnung selten nöthig. S.'s Mittheilungen über
zahlreiche Bromvergiftungen zeigen nur, welch arger Missbrauch mit
Medikamenten in Amerika getrieben wird.

Wie die Uebersicht über den Inhalt des Buches zeigt, ist es nach
keiner Richtung hin erschöpfend und bei aller Stoffarmuth reich an

verwundbaren Stellen. Die mitgetheilten Proben lassen den Zweifel, ob die Uebersetzung angezeigt war, wohl als berechtigt erscheinen.

Der Uebersetzer hat sich offenbar Mühe gegeben, er geht aber manchmal mit der Sprache recht hart um. Er lässt die Fälle geheilt werden oder sterben — nun, daran haben ja viele Collegen ihre „hochgradige" Freude. Er drückt sich aber auch so aus: „Einer der geheilten Fälle hatte 7 Jahre bestanden." Im Deutschen würde das heissen: „Ein Kranker blieb 7 Jahre lang geheilt."

Die Ausstattung ist so vortrefflich wie bei den anderen Büchern des gleichen Verlages.

Anhang.

Grundansichten.

[Vorbemerkung. Alle Erörterungen über Hysterie führen schliesslich zu der Auffassung von den Beziehungen zwischen Leib und Seele, sowie zu den allgemeinsten Begriffen überhaupt. Will man aus der Unklarheit herauskommen, die gewöhnlich allen medicinischen Erörterungen über Psychisches zu Grunde liegt, so muss man nicht nur über die psychologischen Begriffe sich zu einigen suchen, sondern man muss auch den Muth haben, über die Grenzlinien, die die „exakte Wissenschaft" gezogen hat und polizeilich bewachen lässt, hinauszugehen, d. h. sich zu einer metaphysischen Ansicht zu bekennen.

In der That wird die bisherige Beschränkung der Medicin nicht bleiben. Schon ist die Erkenntniss allgemein geworden, dass der Arzt ohne Psychologie nicht auskomme. Das ist ein grosser Fortschritt, wenn auch vorläufig die platte Associationspsychologie noch den meisten Anklang findet. Das Weitere wird folgen.

Ich aber ergreife die Gelegenheit, hier die Ansichten wiederzugeben, die die Grundlage aller meiner Auseinandersetzungen bilden und von denen ich auch bei Besprechung der hysterischen Erscheinungen ausgehe. Man wird daraus wenigstens erkennen, dass ich meinen Standpunkt vertheidigen kann und dass die in meinen Arbeiten verstreuten psychologischen Erörterungen unter einander zusammenhängen.

Das Folgende ist einer Schrift entnommen, die ich im J. 1891 bei O. Wigand unter dem Titel „Ueber die drei Wege des Denkens" veröffentlicht habe.]

Man nimmt vielfach an, die natürliche Auffassung der Welt, z. B. die, dass wir die Dinge selbst wahrnehmen, sei eine unhaltbare und müsse von der wissenschaftlichen Erkenntniss umgestaltet werden. Nun ist es ja zweifellos, dass die wissenschaftliche Auffassung manches vor der natürlichen voraus hat und Beziehungen berücksichtigt, die von dieser ausser Acht gelassen werden. Aber von vornherein erscheint es nicht als wahrscheinlich, dass eine Auffassung, die sich doch nur durch die Beziehungen der Wesen selbst im Laufe der Zeiten gebildet haben kann und die sich jederzeit praktisch bewährt hat und noch bewährt, fehlerhaft sei. Es lohnt sich daher, zu fragen, ob nicht die Denkfehler, die man in der Auffassung des natürlichen Menschen zu finden glaubt und die in der heutzutage landläufigen Auffassung ganz sicher stecken, aus einer Vermengung der wirklich naiven mit andern Denkweisen entstanden sind. Wäre es so, dann müsste man bestrebt sein, die natürliche Auffassung zu reinigen, nicht zu zerstören. Das Geschäft scheint dadurch erschwert zu sein, dass doch Jeder bei seinen Ueberlegungen von der Denkart ausgehen muss, die er mitgebracht hat. Nun aber haben wir trotz des Widersinns, den wir im Laufe und Drange des Lebens oft genug ohne grosses Bedenken in uns aufnehmen, nicht nur ein moralisches, sondern sozusagen auch ein intellectuelles Gewissen, das sich rührt, wenn ihm bedenkliche Wortverbindungen ausdrücklich vorgehalten werden. Sind wir irre geworden an unserem individuellen Urtheile über das, was denkbar ist oder nicht, so haben wir an der Sprache einen weisen Führer. Wenn irgendwo, so muss in der Sprache das aufzufinden sein, was dem natürlichen Menschen als Wahrheit erscheint. Die Aussagen des Sprachgefühls und die des intellectuellen Gewissens werden zusammenstimmen, sofern sie nicht überhaupt dasselbe sind. Aus diesem Grunde ist es sehr zu bedauern, dass gerade bei Behandlung der allgemeinsten Fragen vielfach durch Fremdwörter dem Sprachgefühle Gewalt angethan wird. Mira in quibusdam rebus verborum proprietas est et consuetudo sermonis antiqui quaedam efficacissimis notis signat.

Man kann nun thatsächlich drei verschiedene Auffassungsweisen, deren jeder Wahrheit bedingungsweise zukommt, unterscheiden. Man kann sie als subjective, objective und transsubjective, oder als psychologische, physikalische und metaphysikalische Denkweise bezeichnen. Die erste betrachtet die Dinge für uns, die zweite die Dinge unter einander, die dritte die Dinge für sich. Alle drei laufen im gewöhnlichen Leben und gewöhnlich auch in der Wissenschaft durch einander, wenn auch die dritte in der Regel nur in ihren Anfängen vorhanden ist. Aus der unberechtigten Vermengung der Auffassungsweisen entstehen die wichtigsten Denkfehler. Der heutzutage häufigste ist der, dass die physikalische Denkweise für die unbedingt wahre gehalten wird. Man thut dann, als ob der erste und der dritte Weg volksthümliche Irrthümer wären. Im wirklichen Leben freilich muss man doch auf ihnen gehen, aber in der Studirstube braucht man daran nicht zu denken.

I.

Wenn wir versuchen, über unser Verhältniss zur Welt nachzudenken,
so müssen wir uns zunächst nach einem sicheren Ausgangspunkte um-
sehen. Der Gedanke liegt nahe, dass es am besten sei, in den allgemeinsten Fragen von den allgemeinsten Begriffen auszugehen. In der
That haben auch die alten griechischen Philosophen diesen Weg ein-
geschlagen. Die Eleaten z. B. gingen von dem Begriffe des Seins aus
und gerade dieses Beispiel zeigt, dass der eingeschlagene Weg ein Holz-
weg ist. Sieht man von allem Inhalte des Geschehens ab, so bleibt der
Begriff des Geschehens allein übrig; zieht man diesem sozusagen auch
noch die letzte Haut ab, indem man von der Zeit absieht, so kommt
man zu dem Begriffe des Seins, einem wesenlosen Schatten. Inhalt und
Umfang eines Begriffes stehen in umgekehrtem Verhältnisse. Entleert
man einen Begriff seines ganzen Inhaltes, so bleibt eine leere Hülse
übrig. Wir würden also mit leeren Hülsen spielen, wollten wir von
den allgemeinsten Begriffen ausgehen. Indem wir uns daran erinnern,
dass alles Denken nur eine Verarbeitung des Wahrgenommenen ist und
seinen Inhalt einzig und allein aus der Anschauung gewinnt, möchten
wir nun den Gang von unten beginnen und uns unmittelbar an die
Anschauung halten. Dabei haben wir dem Sinne nach wohl das Richtige getroffen, aber wir müssen uns doch darauf besinnen, dass eben
Anschauen und Denken zweierlei sind, dass wir zu unserem Nachdenken
Begriffe brauchen und dass diese erst durch Zergliederung der anschau-
lichen Mannigfaltigkeit gewonnen werden. Es bleibt also dabei, dass
wir als Ausgangspunkt einen Begriff brauchen, der nicht weiter zu zer-
gliedern ist. Wir werden verfahren müssen wie der Chemiker, der die
vorgefundenen Stoffe solange zerlegt, bis er auf unzerlegbare Stoffe trifft.
Alles Erklären besteht doch darin, dass wir den zu erklärenden Begriff
anderen, die uns als klar erscheinen, unterordnen. Dieser Fortgang
muss aber begreiflicherweise ein Ende haben und muss auf Begriffe
führen, deren Inhalt nicht mehr erklärbar, sondern nur noch aufzeigbar
ist. . Als solcher Elementarbegriff bietet sich uns nun der des Wollens
dar. Alle Erklärung führt auf. das Wollen zurück, das Wollen aber
erklären zu wollen, ist sinnlos. Das sieht jeder ein, sobald er sich besinnt. Versucht er das Unmögliche, so findet er bald, dass in der Erklärung das zu Erklärende schon steckt, dass er sich mithin in leeren
Worten ergangen hat. Sagt er z. B., das Wollen entspringe dem Streben
der Vorstellungen, so frage man ihn, was denn Streben sei, wenn nicht
Wollen. Eine faule Ausflucht wäre es, wenn man sagen wollte, wir
hätten es doch immer nur mit der Vorstellung des Wollens zu thun.

Das versteht sich ja für unser Denken von selbst, wir würden aber nie zu der Vorstellung des Wollens kommen, wenn wir das wirkliche Wollen nicht in unserem Bewusstsein fänden. Thatsächlich scheiden wir denkend unser Bewusstsein in zwei Theile: Wollen und Gegenstand. Kein Wollen ohne Gegenstand, kein Gegenstand ohne Wollen. Sprechen wir vom Wollen schlechtweg, so sehen wir eben vom Gegenstande ab, oder betrachten ihn als gleichgültig. Dagegen ist reines Wollen ebenso Unsinn, wie ein Gegenstand an sich. Die Sprache bildet zu dem Zeitworte wollen das Hauptwort Wille und bezeichnet damit das Vermögen oder die Möglichkeit des Wollens. Es ist somit der Wille nur ein Gedankending, nicht etwas, was hinter dem Wollen stäke; woran zu erinnern, wohl nur für den im Denken Ungeübten nöthig ist.

In tiefsinniger Weise nennt die lateinische Sprache das Zeitwort schlechtweg das Wort: Verbum. Die meisten Verba drücken ein bestimmtes Wollen aus, jedes von ihnen ist Wollen eines Gegenstandes. Von den activen Zeitwörtern versteht sich das von selbst, da actio nichts anderes ist als wirkliches Wollen. Aber auch die meisten passiven Zeitwörter beziehen sich auf ein Wollen und sind ohne diese Beziehung todt, worauf weiterhin mehrfach zurückzukommen ist. Insbesondere drücken alle Verba, mit denen wir von unseren inneren Zuständen reden, ein Wollen aus. Dies klar zu machen, gehört eben zu der Aufgabe dieser Ausführungen.

Dem Wollen steht das Nichtwollen gegenüber und dies ist der zweite elementare Begriff. Bejahung und Verneinung sind nur da, weil Wollen und Nichtwollen da sind, nicht umgekehrt. Ehe das Wollen sich im Denken spiegelt, muss es vorhanden sein. Auch das am tiefsten stehende Thier will und will nicht, verneinende Urtheile aber wird man bei ihm nicht suchen.

Wir haben in unserem Innern zuerst das Verbum gefunden. Bildlich gesprochen, wir finden uns als einen Strom, der hin und her fluthet. Jede Welle ist eine Bethätigung des Willens. Zu jedem Zeitworte aber gehört ein Haupt- oder ein Fürwort, sofern es bestimmt sein soll. Nun sagen wir: Ich will. Das ist der dritte elementare Begriff. Dass das Fürwort in der 1. Person da ist, lässt sich auf keine Weise erklären. Man kann wohl sagen, das Ich sei die Einheit des Bewusstseins, da das „Ich will" alle geistigen Vorgänge begleiten könne. Man würde aber sehr verwegen sein, wenn man einen derartigen Ausspruch für eine Erklärung ausgäbe. Wenn es einen geben könnte, der nichts von dem Ich wüsste, so würde derselbe auch durch die Belehrung, das Ich sei die Form des Bewusstseins, „die Einheit in der Synthesis der Gedanken", um nichts klüger werden.

Ich will oder will nicht, das ist der Eckstein, der das Gebäude unseres Geistes und damit unserer Welt trägt.

Die Sprache unterscheidet von dem Willen als Gefühle *Lust* und *Unlust.* Diese können als Bejahung und Verneinung des Willens verstanden werden, sind aber keineswegs mit dem Begriffe des Wollens gegeben. Sie gehören mit zu den Elementen, man kann nur auf sie hinweisen. Sie begründen Alles, haben selbst keinen weiteren Grund. Die Wirklichkeit muss man sich wohl so vorstellen: der Wille findet Widerstand, es folgt Lust oder Unlust und demnach Wollen oder Nichtwollen. Brauchen wir ein Bild, so würde die Einwirkung des fremden Willens der aufsteigende Schenkel des Winkels, die Lust der Scheitel und die Thätigkeit des eigenen Willens der absteigende Schenkel sein. Der unmittelbare Beweggrund des Wollens ist immer Lust oder Unlust und nur sofern diese sich an einen Gegenstand knüpfen, kann man diesen Motiv nennen. Wollen ohne Lust ist ein Unding. Wahrnehmen und Thun sind beide Zusammenstoss des eigenen mit dem fremden Wollen, Lust oder Unlust folgt dem ersten, geht dem anderen voraus. Wahrnehmen ist Nichtwollen ohne vorausgehende Unlust.

Nur nebenbei sei daran erinnert, dass es natürlich eine reine Lust sowenig giebt wie ein reines Wollen. Gegenstand, Lust und Wollen sind nur begrifflich zu trennen und jede wirkliche Lust ist immer eine bestimmte. Je nachdem die Lust mit einer Wahrnehmung, einer deutlichen oder einer undeutlichen Vorstellung verknüpft ist, nimmt man wohl verschiedene Arten der Gefühle an. Mit Vorliebe gebraucht die Sprache das Wort Gefühl bei der an eine undeutliche Vorstellung geknüpften Lust.

Dass das *Wahrnehmen* (percipere = erfassen) ein Wollen ist, sagt der sprachliche Ausdruck. Ich nehme wahr, d. h. ich handele, ich bethätige meinen Willen. Bethätigung des Willens, wirkliches Wollen ist nur möglich, wenn der Wille Widerstand findet. Beim Wahrnehmen tritt meinem Willen ein Fremdes entgegen, das ihn einschränkt. Am deutlichsten ist die Sache bei dem Ursinne, dem Gefühl. Auf die Frage, wie kommen wir zur Annahme einer Aussenwelt, heisst die Antwort: Das Ich stösst sich an das Nicht-Ich. Die Härte, die Schwere werden auch von unserem heutigen Bewusstsein als ein fremder Wille verstanden, mit dem der unsrige beim Fühlen zusammentrifft. Die Sprache lehnt zwar eine nähere Bestimmung des Fremden ab, indem sie es Ding, d. h. Etwas nennt, das natürliche Bewusstsein muss aber das Ding als fremden Willen auffassen, da ihm doch ausser dem Wollen nichts gegeben ist. Dass es so ist, geht aus den Ausdrücken hervor, mit denen wir von den Eigenschaften der Dinge sprechen. Wir nennen sie Kräfte. Das Wort Kraft wird einmal von der Stärke des Wollens gebraucht, zum andern von einem Wollen mit bestimmtem Inhalte. Kraft ohne Beziehung auf das Wollen, das sind fünf Buchstaben, sonst nichts. Schwere, Härte, Wärme sind Kräfte des Dings, aber ebenso auch Geschmack und Geruch, Schall, Licht und Farben. Die Apfelsine ist nicht nur weich und leicht, sondern auch süss, wohlriechend und gelb. Die eine Eigenschaft ist so gut eine Kraft, d. h. ein Ausdruck des Wollens, wie die andere. Die Apfelsine hat Riechkraft, Leuchtkraft u. s. w.

Natürlich setzen wir das Ding nicht aus seinen Eigenschaften zusammen, sondern wir nehmen unwillkürlich zu jedem fremden Wollen ein Subject (im sprachlichen Sinne) an, da wir doch wissen, dass unser Wollen ein Subject hat. Ich und Es entsprechen einander. Dass das Ding mehr sei als Subject eines fremden Wollens, liegt in keiner Weise in seinem Begriffe. Jede Kraftäusserung wird auf ein Subject, das Ding, bezogen. Welche Eigenschaften nun das Ding weiter habe, ergiebt die Erfahrung über den Zusammenhang der Wahrnehmungen in Raum und Zeit.

Wir nehmen die Dinge selbst wahr und die wahrgenommenen Eigenschaften sind die der Dinge selbst. Der natürliche Mensch hat mit dieser Auffassung durchaus Recht. Die Eigenschaften des Dinges sind der Ausdruck seines Willens, die Art, in der es unseren Willen beschränkt. Der natürliche Mensch ist ebenso mit Recht davon überzeugt, dass auch dann, wenn er das Ding nicht wahrnimmt, es seine Eigenschaften behält, d. h. die Kraft, seinen Willen in der früheren Weise zu beschränken.

Ist Wahrnehmung ein Wollen, bei dem der eigene Wille durch den fremden eingeschränkt wird, so schränkt beim *Thun* der eigene Wille den fremden ein. Das Wahrnehmen ist lust- oder unlustvoll, ihm folgt ein Wollen oder Nichtwollen als Thun (actio et reactio). Inhalt des Thuns kann zunächst nur das Wahrgenommene sein, das bejaht oder verneint wird. Nach geistiger Entwickelung können zwischen Wahrnehmen und Thun mehr oder weniger Vorstellungen eingeschaltet sein, d. h. Willensakte, deren Inhalt ein Vorgestelltes ist. Am Anfange steht die einfache reactio, am Ende das zweckmässige Handeln, bei dem der vorgestellte Endzweck durch eine Reihe von Mitteln verwirklicht wird. Den inneren Zusammenhang, das Erfolgen des einen aus dem andern, glauben wir unmittelbar wahrzunehmen. Unser Bewusstsein enthält das, was wir durch Wahrnehmung ihm zuführen, und das, was auch ohne Wahrnehmung da ist. Insofern als wir uns des einen wie des anderen bewusst sind, spricht man wohl von einem äusseren und von einem inneren Sinne, von mittelbarer und unmittelbarer Wahrnehmung. *Wirken* ist thätiges Wollen und hat zunächst gar keinen anderen Sinn. In der Wahrnehmung ist die Wirkung implicite gegeben. Am eigenen Thun muss sich der deutliche Begriff des Wirkens entwickelt haben und erst aus der inneren Erfahrung ist er auf den fremden Willen, auf die Dinge unter einander übertragen worden. Das Ding, sofern es wirkt, wird *Ursache* genannt. Thatsächlich bezieht sich der Begriff der Ursache, wie die Sprache darthut, auf das Ding selbst, soweit es Subject eines Wollens ist. Auf dem natürlichen Standpunkte, von dem aus die Dinge, wie sie für uns sind, in ihrer Beziehung zum Ich betrachtet werden, ist das Ding wirkend ebenso wie das Ich wirkt. Erst später, wenn von der Beziehung zum Ich abgesehen wird und der Zusammenhang der Dinge unter einander begrifflich erfasst ist, wird die Beziehung von Ursache und Wirkung auf die beobachteten Veränderungen übertragen und gemäss den Bedingungen des Zusammenhanges wird die vorausgehende Veränderung zur Ursache der folgenden. Da wir unser eigenes Thun als Wirkung des Ich auffassen, suchen wir bei jeder Veränderung, die ja ebenfalls als Thun erscheinen muss, nach einer Ursache. Auch die Thiere thun dies. Aber die Verknüpfung des Begriffes der Nothwendigkeit, der sich auf den Widerspruch bezieht, mit dem von Ursache und Wirkung ist keine ursprüngliche.

Wirklich ist im Gegensatze zu Möglich das nicht bloss Gedachte, sondern Wahrgenommene, weil es wirkt. Wirklichkeit als Zusammenfassung alles Wirklichen ist die Gesammtheit des Wirkenden, man könnte sagen die Willenswelt.

Vorstellung (repraesentatio) ist, wie das Wort besagt, eine Handlung. Beim Vorstellen ist der Gegenstand des Wollens nicht wie beim Wahrnehmen und Thun das Wirkliche, sondern ein Stellvertreter (Repräsentant) davon. Es ist gegen den Sinn der Sprache und es kann nur Verwirrung stiften, wenn auch die Wahrnehmung als Vorstellung bezeichnet wird. Vorgestellt wird nur das, was nicht da ist, und der natürliche Mensch versteht unter dem Inhalte der Vorstellung nur ein Erinnerungs- oder Phantasiebild. Gewöhnlich wird der Inhalt schlechtweg Vorstellung genannt und es wird dabei von der Thätigkeit des Vorstellens abgesehen.

Dass wir vorstellen können, d. h. Bilder des Wahrgenommenen hervorrufen, zertheilen und zusammenfassen können, das befreit uns von dem Zwange der Gegenwart. Ohne dieses Vermögen gäbe es nur einfache actio und reactio. Durch das Vorstellen erlangen wir *Willkür*. So wenig aber die Wahrnehmung ohne den Willen gedacht werden kann, ebensowenig das unwillkürliche Vorstellen. Es wäre eine sinnlose Behauptung, zu sagen, die Vorstellungen verknüpften sich selbst. Aus

den Regeln der Vorstellungsverknüpfung lernen wir das Verfahren des
Willens kennen, d. h. wir erfahren, dass ihm die Verknüpfung der Vor-
stellungen nur unter bestimmten Bedingungen Lust gewährt. Willkür
zeigt sich beim Handeln und beim Denken, sie besteht darin, dass der
Wille unter mehreren Vorstellungen eine wählt, weil an sie sich grössere
Lust knüpft als an die anderen. Die willkürliche Vorstellungsverknüpfung, das *Denken*, bethätigt sich an Erinnerungsbildern oder an
Begriffen. Wenigstens dürfte es dem Sprachgebrauche entsprechen, den
Begriff des Denkens in diesem weiten Sinne zu fassen. Wir müssen
doch annehmen, dass dem begrifflichen Denken ein Denken in Bildern
als Vorstufe vorausgehe, wie ja auch das künstlerische Denken z. Th. als
solches zu bezeichnen ist. Die Begriffsbildung und -verknüpfung voll-
ziehen wir bekanntlich nach Regeln, die durch die Sprache in uns
lebendig werden und die die Logik zusammenfasst. Nur im Bereiche
des Denkens ist unser Wille sozusagen sein eigener Herr, denn die
Wirklichkeit besteht in der Durchkreuzung verschiedener Willen. So,
wie der Wille im Denken handelt, handelt er seiner eigensten Beschaffenheit gemäss und aus den logischen Gesetzen muss diese am ehesten
erkannt werden können. Da wir nun unwillkürlich annehmen, dass
unser Wollen und das fremde Wollen Einer Art seien, unser Wille einen
Theil der Wirklichkeit darstelle, nehmen wir auch an, dass die logischen
Gesetze nicht nur für unsern Willen, sondern für den Willen überhaupt,
für die Wirklichkeit gelten. Thatsächlich legen wir diese Voraussetzung
all' unserm Handeln zu Grunde. Nichts spricht gegen sie und die Erfahrung hat sie bisher ausnahmelos bestätigt. Die logischen Regeln
lehren also, was dem Willen überhaupt in formeller Hinsicht Lust oder
Unlust gewährt, oder was er wollen kann. Sie führen bekanntlich auf
einige Grundsätze zurück. Zu ihnen gehört der Satz vom Widerspruche.
Der Widerspruch ist sozusagen die Unlust an sich, die Noth, die der
Wille unter allen Umständen abwenden muss. Nothwendig ist jedes
Urtheil, dessen Gegensatz einen Widerspruch enthält, d. h. unmöglich
ist (nicht gemocht werden kann). Dagegen ist ein Urtheil wirklich
(actualis), sofern seine Theile sich gleichen oder übereinstimmen, d. h.
das principium identitatis besagt, was in formeller Hinsicht Lust gewährt.

Das Wort *Bewusstsein* braucht die Sprache in zwei Bedeutungen.
Einmal bezeichnet es den Zusammenhang der inneren Vorgänge. Ich
bin mir einer Sache bewusst, d. h. ich kann mich ihrer erinnern. Wird
der Zusammenhang zerrissen, die Möglichkeit der Erinnerung aufgehoben,
so ist das Bewusstsein gestört. Dies meint z. B. der Gesetzgeber, wenn
er von Handlungen in bewusstlosem Zustande spricht. Zum anderen
aber gebrauchen wir Bewusstsein als gleichbedeutend mit innerem Ge-

schehen überhaupt. Wenn wir z. B. von einem verwundeten Menschen
sagen, er habe kein Bewusstsein mehr, so meinen wir, dass in ihm überhaupt keine geistigen Vorgänge mehr vorhanden seien. Will man nun
von einem Unbewussten sprechen, so hat dies gegenüber der ersten Bedeutung des Wortes Bewusstsein natürlich keine Schwierigkeit. Dagegen
würde der Begriff unbewusster Geistesthätigkeit gegenüber dem zweiten
Gebrauche ein Widerspruch sein. Nichtsdestoweniger könnte die Beobachtung des inneren Lebens uns dahin führen, geistige Vorgänge auch
jenseits der Grenzen unseres Bewusstseins anzunehmen, die ihrer Natur
nach nicht in den Zusammenhang des letzteren eintreten können. Wir
würden sie, sofern sie erschlossen werden, doch als Handlungen unseres
Ich und trotz der Schranke, die sie von dem Zusammenhange unseres
übrigen geistigen Lebens trennt, für nur relativ unbewusste halten.
Sollte aber die Betrachtung auf geistige Vorgänge führen, die überhaupt
nicht in ein individuelles Bewusstsein fallen können, so würden diese
dann für uns in der That unbedingt unbewusste sein, würden uns aber
zugleich nöthigen, ein das unsrige übergreifendes, bez. einschliessendes
Bewusstsein anzunehmen, da wir mit dem Begriffe eines an sich unbewussten geistigen Geschehens nach der Beschaffenheit unseres Denk-
vermögens nicht zurecht kommen können. Doch greifen diese Erwägungen vor. Wir sind von der Zergliederung des eigenen Bewusstseins
ausgegangen und dieser Weg führt nicht über seine Grenzen hinaus.
Es hat für diese Betrachtungsweise keinen Sinn von einem unbewussten
Willen zu sprechen und etwa zu sagen, der Wille sei unbewusst, ehe
er Widerstand findet. Für die Beobachtung giebt es kein Wollen ohne
Gegenstand, jeder wirkliche Wille ist ein bestimmtes Wollen mit bestimmtem Gegenstande, denn der Gegenstand hat Eigenschaften und das
Wollen bejaht oder verneint ihn gemäss seiner eigenen Beschaffenheit.
Auf die Frage, was war, ehe das Bewusstsein entstand, kann vom Standpunkte der inneren Beobachtung keine Antwort gegeben werden, und
ebensowenig kann sie durch Zergliederung der aus dieser Beobachtung
abgesonderten Begriffe gelöst werden. Wir werden später auf sie zurückkommen müssen.

II.

Der natürliche Mensch sieht die Dinge, wie sie für ihn sind. Sie
treten seinem Wollen entgegen und werden selbst als Subjecte eines
Wollens aufgefasst. Es ist begreiflich, dass diese Ansicht, die wir kurz
als die 1. Ansicht bezeichnen wollen, zunächst auch auf die Auffassung
der Beziehungen der Dinge unter einander übertragen wird. Die Dinge

wirken aufeinander durch ihre Kräfte. Andererseits muss bei fortschreitender geistiger Entwickelung der 1. Ansicht eine 2. gegenüber-
treten, die von der Beziehung der Dinge auf unseren Willen absieht,
d. h. bei dem Ding für uns von dem „für uns" abstrahirt, und die Gegenstände des Wollens (die Objecte) an sich (objectiv) betrachtet. Nur
diese 2. Ansicht kann uns eine zusammenhängende Naturerkenntniss
liefern, aber es ist von vornherein ersichtlich, dass sie nur bedingungsweise Giltigkeit haben kann.

Eine reine Durchführung der 2. Auffassung war mit grossen Schwierigkeiten verknüpft. Soweit unsere geschichtlichen Kenntnisse reichen,
sehen wir die 2., die naturwissenschaftliche Ansicht mit der 1., der an-
thropopathischen im Kampfe liegen, wie noch heute im gemeinen Leben
beide durcheinander laufen. Je weiter die Naturerkenntniss fortschreitet,
um so freier wird ihre Auffassung von Beziehungen auf menschliches
Wollen. Aber erst in der neuen Zeit ist diese Entwickelung zu einem
gewissen Abschlusse gelangt und ist es möglich geworden, die naturwissenschaftliche Auffassung soweit zu klären, dass nur noch einzelne
Redewendungen an die 1. Ansicht erinnern.

Hier muss die geschichtliche Entwickelung als bekannt vorausgesetzt
werden. Nur die wichtigsten Begriffe der heutigen Naturwissenschaft
sollen eine kurze Erörterung finden.

Die Naturwissenschaft hat die Aufgabe, den Zusammenhang des
Wahrgenommenen zu erkennen, das direct nicht Wahrnehmbare aus ihm
zu erschliessen und den Erfolg der in der Natur eintretenden Veränderungen voraus zu bestimmen. Sie wird ihrer Aufgabe um so mehr
nachkommen, je exacter sie verfährt, d. h. je mehr sie Messung und
Rechnung anwendet. Messbar und zählbar ist aber nur das Quantitative,
nicht das Qualitative. Die Naturwissenschaft hat daher das Bestreben,
alle Qualität in Quantität umzuwandeln, wenn es sich auch nicht in
allen Zweigen der Naturwissenschaft in gleicher Stärke geltend macht.
Thatsächlich hat die Theorie das Ziel im Wesentlichen erreicht und die
Auffassung der Natur hat damit eine früher nicht geahnte Einfachheit
und Klarheit erlangt. Schall, Licht, Wärme, magnetische und elektrische
Erscheinungen sind Formen der Bewegung. Die ganze Physik ist Mechanik. Das Gleiche gilt von der Chemie, denn die chemischen Erscheinungen erklären sich durch Aenderungen im Bewegungzustande der entweder nur quantitativ verschiedenen, oder schlechthin einfachen kleinsten
Theilchen. Bewegung der Materie im Raume ist die Natur, und Erkenntniss der Gesetze dieser Bewegung ist die Naturwissenschaft.

Als man eingesehen hatte, dass die Dinge eine nur scheinbare Selbständigkeit haben, zertrennt und zusammengefügt werden können, be-

trachtete man die Stoffe, aus denen die Dinge zusammengesetzt sind, als das Wesentliche. Die verschiedenen Stoffe wurden als Arten eines Urstoffes angesehen: der *Materie*. Zu jedem Zeitworte gehört ein Hauptwort, zu jedem Geschehen ein Träger desselben. Im gleichen Sinne wie das Ich Subject unserer Thätigkeit, das Ding Subject einer bestimmten Veränderung ist, ist die Materie Subject aller wahrgenommenen, bez. als wahrnembar gedachten Veränderungen. Sie ist das Substantivum alles wahrnehmbaren Geschehens: die *Substanz* (deutsch etwa Unterstand). Da die Materie als Subject aller Veränderungen aufgefasst wird, kann sie selbst nicht vermehrt noch vermindert werden, sie beharrt. Sofern man das Wort Substanz gleichbedeutend mit Materie braucht, kann man auch der Substanz Beharrung zuschreiben, sofern man das Wort anders braucht, kann man es nicht.

In der Mechanik wird die Materie wohl auch als das Tastbare oder unter Umständen tastbar Werdende bestimmt. Mit der Tastbarkeit sind andere sinnliche Eigenschaften verknüpft, aus denen auf jene zurückgeschlossen werden kann, und der Zusammenhang des Wahrgenommenen lässt auch da Tastbares oder dem Gleichgeltendes erschliessen, wohin keine Wahrnehmung reicht. Insofern als das Tastbare als Subject der Gleichgewichts- und Bewegungserscheinungen gefasst wird, kann man die Materie auch als das Bewegliche im Raume bestimmen, wie es nach Kant vielfach geschieht.

Die wissenschaftliche Erfahrung hat bekanntlich dahin geführt, den stetigen Zusammenhang des Tastbaren zu leugnen, die Materie als aus getrennten Theilchen, zwischen denen ein leerer Raum besteht, zusammengesetzt zu denken.[1] Die sogenannte physikalische Atomistik schreibt diesen kleinsten Theilchen, die als weder durch physikalische, noch durch chemische Mittel theilbar gedacht werden, Ausdehnung zu, die Atome sind ihr eben nur sehr kleine Körperchen. Weiter zu gehen, dazu hat vielleicht die Naturwissenschaft kein Bedürfniss. Doch führt das einen Abschluss suchende Denken über die physikalischen Atome hinaus zu den einfachen Atomen, die selbst ohne Ausdehnung sind, durch deren Zusammenstellung aber alles Ausgedehnte entsteht. Die Mathematik hat gezeigt, dass derartige Grenzbegriffe, die eine anschauliche Vorstellung ausschliessen, brauchbar, ja unumgänglich sind. So treten auch die unendlich kleinen Atome in den begrifflichen Zusammenhang der Physik ein und gestatten, manches schärfer zu fassen, als es ohne ihre Annahme möglich wäre.

[1] Von neueren Auffassungen anderer Art kann hier abgesehen werden.

Die reine Mechanik, die von jeder Construction der Materie absehen kann, spricht nur von deren Ort im Raume, von ihrer Masse und von den sie bewegenden Kräften. Die Masse oder Quantität der Materie ist die Fähigkeit, im bewegten oder ruhigen Zustande zu verharren; sie wird bestimmt durch die Kraft, die sie bewegt, oder ihre Bewegung ändert. Umgekehrt kann die Kraft gemessen werden durch die Masse der bewegten Materie, je nachdem die Grösse des Einen oder die des Anderen als bekannt angenommen wird.

Die allgemeine Bedeutung der Atomistik beruht darauf, dass durch ihre Einführung die ganze Naturwissenschaft theoretisch reine Mechanik wird. Atomistisch wird die Masse der Materie bestimmt als die Zahl der Atome.

Kraft ist in der Mechanik Dasjenige, vermöge dessen ein Bewegungzustand einen andern zu bewirken vermag. Ihre Wirkung allein ist bestimmbar, über ihr Wesen soll nichts ausgesagt werden. *Im Begriffe der Kraft enthält die naturwissenschaftliche Auffassung noch einen Rest der 1. Ansicht.* Ursprünglich bezieht sich ja Kraft nur auf das Wollen und ist eine Eigenschaft des Dinges. Die Naturwissenschaft hat zwar das Wort Kraft bewahrt, aber sie braucht es in einwurfsfreier Weise, da sie der eben gegebenen Definition gemäss verfährt. Dagegen würde es eine unzulässige Vermengung der 1. Ansicht mit der 2. sein, wollte man die Kraft eine Eigenschaft der Materie nennen. Thatsächlich dient der Begriff der Kraft nur als Hilfsbegriff zur Darstellung der Gesetze des Gleichgewichts und der Bewegung. Nichts ist erkennbar als das Gesetz, nach dem die vorausgesetzte Kraft wirkt, und *im Gesetze allein existirt daher für uns die Kraft.* Sind Ort, Masse der materiellen Theile und Bewegungzustand derselben gegeben, so lehrt die Erfahrung, welche Aenderung der Bewegungzustand erfährt, und die Grösse dieser Aenderung ist das Maass der wirksamen Kraft. Die Kraft jeden Theiles des Systemes ist nur in der gesetzmässigen Beziehung seiner Bewegung zu der der anderen Theile ausgedrückt. Es giebt streng genommen soviele Kräfte, als es Zusammenstellungen, bez. Bewegungsweisen der Materie giebt. Je nachdem die einzelnen Fälle gruppirt werden, unterscheidet man verschiedene Arten der Kraft. Wieder aber sind diese einzelnen Kräfte, z. B. die Gravitationskraft, nur fassbar als bestimmte Gesetze der Bewegung. Soviel Gesetze, soviel Kräfte. Da nun die Kraft nicht an den materiellen Theilen hängt, vielmehr jedes Theilchen, je nachdem es in diese oder jene Zusammenstellung eintritt, den verschiedensten Kräften unterliegen kann, ist es ersichtlich, dass man die Naturkräfte nicht als selbständige Wesen ansehen darf, deren jedem sein bestimmtes Gebiet unterworfen wäre. Soweit das Gesetz reicht, soweit reicht die Kraft.

Die allgemeinsten Naturgesetze sind formeller Art. Das erste lautet:
Unter gleichen Bedingungen treten jedes Mal gleiche Folgen ein, unter ab-
geänderten Bedingungen abgeänderte Folgen. Das zweite: Jeder Bewegungzustand bleibt unverändert, so lange seine Bedingungen nicht abgeändert
werden. Das dritte: Der vorhergehende Zustand erfährt eine Veränderung,
die an Grösse der gleich kommt, die er selbst bewirkt hat (Wirkung
und Gegenwirkung sind gleich). Ob diese Gesetze der Causalität, der Träg-
heit und der Reaction auf einem Zwange unseres Denkens beruhen oder
nicht, das ist der Naturwissenschaft gleichgiltig. Sie sind, wie alle anderen
Naturgesetze, Hypothesen und haben sich bisher durchgängig bewährt.

Von vornherein schien die Unterordnung aller Gesetze unter eines
oder einige wenige eine unerfüllbare Forderung zu sein. Mochte auch
im Gebiete der Mechanik und einiger Theile der Physik die Gleichartigkeit der Kräfte einleuchtend sein, so war doch für grosse Gebiete der
Natur die den Bedürfnissen der exacten Naturwissenschaft entgegen-
kommende Auffassung, die die Umwandlung alles Wahrgenommenen in
Bewegungsvorgänge verlangt, zunächst nicht anwendbar. Es konnten
daher die chemischen, die magnetischen und die elektrischen, besonders
aber die im organischen Leben thätigen Kräfte als qualitates occultae
erscheinen. Auch schienen im Organischen Wirkung und Gegenwirkung
nicht mehr gleich zu sein. In der Theorie bot die Atomistik Einigung
und Klarheit und in derselben Richtung wirkte sozusagen von unten her
die Beobachtung, indem sie das mechanische Wärme-Aequivalent fand
und zu dem Gesetze von der Erhaltung der Quantität der Kraft gelangte.
Die Versuche, auf die dieses Gesetz sich stützt, sind der erfahrungs-
mässige Beweis für die Gleichartigkeit der Naturkräfte. Sind alle reinen
Bewegungskräfte gleichwerthig, so löst sich in der That die Naturwissenschaft in Mechanik auf. Alles Geschehen in der Natur ist Bewegung
und alle Kräfte der Natur bedeuten nichts als Gesetze der Bewegung.
Auch die Vorgänge in den Organismen müssen sich als mechanische
auffassen lassen, da doch, soweit die Erfahrung reicht, auch in den Organismen das Gesetz von der Erhaltung der Energie gilt. Immerhin ist
nicht nur für die Physiologie, sondern auch für andere Gebiete der
Naturwissenschaft die Zurückführung der wahrgenommenen Veränderungen auf Bewegungsvorgänge mehr erstrebt als erreicht. Man bedient
sich der alten Ausdrucksweise noch, spricht nach wie vor von magne-
tischer, elektrischer Kraft, unterstellt überhaupt die verschiedenen Naturerscheinungen nach wie vor verschiedenen Naturkräften. Nun werden
thatsächlich an dem Lebendigen Erscheinungen beobachtet, die ihm allein
eigen sind. Die Grenze zwischen dem Belebten und Unbelebten ist
durchaus scharf. Soweit aber materielle Veränderungen verschieden sind,

sind die in ihnen zum Ausdrucke kommenden Kräfte (Gesetze) verschieden. Es liegt daher kein Grund vor, den Ausdruck Lebenskraft zu verbieten. Die aus der Beobachtung des Lebendigen gewonnenen Gesetze könnten, soweit sie nicht mit den übrigen Naturgesetzen, die im Lebendigen ja auch giltig sind, gleichlauten, unter einem besonderen Namen ohne Bedenken vereinigt werden. Nur muss man sich gegenwärtig halten, dass die dem Lebendigen eigenthümlichen Erscheinungen, z. B. die des Wachsthumes, im Grunde auch Bewegungsvorgänge sind, dass ihre Gesetze in der Theorie sich auf die der Mechanik zurückführen lassen. Nicht an einer grundsätzlichen Verschiedenheit zwischen Lebendem und Unbelebtem, sondern an der Verwickeltheit der materiellen Zusammenfügungen, die in jenem Gebiete unendlich grösser ist als in diesem, liegt es, dass uns die Umsetzung der Veränderungen im Unorganischen in mechanische Vorgänge zum guten Theile gelungen ist, während sie für viele Erscheinungen des Lebendigen vielleicht immer ein frommer Wunsch bleiben wird. Als einzelne Arten der Lebenskraft sind die Assimilationskraft, die Reproductionskraft u. a. zu betrachten, Kräfte, von denen Manche reden, die das Wort Lebenskraft ängstlich vermeiden.

Das *Causalgesetz* ist vorhin in der von Fechner gegebenen Fassung angeführt worden. Es setzt voraus, dass auf einen bestimmten materiellen Zustand nur Ein andrer, nicht bald dieser, bald jener folgen kann. Sofern dies der Fall ist, sind eben beide Zustände gesetzlich verknüpft und handelt es sich nicht um ein Folgen, sondern um ein Erfolgen. Erkennen aber können wir die gesetzliche Verknüpfung nur daran, dass eben jedesmal unter denselben Umständen derselbe Erfolg, unter verschiedenen Umständen verschiedene Erfolge eintreten. Nehmen wir (der Einfachheit halber) ein System einfacher Atome, so ist dessen Zustand bestimmt durch die Anordnung und den Bewegungzustand der Theilchen. Beide sind die Bedingungen des auf den ersten folgenden Zustandes. Die Bedingungen insgesammt sind die Ursache, der Erfolg ist die Wirkung. Welcher Zustand auf den Anfangszustand folgt, kann das Gesetz nicht sagen, sondern dies lehrt die Erfahrung, bez. würde ein als möglich gedachtes allgemeinstes Erfahrungsgesetz lehren, aber dass bei bestimmter Anordnung und bei bestimmtem Bewegungzustande nur eine bestimmte Aenderung folgt, das setzt das Causalgesetz voraus.

Diese Hypothese, die von der Erfahrung um so mehr bestätigt wird, je vielseitiger und umfassender diese sich gestaltet, bringt also einen über alle bekannten Naturgesetze hinausreichenden Zusammenhang in die materielle Welt. Auf ihr beruhen die von der Naturwissenschaft benutzten Schlussweisen der Induction und der Analogie. In

Wirklichkeit kehren dieselben Umstände nie wieder, soweit das Ganze
in Frage kommt, und auch für ein bestimmtes materielles System ändern
sich, wenn nicht die innern, so doch die äusseren Umstände fortwährend.
Es wird daher immer der Erfolg nur insoweit derselbe sein, als die
neuerlichen Umstände den früheren gleichen. Aehnliche Umstände
werden ähnliche Erfolge haben. Dies nennen wir Analogie. Um mit
Bestimmtheit nach Analogie schliessen zu können, muss man wissen,
inwieweit die Umstände sich gleichen, denn nur insoweit werden auch
die Erfolge sich gleich; inwieweit aber jene verschieden sind, insoweit
werden auch diese verschieden sein. Ist es nun möglich, die Bedingungen
in verschiedener Weise abzuändern, eine Bedingung festzuhalten, die
übrigen aber zu wechseln, so wird man aus dem, was im Erfolge gleich
bleibt, auf die Bedeutung der festgehaltenen Bedingung schliessen können.
Dies ist dann ein Inductionschluss. Da die Variation der Bedingungen immer
eine beschränkte ist, so ist auch die Sicherheit des Schlusses beschränkt.

Man kann nun fragen, wie kommen wir zu der Voraussetzung, dass
alle materiellen Veränderungen von der Causalität beherrscht würden.
Eine logische Forderung ist· sie nicht, denn ihr Gegentheil ist widerspruchslos. Zwar kann man Ursache und Wirkung als Beziehungs-
begriffe fassen und sagen, wenn eine Wirkung da ist, muss auch eine
Ursache da sein. Aber darum handelt es sich nicht, sondern darum,
ob wir die wahrgenommenen Veränderungen als Wirkungen ansehen
sollen. Nun meint man, der Satz, jede materielle Veränderung ist Wirkung einer bestimmten Ursache, beruhe auf einer angeborenen Nöthigung unseres Denkens (sei eine Denkform, ein synthetisches Urtheil a
priori, ein Urtheil von transscendentaler Wahrheit). Wäre es so, dann
könnte man vielleicht meinen, diese Nöthigung beruhe auf Anpassung
und Vererbung. Als sehr wahrscheinlich erscheint eine solche Annahme
nicht, da sie voraussetzt, dass jene früheren Geschlechter der Urzeit viel
klüger gewesen seien, als die heutigen. Man sieht, dass selbst unter
gelehrten Menschen nichts weniger als Klarheit über Ursache und Wirkung besteht. Der eine nennt die Materie, der andere die Kraft Ursache,
scharfdenkende Menschen haben von causa sui, von Gleichzeitigkeit der
Ursache und der Wirkung gesprochen u. s. w. Kinder oder ungebildete
Menschen pflegen aber überhaupt nicht viel nach den Ursachen der objectiven Veränderungen zu fragen. Viele erklären mit grosser Gemüths-
ruhe, dass gleiche Ursachen verschiedene Wirkungen haben können und
schrecken durchaus nicht vor der Annahme eines ursachlosen Natur-
ereignisses zurück.

·   Man muss wohl zweierlei unterscheiden, einmal die Vorstellung
einer durchgängigen Regelmässigkeit aller materiellen Veränderungen,

zum andern die Frage, wie die Menschen darauf gekommen sind anzunehmen, dass die Wirkung aus der Ursache hervorgehe, dass diese sozusagen jene hervortreibe.

Der Sachverhalt kann nur der sein, dass, wie schon früher angedeutet wurde, die Ergebnisse der inneren Erfahrung auf die äussere übertragen werden, dass wir, indem wir die materiellen Veränderungen als Ursache und Wirkung auffassen, die erste Ansicht in die zweite hineintragen. Nur ist es unrichtig, wenn man meint, wir gingen von der Thatsache, dass unser Wille unsere Glieder bewegt, aus. Denn erstens wird auf dem natürlichen Standpunkte der Leib nicht von dem Ich unterschieden, zum andern aber wäre der Ausgangspunkt falsch gewählt, da zwischen dem Wollen und der Bewegung der Glieder als materiellem Vorgange gar kein ursächlicher Zusammenhang besteht. Wir gehen vielmehr von unserem Wirken auf die Aussenwelt aus. Wenn ich etwas zerschlage, so weiss ich, was Wirkung ist. Wirkung ist eben nichts als Thun, d. h. Ueberwindung eines Widerstandes durch den Willen. Ursache ist das Subject des Wollens. Auf dem subjectiven Standpunkte kennen wir überhaupt nichts als das Wirken des Willens und können gar nicht anders, als in jedem Geschehen eine Wirkung sehen. Es ist daher ganz richtig, zu sagen, dass ohne den Begriff[1]) der Wirkung gar keine Erfahrung zu Stande kommt. Schopenhauer hat hier, wie oft, in der Sache recht, irrt aber in der Formulirung. Wahrnehmung ist uns Wirkung der Dinge, aber nicht auf unsere Sinnesorgane, sondern auf unsern Willen. Geschehen ist Wirkung, dieser Satz kann sehr wohl ein Urtheil a priori genannt werden, es ist aber dann kein synthetisches, sondern ein Urtheil, das die Identität zweier Begriffe ausdrückt. Da alles Geschehen von vornherein Wirkung ist, muss es auch eine Ursache haben. Somit suchen wir von vornherein in der äusseren Erfahrung einen innerlichen Zusammenhang überhaupt. Aber dass jede Wirkung nur eine bestimmte Ursache haben kann, das konnte uns die innere Erfahrung nicht lehren. Die Gesetzmässigkeit kann in der That einzig aus der äusseren Erfahrung erkannt werden. Theils auf experimentellem Wege kamen wir zu ihr, da willkürliche Veränderungen immer dieselben Folgen hatten, theils durch Beobachtung offenbar regelmässiger Naturvorgänge. Somit hat der naturwissenschaftliche Causalitätsbegriff einzig seine sprachliche Bezeichnung aus der inneren Erfahrung, seinen Inhalt aber: die Gesetzmässigkeit, aus der äusseren. Es wiederholt sich also bei dem Begriffe der Wirkung derselbe Vorgang, der mit dem der Kraft sich

---

[1]) Selbstverständlich handelt es sich dabei nur um ein Analogon des begrifflichen Denkens.

vollzogen hat. Beide sind Hilfsbegriffe aus der inneren Erfahrung, mit
denen wir uns die objective Erfahrung vorläufig verständlich zu machen
suchen.

Die erste Ansicht geht von den Elementen des Bewusstseins aus
und findet, dass der Inhalt des Bewusstseins Wollen und Gegenstand
ist. Die zweite macht einen Schnitt und betrachtet die Gegenstände als
solche. Das Ergebniss der ersten ist, dass die Dinge mit ihren Kräften
auf uns wirken und wir auf die Dinge: hier das Ich, da die leuchtende
tönende Welt im Raume. Das Ergebniss der zweiten Ansicht ist, dass
es nichts giebt, als ein System von gesetzmässig bewegten Atomen. Die
erste Ansicht hat nicht nur jeder rohe Mensch, sondern auch jedes Thier.
Die zweite ist das Ergebniss alles bisherigen naturwissenschaftlichen
Beobachtens und Denkens. Sie beruht auf der Verarbeitung unzähliger
gewissenhafter Beobachtungen durch richtiges Denken. Ihre Ergebnisse
zeigen sich tagtäglich fruchtbar, indem sie nicht nur neuer Erfahrung
gegenüber sich bewähren, sondern auch es uns ermöglichen, in zweck-
mässiger Weise in den Naturlauf einzugreifen. Bei dieser Lage der
Sache ist es wohl begreiflich, wenn wir der zweiten Ansicht gegenüber
leicht vergessen, dass sie doch nur auf einer Abstraction beruht, und
die bedingte Wahrheit der Naturwissenschaft für eine unbedingte halten.
Die erste Ansicht scheint mangelhaft zu sein, insofern als sie das im
Inneren Gefundene ohne Weiteres auf das Fremde überträgt, als das
Ich sozusagen die Welt nach seinem Bilde schafft. Sie ist beschränkt,
weil sie vom gegebenen Ausgangspunkte aus sich nur in einer Richtung
ausdehnen kann. Aber ihr Vortheil ist eben der feste Punkt, auf dem
sie steht. Die zweite Ansicht dagegen, wenn sie vergisst, dass sie schliesslich von demselben Punkte ausgegangen ist, verliert den Stützpunkt
und schwebt sozusagen in der Luft. Die Naturwissenschaft zeigt, wie
das Materielle im Zusammenhange gedacht werden muss. Aber die
Materie ist die Gesammtheit des sinnlich Wahrnehmbaren, d. h. im Grunde
doch die Dinge, wie sie für uns, nicht wie sie für sich sind. Dadurch,
dass die zweite Ansicht von dem „für uns" absieht, kann sie es doch
nicht aus der Welt schaffen und am Ende angekommen muss sie sich
erinnern, dass das Ich, dass sie vergessen hatte, noch da ist.

Die erste Ansicht zieht sozusagen eine Linie vom Ich zur Welt,
die zweite erblickt die Welt als einen zu dieser Linie senkrechten Strom.
Wie gelangen wir nun von diesem Strome, dem causalen Zusammenhange des materiellen Geschehens, wieder zum Ich? Solange an der
Abstraction der zweiten Ansicht festgehalten wird, führt keine Brücke
hinüber. Auf materielle Bewegungen folgen gesetzmässig andere materielle Bewegungen, dazwischen ein Wollen zu suchen, ist sinnlos. Die

landläufige Mischansicht kehrt sich freilich daran nicht, sondern nimmt
unbesehen an, dass unter geeigneten Umständen auf materielle Bewegungen ein Wollen in causaler Verknüpfung folge und umgekehrt. Dass
diese transscendente (oder transcunte) Causalität nicht eine Brücke, sondern ein Sprung, unbildlich gesprochen eine sinnlose Wortverknüpfung,
bei der sich gar nichts denken lässt, ist, das liegt auf der Hand. Wenn
jemand Töne mit Farben mischen wollte, so würde man ihn für einen
Thoren halten, er wäre aber ein Weiser gegen den, der materielle
Bewegungen ein Wollen hervorbringen liesse, oder die Seele durch
Gehirnveränderungen „afficirt" werden liesse. Es ist wohl sicher,
dass eine Thorheit dadurch, dass sie oft begangen wird, nicht kleiner
wird. Unter den Dingen, die die materielle Welt zusammensetzen,
treffen wir auch den Menschen. Zwar ist er ein sehr zusammen-
gesetztes Object, aber schliesslich besteht er doch auch aus den Stoffen,
aus denen die übrigen Dinge gebildet sind, und die materiellen Bewegungen, die in ihm vorgehen, mögen wohl besonders verwickelt sein
müssen sich aber immerhin auf Schwingungen der Atome zurückführen
lassen, sogut wie alle anderen. Wir fragen, was vorgeht, wenn etwa
einem Menschen ein Apfel vorgehalten wird und seine Hand nach demselben greift. Die von dem Apfel zurückgeworfenen Lichtstrahlen gelangen zum Auge des Menschen, dringen durch die Hornhaut, werden
durch die Linse convergent und es entsteht auf der Netzhaut ein ver-
kleinertes, umgekehrtes Bild des Apfels. Die Aetherschwingungen bewirken in der Netzhaut chemische Veränderungen und an diese schliesst
sich der im Sehnerven zum Gehirn aufsteigende Erregungsvorgang an.
Mag man nun im Nerven chemische, oder elektrische, oder sonstwelche
Veränderungen annehmen, auf jeden Fall kann man sie durch moleculare
Schwingungen ausgedrückt finden. Diese Schwingungen machen ihren
Weg durch das Gehirn längs vorgezeichneter Bahnen, wobei es ganz
gleichgiltig ist, ob die Ausläufer der Ganglienzellen mit einander verwachsen sind, oder sich nur an einander anlegen. Die Schwingungen
gelangen durch die Vierhügel zu bestimmten Ganglienzellen der Rinde
des Hinterhauptlappens. Vielleicht verbreiten sie sich auf benachbarte
Zellen, sicher schreitet der Erregungsvorgang durch bestimmte Leitungs-
fasern des Gehirnes nach dem mittleren Theile der aufsteigenden Stirn-
windung fort, wo sich wieder besondere Ganglienzellen finden. Die
letzteren stehen in Verbindung mit den Bewegungsnerven des Armes
durch die sogenannte Pyramidenbahn. Ist der Erregungsvorgang
bis zu den Enden der Bewegungnerven des Armes gelangt, so
ziehen sich bestimmte Muskeln des Armes und der Hand zusammen,
die Hand wird gehoben und ergreift den Apfel. Innerhalb dieser

langen Reihe von Veränderungen ist jede die Wirkung der vorausgehenden. Die Kette ist geschlossen, nirgends ist ein Sprung. Eine kindliche Auffassung meinte, das Bildchen des Apfels auf der Netzhaut werde vom Sehnerven zum Gehirn geleitet und da schaue die Seele es an, die dann sozusagen wie ein Männchen· im Gehirn sässe. Ist es aber etwa vernünftiger zu sagen, die Seele werde durch die Erregung der Rindenzellen „afficirt“? Nein, es springt nichts über und es ist gegen unser intellectuelles Gewissen, die transscendente Causalität zuzulassen. Wüsste der Naturkundige nicht aus ganz anderer Quelle, dass während eines bestimmten Theiles der materiellen Veränderungen, wahrscheinlich nur während der Erregungsvorgang die Hirnrinde durchläuft, der Mensch den Apfel sieht und ihn ergreifen will, *seine Wissenschaft würde es ihn nie und nimmer lehren.*

Damit wir der transscendenten Causalität entgehen können, ist offenbar eine dritte Ansicht nöthig, die zwar die durch die zweite gewonnene Erkenntniss festhält, deren Einseitigkeit jedoch aufhebt und die erste Ansicht in geläuterter Form zurückgewinnen lässt.

III.

Die heutige Naturwissenschaft hat (z. Th.) die Unmöglichkeit der transscendenten Causalität eingesehen und hat sich Fechner's Gedanken soweit angeeignet, dass sie an die Stelle jener den „psychophysischen Parallelismus“ gesetzt hat. Sie nimmt an, dass die materiellen Vorgänge, die unter sich durch die Causalität verknüpft sind, zu einem geringen Theile von psychischen Vorgängen begleitet werden. Nur bei ganz bestimmten Eiweissarten kommen solche seltsame Begleiterscheinungen vor. Auch da, wo sich diese Eiweissarten vorfinden, kommen gewöhnlich nur kleine Theile von ihnen, die gewisse noch ganz unbekannte Eigenschaften haben müssen, in Frage. Im menschlichen Nervensystem z. B. kommen, obwohl die verschiedenen Fasern und Zellen einander recht ähnlich sehen, nur ganz wenigen Fasern und Zellen psychische Parallelvorgänge zu. Es ergiebt sich also eine neue Form der Gesetzlichkeit, in der nicht zeitlich sich folgende, sondern gleichzeitige Vorgänge verknüpft sind. Im grossen Reiche der materiellen Veränderungen giebt es einige wenige, denen gesetzlich sogenannte geistige Veränderungen zugeordnet sind. Führt man die Ansicht an Beispielen durch, so ergeben sich wunderliche Folgerungen. Wenn z. B. zwei Menschen mit einander sprechen, so verhält sich die Sache eigentlich so. Im Zusammenhange mit dem Naturlaufe überhaupt, wenn man diesen Zusammenhang auch nicht immer verfolgen kann, entwickelt sich ein Erregungsvorgang in einem menschlichen Gehirn, derselbe bewirkt auf bekannte Weise gewisse Muskelzusammenziehungen in dem zugehörigen Menschen. Diese bewirken eigenthümliche Luftschwingungen, die sich in der Umgebung des sprechenden Menschen verbreiten und u. A. aus das Trommelfell eines anderen Menschen in Schwingung versetzen. Daran schliessen sich dann Veränderungen im Labyrinth, Hörnerven und Schläfenlappen des Gehirns des zweiten Menschen. Dieser ganze Verlauf ist causal bestimmt, selbstverständlich kann von irgend welchen Zwecken dabei nicht die Rede sein. Nun hat die Natur es so eingerichtet, dass zwei Abschnitte des causalen Verlaufes, nämlich die Erregungsvorgänge in den zwei Gehirnen, von gleichzeitigen psychischen Vorgängen begleitet werden. Diese haben natürlich nicht den mindesten Zusammenhang unter einander, können ihn gar nicht haben. Nichtsdestoweniger stellt sich der erste Gehirnvorgang von innen gesehen so dar, als ob die Ursache des Sprechens ein Wille, dem zweiten Menschen etwas mitzutheilen, gewesen wäre, und die Spiegelung des zweiten Gehirnes besteht wieder in der Täuschung, dass das Vernehmen eine Wirkung jenes ersten Willens sei und dass von diesem der Inhalt des Vernommenen abhänge. Wozu die Natur diesen ganzen Hokuspokus eingerichtet hat, das ist durchaus nicht einzusehen, denn er ist vollständig überflüssig. Die materiellen Vorgänge würden genau so ablaufen, wie sie wirklich ablaufen, wenn die psychischen Begleiterscheinungen nicht da wären, denn beeinflussen können diese ihrer Beschaffenheit nach jene grundsätzlich nicht. Freilich ist die Frage des Wozu so sinnlos wie die ganze Einrichtung überhaupt. Man muss es eben nehmen, wie es kommt.

Nun, dem, der mit einer solchen Auffassung sich zufrieden giebt, dem ist überhaupt nicht mehr zu helfen. Scheinbar sind Viele in dieser Lage, aber es liegt wohl nur daran, dass überhaupt nur Wenige geneigt sind, über die Folgerungen aus den landläufigen Ansichten nachzudenken.

Das Mittel, und zwar das einzige Mittel, widersinnigen Folgerungen auszuweichen, besteht darin, den psychophysischen Parallelismus zu einem allgemeinen zu machen. Alle physischen Veränderungen sind gesetzlich mit gleichzeitigen psychischen verknüpft. Nur dann, wenn sich nicht nur an die Veränderungen in der Gehirnrinde, sondern auch an die im übrigen Leibe und an die in den unorganischen Stoffen zwischen beiden Leibern psychische Veränderungen knüpfen, kann das Sprechen des Einen mit dem Hören des Anderen einen wirklichen Zusammenhang haben. Was aber von diesem Beispiele gilt, das gilt von der ganzen Welt. Unter der Voraussetzung des allgemeinen Parallelismus entspricht dem durchgehenden Causalzusammenhange in der materiellen Welt ein durchgehender Willenszusammenhang in der geistigen Welt. Was von aussen gesehen eine Reihe gesetzmässiger materieller Veränderungen ist, er-

scheint von innen als eine Kette von Unlust und Lust motivirter Willensentscheidungen. Das Geschehen als materielles ist ausschliesslich ein
causales, dasselbe als geistiges ist ein zweckverfolgendes. Wie der Parallelismus im Einzelnen zu denken sei, das kann vorläufig ganz dahingestellt bleiben. *Darauf kommt es an, dass er nur als allgemeiner,
oder gar nicht denkbar ist.* Entweder man landet bei dem oben erwähnten Unsinne, oder man erkennt an, dass der Parallelismus nicht
auf einzelne Eiweissarten beschränkt, sondern durchgängig ist. Als
Drittes wäre nur möglich, dass man in Halbheiten stecken bliebe. Es
geht nicht an, dass man sich hinter dem Worte Naturwissenschaft ver-
steckt und sagt, ja die Naturwissenschaft muss bei den Eiweissarten
stehen bleiben; denn es giebt keine Mauern, die das naturwissenschaftliche Denken von dem Denken überhaupt abtrennen, und jeder Vertreter der Naturwissenschaft ist ein Mensch.

Den Parallelismus könnte man sich nun nach dem Bilde zweier
gleichgehenden Uhren vorstellen. Diese Auffassung hat von vornherein
etwas höchst Unbefriedigendes und besitzt jetzt wohl kaum Anhänger.
Ein direkter Beweis für oder gegen ist nicht zu führen. Bedenklich
macht jedenfalls die hypothetische Natur der zweiten Ansicht. Sollte
sich keine befriedigendere Auffassung finden, so bliebe wohl die Uhren-
Ansicht als letzte Zuflucht.

Sodann kann man den Parallelismus so auffassen, dass man eine
„Substanz" voraussetzt, die zwei Erscheinungsweisen hätte, Materie und
Bewusstsein. Was soll aber eine Substanz helfen, die nur ein Lücken-
büsser ist? Mit dem Worte Erscheinung muss man höchst vorsichtig
sein, denn zu einer Erscheinung sucht man ein Erscheinendes. Wird
nun die Wirklichkeit Erscheinung genannt, so muss dahinter ein Wesen
stecken. Was das Wesen ist, kann kein Mensch sagen; nur dass es
hinter der Wirklichkeit steckt, sie trägt, ihre Unterlage ist, dass auf ihm
alles beruht, und Aehnliches wird uns mitgetheilt. Was ist nun wesen-
loser als dieses Wesen?

Die wahre Erklärung des Parallelismus kann nur die sein, dass
das, was für uns Bewusstsein, d. h. Wollen ist, für Andere Bewegung
der Materie ist und umgekehrt, dass die Bewegung der Materie an und
für sich Bewusstsein ist. Beide Uhren sind nur eine, das ist das Einfachste: Simplex sigillum veri. Die ganze Welt ist uns gegeben, aber
nur für uns als andere, d. h. als Bewegung der Materie. Im Ich allein
sehen wir in das Herz der Welt. So begreift sich, dass die zweite Ansicht uns reiche Belehrung schafft; von der ersten Ansicht aber, als der
in die Tiefe, nicht in die Breite gehenden, strahlt das Licht aus, das
uns die Ergebnisse der zweiten erst beleuchtet. Indem beide An-

sichten sich zur dritten ergänzen, erkennen wir das wirkliche Wesen
der Welt.

Es ist das soeben erreichte Ergebniss durch die reductio ad ab-
surdum der abweichenden Auffassungen gesichert. Aber es trägt zur
Beruhigung bei, wenn dasselbe Ziel auch noch auf einem anderen Wege
erreicht werden kann.

Dass das Wahrgenommene nach Form und Stoff unser Bewusstseinsinhalt ist, bedarf keines Beweises. Für den Stoff der Empfindung
giebt es heutzutage Jeder bereitwillig zu, ja die Schule lehrt es. Dass
auch die Formen der Anschauung subjectiv sind, versteht sich ganz von
selbst und Jeder sieht es ein, ohne dass er der wunderlichen Beweisführung Kant's bedürfte. Die Zeitlichkeit ist die Form jedes Bewusst-
sein-Inhaltes, die Räumlichkeit ist die Form des Wahrgenommenen. Die
Trennung von Form und Stoff ist eine begriffliche Operation. In Wirklichkeit giebt es keinen Stoff ohne Form und es ist eine irreführende
Redeweise, wenn man sagt, dass uns zunächst nur der Stoff der Empfindung gegeben sei, der dann in die Form der Räumlichkeit gebracht
werde. Aus der Abstraction des Empfindungsstoffes die Räumlichkeit
ableiten zu wollen, ist geradezu sinnlos. Man mag die als nur intensiv
gedachte Empfindung betrachten, wie man will, es ist in ihr nichts
Räumliches zu entdecken. Ist aber mit der einzelnen qualitativen Empfindung die räumliche Anschauung nicht gegeben, so kann diese auch
nicht aus einer Verbindung mehrerer Empfindungen hervorgehen, als
welches ein Taschenspieler-Kunststück wäre. Die Empfindung wird
nicht durch irgend welche Operation zur Anschauung, sondern Stoff
und Form sind nie getrennt und jede Empfindung ist von vornherein
Anschauung. Die Räumlichkeit ist in der Wahrnehmung gerade so ursprünglich wie die Farbe, die Härte oder sonst etwas. Die nur logisch
vom Stoffe abtrennbare Form von der Thätigkeit des Wahrnehmens un-
abhängig zu machen, während man den Stoff als Reactionsart des Wahr-
nehmenden betrachtet, das ist ein Verfahren, welches jeder Begründung
ermangelt. Wir liefern beides, Empfindungsqualität und Anschauungs-
form, zugleich aus eigenen Mitteln. Dass wir in räumlicher Form anschauen, dass wir Licht und Farben sehen, hart und weich fühlen u. s. w.,
das hängt von der Einrichtung unseres Geistes ab. Dagegen welche
Form, welche Farben u. s. w. wir wahrnehmen, das hängt von den
Dingen ab. Jeder Veränderung unserer Wahrnehmungen entspricht eine
Veränderung der Aussenwelt (einschliesslich unseres Leibes). Wir erkennen die Gesetze dieser Veränderungen und darin besteht unser Wissen
von der Aussenwelt. Die Wahrnehmungen sind auf diesem Standpunkte
sozusagen Signale des Wirklichen. Wie die Dinge an sich sein mögen,

ist uns ganz unbekannt, wir haben es nur mit ihren Wirkungen auf
unser Wahrnehmungsvermögen zu thun.

Von diesem Standpunkte aus kann, man zwei Wege einschlagen.
Bei genauerer Ueberlegung fällt uns ein, dass doch auch die Zeitlichkeit
und die logischen Regeln Formen unseres Geistes sind, dass wir ferner
die Wirkung nur aus unserem Bewusstsein kennen. Es kann nun
Jemand sagen: Es ist ganz und gar unzulässig, die Formen unseres
Geistes auf das, was ausserhalb desselben (praeter) sein mag, zu übertragen. Sofern etwas erkannt werden kann, muss es Inhalt unseres Bewusstseins sein, also kommen wir nie über unser Bewusstsein hinaus
und von einem Erkennen dessen, was hinter der Vorstellung steckt,
kann gar keine Rede sein. Wenn wir das Wahrgenommene logisch
verarbeiten, so haben wir es mit etwas rein Subjectivem zu thun.
Wenn wir unsere Empfindungen als Wirkung einer Ursache auffassen,
so wenden wir eine Form des Vorstellens (die Causalität) auf Vorgestelltes an. Kurz, es führt vom Denken zum Sein keine Brücke.
Unser eigenes Wesen erscheint uns als eine Reihe von Willensacten
des Ich. Nun ist aber die Zeit nur eine Form der Anschauung, ebenso
ist die Unterscheidung von Substantivum und Verbum nur eine Form
unseres Denkens. Folglich ist auch gar keine Erkenntniss unseres
Inneren möglich. Diese Lehr-Meinung muss in der That der idealistische
Philosoph vertreten, sofern wir unter Idealismus die Lehre verstehen,
die verbietet, die Formen unseres Anschauens und Denkens auf das
Ding an sich anzuwenden, weil sie die Formen unseres Anschauens und
Denkens sind. Es ist zweifellos, dass der folgerichtige Idealismus die
Möglichkeit jedweden Erkennens leugnen muss. Der dogmatische Idealist
muss nicht nur das Vorhandensein einer selbständigen, von ihm unabhängigen Welt und damit auch das seiner Mitmenschen verneinen,
sondern auch die von seinem Vorstellen unabhängige Existenz seines
Ich. Für ihn bleibt nichts übrig, als eine zusammenhanglose Folge von
Vorstellungen, die sozusagen in der Luft schwebt. Der skeptische Idealist
muss den Standpunkt des dogmatischen Idealisten für den einzig sicheren
halten und muss sich hüten, anders als bedingungsweise über ihn hinauszugehen. Eine Lehre, die zu so widersinnigen Folgerungen führt
und das Dasein zu einem tollen Traume macht, kann natürlich nur auf
dem Katheder festgehalten werden. Jeder Idealist ist, sobald er vom
Lehrstuhle heruntergestiegen ist, thatsächlich Realist, und er macht sich
selbst etwas weiss.

Der erste Weg führt also in den Sumpf, es bleibt nur der zweite
übrig. Der Idealist legt seiner Beweisführung stillschweigend die Voraussetzung zu Grunde, dass die Formen unseres Geistes nur für diesen

Geltung haben, nicht auch für die Aussenwelt, und er begeht damit eine petitio principii. Statt anzunehmen, dass wir ein Theil des Ganzen seien und dass der Theil unter denselben Gesetzen stehe wie das Ganze, meint der Idealist, der Theil sei grundverschieden von, ohne alle Aehnlichkeit mit dem Ganzen. Glaubenssache bleibt die Uebereinstimmung unseres Wesens mit der Welt freilich. Thatsächlich glauben wir alle daran mit vollständiger Gewissheit und theoretisch müssen wir daran glauben, weil die gegentheilige Annahme zu Widersinn führt und weil allein dieser Glaube uns ein Führer im Leben ist, unter dessen Leitung wir zu geistig und gemüthlich befriedigenden Ergebnissen gelangen. Immerhin ist es gut, zu wissen, dass der Glaube die Grundlage alles Erkennens ist.

Nehmen wir einmal an, dass das Draussen gleicher Art mit dem Drinnen sei, so hat es nichts Verwunderliches, dass die logischen Regeln nicht nur in unserem Geiste, sondern durch die ganze Welt gelten, dass die Zeit nicht nur die Form unseres Wollens, sondern die des Wollens überhaupt, d. h. eben der Welt ist, dass der Raum nicht nur die Form ist, in der wir die Dinge wahrnehmen, sondern die, in der überhaupt das Eine für das Andere da ist, dass die Welt auf uns wirkt und wir auf die Welt wirken. Auf diesem Standpunkte giebt es keine „transscendente Causalität"[1]), sondern Gleiches wirkt auf Gleiches und das, was wir in der Natur Causalität nennen, ist nur das von aussen gesehene Wollen.

Der natürliche Mensch erfasst sozusagen instinctiv die dritte Ansicht, da für ihn die ganze Natur belebt ist. Diese kindliche Auffassung wird durch die Beobachtung zerstört, dass die Bewegung der später als unbelebt erkannten Dinge nur eine mitgetheilte ist, dass diese sich zertheilen und umformen lassen, ohne dass ihre wesentliche Beschaffenheit verändert würde. Dagegen scheiden sich aus der Natur die belebten Wesen aus, insofern als die Ursache ihrer Bewegungen nur in ihnen selbst zu liegen scheint und ein stärkerer Eingriff ihre Natur zerstört. Die Beobachtung des Sterbens führt zu der Annahme, dass dem leblos

---

1) Es dürfte zweckmässig sein, mit der Bezeichnung „transscendente Causalität" als einem terminus technicus auch weiterhin den Denkfehler zu bezeichnen, der hier gemeint ist. Wer annimmt, dass materielle Veränderungen ein Wollen bewirken und umgekehrt, der macht sich der transscendenten Causalität schuldig. Dieser Denkfehler ist das πρῶτον ψεῦδος, das die heutige Denkweise von Grund aus verdirbt, an ihm hängt sozusagen der ganze Greuel des Materialismus, ihm begegnet man in physiologischen Schriften bei jedem Schritte, er macht sehr viele physio-psychologische Erörterungen zu einem ungeniessbaren Wirrwarr. Ihn aufzudecken muss die erste Sorge sein: die transscendente Causalität ist der Feind.

gewordenen Körper etwas verloren gegangen sein müsse. Dies ist die
Seele. Beseelt und belebt werden daher gleichbedeutende Ausdrücke.
Je nachdem der Seele später besondere Eigenschaften beigelegt werden,
kommt es wohl auch zu der beschränkten Auffassung, dass nur der
Mensch eine Seele habe.

Nachdem wir durch die 2. Ansicht hindurchgegangen sind, müssen
wir in gewissem Sinne den Weg rückwärts gehen, den das naive Bewusstsein zurückgelegt hat, indem es der Beseelung immer engere
Grenzen zog.

Auch Derjenige, der die 2. Ansicht für die unbedingt wahre hält,
glaubt heutzutage an die Seele nicht nur der anderen Menschen, sondern
auch der Thiere. Das heisst, er schliesst aus der äusseren Aehnlichkeit
der Form und des Verhaltens, dass den anderen Menschen und den
Thieren ein Bewusstsein ebenso wie ihm zukomme. Insofern das
Wachsthum zur selbständigen Bewegung gerechnet wird, treffen die Merkmale des Beseeltseins auch auf die Pflanzen. Mit der Annahme eines
Pflanzen-Bewusstseins hapert es freilich, indessen werden doch die
Meisten geneigt sein, den Pflanzen wenigstens das Analogon eines Bewusstseins zuzugestehen. Wenn der Mensch wissenschaftlich gebildet
ist, weiss er, dass die organisirten Körper grösstentheils aus selbständigen
Organismen zusammengesetzt sind, den Zellen. Diese sind durch die
Form abgegrenzt, haben eigene Bewegung (bez. Wachsthum) und können
sterben. Es kommen daher auch ihnen Seelen zu und thatsächlich ist
der heutigen Auffassung die Annahme eines Zellen-Bewusstseins nichts
Unerhörtes. Wenigstens wäre nicht einzusehen, warum das, was der
freilebenden Zelle Jeder zugesteht, der in einen Zellenverband einge-
gangenen verweigert werden sollte. Dagegen sträuben sich die Geister,
sobald von einer Seele der Erde und der Himmelskörper gesprochen
wird. In Wirklichkeit treffen aber die Merkmale der Beseelung die
Erde so gut wie ein Thier. Wie dieses, besteht sie neben sogenannter
Kittmasse aus relativ selbständigen Organismen, hat selbständige Bewegung
im Ganzen, ist durch ihre Form abgegrenzt und hat nach der allgemeinen
Annahme einen Lebenslauf, der mit dem Tode endigen wird. Gewiss,
man kann über die Erd-Seele verschiedener Meinung sein, aber den
Glauben an sie phantastisch zu nennen, das ist eines Denkenden un-
würdig. Diejenigen, die sich nicht scheuen, Fechner der Phantasterei
zu zeihen, mögen doch nachsehen, was in ihrem eigenen Lehrgebäude
phantastisch ist. Wenn gar Jemand so wenig von der Sache verstanden
hat, dass er neben den vorhandenen Gehirnen noch ein besonderes Gehirn für die Erde fordert, so sollte er lieber überhaupt nicht hinein-
reden. Den Einen ist die Erdseele (bez. das Bewusstsein der Himmels-

körper überhaupt) zu gross, den Anderen ist sie zu klein. Jene könnten sich wohl mit Atom-Seelen befreunden, wollen aber nichts davon wissen, dass das ganze irdische Leben einen für sich bestehenden Zusammenhang hat. Diese springen kühn von der Menschenseele auf die Weltseele über.

Wir kommen zu dem Begriffe der Welt wie zu jedem allgemeinen Urtheile und verstehen zunächst darunter nichts weiter als Alles. Ob sie unendlich sei oder nicht, das ist ganz eine Sache für sich. Naturwissenschaftlich ist die Welt gleich der Zahl der vorhandenen Atome oder der Materie. Für die 3. Ansicht, der das Materielle zu einem Signal des für sich Daseienden, des Wollens geworden ist, zeigen sich zwei Wege. Entweder sie kann die Welt, die alle Dinge umfasst, gleichsetzen einem wollenden Wesen, das alle einzelnen Willen in sich fasst, oder sie kann meinen, wie die Naturbetrachtung beim Atom, so müsse die innerliche Betrachtung beim innerlich Einfachen, einem Willensatom endigen. Versuchen wir zunächst, wohin die zweite Meinung, die sozusagen ein Haus aus blossem Sande erbaut, uns führt. Die Atomistik hat sich in der Physik bewährt, also muss sie überhaupt gut sein. Obwohl wir bei aufmerksamer Beobachtung unser selbst nicht im geringsten uns veranlasst fühlen, unser Bewusstsein in kleinste Theilchen zu zerlegen, ja der Gedanke eines momentanen Wollens ohne Gegenstand, worin man etwa den Repräsentanten eines psychischen Atoms sehen könnte, im höchsten Grade unsinnig ist (scherzhaft zu reden, ist das hölzerne Eisen ein Waisenknabe gegen ihn), so macht man sich doch eine Vorstellung von einer Atom-Seele zurecht. Alle Körper sind Systeme einer bestimmten Zahl von Atomen, also sind auch die Seelen, die wir wirklich kennen, gleich einer Zahl von Atom-Seelen, sie sind ein „Summationsphänomen". Denken kann sich dabei kein Mensch etwas, aber was thut das? Es giebt ja in der Physik Summationsphänomene, das genügt. Ueberdem sind die Atom-Seelen nützlich, sie lassen die transscendente Causalität durch ein Hinterthürchen wieder herein. Die Atom-Seelen, aus denen die Luft besteht, wirken auf die Atom-Seelen, aus denen unser Ohr und unser Gehirn bestehen. Dann bilden wir uns ein, etwas zu hören, in Wirklichkeit wird aber die Thätigkeit der Gehirn-Atom-Seelen summirt. Damit sind wir beim alten bequemen Materialismus angelangt; die Namen klingen ein Bischen anders, aber die Sache ist dieselbe, und wir finden uns im vollen Einverständnisse mit der „mechanischen Weltansicht". Dieses Einverständniss ist freilich theuer erkauft mit den Begriffen der Atom-Seele und des Summationsphänomens. Will man sich einmal bei den Worten nichts denken, so braucht man sich gar nicht so anzustrengen, man bleibt dann

besser von vornherein bei der nackten transscendenten Causalität und
dem gemeinen Materialismus.

Vielleicht ist die Atom-Seele nur eine Verirrung vom rechten Wege.
Wir finden, dass unser einheitliches Bewusstsein sich als materielle
Mannigfaltigkeit darstellt, als eine Zahl von Ganglienzellen. Andererseits haben wir Grund zu der Annahme eines Zellenbewusstseins. Es
könnte nun dieselbe Sache sich bei der Zelle wiederholen. Auch sie ist
materiell ein Mannigfaltiges, eine Zahl von Molekülen. Wir würden
nach Analogie als kleinsten Repräsentanten eines Bewusstseins das
Molekül annehmen und von einer Molekül-Seele sprechen können. Diese
würde psychisch nichts Einfaches sein und damit denkbar bleiben,
sie würde materiell ebenfalls durch ein System schwingender Theilchen
dargestellt sein und sie würde thatsächlich brauchbar sein als letzte Einheit im geistigen Stufenbau der Welt. Ihre Annahme dürfte nicht nur
berechtigt, sondern unumgänglich sein. Immer aber muss die Bewusstseinseinheit materiell als ein Mannigfaltiges gedacht werden. Schwierigkeiten hat das nur für den, der vergisst, dass die Atome überhaupt
nur etwas Gedachtes sind, dass die ganze materielle Welt nur ein Sein
für Andere ist.

Aus einer Summation von Molekül-Seelen kann niemals ein Zellen-
bewusstsein entstehen, aus einer solchen von Zellen-Seelen niemals ein
menschliches Bewusstsein. Und doch ist dieses da. Der Mensch ist
Einer, handelt, lebt und stirbt als Einer, trotzdem dass er sozusagen
nur einen Zellenstaat darstellt. Beim nationalen Staate braucht man die
Einheit nur als eine von den Seelen seiner Bürger vorgestellte zu denken.
Beim Zellenstaate unseres Leibes aber wissen wir aus der sichersten
Quelle, dass die Einheit keine nur ideale ist. Wir wissen, dass sie in
Wirklichkeit vorhanden und dass sie die Hauptsache ist, denn niemand
wird glauben, dass er nur dazu da sei, damit die in ihm vereinigten
Zellen ein geregeltes und vernünftiges Leben führen. Die gleiche Be-
trachtung kann für den Molekülstaat der Zellen wiederholt werden.
Was zwischen den Zellen ist, das ist aus den Zellen entstanden. Es
sind Moleküle, die sozusagen aus dem Staatsverbande ausgetreten sind,
Seelen, die nicht mehr durch die ihnen zunächst vorgesetzte Bewusst-
seinseinheit zu einem Ganzen verknüpft werden. So nur lässt sich der
Unterschied zwischen dem Unorganischen und dem Organisirten im
Sinne der 3. Ansicht fassen.

Von selbst drängt sich der Gedanke auf, dass das, was vom menschlichen System gilt, auf das irdische übertragen werden könne. Was
dort die Zellen sind, das sind hier die Organismen, was dort die
Intercellularmasse ist, das ist hier das Unorganische der Erde überhaupt.

Wie das Zwischengewebe während der Entwickelung des Organismus von den Zellen ausgeschieden wird, so muss das Unorganische überhaupt in der Urzeit von dem Organischen ausgeschieden worden sein. Wie der Einheit des Zellen-Organismus ein einheitliches Bewusstsein entspricht, so muss auch der Einheit der Erdform ein einheitliches Bewusstsein entsprechen und dieses muss gerade so die Hauptsache sein, wie das menschliche Bewusstsein es im Menschen ist. Diese Auffassung ist für die Majestät des Menschengeistes etwas weniger schmeichelhaft als die landläufigen Anschauungen und vielleicht ist dies ein Grund, warum sie so Vielen als „phantastisch" erscheint.

Als nächst höhere Einheit muss man die des Sonnensystems betrachten. Den Gang weiter fortzusetzen, dazu liegt für uns Menschen kaum ein Bedürfniss vor. —

Die Individuation ist das Wunder κατ' ἐξοχήν. Atom und Individuum bedeuten beide das Untheilbare. Aus Atomen kann man nicht wieder ein Atom machen. Aus Individuen wird aber thatsächlich wieder ein Individuum. Dies ist das Wunderbare, was kein Wort, am wenigsten der dürftige Begriff der Summation zudecken kann. Hätten wir auf der einen Seite die bewegte Materie, auf der anderen ein umfassendes Bewusstsein, ein Wollen, dessen Gegenstand seine eigene Mannigfaltigkeit wäre, so erschiene die Sache als einfach. Nun aber zeigt sich das Schachtelsystem der Bewusstseinseinheiten, für das wir in der äusseren Naturbetrachtung kein Gegenstück finden, da doch hier die Schwingungen ohne Unterbrechung durch das Ganze ziehen. Unser menschliches Bewusstsein weiss von vornherein weder von den Zellenseelen etwas, auf deren Grunde es sozusagen aufgebaut ist, noch von dem Bewusstsein der Erde, das wir vorläufig angenommen haben und zu dem unser Bewusstsein sich verhalten muss, wie die Zellenseele zu dem unseren. In gleicher Weise müssen wir voraussetzen, dass das Zellenbewusstsein ganz ohne Kunde von den Molekül-Seelen sei und das Erd-Bewusstsein ohne Kunde von den Seelen der irdischen Organismen. Von neuem droht die Welt auseinanderzufallen, wenn nicht in Stäubchen, so doch in Hohlkugeln, von denen die einen in den andern stecken.

Nun ist aber doch der Zusammenhang des Ganzen unverkennbar. Der gesetzliche Causal-Zusammenhang, der für den sich nicht die Augen Zuhaltenden zugleich ein teleologischer ist, kennt keine Grenzen und die eine Bewusstseinseinheit wirkt doch zweifellos in die andere hinein. Wir müssen also wohl glauben, dass ein einheitliches Wollen dem Ganzen entspreche und dass die Abtrennung des Individuum keine vollständige sei. Gebrauchen wir ein Bild. Blickt Jemand in eine Halbkugel hinein, ohne sich umkehren zu können, so mag er wohl glauben, dass er ganz eingesperrt sei, indessen doch die Halbkugel nach hinten offen ist, daher ihr Raum mit dem Ganzen in Eins zusammenfliesst. So mag denn jedes individuelle Bewusstsein sich selbst als ein Ganzes erscheinen, während es dem Gesammtgeist (um der Kürze wegen so zu sagen) nur aufsitzt und dieser frei mit ihm verkehrt. In ihm sind alle Individuen und er ist in Allen, durch ihn allein stehen jene mit einander in Verbindung und wirken auf einander. Der Gesammtgeist oder das allgemeine Wollen ist das Gegenstück der Materie und die allgemeinsten Bestimmungen dieser müssen auch dort Anwendung finden.

Verlag von Ambr. Abel (Arthur Meiner) in Leipzig.

Abriss der Lehre

von den

Nervenkrankheiten

von

P. J. Möbius

J. M. Charcot gewidmet.

1893. VIII und 188 Seiten 8⁰. Preis gebd. Mark 4.50.

Es ist hier zum erstenmale diejenige Einteilung der Krankheiten durchgeführt worden, die dem logischen und dem praktischen Bedürfnisse zu genügen allein vermag, die nach den Ursachen. Damit ist die ganze Anordnung des Stoffes, die Form der Darstellung eine andere geworden als bisher. Es war auch nicht zu vermeiden, dass Auffassungen, die jetzt noch von manchen Seiten bestritten sind, als endgiltige hingestellt werden. Es ist das beste, wenn jeder seine Überzeugungen vertritt, des Verfassers feste Überzeugung aber ist, dass seine Darstellung zwar der Verbesserung fähig, aber sachlich gut begründet und nützlich sei.

Bentivegni, Gerichtsassessor Dr. A., Anthropologische Formeln für das Verbrechertum. Eine kritische Studie. Bildet Heft 6 der „Schriften der Gesellschaft für psychologische Forschung". 1893. 45 Seiten gr. 8⁰. Preis ℳ 1.20.

Forel, Professor Dr. August, in Zürich. Ein Gutachten über einen Fall von spontanem Somnambulismus mit angeblicher Wahrsagerei und Hellseherei. Enthalten im 1. Heft der „Schriften der Gesellschaft für psychologische Forschung". 1891. 94 Seiten gr. 8⁰. Preis ℳ 3.—.

Koeber, Dr. Raphael. Jean Paul's Seelenlehre. Ein Beitrag zur Geschichte der Psychologie. Enthalten im 5. Hefte der „Schriften der Gesellschaft für psychologische Forschung". 1893. VI und 214 Seiten gr. 8⁰. Preis ℳ 7.—.

Müller, Dr. Franz Carl. Psychopathologie des Bewusstseins. Für Ärzte und Juristen. 1889. VI und 190 Seiten gr. 8⁰. Preis gebunden ℳ 6.—.

Münsterberg, Dr. Hugo, Prof. a. d. Univ. Freiburg i. B. Über Aufgaben und Methoden der Psychologie. Bildet das 2. Heft der „Schriften der Gesellschaft für psychologische Forschung". 1892. 182 Seiten gr. 8⁰. Preis ℳ 6.—.

Offner, Dr. Max. Die Psychologie Charles Bonnet's. Eine Studie zur Geschichte der Psychologie. Enthalten im 5. Hefte der „Schriften der Gesellschaft für psychologische Forschung". 1893. VI und 214 Seiten gr. 8⁰. Preis ℳ 7.—.

Parish, Edmund. Über die Trugwahrnehmung (Hallucination und Illusion). Mit besonderer Berücksichtigung der internationalen Enquête über Wachhallucination bei Gesunden. Bildet Heft 7/8 der „Schriften der Gesellschaft für psychologische Forschung". 1894. 246 Seiten gr. 8⁰. Preis ℳ 7.—.

Rells, Edmund W. Psychologische Skizzen: Der Zauberspiegel. — Die Logik des Kindes. — Zur Psychologie der Taschenspielerkunst. — Das Genie. — Die Psychologie in der neuesten französischen Litteratur. 1893. VIII und 191 Seiten 8⁰. Preis geheftet ℳ 2.40, geb. ℳ 3.—.

Schneider, Georg Heinrich. Die psychologische Ursache der hypnotischen Erscheinungen. 1880. 39 Seiten gr. 8⁰. Pr. ℳ 1.20.

Schneider, Georg Heinrich. Der tierische Wille. Systematische Darstellung der tierischen Triebe und deren Entstehung, Entwickelung und Verbreitung im Tierreiche als Grundlage zu einer vergleichenden Willenslehre. 1880. XX und 447 Seiten 8⁰. Preis gebunden ℳ 8.—.

v. Schrenck-Notzing. Die Bedeutung narkotischer Mittel für den Hypnotismus mit besonderer Berücksichtigung des indischen Hanfes. Enthalten in den „Schriften der Gesellschaft für psychologische Forschung". Heft 1. 1891. 73 Seiten gr. 8⁰. Preis ℳ 3.—.

Schriften der Gesellschaft für psychologische Forschung. Heft 1: v. Schrenck-Notzing und Forel (siehe oben). Heft 2: Münsterberg (siehe oben). Heft 3/4: Moll (siehe 2. Umschlagseite). Heft 5: Koeber und Offner (siehe oben). Diese 5 Hefte, VI und 728 Seiten mit Namenregister, komplett in englischem Leinenband unbeschnitten gebunden. Preis ℳ 24.—.
— Heft 6: **Bentivegni** (siehe oben) **Parish** (siehe oben).

NEUROLOGISCHE BEITRÄGE

VON

P. J. MÖBIUS

II. HEFT

ÜBER AKINESIA ALGERA
ZUR LEHRE VON DER NERVOSITÄT
ÜBER SEELENSTÖRUNGEN BEI CHOREA

LEIPZIG
AMBR. ABEL (ARTHUR MEINER)
1894

Druck von Otto Dürr in Leipzig.

Inhalts-Verzeichnis.

I.

Ueber Akinesia algera.

1.[1])

Unter Akinesia algera (ἄλγηρος schmerzvoll) will ich ein Krankheitsbild verstanden wissen, das sich darstellt als eine wegen Schmerzhaftigkeit der Bewegungen gewollte Bewegungslosigkeit, ohne dass doch eine greifbare Unterlage der Schmerzen zu finden wäre. Es handelt sich um Personen, in deren Familien Nervenkrankheiten vorgekommen sind, die wohl in der Regel selbst ein von vornherein abnormes Nervensystem haben, um *Déséquilibrés*. Nach Ueberreizungen entwickelt sich ein Zustand nervöser Schwäche. Während anfänglich nur grössere Bewegungsleistungen schmerzhafte Abspannung hinterlassen, werden später alle oder doch die meisten Bewegungen schmerzerregend. Theils ist unmittelbar mit der Bewegung Schmerz verbunden, theils folgt dieser jener nach und zeigt sich nicht nur im bewegten Theile, sondern auch in anderen Theilen des Körpers. Endlich kommt es zu fast vollständiger Bewegungslosigkeit, so dass die Kranken in ihrer Hülflosigkeit Gelähmten gleichen. Dieser Zustand kann sehr lange Zeit bestehen bleiben. Neben der Bewegungslosigkeit wegen der Schmerzen bestehen die Zeichen der Neurasthenie: schlechter Schlaf, gedrückte Stimmung, Unfähigkeit zu geistiger Thätigkeit, Eingenommenheit und Druck im Kopfe, peinliche Empfindungen im Rücken. Dagegen waren zweifellos hysterische Erscheinungen, bei meinen Kranken wenigstens, fast gar nicht vorhanden. Im ersten Falle fehlten sie bis auf Spuren. Ueber den Ausgang der Krankheit ist etwas Bestimmtes bis jetzt nicht zu sagen. Man darf wohl annehmen, dass Heilung möglich sei, doch beweist die 2. Krankengeschichte, dass sich Geisteskrankheit an die Akinesia algera anschliessen kann.

Ich habe das mit den bisherigen kurzen Bemerkungen skizzirte Bild nur 2mal gesehen und weiss, dass zu einer Nosographie mehr als 2 Beobachtungen gehören. Da aber Alles einmal anfangen muss, gebe ich die Gedanken, die sich mir an meine Beobachtungen geknüpft haben,

---

[1]) Deutsche Ztschr. f. Nervenhlk. I. p. 121. 1891.

in der Hoffnung wieder, dass die Zukunft die nöthigen Ergänzungen und Verbesserungen bringen möge. Ich theile zunächst das Thatsächliche mit.

1. Der erste Kranke, K., ist ein jetzt 33jähriger Gymnasiallehrer. Die Mutter und die mütterliche Familie sollen gesund gewesen sein. Dagegen leidet der Vater an Paranoia. Derselbe soll mit etwa 45 Jahren an Verfolgungsvorstellungen ohne Sinnestäuschungen erkrankt sein. Er zählte bald alle mit ihm in Berührung kommenden Leute zu seinen Feinden, besonders seine Vorgesetzten und seine Familie. Er verlor daher seine Stellung als Beamter. Das Familienleben wurde durch Dürftigkeit und durch die feindselige Haltung des Hausherrn, der niemals in eine Anstalt gebracht worden ist, sehr beeinträchtigt. Der Kranke K. wuchs somit in Kummer auf und erduldete durch den bald da, bald dort einen Anschlag witternden Vater manchen Schrecken. Da er von früh an grosse geistige Fähigkeiten zeigte, wurde er in ein auswärtiges Gymnasium gebracht und entwickelte sich hier, sowie später auf der Universität in hoffnungserweckender Weise. Er war nach seiner eigenen Aussage von je her sehr erregt, sehr ehrgeizig und arbeitete schon als Student über die Maassen viel. Als er Lehrer geworden war, war er in den Unterrichtstunden sehr aufgeregt und überstürzte sich in seinen Bestrebungen. „Sie fragen 2 mal so viel als ein Anderer in einer Stunde und werden sich damit zu Grunde richten", sagte ein Vorgesetzter. „Er sprang herum wie in einem Circus", berichtete ein College. Immerhin erreichte er gute Erfolge und wurde als eifriger, tüchtiger Lehrer sowohl von den Behörden geschätzt, als von den Schülern geliebt. Neben seinem Berufe trieb er verschiedene Studien und verfasste mehrere wissenschaftliche Arbeiten. Bald nach seiner Anstellung verheirathete er sich. Sein geschlechtliches Bedürfniss war nicht gross, seine Fähigkeit ausreichend; verkehrte Neigungen scheint er nie empfunden zu haben. Im Jahre 1887 stellte sich Kopfdruck ein und der Schlaf wurde schlecht. K. kam deshalb um Versetzung in eine kleinere Stadt ein und in der That befand er sich anfangs in den neuen Verhältnissen wesentlich besser. Im Frühjahre 1888 aber wurde der Kopfdruck ausserordentlich heftig und es entwickelte sich ziemlich rasch vollständige Arbeitunfähigkeit. K. konnte wohl noch eine Unterredung führen oder einen Brief schreiben, aber jede ernstliche Thätigkeit war unmöglich und besonders schien das selbständige Denken, das Combiniren verloren. „Der Kopf versagte einfach." Trotz verschiedener Curversuche wurde der Zustand immer schlimmer. In einer Nervenheilanstalt wurden dem Kranken planmässig alle Schlafmittel entzogen. Infolge dessen schlief er etwa 3 Wochen lang überhaupt nicht. Nach der Rückkehr aus der Anstalt trat ein eigenthümlicher Zustand ein, dessen sich der Kranke

gar nicht erinnert. Die Erinnerungslücke entspricht nach den Aussagen
der Frau 3—4 Wochen. Während derselben sass der Kranke meist
still da und musste zu allem Nöthigen angeregt werden. Von Zeit zu
Zeit jammerte er laut über seinen Zustand und konnte sich dann gar
nicht beruhigen. Doch verstand er Alles und weder Worte, noch Handlungen waren unsinnig. Ein neuer Arzt verordnete prolongirte warme
Bäder. Bei dieser Behandlung liess der Kopfdruck nach, der Schlaf
wurde besser und der Kranke gewann wieder Zuversicht. Nun aber
begannen die Glieder, schwer zu werden, und es traten nach jeder Bewegung „Muskelschmerzen" ein, besonders in den Armen. Im Frühjahre
1889 trat K. in eine anderweite Krankenanstalt ein. Auf Anrathen des
Arztes machte er, während er bis dahin nur noch im Zimmer gegangen
war, kleine Gänge im Garten. „Dabei aber that ich des Guten zu viel
und nun konnte ich gar nicht mehr gehen. Ich wollte mich wenigstens
täglich noch einmal auf die Füsse stellen, aber der Arzt verbot es, ord-
nete vollständige Ruhe und eine Mastcur an." Diese Behandlung that
sehr gut. Der Kopf wurde freier, der Schlaf gut und die Magerkeit
nahm ersichtlich ab. Zu seinem Bedauern musste K. aus äusseren
Gründen die Cur abbrechen und in ein Universitätsinstitut übertreten.
Hier bekam er kohlensaure Bäder und der Hülfsarzt ermahnte ihn
fleissig, Bewegungen mit seinen Gliedern zu machen, trotz seiner Bitten,
ihn in Ruhe zu lassen. Rasch wurde dabei der Zustand schlechter. Es
traten Rückenschmerzen auf und aus den „Muskelschmerzen" wurden
„Nervenschmerzen". Auf diesen Unterschied legte der Kranke viel Ge-
wicht. Die Nervenschmerzen sässen mehr in der Tiefe, wären heftiger
und weniger abhängig von Bewegungen als jene. Während früher die
Arme ziemlich frei gewesen waren, riefen nun auch Bewegungen dieser
Schmerzen hervor. Es wurde von Tag zu Tage schlimmer. Geringe
Handbewegungen bewirkten langdauernde Nervenschmerzen. Zu dieser
Zeit verzichtete der Kranke auf jedwede Gliederbewegung, lag von nun
an mit ausgestreckten Armen und Beinen regungslos auf dem Rücken.
Trotzdem hatte er Schmerzen. Bei diesem Stande der Dinge verzich-
teten die Aerzte auf die bisherige Behandlung und legten die Arme des
Kranken in Pappschienen-Watteverbände. Als die letzteren etwa 3 Wochen
gelegen hatten und durchaus keine Besserung eingetreten war, trat K.
aus der Anstalt, in der er $3^1/_2$ Monate sich aufgehalten hatte, aus und
fand mit seiner Frau bei Verwandten Aufnahme. Er bat um meinen
Rath und im September 1889 untersuchte ich ihn zum ersten Male.
    Der Kranke lag auf dem Rücken. Die Beine befanden sich in
ungezwungener Lage und auf Verlangen bewegte sie der Kranke nach
allen Richtungen, wenn auch die Bewegungen von kleiner Ausdehnung

und kraftlos waren. Bei passiven Bewegungen fand sich kein Widerstand. Die Arme waren im Schultergelenke etwas abducirt, im Ellen-
bogen- und im Handgelenke gestreckt. Ebenso waren die Finger gestreckt
und der Daumen adducirt. Die Bewegungen im Schultergelenke waren
ähnlich wie die der Beine. Beugung des Vorderarms aber und Bewegungen der Hand und der Finger führte K. trotz meines Bittens nur
in minimaler Ausdehnung aus. Passive Bewegungen der Hand und der
Finger stiessen bald auf todten Widerstand, wie bei den sogenannten
ischämischen Lähmungen, grösseren Kraftaufwand aber gestattete K. nicht.
Das Verlangen, zu knieen oder sich aufrichten zu lassen, schlug er ohne
Weiteres ab. Vollkommen freie Beweglichkeit und Kraft besass der
Kopf. Ihn drehte und hob der Kranke ohne jeden Anstoss, ja es war
sogar auffallend, dass er trotz anstrengender langer Halsbeugung nie
über Ermüdung der Halsmuskeln klagte.

Der Ernährungzustand der Muskeln war im Allgemeinen nicht
schlecht. Nur an der linken Hand bestand eine geringe, aber doch
deutliche Atrophie der Interossei, besonders des ersten.

Die Hautreflexe waren normal. Die Sehnenreflexe an den Armen
waren ebenfalls normal, die an den Beinen waren sehr lebhaft. Links
bestand deutliches, rechts nur angedeutetes Fussphänomen.

Die Empfindlichkeit der Haut und der tiefen Theile war nirgends
vermindert. Eine Art Hyperästhesie bestand nur an den Händen und
den Vorderarmen, insofern als hier leichtes Streichen über die Haut
„eine höchst peinliche Empfindung und wie ein Erzittern durch den
ganzen Arm" hervorrief. Stärkerer Druck auf die Muskeln der Hand
und des Armes war auch unangenehm, wurde aber besser ertragen.
Eigentliche Schmerzpunkte fanden sich nirgends. Zwar klagte K. bald
da, bald dort über grössere Empfindlichkeit, doch waren die Angaben
schwankend und unsicher.

Die Beschaffenheit der Haut war überall normal, bis auf die Finger,
wo sie glänzend und anscheinend etwas gespannt war, d. h. wo ein
mässiger Grad von „glossy skin" bestand.

Die höheren Sinnesorgane zeigten durchaus keine Störung: keine
Amblyopie, keine Einschränkung des Gesichtsfeldes, keine Farbensinn-
störung, keine Abnahme des Gehörs, Geruchs, Geschmacks. Die Sprache
war auch in formeller Hinsicht vollkommen gut. Normale Beweglichkeit
und normales Volumen der Zunge und der übrigen Mundtheile. Keine
Unempfindlichkeit des Gaumens und Rachens.

An den Aeusserungen des seelischen Zustandes war nichts auszu-
setzen. K. zeigte sich als liebenswürdiger und feingebildeter Mann, berichtete über seine Verhältnisse mit grosser Klarheit und bewies in seinem

traurigen Zustande grosse Geduld. Immer war er maassvoll und zurückhaltend, haschte nicht nach Mitleid, suchte nach Kräften, die Gedanken
von der eigenen Person abzuleiten. Zwar könne er sich nicht enthalten,
oft mit Sorgen an die Zukunft zu denken, in der Regel aber sei er
ruhig, oft selbst heiter. Das Gespräch strengte ihn nicht nennenswerth
an. Er konnte sich für kurze Zeit vorlesen lassen, auch einen kurzen
Brief dictiren. Weiteres aber war nicht möglich, ohne dass sich dumpfer
Druck im Kopfe einstellte und jedes Denken als unmöglich erschien.

Seine Beschwerden formulirte K. dahin, dass er jede willkürliche
Bewegung der Glieder und des Rumpfes vermeiden müsse, weil eine
solche Schmerzen bewirke. Die Schmerzen beginnen nach der Bewegung,
steigen dann, oft bis zu unerträglicher Höhe, an und dauern mindestens
mehrere Stunden. Je mehr Bewegung, um so mehr Schmerz. Aber
auch bei anscheinend vollständiger Ruhe hören die Schmerzen nicht
ganz auf. Am stärksten sind sie in den Armen: vom Ellenbogen bis
zu den Fingerspitzen zieht die höchst peinliche, aber nicht näher zu be-
schreibende Empfindung, die in die Nähe des Knochens verlegt wird,
hin. Schlimme Tage wechseln mit besseren. An jenen ist gar keine
Ruhe zu finden und der Kranke möchte dann verzweifeln.

Im Uebrigen sei zu Klagen wenig Anlass. Der Schlaf war im Allgemeinen ganz befriedigend. Der Appetit war vortrefflich, was die
blühende Gesichtsfarbe und der reichliche Panniculus adiposus bestätigten
(K. wurde von seiner Frau gefüttert). Auch die Ausleerungen erfolgten
reichlich und regelmässig (mit Hülfe eines Unterschiebers). Obwohl
natürlich seit Jahr und Tag kein Coitus stattgefunden, sei doch die
Libido nicht ganz erloschen und seien Pollutionen ziemlich häufig.

Der Harn enthielt keine abnormen Bestandtheile. Athmung und
Herzthätigkeit waren regelrecht.

Demnach waren der objectiven Krankheitzeichen nur wenige: Steigerung der Sehnenreflexe an den Beinen, eine gewisse Hyperästhesie
der Hände und Arme, geringer Schwund der Muskeln der linken Hand.
Der letztere konnte ebenso wie die Steifigkeit der Finger und Hände
auf das wochenlange Liegen in einem festen Verbande bezogen werden.

Zunächst beobachtete ich den Kranken einige Zeit und, als sich
nichts änderte, empfahl ich, um doch etwas zu verordnen, vorsichtige
passive Bewegungen. Doch schon nach einigen Tagen gab K. an, er sei
viel schlechter geworden und wisse vor Schmerzen nicht mehr aus noch
ein. Von dieser Zeit an waren die Hände absolut bewegungslos; K. bewegte wohl den Arm als Ganzes im Schultergelenke, hielt aber alle
anderen Gelenke gleichmässig ruhig und verbat sich jeden Bewegungs-
versuch. Er duldete auch das Waschen und Nagelschneiden nicht mehr.

Ich beschränkte mich nun in der Hauptsache auf das Zuwarten und erwarb mir durch das Versprechen, ihn in keiner Weise bedrängen zu
wollen, das Zutrauen des Kranken. Innere Mittel habe ich, um dies
gleich zu erledigen, wiederholt versucht. Jodkalium, Acetanilid und seine
Verwandten, Opium waren ohne jeden Einfluss auf den Zustand. Zwar
wurden gelegentliche Kopfschmerzen wirksam mit Acetanilid bekämpft,
aber die Gliederschmerzen liessen sich nicht beeinflussen. Zwei Versuche mit systematischer Opiumbehandlung hatten keinen anderen Erfolg, als Störung des Appetits und der Verdauung. Bromkalium that
dem Kranken wohl, sobald der Schlaf unruhig war. Er hat späterhin,
als er weniger schlief und eine Neigung zu Pollutionen sich eingestellt
hatte, sich daran gewöhnt, Abends 3—4 Grm. des Mittels zu nehmen,
und findet darin eine Erleichterung. Endlich hielt ich mich für verpflichtet, die hypnotische Suggestion anzuwenden. Anfänglich wollte K.
nichts davon wissen, da Hansen vergeblich versucht habe, ihn einzuschläfern. Endlich willigte er ein und es gelang mir, mittelst der Bernheim'schen Methode eine leichte Benommenheit hervorzurufen. Doch
kamen wir nicht weiter und von einer Wirkung der Heil-Suggestion
war keine Rede. Nach 10 Sitzungen wurde die Sache aufgegeben. Bei
einem zweiten, späteren Versuche blieb K. ganz unbeeinflusst und verlor
die Geduld nach 3 oder 4 Sitzungen. In Summa, das Wesentliche der
Behandlung bestand in der Pflege der sich aufopfernden Frau und in
tröstlichem Zuspruche meinerseits.

Im Laufe der Monate war ein Fortschritt zum Besseren unverkennbar. K. ass und schlief vortrefflich. Die Körperfülle nahm ersichtlich
zu. Auch die geistigen Fähigkeiten erstarkten. K. fing an zu lesen,
erst für kurze Zeit und leichte Waare, dann länger und ernstere Sachen.
Er liess sich in das Buch ein Stäbchen legen, nahm dasselbe in den
Mund und wendete so das Blatt. Der Kopfdruck verschwand fast ganz.
Die Stimmung war fast immer gut. Auch die vielgefürchtete Pensionirung
ertrug K. mit Fassung und er murrte nicht über die Dürftigkeit seiner
Verhältnisse. Bemerkenswerth scheint mir auch das, dass die erst auffallend struppigen Haare weicher wurden. Die Beweglichkeit der Beine
nahm langsam, aber deutlich zu. K. gab an, er fühle so zu sagen ahnungsmässig, ob er ohne Gefahr etwas mehr Bewegungen machen könne. Eines
Tages zeigte er mir mit stolzer Freude, dass er sich wieder mit den
Füssen an das Bettende anstemmen konnte. Die Sehnenreflexe waren
deutlich schwächer geworden, nur links bestand noch ein ganz schwaches
Fussphänomen. Die „Partie honteuse" blieben die Hände. Auch der rechte
Interosseus I wurde etwas atrophisch. Die Haut der Hände war bräunlich, die Epidermis stiess sich in Fetzen ab, die Nägel wuchsen lang.

Alle 4 Wochen etwa gelang es, den Kranken zu einer vorsichtigen Säuberung zu bewegen. Doch müsse er es, sagte er, mit etwa 24 Stunden Schmerzen bezahlen. Allmählich nahmen die Hände ein eigenthümliches Aussehen an. Da sie immer mit dem Ulnarrande auflagen, krümmte sich die Mittelhand derart, dass der 2. und der 5. Metacarpusknochen sich näherten. Diese Stellung behielten die Hände auch bei, wenn sie emporgehoben wurden.

Im Januar 1890 erkrankte K. an Influenza. Die Krankheit verlief mit Fieber und leichten katarrhalischen Erscheinungen. Etwa 14 Tage lang fühlte sich K. recht übel, doch wurde sein Zustand nicht wesentlich beeinflusst. Die langsame Besserung schritt in der ersten Hälfte des Jahres 1890 fort. Sehr befriedigend schien dem Kranken der Zustand der Beine zu sein. Er schilderte, wie in der Richtung von den Hüften zu den Füssen sich die peinlichen Empfindungen allmählich verloren. Nur an der Hinterseite des Oberschenkels empfand er noch ein Ziehen. Er bewegte die Beine im Liegen frei und kräftig, hob sich auch, indem er die Sohlen aufsetzte, vom Bett ab, verweigerte aber Knieen oder Stehen noch entschieden. Die Sehnenreflexe wurden ganz normal. Auch an den Händen war Besserung unverkennbar. Die Zwischenknochenräume füllten sich aus. K. machte freiwillige kleine und zitternde Bewegungen mit den Fingern und duldete das Angreifen der Hände durch Andere. Oft sah man, während K. ruhig lag und über beliebige Dinge sprach, unwillkürliche kleine Bewegungen einzelner Finger. Schmerzen in den Armen traten nur in mässiger Weise und selten ein, wenn K. etwa unwillkürliche stärkere Armbewegungen oder zu viel Armbewegungen gemacht hatte. Fast den ganzen Tag las K. und zuweilen dictirte er der Frau seine Gedanken über das Gelesene. Ungefragt wies er darauf hin, dass das Denken an den eigenen Zustand ihm nachtheilig zu sein scheine. Er suche daher gewaltsam seine Aufmerksamkeit auf Objectives zu concentriren. Nur vor dem Einschlafen und nach dem Erwachen gelinge dies nicht in genügender Weise. Dann fühle er so zu sagen seine Gedanken in seine Glieder hineinfahren und nehme wahr, wie diese empfindlicher würden. Im Juli gelang es mir zum ersten Male, K. zu bewegen, dass er sich auf den Rand des Bettes setzte. Er führte dies aus, indem er zuerst die Beine aus dem Bette heraus hob und dann sich mit frei hinaus gehaltenen Armen durch einen Schwung aufrichtete. Bald konnte er sich auf das aus Bett geschobene Sopha setzen, indem er mit dem Gesäss von jenem auf dieses rutschte. Nie aber stellte er sich auf die Füsse. Auch beim Sitzen blieben Arme und Hände gestreckt. Kam ich ins Zimmer, so streckte er mir den Arm entgegen und ich fasste ihn zur Begrüssung am Vorderarm an. Berührung

der Hand war immer noch peinlich und das Waschen wurde gern von
Tag zu Tag hinausgeschoben. Im August war ich einige Wochen ab-
wesend. Als ich wiederkam, fand ich K. wieder im Bett, verstimmt
und reizbar. Vor einigen Tagen war ein Freund dagewesen und hatte
erzählt, in jener Klinik, in der K. behandelt worden war, habe Jemand
geäussert, K. sei doch vielleicht Simulant. Als der Kranke mir dies
mittheilte, brach er zum ersten Male in Thränen aus. Von dieser Zeit
an verschlechterte sich der Zustand sichtlich. Appetit und Schlaf wurden
ungenügend, K. wollte nicht mehr sitzen, las nicht mehr, klagte über
unwillkürliches Zusammenschrecken und ein daran sich schliessendes,
den ganzen Körper durchziehendes Beben, das stundenlang anhalte. Erst
am Ende des Jahres schien der Rückfall überwunden zu sein. K. wurde
geistig wieder freier, beschäftigte sich, verbrauchte weniger Bromkalium.
Er lernte unter vieler Mühe mit dem Munde schreiben. Zuweilen setzte
er sich auch wieder auf, doch nur für kurze Zeit.

Gegenwärtig (Mitte des Januar 1891) ist der Zustand etwa folgender: K. liegt fast immer auf dem Rücken, er bewegt die Beine frei,
kann sich ihrer aber noch nicht zum Stehen und Gehen bedienen, er
benutzt die Hände gar nicht, kann aber auf Verlangen kleine Bewegungen
mit den Fingern ohne Schmerzen machen; er wird gefüttert und gebraucht den Unterschieber, Muskelschwund und Steigerung der Sehnenreflexe bestehen nicht mehr, der geistige Zustand ist bis auf eine gewisse Reizbarkeit und Ermüdbarkeit normal.

II. Frl. L., eine zur Zeit 43jährige Musiklehrerin, stammt von
einer nervösen Mutter, die in den letzten Jahren ihres Lebens gelähmt
gewesen sein soll. Die ganze Familie der Mutter sei sehr nervös gewesen. An zwei Geschwistern der Kranken L. ist nichts Auffälliges zu
bemerken, abgesehen von einer eigenthümlichen Schädelbildung, die sehr
an den mongolischen Typus erinnert und auch bei der Kranken vorhanden ist. Nach ihrer Angabe ist die Kranke bis zu ihrem 20. Jahre
immer gesund, aber leicht erregbar und etwas excentrisch gewesen.
Nach dem Tode des Vaters, sowie nach dem der Mutter hat sie mehrmals Anfälle von „Schüttelkrämpfen" gehabt, während deren das Bewusstsein benommen, aber nicht verloren war. Auch sollen Wein- und
Lachkrämpfe vorgekommen sein. Sie studirte zu dieser Zeit sehr eifrig
die Musik. Im 20. Jahre begannen Schmerzen in den Händen einzu-
treten, die allmählich stärker wurden und L. nöthigten, die Hände in
Beugestellung ruhig zu halten. Sie war dabei abgespannt, unfähig zu
geistiger Anstrengung und schlief schlecht. Nach einjähriger Krankheit
wurden auch die Füsse schmerzhaft, so dass die Kranke nicht mehr
gehen konnte. Sie lag nun meist beschäftigungslos auf einer sogenannten

Chaise longue. Bald waren die Füsse schlimmer, bald die Hände, so dass die Kranke manchmal diese, manchmal jene benutzen konnte. Doch kamen auch schlechte Zeiten vor, in denen alle 4 Glieder bewegungslos waren. Waren die Hände schlecht, so befanden sie sich andauernd in krampfhafter Beugestellung. Die Krankheit dauerte etwa 10 Jahre. Ganz langsam wurde es besser. Herr Dr. Bärwinkel, der L. damals behandelt hat, war so gütig, mir einige Mittheilungen zu machen. „Die Ursache des krankhaften Verhaltens ist nach meiner Ansicht eine fast allgemeine Hyperästhesie der Gelenke, die besonders die oberen Extremitäten und von diesen die Finger am meisten betraf. Sie bewirkte eine durch Jahre andauernde starke Contractur der Finger, die sich weder durch Willenskraft, noch passiv, wohl aber in der Chloroformnarkose löste. Auch die unteren Extremitäten waren an der Hyperästhesie betheiligt und wahrscheinlich auch die Wirbelgelenke. Darum die willkürliche Unbeweglichkeit, die den unangenehmen Empfindungen in den Gelenken, wohl auch in dem Sehnenapparate vorbeugen soll. Von hysterischen Symptomen waren nur zugegen Secunden lang dauernde, mit Bewusstlosigkeit verbundene clonische Zuckungen der oberen Extremitäten, die sich scheinbar unmotivirt, so im Gespräche, einstellten. Einen zweifellosen Einfluss der Behandlung habe ich nicht beobachtet."

Zehn Jahre lang hat sich Frl. L. ganz wohl gefühlt und hat durch Unterricht im Clavierspielen ihren Lebensunterhalt erworben. Im Sommer 1889 hat sie sich auf einer Reise durch Tragen eines Handkoffers und durch Bergsteigen etwas angestrengt. Nach der Rückkehr hat sie ein krankes Kind ihrer Schwester gepflegt und dieser Thätigkeit einen Theil ihrer Nachtruhe geopfert. Diesen Umständen giebt Frl. L. ihre neuerliche Erkrankung Schuld. Es stellten sich am Ende des September 1889 wieder ziehende Schmerzen in den Händen und klopfende Schmerzen im Rücken ein, die nach jeder Thätigkeit zunahmen. Die Reizbarkeit und die Ermüdbarkeit wuchsen von Tag zu Tage. Bald fand sich wieder die „Zwangstellung" der Hände ein und wurden auch die Beine schmerzhaft. Schon in der Mitte des October wurde die Kranke bettlägerig. Von anderweiten Krankheiterscheinungen berichtete sie nichts, nur sei einmal, als der Arzt sie elektrisirte, ein Anfall allgemeiner Zuckungen eingetreten.

Im November 1889 sah ich die Kranke zum ersten Male. Sie lag auf dem Rücken. Die Hände befanden sich in der Höhe des Brustbeins und wurden von der Schlinge eines um den Hals geknüpften Tuches getragen. Finger und Hände waren in halber Beugestellung, doch war die Kranke im Stande, sie zu strecken. Sie machte mich selbst darauf aufmerksam, dass die Hände, sobald man einige Male leise über die

Beugeseite des Handgelenks strich, sich automatisch öffneten. Passive
Streckung fand keinen nennenswerthen Widerstand. Die Kranke konnte
alle Bewegungen der Arme und Hände mit leidlicher Kraft ausführen.
behauptete aber, dass schon wenige Bewegungen sie in hohem Grade
ermüdeten und schmerzliche, nachdauernde Empfindungen sowohl in den
Händen und Ellenbogen, als im Rücken hervorriefen. Sie habe vor
Kurzem beim Lesen ein Buch etwa 1 Minute lang in den Händen gehalten und dies mit ausserordentlich heftigen Schmerzen büssen müssen.
Auch die Beine waren frei beweglich. Die Kranke konnte stehen und
von einem Zimmer ins andere gehen. Dies aber war die Grenze ihrer
Leistungsfähigkeit. Bei weiterer Anstrengung traten Schmerzen, die
besonders die Kniegegend betrafen, auf. Der Kopf und Alles, was dazu
gehört, schien ganz normal zu sein. Es bestand keine Störung eines
Sinnesorgans (keine Einschränkung des Gesichtsfeldes), keine Anästhesie
im Schlunde. Nirgends am Körper war Anästhesie oder Hyperästhesie
zu finden. Die Hautreflexe waren normal, die Sehnenreflexe lebhaft,
aber innerhalb physiologischer Grenzen. Nirgends Muskelschwund, noch
Ernährungstörungen der Haut. Der allgemeine Ernährungzustand war
vortrefflich. Appetit. Stuhlgang, Harnentleerung liessen nichts zu wünschen
übrig. Die Kranke liess sich die Speisen vorschneiden und ass sie mittelst eines kleinen Löffels. Nur an schlechten Tagen liess sie sich füttern.
Für ihre Ausleerungen sorgte sie selbst. Die Monatsregel war nach Zeit
und Menge normal. Sie hatte auf den allgemeinen Zustand keinen
wesentlichen Einfluss, war aber oft von Migräne begleitet. Der Schlaf
war schlecht seit Beginn der Krankheit. Nahm L. nichts ein, so blieb
sie den grössten Theil der Nacht schlaflos und wurde von Klopfen im
Rücken, das isochron mit dem Herzschlage war und in der ganzen Ausdehnung der Wirbelsäule, am stärksten aber zwischen den Schulterblättern gefühlt wurde, gequält. Durch 1 Grm. Sulfonal oder 3 Grm.
Bromkalium wurde ein ziemlich befriedigender Schlaf erzielt. Im seelischen Zustande liessen sich krankhafte Züge nicht entdecken. Die
Kranke war verhältnissmässig ruhig und gefasst, sie sprach klar und
bestimmt. Offenbar war sie über ihr Leiden sehr bekümmert, ihre Gedanken beschäftigten sich hauptsächlich mit diesem, aber ein solches
Verhalten war das natürliche. Die Bekannten der Kranken schilderten
sie als eine verständige, etwas trockene, sehr willenskräftige Person.

Der Krankheitzustand blieb in den nächsten 2 Monaten in der
Hauptsache derselbe. Im Januar 1890 machte Frl. L. die Influenza durch,
die mit starkem Fieber und reichlichen flüssigen Darmentleerungen auftrat. Es schien zunächst, als ob die Infectionskrankheit einen günstigen
Einfluss gehabt hätte. Die Kranke war frischer und muthete sich etwas

mehr Bewegungen zu, so dass sie einen Theil des Tages in sitzender Stellung zubrachte. Doch kamen dann wieder schlechtere Wochen, die durch einen sehr heftigen Migräneanfall eingeleitet wurden. Ein Versuch hypnotischer Behandlung verlief unglücklich. Die Kranke wurde nicht schläfrig, klagte über Benommenheit und Schmerzhaftigkeit des Kopfes und bat nach 3 Sitzungen, ich möge von Weiterem abstehen. Dann schien eine freiwillige Besserung einzusetzen. Die Kranke stand wieder täglich etwas auf, nahm auch zeitweise die Hände aus der Schlinge. Sie liess sich vorlesen und gab einem jungen Mädchen Sprachunterricht.

Da jedoch die äusseren Verhältnisse sich ungünstig gestalteten, rieth ich der Kranken, das städtische Krankenhaus aufzusuchen. Sie wurde in dasselbe in den ersten Tagen des April aufgenommen. Die Behandlung bestand hier in methodischen Bewegungsübungen und schien zunächst sehr erfolgreich zu sein. Im Mai ging die Kranke viel herum, sie hatte die Schlinge abgelegt und gab mir bei meinen Besuchen herzhaft die Hand. Dabei war sie heiter und voll Zuversicht. Doch war das Glück nicht von Dauer. Allmählich ging es wieder bergab. Sie ist dann wohl in etwas energischer Weise zu Bewegungen veranlasst worden. Wenigstens glaubte sie, dass die rasch fortschreitende Verschlimmerung ihres Zustandes durch den Zwang zu Bewegungen trotz der Schmerzen verursacht worden sei. Sie hat dann versucht, sich durch Oeffnen der Adern zu tödten. Als ich sie zuletzt sah, klagte sie über unerträgliche Kopf- und Rückenschmerzen. Sie lag wieder fast ganz bewegungslos: jede Bewegung der Glieder rufe Schmerzen in diesen hervor und steigere die Rückenschmerzen; sie könne nicht mehr schlafen und habe jede Hoffnung aufgegeben. Im Herbste hat sie einen zweiten Selbstmordversuch gemacht und ist danach in die Irrenklinik gebracht worden. Hier hat sich mehr und mehr das Bild einer Psychose entwickelt. Wie Herr Prof. Flechsig mir mitzutheilen die Güte hatte, hört die Kranke Stimmen, äussert Verfolgungsvorstellungen, hält die Speisen für vergiftet. Die Bewegungstörungen sind verschwunden.

Wie man sieht, stimmen beide Krankengeschichten in den Hauptpunkten überein. Beide Kranken sind erblich belastet, beide zeigen sich schon vor der Krankheit als *dégénérés*, beide erkranken nach geistiger Ueberreizung. Hier wie dort entwickelt sich die Akinesia algera allmählich in Verbindung mit den Symptomen der Neurasthenie. Bei K. sind letztere in hohem Grade vorhanden und rein, bei dem Weibe L. zeigen sich früh auch hysterische Züge. Als hysterisch sind wohl die nach Gemüthsbewegungen auftretenden „Schüttelkrämpfe" und die von Bärwinkel erwähnten Zuckungen aufzufassen. Auch scheint in der ersten Erkrankung L.'s das Bild insofern abweichend gewesen zu sein.

als es sich sowohl nach der Angabe der Kranken, als nach der Bärwinkel's damals, zeitweise wenigstens, nicht um willkürliche Bewegungslosigkeit, sondern um Contractur der Hände gehandelt hat. In der
zweiten, von mir beobachteten Krankheitsperiode war sicher von Contractur keine Rede, sondern der Zustand war dem K.'s durchaus ähnlich.
Als dem K. eigenthümlich erscheinen die Steigerung der Sehnenreflexe
und der Schwund der kleinen Handmuskeln. Man kann allerdings
zweifeln, ob das letztere Symptom von der Krankheit selbst abhängig
war, oder ob es nicht als Wirkung des Schienenverbandes anzusehen
war. Jenes scheint mir wahrscheinlicher zu sein, besonders deshalb,
weil an der rechten Hand der Muskelschwund erst lange nach Abnahme
des Verbandes bemerkbar wurde. Man kann vielleicht annehmen, dass
sowohl die Steigerung der Sehnenreflexe als der Muskelschwund hysterischer Art waren, da jene in demselben Grade wie bei K. an Hysterischen nicht gerade selten ist und ein gewisser Grad von Muskelschwund
nach den Beobachtungen Charcot's und seiner Schüler zu den hysterischen Symptomen gehört. In beiden Krankengeschichten zeigt sich das
Leiden als ausserordentlich hartnäckig. In beiden führen alle Versuche,
einen Zwang auf den Kranken auszuüben, zur Verschlechterung und
ist der Einfluss von Gemüthsbewegungen unverkennbar. Der 1. Fall ist
noch nicht abgeschlossen, im 2. hat die Entwicklung einer eigentlichen
Psychose zu einem vorläufigen Abschlusse geführt.

Natürlich entsteht zunächst die Frage, wie ist das Krankheitsbild
zu deuten. Ich bin überzeugt, dass wir es nicht mit einer organischen
Erkrankung, die durch eine anatomische Untersuchung nachweisbar wäre,
oder doch nachweisbar gedacht werden könnte, zu thun haben, dass es
sich vielmehr um eine functionelle, d. h. psychisch vermittelte Störung
handelt. Ich wüsste nicht, von welcher organischen Läsion man die
Symptome ableiten könnte. Am ehesten könnte man an eine multiple
Nervendegeneration denken, indessen bestehen doch sehr wesentliche
Unterschiede zwischen dem oben gezeichneten Bilde und dem der be-
kannten Neuritiden. Andererseits sprechen die ererbte Degeneration, der
Zusammenhang mit geistiger Ueberreizung, das Zusammenbestehen der
Akinesia algera mit neurasthenischen und hysterischen Symptomen, der
eigenthümliche Verlauf und zahlreiche kleine Züge, so zu sagen das
Colorit des Bildes, für die Auffassung der Krankheit als Psychose.

Rechnen wir die Akinesia algera der Paranoia im weitesten Sinne
des Wortes zu, so erscheint auch die Angabe der Species als wünschenswerth. Der Begriff der Neurasthenie würde durch die Aufnahme der
Akinesia algera überspannt werden. Dagegen kann man sowohl für die
hypochondrische, als für die hysterische Natur der Störung Gründe bei-

bringen. Es kommt eben darauf an, was man unter den Worten versteht. Psychisch vermittelt sind sowohl die hypochondrischen, als die hysterischen Symptome. Den Unterschied kann man in kurzen Worten so fassen, dass man sagt: Hypochondrisch sind diejenigen körperlichen Störungen, deren psychische Vermittlung dem Kranken bewusst ist, hysterisch diejenigen, bei denen der Zusammenhang zwischen Vorstellung und körperlicher Störung nicht in das Bewusstsein des Kranken reicht.[1]) In diesem Sinne ist es sicher richtig, die Schmerzen der Akinesia algera, und auf diese kommt es doch an, ein hysterisches Symptom zu nennen. Sie sind wie die hysterischen Schmerzen überhaupt Schmerz-Hallucinationen. Es könnte Jemand daran Anstoss nehmen, dass die Schmerzen zu den körperlichen Symptomen gezählt werden. Aber dies entspricht dem Sprachgebrauche, der auch die Hypästhesie und die Hyperästhesie, obwohl beide eigentlich nur der inneren Wahrnehmung zugänglich sind, zu den körperlichen Symptomen rechnet. Ferner kann man einwerfen, die Zurechnung eines Symptoms zur Hysterie hänge nicht von theoretischen Speculationen, sondern nur davon ab, ob andere Symptome, deren hysterische Natur anerkannt ist, vorhanden sind. Aber die letztere Auffassung wird durch das Vorhandensein zahlreicher monosymptomatischer Formen der Hysterie widerlegt. Sind auch die Flüchtigkeit der Erscheinung und die Möglichkeit, sie durch seelische Einwirkungen zu beseitigen, für die Diagnose der Hysterie verwerthbare Momente, so kann doch ihr Fehlen nicht gegen diese Diagnose sprechen. Es bleibt in vielen Fällen nur der Weg per exclusionem übrig. Man passt der Erscheinung die verschiedenen Begriffe an, scheidet die unpassenden aus und behält den passenden.

Halte ich es auch für richtig, die Schmerzen bei der Akinesia algera hysterische zu nennen, so möchte ich doch die Krankheit nicht als reine Hysterie bezeichnen. Die Wirklichkeit bietet überhaupt ungemein oft Mischformen der Neurosen, bez. Psychosen dar, oder richtiger: In den wirklichen Neurosen erscheint oft das verbunden, was wir begriffsmässig gesondert haben. Mir scheint eine Analogie zwischen den Fällen von Akinesia algera und denen von allgemeiner Anästhesie, wie sie neuerdings von Krukenberg, von Heyne und von v. Ziemssen beschrieben worden sind, zu bestehen. Die genannten Autoren sind der Ansicht, man könne ihre Beobachtungen nicht zur Hysterie rechnen, es handle sich vielmehr um eine Psychose. Nun ist freilich die Hysterie auch eine Psychose im weiteren Sinne des Wortes. Aber es bestanden in

der That bei den Kranken mit allgemeiner Anästhesie psychische Abnormitäten, die nicht zur Hysterie gehören, und der in 2 Fällen progressive, zum Tode führende Verlauf der Krankheit ist auch befremdend.
Es ist daher die Ansicht jener Autoren insofern berechtigt, als es sich
nicht um reine Hysterie gehandelt hat. Aber die Anästhesie als solche
unterschied sich in keiner Weise von der hysterischen Anästhesie, und
es liegt gar kein Grund vor, sie nicht als diese zu bezeichnen.

So mischen sich auch bei der Akinesia algera neurasthenische und
hypochondrische mit den hysterischen Erscheinungen, und es gleicht die
Krankheit im Ganzen genommen mehr den Fällen schwerer Hypochondrie
als denen reiner Hysterie.

Sind schon den meinigen ähnliche Beobachtungen veröffentlicht
worden?

Einen der Akinesia algera sehr nahestehenden Zustand hat W. Nef-
tel[1]) im Jahre 1883 als Atremie ($\tau\varrho\varepsilon\chi\varepsilon\iota\nu$ laufen) beschrieben. Ich will
von den 4 Beobachtungen Neftel's die erste, die weitaus die lehr-
reichste ist, in Kürze wiedergeben.

Eine 54jährige Dame in New-York, die kinderlos verheirathet war und
mütterlicherseits aus einer nervenkranken Familie stammte, lag seit 6 Jahren
ruhig im Bett, weil jeder Versuch, zu gehen, zu stehen, ja zu sitzen, äusserst
unangenehme Empfindungen hervorrief: Ohnmachtsgefühl, Uebelkeit, Gefühl
von Athemnoth, unbeschreiblich lästige Empfindungen im Kopfe, im Rücken,
im Epigastrium, Durchfall, Schlaflosigkeit. Zwang sich die Kranke doch,
eine Zeit lang zu gehen, so bekam sie starken Durchfall, wurde ganz schlaflos, sah verfallen aus und die Augenlider wurden ödematös. Der 1. Anfall
der Krankheit war im 21. Jahre aufgetreten, hatte 2 Tage gedauert und
war durch geistige Ueberanstrengung verursacht. Im 24. Jahre folgte ein
2 Jahre dauernder Anfall, im 32. Jahre nach einer Fehlgeburt wieder ein
$2^1/_2$jähriger und seitdem waren noch mehrere eingetreten. Die Kranke hatte
sich in der Regel langsam wieder erholt und war in den Zwischenzeiten
ganz gesund, sehr lebhaft und thätig gewesen. Während der Krankheit lag
sie in einem wegen ihrer Lichtscheu halbverdunkelten Zimmer mit geschlossenen Augen ganz und gar unthätig im Bett. Sie verkehrte mit Niemand
als ihrem Manne und ihrem Dienstmädchen, konnte weder lesen, noch längere
Zeit sprechen, ohne ihre Beschwerden zu steigern. Sie klagte über fortwährend lästige Sensationen, ein Gefühl bald des Abgestorbenseins, bald
der Steifheit oder des allgemeinen Wundseins. Druck und andere Empfindungen (des Aufgeblasenseins u. s. w.) bestanden im Kopfe. Alle Bewegungen wurden leicht und mit grosser Kraft ausgeführt. Keine Anästhesie.
Stimmung gut, in der Regel heiter. Empfindlichkeit gegen Alkohol und
Arzneimittel. Guter Schlaf. Guter Appetit. Die inneren Organe waren
im Wesentlichen gesund. Die Kranke war sehr intelligent und zeigte keine
Spur hysterischer Verstimmung, beschäftigte sich aber fast ausschliesslich mit
Nachdenken über ihren Zustand. Alle Behandlungsweisen hatten fehlgeschlagen.

---

[1]) Virchow's Archiv. XCI. 3. S. 464.

Nach Galvanisation des Kopfes und Halses trat vorübergehende Besserung ein. Doch verfiel die Kranke mit der Zeit wieder in ihren früheren Zustand. Die anderen Beobachtungen Neftel's sind ganz ähnlich. Immer handelt es sich um erblich belastete Personen, die durch Ueberreizung erkranken. Immer bestehen Lichtscheu und Unfähigkeit zu geistiger und zu körperlicher Thätigkeit, weil beide allgemeines Uebelbefinden, Parästhesien, Durchfall, Schlaflosigkeit hervorrufen. Die Kranken liegen dauernd zu Bett und alle Versuche, sie zum Gehen zu nöthigen, bewirken Verschlimmerung. Jede Behandlung ist erfolglos. Neftel rechnet die Atremie zum hypochondrischen Irresein.

Die Aehnlichkeit der Neftel'schen Krankheit mit der Akinesia algera ist gross. Der wichtigste Unterschied ist der, dass bei Atremie nur Gehen, Stehen, Sitzen unmöglich sind, während im Bett die Bewegungen der Glieder leicht, kraftvoll und ohne Beschwerden ausgeführt werden, bei Akinesia algera aber alle Bewegungen der Glieder aufhören, so dass der Kranke fast ganz unbeweglich wird. Die Atremie verhält sich also ungefähr zur Akinesia algera, wie die Astasie-Abasie zur hysterischen Paraplegie. Ein zweiter Unterschied ist der, dass bei Akinesia algera Bewegungen Schmerzen in den bewegten Theilen hervorrufen, während bei Atremie durch Gehen und Stehen nur Störungen des Allgemeinbefindens und Parästhesien in Kopf und Rücken bewirkt werden. Minder wichtig dürfte das sein, dass bei meinen Kranken Lichtscheu, Neigung zu Durchfall, Athembeschwerden fehlten und dass die Cerebrasthenie bei ihnen weniger ausgesprochen war. Uebereinstimmung herrscht bezüglich der Aetiologie, des Verlaufes, des guten Ernährungzustandes, des normalen seelischen Verhaltens während des *État de mal*, endlich bezüglich der Intractabilität. Besonders bemerkenswerth scheint mir die Abwesenheit seelischer Störungen, ebensowohl der hysterischen Verstimmung als hypochondrischer Zustände im eigentlichen Sinne des Wortes. Will man trotzdem von Irresein reden, so müsste man es ein larvirtes oder unbewusstes Irresein nennen, womit man in der That der Wahrheit nahe kommen dürfte.

Erwähnen will ich auch, dass Binswanger[1]), als er über die psychisch vermittelten Störungen des Stehens und Gehens handelte, hervorgehoben hat, dass unter Umständen Hysterische wegen Hyperästhesie unbeweglich bleiben. Er nimmt irrthümlicherweise an, dass es sich in einigen der von P. Blocq beschriebenen Fälle von Astasie-Abasie so verhalten habe, giebt aber kurz eine eigene Beobachtung wieder, bei der in der That wegen Schmerzhaftigkeit der Bewegungen eine sonderbare

---

[1]) Berl. klin. Wochenschr. XXVII. 20, 21. 1890.

Stellung festgehalten wurde. Doch handelte es sich um eine Episode
im Verlaufe der Hysterie und im Uebrigen war das Bild ein anderes
als bei der Akinesia algera.[1]

Die Prognose ist bei der Akinesia algera offenbar trübe. Insbesondere meine 2. Krankengeschichte macht einen sehr niederschlagenden
Eindruck. Immerhin wäre es möglich, dass auch leichtere Fälle vor-
kämen, oder dass die Genesung nicht wie bei meiner 2. Kranken eine
vorübergehende, sondern eine endgültige sein könnte.

Die Behandlung hat bisher zur Verbesserung der Prognose nichts
gethan, im Gegentheile, oft habe ich mich gefragt, ob die Kranken in
einen so schweren Zustand gekommen sein würden, wenn sie gar nicht
behandelt worden wären. Auf jeden Fall ist ihnen durch ärztliche
Eingriffe wiederholt geschadet worden. Ich kann daher nicht zu irgend
welchem activen Vorgehen rathen, sondern halte es für richtig, dem
Wunsche der Kranken nach Ruhe nachzugeben. Da meinen Kranken,
die auf ihre Arbeit angewiesen waren, die Sorge vor der Zukunft ein
Pfahl im Fleische war, hätte möglicherweise die durch Befreiung von
dieser Sorge erworbene Seelenruhe ihnen heilsam sein können. Aber
bei den Damen Neftel's fehlte die Sorge, und trotzdem wurden und
blieben sie krank.

Von vornherein hat der Gedanke, durch hypnotische Suggestion die
Kranken von ihren quälenden Empfindungen zu befreien, viel für sich
und ich würde, obwohl ich bisher auf diesem Wege nichts erreicht habe,
bei gegebener Gelegenheit neue Versuche für gerechtfertigt halten.

---

[1] Ein 12jähriger Knabe aus belasteter Familie zeigte nach einer Contusion des
Fusses Hyperästhesie der Beine und des Rückens. Er legte sich auf den Bauch und
wehrte sich gegen Bewegungen mit Schreien, Schlagen, Beissen. Später hockte er
zusammengekauert im Bette, war mit den Armen thätig, schrie aber bei Berührung
des Rückens oder der Beine und gerieth dann in Wuth. Ueber den Ausgang ist
nichts bekannt.

2.

Weitere Bemerkungen über Akinesia algera.[1]

Akinesia algera soll Bewegungslosigkeit wegen Schmerzhaftigkeit der Bewegungen ohne greifbare Unterlage der Schmerzen bedeuten. Man kann den Begriff erweitern, wenn man an Stelle der Bewegungslosigkeit setzt Aufhebung der Function: Apraxia algera. Damit schliesst man die Akinesia algera an häufig vorkommende Zustände an, die man gewöhnlich als neurasthenische bezeichnet. Z. B. kann Jemand geistig nicht thätig sein, weil Lesen, Schreiben, ja auch Sprechen, Denken Kopfdruck oder Kopfschmerz bewirken. Thatsächlich waren diese Zustände ja auch in den Fällen von Akinesia algera vorhanden. Aber es erscheint uns die Unmöglichkeit geistiger Arbeit wegen der durch sie hervorgerufenen Kopfschmerzen als viel weniger wunderbar, als die eigentliche Akinesia algera; denn die Ueberanstrengung des Kopfes durch geistige Arbeit ist offenbar die Ursache der Hyperästhesie eben der arbeitenden Theile, deren Function später den Kopfschmerz hervorruft: derselbe, der sündigt, wird gestraft. Bei der Akinesia algera aber treten infolge der Ueberanstrengung des Kopfes Schmerzen bei Bewegungen der Glieder ein: die unschuldigen Arme und Beine müssen für den Kopf büssen. Eine Art von Zwischenstellung scheint die Lichtscheu einzunehmen, die sich bei nervösen Menschen nach geistiger Ueberreizung einstellen kann. Bei meinen Kranken mit Akinesia algera fehlte sie, aber sie war bei Neftel's Atremie vorhanden. Ich habe früher gezeigt, dass die Atremie offenbar mit der Akinesia algera sehr nahe verwandt ist. Die Kranke Neftel's, deren Geschichte ich kurz wiedergegeben habe, lag in einem wegen ihrer Lichtscheu halbverdunkelten Zimmer mit geschlossenen Augen ganz und gar unthätig im Bette. Es war keine Ueberreizung der Augen vorausgegangen und doch war das

---

[1] Deutsche Zeitschrift für Nervenheilkunde. II. p. 436. 1892.

Möbius, Beiträge II.

2

Sehen schmerzhaft. Das will als leidlich begreifbar erscheinen, denn die Augen, denkt man, sind ein Theil des Kopfes, und thatsächlich ist ja die Netzhaut ein Stückchen Gehirn. Aber es sitzt der Schmerz ebensowenig in der Netzhaut, wie in den Muskeln der Glieder. Bei der Lichtscheu, ebenso wie bei der Schmerzhaftigkeit der Gliedbewegungen, ist das Wesentliche das, dass eine willkürliche Thätigkeit infolge geistiger Ueberreizung schmerzhaft wird. Das überreizte Gehirn, um es grob auszudrücken, thut nicht nur beim Denken, sondern auch beim Gehen oder beim Sehen weh. Das eine Mal wird der Schmerz im Kopfe empfunden, das andere Mal in den peripherischen Theilen. Wenn man will, kann man sagen, dass unter Umständen, die uns nicht genügend bekannt sind, nicht nur das Denken schmerzhaft ist, sondern vermöge einer Irradiation auch andere Hirnthätigkeiten. Etwas Aehnliches erfährt man ja auch im gewöhnlichen Leben, wenn man sich nach geistiger Anstrengung am ganzen Körper wie zerschlagen vorkommt, wenn einem jedes Geräusch und jedes grelle Licht wehthut.[1]

Auf diese Ueberlegungen hat mich eine höchst interessante Krankheitgeschichte gebracht, die ich hier mittheilen will. In ihr steht so zu sagen die Lichtscheu im Centrum. Wie bei den Kranken mit Akinesia algera die Vermeidung jeder Gliedbewegung wegen der Schmerzen das hervorstechendste Symptom war, so ist hier die Flucht vor dem Lichte, das absichtliche Nichtsehen wegen peinlicher Empfindungen beim Sehen das Erste. Im Uebrigen besteht, besonders mit meiner ersten Krankengeschichte, grosse Uebereinstimmung.

Es handelt sich um die „Autonosographie" eines Mannes, dessen Schicksal selbst dann, wenn die Krankheit an sich das ärztliche Interesse nicht besonders erregen könnte, jedem Arzte der Theilnahme werth erscheinen würde: um die Krankheitsgeschichte Gustav Theodor Fechner's. Sie findet sich in der Lebensbeschreibung, die neuerdings der Neffe Fechner's, Prof. Kuntze, herausgegeben hat.[2] Ich schicke nur ein paar kurze Bemerkungen voraus.

Fechner wurde am 19. April 1801 geboren. Er war als Kind gesund. Sein Geist entwickelte sich rasch. Als er 15 Jahre alt war, erschien er als zur Universität reif. Er war immer heiter, lebhaft, arbeitsam. Bis 1841 wird von grösseren Krankheiten nichts berichtet. Nach der von F. selbst beschriebenen Krankheit blieben die Augen immer

---

[1] Ob der von A. Mosso gelieferte Nachweis, dass bei acuter Ermüdung des Kopfes auch in den Muskeln eine Veränderung zum Schlechteren eintritt, hier anzuziehen ist, das steht dahin.

[2] Gustav Theodor Fechner (Dr. Mises). Ein deutsches Gelehrtenleben. Von Prof. Dr. jur. J. E. Kuntze. Leipzig, Breitkopf & Härtel. 1892.

reizbar und mussten geschont werden. Beim Schliessen oder Sehen ins Dunkle trat Flackern ein. F. notirt 1817, dass er noch Mühe habe, seine Gedanken zu beherrschen, das selbständige Fortspinnen zu verhindern. Kuntze, der in F.'s Hause lebte, bestätigt die Angaben der Krankheitgeschichte in jeder Hinsicht. Man habe geglaubt, F. werde erblinden, geisteskrank werden. Die doppelte Wendung zum Besseren (Eingreifen der Frau Hercher und Wiederschenlernen) sei Allen als wunderbar erschienen. Eigentlich krank scheint F. bis zu seinem Tode nicht wieder gewesen zu sein. Der Zustand der Augen wechselte oft. Zu grosse Anstrengung machte wiederholt längere Schonung nöthig. Allmählich entwickelte sich Linsentrübung. Am 6. Mai 1873 wurde von Prof. Graefe die Linse des linken Auges entfernt, im Jahre 1874 die des rechten. Es folgten 1876 eine Schieloperation am linken Auge, 1877 eine Nachstaaroperation. Die grosse Reizbarkeit blieb bestehen, auch das Lichtflackern. Nach besseren Jahren folgte wieder Verschlimmerung, so dass F. in den letzten Lebensjahren nur wenig lesen und schreiben konnte. Am 6. November 1887 trat ein apoplektischer Anfall ein, nach dem bestand eine Art von Halbschlaf. Am 18. November erfolgte der Tod. Geistesschärfe und Arbeitkraft waren bis zuletzt unvermindert gewesen, wie die Werke F.'s beweisen.

Die Familie F.'s zählt mehrere langlebige Glieder. Von Nervenkrankheiten wird nichts berichtet. F.'s Vater, ein Pastor, „empfing den Keim seines frühen Todes beim Aufheben eines schweren Kommodenkastens". Er lag 2 Jahre, war dabei geistig thätig. Er starb mit 40 Jahren 1806. Die Mutter ist körperlich wiederholt krank gewesen, doch scheint sie nie nervöse Störungen gehabt zu haben. Sie war heiter, lebhaft, von poetischem Sinne. Sie starb erst 1859, 85 Jahre alt. Auch von besonderen Krankheiten der Geschwister F.'s ist nichts bekannt.

Man muss wohl annehmen, dass die übermässige Geistesanstrengung die wesentliche Ursache der Krankheit war; sie erzeugte bei dem erblich nicht belasteten Fechner einen Zustand, wie ihn relativ geringe Anstrengungen bei Belasteten hervorrufen können. Dass die Lichtscheu so in den Vordergrund trat, mag wohl an der Ueberanstrengung der Augen bei den physiologischen und elektrometrischen Versuchen liegen; doch können diese natürlich nur als Hülfsursache betrachtet werden, und es ist nicht zu übersehen, dass auch schon vor ihnen Reizerscheinungen an den Augen bestanden.

Hinzufügen möchte ich noch, dass Herr Prof. Graefe mir auf meine Bitte hin bestätigte, dass er bei der Untersuchung der Augen Fechner's durchaus nichts gefunden hat, was die Beschwerden hätte erklären können. Der Befund war (abgesehen von der Cataract) ganz normal.

2*

Im Jahre 1882 versuchte Fechner, ob eine galvanische Behandlung
der Augen gegen das Lichtflackern etwas helfen möchte. Ich begann
die Behandlung, doch F. brach sie rasch wieder ab, da er keine Besserung
zu finden glaubte. Eine besondere galvanische Reaction konnte ich
nicht nachweisen, überdies störten die pathologischen subjectiven Licht-
erscheinungen.

„Krankheitgeschichte."

„Meine Neigung trieb mich schon frühzeitig zu Grübeleien in der
Philosophie; ich glaubte, kaum den Studentenjahren entwachsen, auf dem
Wege zu sein, das Geheimniss der Welt und ihrer Schöpfung zu entdecken und im Sinne der damals unter Naturforschern sehr herrschenden
Schelling'schen und Oken'schen Naturphilosophie Grundlagen für die Gesammtheit des menschlichen Wissens legen zu können. Ein mir von
Natur inwohnendes Streben nach Klarheit liess mich indess bei meinen
Bemühungen nie zu rechter Befriedigung kommen. Ich glaubte stets auf
dem Wege zu sein und gelangte doch nie zu einem sicheren Ziele. Ich
zerbrach mir, misshandelte den Kopf von Morgen bis Abend und in
manchen Nächten, um festen Fuss zu gewinnen, und konnte mir doch
nie selbst dabei genügen. Nichts aber ist angreifender, als ein solches
vergebliches Abarbeiten und Abmühen immer um denselben Punkt. Auch
fing mein von Natur im Denken rüstiger Kopf schon damals an, einigen
Nachtheil von diesen Anstrengungen zu spüren; ich vermochte meinem
Gedankenlauf nicht mehr willkürlich Einhalt zu thun, immer und unter
jeder Umgebung kehrte er zu denselben Gegenständen zurück, und
weder Spaziergänge, noch Gesellschaften, noch sonst andere Arten der
Zerstreuung gewährten mir eine Erholung.

Endlich liess ich denn doch diese Bestrebungen fallen, theils, weil
sie zu nichts führten, theils, weil ich Anderes zu thun bekam. Die Nothwendigkeit, meine Subsistenz durch literarische Arbeiten zu sichern, und
der Wunsch, in den Naturwissenschaften vorwärts zu kommen, veran-
lassten aber übermässige Anstrengungen anderer Art, die den Anfang
des Schadens fortsetzten. Insbesondere hat die Mühe, die ich mir gegeben,
es in der Mathematik zu etwas zu bringen, wobei ich namentlich die
schwersten Sachen von Cauchy studirte, mir viel Nachtheil gebracht, da
es mir zur Mathematik gänzlich (?) an Talent mangelt, während ich doch
einsah, dass ohne sie sich in meinen Fächern nichts leisten lasse. Auch
befolgte ich beim Studium, wie ich jetzt wohl einsehe, eine ganz falsche
Methode und zerbrach mir, um das rechte Verständniss zu gewinnen, den
Kopf wieder oft so, dass er mich zu schmerzen anfing; habe aber mit
allem Fleiss und aller Anstrengung doch nur verhältnissmässig sehr wenig

vorwärts kommen können. Als sich mir durch den Tod des Prof. Brandes die Aussicht auf die Professur der Physik in Leipzig eröffnete, war der Zustand meines Kopfes schon so schlimm, dass ich lange Bedenken trug, mich um diese Stelle zu bewerben, und selbst nachdem ich schon dazu ernannt worden, nur durch einen besonderen Umstand verhindert wurde, sie wieder aufzugeben; so wenig fühlte ich mich fähig, den Obliegenheiten, die mir dadurch erwuchsen, zu genügen. Dazu kam noch, dass ich kurz vorher, aus ökonomischen Rücksichten, die Redaction des Hauslexicon übernommen, welche mir um so mehr zu schaffen machte, als ich auch einen grossen Theil der Abfassung zu übernehmen hatte. So ward es mir sehr schwer, nur nothdürftig das zu leisten, was meine Stelle von mir forderte. Inzwischen verheirathete ich mich um diese Zeit, da der Vollziehung meines, ungefähr 2 Jahre vorhergegangenen Verlöbnisses keine wichtigen äusseren Hindernisse mehr entgegenstanden. Dabei verschlimmerte sich mein Zustand immer mehr; mein Schlaf wurde schlecht; Anfälle gänzlicher Abspannung, die mich zu jedem Nachdenken unfähig machten, mit völligem Lebensüberdruss traten ein. Das Collegienlesen wurde mir sehr schwer; alle mathematischen Studien und Betrachtungen musste ich ganz vermeiden; daher auch meine Vorlesungen nur einen ganz populären Charakter erhalten konnten. So schleppte ich mich einige Jahre fort. Als das Hauslexicon beendigt war, fing ich an, mich mit Experimentaluntersuchungen zu beschäftigen, theils, weil mich meine Stellung dazu aufforderte, theils, weil der Kopf hierdurch weniger in Anspruch genommen wurde, als durch theoretische Untersuchungen: das Kopfübel, die gänzliche Unfähigkeit, es zu froher Stimmung zu bringen, ein Gefühl völlig mangelnder Lebenskraft dauerten dabei fort, als ein neuer schwerer Schlag mich traf.

Meine Augen waren von Jugend an sehr gut gewesen, ich sah gut in Nähe und Ferne, aber mein Nervenleiden fing an, auch auf sie seinen nachtheiligen Einfluss zu erstrecken; entfernte Gegenstände umgaben sich mit einem Saume, doch führte dies noch keine weitere Unbequemlichkeit mit sich, als dass nur die Schärfe landschaftlicher Contouren dadurch verloren ging. Eine stärkere Schwächung der Augen wurde durch Versuche über subjective Farbenerscheinungen herbeigeführt, die ich mit grosser Ausdauer fortsetzte, und wobei ich oft Veranlassung hatte, durch gefärbte Gläser in die Sonne zu sehen. Sie äusserte sich besonders dadurch, dass die Nachbilder heller Gegenstände sehr lange in meinen Augen blieben und das Lichtchaos im Dunkel des geschlossenen Auges, was selbst bei gesunden Augen nie ganz fehlt, sich sehr vermehrte. Zwar ward ich auch hierdurch noch an keiner Beschäftigung gehindert, doch musste ich in der Besorgniss, mir noch mehr zu schaden, diese

Versuche vor völligem Abschluss abbrechen. Sie sind in dieser Un-
vollendung in Poggendorf's Annalen erschienen. Was ich indess solchergestalt zu vermeiden suchte, ward auf eine andere Weise herbeigeführt.
Ich hatte eine gewisse Reihe Versuche vor, bei denen zahlreiche elektro-
metrische Messungen nöthig waren. Theils um die wahren Werthe der
Elektrometerscala an dem dazu gebrauchten Elektrometer zu ermitteln,
theils bei den Versuchen selbst war scharfes Hinblicken auf die Scala
durch ein enges Diopterloch nöthig. Diese Beobachtungen setzte ich
Tage lang ununterbrochen fort, öfters bis in die Dämmerung. Hierdurch erhielt die Kraft meines Auges den letzten Stoss. Es war im
Jahre 1840.

Lichtscheu und Unfähigkeit, das Auge zum Lesen und Schreiben zu
gebrauchen, trat ein. Anfangs war diese Lichtscheu mässig; durch nicht
hinreichende Vorsicht gegen das Licht aber stieg sie immer mehr; ich
musste mich immer mehr auf das Zimmer beschränken; der Gebrauch
blauer Brillen wurde nicht vertragen; bald konnte ich nur noch mit
einer Binde vor den Augen ausgehen, und (ich glaube etwa 1½ Jahr
nach Eintritt des Uebels) trat auch noch ein beständiges Lichtflackern in
den Augen hinzu, was selbst jetzt (Juni 1845) noch in einigem Grade
fortbesteht, trotzdem dass ich wieder schreiben und etwas lesen kann.

Meine schon vorher trübe Lage ward nun noch viel trauriger. An
geistige Beschäftigung gewöhnt, wenig geschickt zum Umgang mit
Menschen und zu geselliger Unterhaltung, zu nichts geschickt, als eben
mit der Feder und dem Buche in der Hand zu arbeiten, empfand ich
bald alle Qualen tödtlicher Langeweile. Vorlesen genügte mir wenig;
denn blosse Unterhaltungslectüre wird man bald überdrüssig, und das
Lesen anderer Schriften hat mich überhaupt von jeher nur zu beschäftigen
vermocht, insofern sie in Zusammenhang mit von mir zu verarbeitenden
Ideen traten. Aber diese Verarbeitung war mir nach der Anlage meines
Geistes eben nur mit der Feder in der Hand möglich, welche mir gestattete, den Gedankengang zu fixiren und beliebig darauf zurückzukommen; auch machte das Vorlesen kein Vergleichen und Auswählen
der Quellen möglich. Ein Anderer hätte sich leichter in alles das gefunden, und ich kenne genug Beispiele der Art; aber ich war geistig
zu unbeholfen dazu. Auch das Dictiren fiel mir sehr schwer, wie es
noch heute der Fall ist. Ich hatte meine bestimmte Art zu arbeiten, in
deren engen Kreis ich durch meine Anlagen gebannt war, und da mein
Uebel mich hinderte, in dieser Weise fortzuarbeiten, so war ich ganz
rathlos. Es kam noch dazu, dass der Zustand meines Kopfes zwar nicht
mein geistiges Combinationsvermögen benachtheiligt hatte, aber es mir
sehr erschwerte, den Ueberblick und Fortschritt eines Gedankenganges

längere Zeit festzuhalten, ohne schriftliche Unterlage zu haben oder mir
zu machen, welche Ruhepunkte und Rückblicke gestattete. Da ich nun
doch Manches in mir zu verarbeiten suchte, so schadete die Anstrengung,
die es mir verursachte, jetzt ohne solche Hülfsmittel ein Ganzes und
seine Theile im Auge und Gedächtniss behalten zu müssen, um es nachher geordnet dictiren zu können, mir mehr, als die nothgedrungene
Musse, zu der ich mich jetzt verdammt sah, mir nützte, und meine Kopfschwäche nahm viel mehr zu, als ab. Ich ging, solange die Lichtscheu
es noch gestattete, bei trüben Tagen, und später, wo auch dies nicht
mehr mit offenen Augen möglich war, doch Abends oder mit verbundenen Augen sehr viel spazieren und suchte mich dabei im ersten Jahre
meines Uebels besonders dadurch zu unterhalten, dass ich lyrische Ge-
dichte machte. Der grössere Theil meiner Gedichtsammlung hat hier-
von seinen Ursprung genommen. Später machte ich manche Versuche,
über einzelne Gegenstände von ästhetischem oder philosophischem Interesse meiner Frau etwas in die Feder zu dictiren; doch kam nie etwas
Ganzes und mich selbst Befriedigendes dabei heraus. Verschiedene Versuche, meinem Augenübel beizukommen, waren fruchtlos. Einer fortgesetzten ärztlichen Behandlung habe ich mich freilich nicht unterworfen,
weil ich nach Erfahrungen Anderer in analogen Fällen und nach der
Weise, wie die Aerzte, welche ich consultirte, die Sache auffassten, mit
Entschiedenheit die Fruchtlosigkeit davon voraussah, doch versuchte ich
auf eigene Hand Allerlei, wie ableitende Mittel, Electricität, Augenwässer
und Dämpfe verschiedener Art an die Augen, die Anderen in einigermaassen ähnlichen Fällen genützt hatten, thierischen Magnetismus, Alles
sehr anhaltend, kurze Zeit selbst Homöopathie — Alles ohne allen Erfolg. Prof. Günther und Prof. Braune redeten mir endlich zu, die Moxa
zu versuchen. Ungeachtet nur geringen Zutrauens dazu, entschloss ich
mich doch ohne Widerstreben dazu, hauptsächlich mit aus dem Grunde,
dass man höheren Orts die Anwendung energischer Mittel zur Herstellung
meiner Gesundheit verlangen durfte. Im December des Jahres 1841
wurden mir nacheinander, an drei verschiedenen Tagen, Moxen auf den
Rücken gesetzt, deren unverlöschliche Brandmale ich noch jetzt trage.
Sie hatten die beabsichtigte Wirkung auf das Uebel nicht, wohl aber
eine andere, sehr schlimme Wirkung. Die starke Eiterung, welche sie
nach sich zogen, schien alle Lebenskräfte, welche mir übrig waren, in
Anspruch zu nehmen und nach sich abzuleiten. Wenigstens kann ich
es keinem anderen Umstande zuschreiben, dass meine allerdings seit
Jahren schon schwache Verdauung jetzt gänzlich in Stillstand gerieth.
Ich konnte auch nicht das Kleinste mehr geniessen, weil ich es nicht
mehr verdaute; es schien sich Alles in Blähungen aufzulösen. Ebenso-

wenig vertrug ich Getränke. So habe ich, ich weiss nicht mehr wie viele
Wochen lang, ohne Speise und Trank zugebracht, hatte auch keinen
Hunger. Nie hätte ich geglaubt, dass ein Mensch so lange ohne Nahrung
und Trank aushalten könne. Dabei ging ich anfangs noch herum, indess
ich immer mehr abmagerte und ermattete. Endlich war ich nur noch
wie ein Skelet und musste mich vor Schwäche legen. Mein Geist war
dabei vollkommen frei, aber ich kam dem Verhungern nahe, und man
hielt mich für einen aufgegebenen Mann. Später fing ich doch an, etwas
säuerliches Obst, saure Gurken und eingemachte Kirschen zu vertragen,
und lange war dies Alles, was ich zu mir nahm. Aber der Organismus
hätte hierbei nicht lange bestehen können, und jeder Versuch, andere
Nahrung, selbst solche, die man sonst für die leichtverdaulichste hält, zu
mir zu nehmen, schlug fehl.

Da ward ich auf eine ziemlich wunderbare Weise gerettet. Eine
Dame von entfernter Bekanntschaft mit meiner Familie (Frau Hercher),
welche inzwischen viel Theil an meinem Geschick genommen, träumte
von der Zubereitung eines Gerichtes, welches mir zusagen würde. Diese
Zubereitung bestand in sorgfältig von Fett befreitem und gewiegtem,
stark gewürztem rohen Schinken, mit etwas Rheinwein und Citronensaft
befeuchtet. Sie machte selbst das Gericht, brachte es mir, und man über-
redete mich, etwas davon zu kosten, was ich nur mit Abneigung und
ohne alles Vertrauen dazu that, da jeder Versuch, etwas von Fleisch, Ei,
Brot u. s. w. zu geniessen, seither immer nur Nachtheile gehabt hatte.
Ich fand, dass die Probe mir nicht nur nichts schadete, sondern wohl zu
bekommen schien, nahm nun jeden Tag ein paar Theelöffel von dieser
Zubereitung und stieg allmählich damit. Längere Zeit habe ich nichts
als dies genossen; dabei nahmen meine Kräfte wieder etwas zu, und ich
lernte allmählich auch andere stark reizende und'gewürzte Fleischsachen
und säuerliche Getränke vertragen, nur nichts Reizloses und Mildes.
Blosses Wasser, Brod und alles Mehlige wurden noch lange Zeit durchaus nicht vertragen, während ich schon Fleisch aller Art, namentlich
stark gepfeffert, gut vertragen konnte. Während so meine Kräfte allmählich wieder wuchsen, aber doch noch nicht hinreichend waren, mich
ausser Bett dauern zu lassen, befand sich mein Geist fortwährend in
einer Art heiterer Aufregung, wie ich sie sonst niemals gekannt habe.
Allmählich kehrte Alles wieder in das alte Gleis zurück. Der Zustand
meiner Augen hatte im ganzen Verlaufe dieser Krankheit keine wesentliche Veränderung erlitten, besserte sich jedoch im Laufe des Sommers
etwas, so dass ich ein wenig mehr Licht als sonst vertrug. Volkmann's
kamen um diese Zeit zum Besuch von Dorpat; auch fing ich an, mit
Hülfe einer Vorrichtung, welche ohne Gebrauch der Augen die Richtung

der Zeilen einzuhalten gestattete, ein Tagebuch zu führen, was Beides
beitrug, mir die Zeit zu kürzen. In letzterem notirte ich die kleinsten
Ereignisse, um nur Stoff zum Schreiben zu haben. Inzwischen blieb
mein Kopf schwach und dieser Zustand verschlimmerte sich allmählich.

Im November 1842 stieg die Schwäche meines Kopfes so hoch, dass
ich nicht nur mein Tagebuch schliessen musste, da es mir nicht mehr
möglich war, die Gedanken und Erinnerungen dazu genügend zu sammeln,
sondern auch weder Vorlesen, noch Erzählungen mehr vertrug; ja selbst
Gespräche konnte ich weder anhaltend anhören, noch selbst führen, ohne
dass lästige Gefühle im oder am Kopfe eintraten, die mich vor weiterer
Fortsetzung warnten; und bei Nichtbeachtung dieser Warnung verschlimmerte sich der Zustand noch mehr. Auch mit mir selbst durfte ich mich
nicht unterhalten wollen. Jedes Besinnen auf etwas Vergangenes, jedes
willkürliche Verfolgen eines Gedankenganges brachten ebenfalls lästige
Gefühle hervor, die mir die gänzliche Zerstörung meiner geistigen Kraft
zu drohen schienen, doch merkwürdiger Weise (wahrscheinlich wegen
einer Art Reflex nach aussen) mehr äusserlich als innerlich ihren Sitz
zu haben schienen.

Dieser Zustand nöthigte mich zu einer gänzlichen Absperrung von
allem Umgange mit anderen Menschen; ich durfte keine Bekannten mehr
zu mir lassen, da ich mit keinem sprechen durfte. Selbst Gespräche mit
meiner Frau mussten sich auf das Nothwendigste beschränken; nur selten
und abgebrochen konnte ich auf etwas Weiteres als die dringendsten
häuslichen Anordnungen eingehen; und doch schadete ich mir hierbei
manchmal und verschlimmerte meinen Zustand.

Meine Mutter und Schwester besuchten mich wohl zuweilen, aber
das Gespräch mit ihnen musste sich fast ganz auf Erkundigungen nach
dem wechselseitigen Befinden beschränken. So war mir jedes Mittel der
Unterhaltung abgeschnitten, und die schon früher so peinigende Langeweile, die in der letzten Zeit durch häufiges Vorlesen und Führen des
Tagebuches doch etwas weniger lästig geworden war, überkam mich nun
mit neuer Macht und drohte unerträglich zu werden. Denn wie schwach
auch mein geistiges Vermögen geworden, so wohnte ihm doch noch die
frühere Klarheit bei, das Bedürfniss der Beschäftigung war immer noch
dasselbe, als das Vermögen, ihm zu genügen, gänzlich verschwunden war.

Andere Umstände trugen bei, meinen Zustand zu erschweren. Die
Lichtscheu meiner Augen, die im Laufe des Sommers ein mässiges
Dämmerlicht hatten vertragen lernen, nahm aufs Neue zu, so dass es
fast finster in der Stube sein musste; mitunter stellten sich in Augen
und Zähnen Schmerzen ein, die rheumatischer Natur zu sein schienen,
die Nächte waren ohne ruhigen Schlaf, und das schon ältere Kopfübel,

das mir die letzten 10 Jahre meines Lebens verbittert hatte, kehrte nicht
selten wieder; meine Verdauung kam immer mehr herab, so dass ich
nur höchst wenig Speise geniessen konnte; auch machten sich Sorgen
für die Subsistenz in der Zukunft geltend, da´ meine Stelle anderweit
vergeben worden und keine Hoffnung vorhanden war, dass die mir aus-
zuwerfende Pension selbst den bescheidensten Bedürfnissen genügen
könnte, wiewohl damals noch nichts darüber entschieden war. So war
meine Lage höchst traurig; ich dankte Gott, wenn ein Tag vorüber war,
und war ebenso froh, wenn eine Nacht vorbei war, die ich grösstentheils
schlaflos zubrachte.

Die Art, wie ich meine Zeit verbrachte, war nun in der Hauptsache
folgende: ich ging täglich mehrere Stunden in verschiedenen Absätzen
im Garten spazieren, während der Tageshelle natürlich mit verbundenen
Augen. Dabei beschäftigte ich mich innerlich mit fast weiter nichts, als
mit aller Kraft meines Willens dem Gange meiner Gedanken Zaum und
Zügel anzulegen.

Ein Hauptsymptom meiner Kopfschwäche bestand nämlich darin, dass
der Lauf meiner Gedanken sich meinem Willen entzog. Wenn ein Gegenstand mich nur einigermaassen tangirte, so fingen meine Gedanken an,
sich fort und fort um denselben zu drehen, kehrten immer wieder dazu
zurück, bohrten, wühlten sich gewissermaassen in mein Gehirn ein und
verschlimmerten den Zustand desselben immer mehr, so dass ich das
deutliche Gefühl hatte, mein Geist sei rettungslos verloren, wenn ich
mich nicht mit aller meiner Kraft entgegenstemmte. Es waren oft die
unbedeutendsten Dinge, die mich auf solche Weise packten, und es
kostete mich oft stunden-, ja tagelange Arbeit, dieselben aus den Gedanken zu bringen.

Diese Arbeit, die ich fast ein Jahr lang den grösseren Theil des
Tages fortgesetzt, war nun allerdings eine Art Unterhaltung, aber eine
der peinvollsten, die sich denken lässt; indess ist sie nicht ohne Erfolg
geblieben, und ich glaube der Beharrlichkeit, mit der ich sie getrieben,
die Wiederherstellung meines geistigen Vermögens zu verdanken, oder
wenigstens halte ich sie für eine Vorbedingung, ohne welche diese Wiederherstellung nicht hätte zu Stande kommen können. Es schied sich mein
Inneres gewissermaassen in zwei Theile, in mein Ich und in die Gedanken.
Beide kämpften mit einander; die Gedanken suchten mein Ich zu über-
wältigen und einen selbstmächtigen, dessen Freiheit und Gesundheit zer-
störenden Gang zu nehmen, und mein Ich strengte die ganze Kraft
seines Willens an, hinwiederum der Gedanken Herr zu werden, und
sowie ein Gedanke sich festsetzen und fortspinnen wollte, ihn zu verbannen und einen anderen entfernt liegenden dafür herbeizuziehen. Meine

geistige Beschäftigung bestand also, statt im Denken, in einem beständigen Bannen und Zügeln von Gedanken. Ich kam mir dabei manchmal vor wie ein Reiter, der ein wild gewordenes Ross, das mit ihm durchgegangen, wieder zu bändigen versucht, oder wie ein Prinz, gegen den sich sein Volk empört, und der allmählich Kräfte und Leute zu sammeln sucht, sein Reich wiederzuerobern.

Demnächst suchte ich mechanische Beschäftigung, aber da ich sie ohne den Gebrauch der Augen und des Kopfes treiben musste, war die Wahl derselben sehr beschränkt. Ich drehte Schnürchen, zupfte Fleckchen, schnitt Spähne, schnitt Bücher auf, wickelte Garn und half bei den Küchenvorbereitungen mit Linsenlesen, Semmelreiben, Zuckerstossen, Schneiden von Möhren und Rüben u. dgl., theils zu Hause, theils bei der Mutter, wo ich gegen Abend einige Stunden zuzubringen pflegte. Früher freilich hielt ich solche Beschäftigung für schlimmer als die Langeweile selbst, doch fand ich jetzt einige Erleichterung darin und war nur froh, wenn es nicht daran fehlte, was allerdings nicht selten der Fall war. Auch konnte ich manche Beschäftigungen, wie Fleckchenzupfen und Schnürchendrehen, abgesehen von ihrer Monotonie, nicht zu anhaltend fortsetzen, weil meine Fingernerven dadurch gereizt wurden. In der späteren Zeit fing ich auch an, etwas Klavier zu spielen; aber es waren nur einige wenige Stückchen, die ich auswendig konnte und täglich wiederholte; ausserdem machte ich Fingerübungen. Da ich die Nacht immer schlecht schlief, so legte ich mich auch gewöhnlich einige Nachmittagsstunden aufs Sopha, um zu schlafen, was freilich keineswegs immer gelang.

Zur Verbitterung meines Zustandes trug noch bei, dass sich mir in dieser Zeit Vieles darbot, was ich in besseren Zeiten mit Freuden genossen hätte und nun vorübergehen lassen musste. Müller aus Gotha, Alwine Franke aus Dresden wollten uns zur Weihnachtszeit besuchen, wir mussten es ablehnen; Bettine v. Arnim kam, ich konnte ihren Besuch nicht annehmen; Schulze, Rüffer boten mir die Hand zu einem neuen willkommenen Verkehr; Härtels kamen aus Italien, Volkmanns aus Dorpat zurück: — alles das und so vieles Andere musste ich abweisen oder an mir vorübergehen lassen, um meinen Kopf nicht in Aufruhr zu bringen.

Zweierlei war es hauptsächlich, was mich in dieser harten Zeit, wenn nicht aufrecht hielt, doch vor dem Versinken in gänzliche Trostlosigkeit bewahrte: die treue Anhänglichkeit und Pflege meiner Frau und religiöse Gedanken, die ich freilich nicht absichtlich entwickeln konnte und durfte, die sich aber bis zu gewissem Grade von selbst in meiner Seele entwickelten und sie durchzogen. Der Glaube an eine Ausgleichung aller hier erduldeten Leiden in einem künftigen Leben und die Ueberzeugung, dass

alles Leiden und Uebel im Grunde nur ein Mittel sei, ein neues Gute,
sei es in diesem oder jenem Dasein, hervorzubringen, gewannen immer
mehr Kraft und Lebendigkeit in mir; und der Vorsatz, mein Leiden zu
tragen, solange die Kräfte dazu mir nicht geradezu ausgingen, blieb
durch meinen ganzen Leidenszustand fest. Tausendmal wünschte ich
mir den Tod; ich hätte mir ihn gern gegeben, aber ich war überzeugt,
dass ich durch diese Sünde nichts gewinnen würde, vielmehr in einem
künftigen Leben dann die Leiden nachholen müsste, denen ich hier hatte
entgehen wollen.

Zuweilen dachte ich auch wohl daran, mein jetziger abgeschiedener
Zustand sei nur eine Art Puppenzustand, aus dem ich verjüngt und mit
neuen Kräften noch in diesem Leben hervorgehen könnte; doch wenn
ich dann wieder die gänzliche Zerstörung meiner edelsten Kräfte fühlte,
fühlte ich zugleich das Vergebliche einer solchen Hoffnung. Inzwischen,
so sehr auch die Nervenkraft in allen meinen Organen und Functionen
darniederlag, hatte ich doch immer das Gefühl, dass mein Leben hierbei
noch lange bestehen könne, ja bestehen werde, ein Gefühl, das mich mit
Schrecken durch die Voraussicht erfüllte, dass mein Leiden noch Jahre
lang .dauern würde.

Ein paar Monate nach meiner Abscheidung aus der Welt, gegen Ende
Januar 1843, trat ein Umstand ein, der mich eine Zeit lang mit der
Hoffnung täuschte, es könne sich doch Alles zum Bessern wenden. Ich
fing an, die Speisen sorgfältiger als früher zu kauen, und fand, dass ich
von da an mehr und gesündere Kost als vorher vertrug, namentlich Brot
und Fleisch, von denen ich fast gar nichts genossen hatte. Die bessere
Nahrung schien eine günstige Veränderung in meiner Constitution hervorzubringen; ich fühlte mich kräftiger und der Zustand meines Kopfes
selbst schien Hoffnung zu einiger Besserung zu geben. Doch versprach
der fernere Erfolg den anfangs gehegten Erwartungen nicht. Der Appetit
ging wieder mehr zurück, und der Zustand meines Kopfes ward allmählich schlimmer als je. — Dr. Braune magnetisirte mich zu Anfang dieses
Jahres in einigen 30 Sessionen mit Strichen à grands courants, doch ganz
ohne Erfolg.

Als Härtels um Johannis aus Italien zurückkamen, zogen wir aus
ihrem Logis wieder in unser Häuschen. Jetzt stand mir die härteste
Zeit meines Lebens bevor. Die Lichtscheu meiner Augen wuchs so sehr,
dass ich merklich gar kein Licht mehr vertrug; verschlossene Läden,
Rouleaux und doppelte Vorhänge reichten kaum hin, das Dunkel in meiner
Stube am Tage so herzustellen, dass ich mich darin aufhalten konnte, da
jedes Ritzchen schon zu viel Licht durchliess; nur durch Herumtappen
konnte ich mich finden.

Mein Zustand war bei Weitem schlimmer, als der eines wirklich Blinden, der sich frei und ungehindert in freier Luft und durch alle Räume bewegen kann, wogegen ich, um dies zu können, die Binde vor den Augen haben musste. Ihr Druck aber ward wegen ihres jetzt so sehr vermehrten Gebrauches allmählich den Augen lästig, ja unerträglich, daher ich mir allerhand Masken, theils von Zeug, theils von Blech mit geschlossenen Wölbungen vor den Augen, machen liess, um diese ohne Druck und Lichtzutritt hinter der Maske öffnen zu können; aber die Wärme und Absperrung der Luft von den Augen machte auch den längeren Gebrauch dieser Vorrichtungen peinlich. Der Aufenthalt in meiner ganz finsteren Stube, worin ich freilich die Augen frei öffnen konnte, war mir aber auch grauenvoll. Ich hatte den Wunsch, die Augen ganz zu tödten, da ich doch an keine Wiederherstellung derselben mehr dachte, und fragte an, ob dies nicht vielleicht durch starkes Sonnenlicht geschehen könne, was mir freilich aufs Entschiedenste widerrathen ward.

Von meiner Frau war ich fast ganz geschieden, da sie sich theils nicht in demselben dunkeln Raume aufhalten konnte, wie ich, theils alles anhaltende Gespräch mit mir vermeiden musste. So sassen wir bei Tische, wo ich mit der Maske Platz nahm, oft fast stumm zusammen, und was ich verlangte, verlangte ich oft mehr durch Zeichen als Worte.

Der schlimmste Monat von allen war für mich der August. Ich hatte täglich mit Verzweiflung zu kämpfen, und der fürchterliche Gedanke, dieses Leiden werde sich noch in eine ferne Zukunft hinausziehen, ja vielleicht durch Schmerzen und Lähmungen, wovon ich schon Anwandlungen zu spüren glaubte, noch vermehrt werden, kehrte selbst in meinen Träumen unter allerhand Bildern wieder, wie z. B. dem eines Folterknechtes, der die Marterinstrumente für mich zubereitete. Doch gelobte ich mir immer, auszuhalten bis auf das Aeusserste. Ich sagte mir, entweder wird dein Leiden auszuhalten sein, dann musst du es aushalten, weil du nichts Besseres thun kannst, denn sich ungeberdig oder fahrlässig dabei benehmen, würde dir nichts helfen, vielmehr deinen Zustand hier nur schlimmer machen; und deinem Leiden selbst ein Ende machen, würde nur mit sich bringen, dass du sie im jenseitigen Leben in irgend welcher Form nachholen müsstest. Oder du kannst es nicht mehr aushalten; nun, dann hört es von selbst auf, aber du bist wenigstens von Verantwortung frei.

Während ich so einsam in meiner finsteren Stube Möhren oder Bohnen schnitt, oder mit der Maske vor den Augen im Gartengange am Hause auf- und abging, hörte und fühlte ich, wie um mich die Lust und das Leben der schönen Jahreszeit wogte: die Kinder spielten im Garten; Härtels, Volkmanns, allerhand Besuch von Freunden bewegten sich in meiner Nähe; Emil sang vom Balcon in die mondhelle Nacht hinein;

das Leben schien mir so wunderschön in allen Anklängen, die zu mir
drangen, aber auch nicht den kleinsten Theil ihrer Lust war mir ver-
gönnt zu geniessen. Und dabei kamen mir immer vor allen die Eichen-
dorff'schen Lieder, deren ich noch viele von früher her auswendig wusste,
in den Sinn; und ich sang sie, die am meisten in Widerspruch mit meiner
Lage waren, am liebsten, wenn ich einmal einsam im Garten ging. Wiewohl auch solche, die etwas auf meine Lage Bezügliches enthielten, mir
oft durch den Sinn gingen. Wie oft fiel mir die Stelle aus dem Gedicht
vom kranken Kinde ein: „Möcht' auch spazieren gerne!" oder das Lied:
„Ich kann wohl manchmal singen, als ob ich fröhlich sei" u. s. w. Auch
mein eigenes Lied: „Wenn Alles sich verdunkelt", das ich schon vor einigen
Jahren, als es mit meinen Augen eine immer schlimmere Wendung zu
nehmen anfing, gemacht hatte, hat mich oft in dieser viel schwereren Zeit
wahrhaft erbaut und getröstet.

So ging es fort durch den September, der mir nur deshalb etwas
milder erschien, weil die Furcht, es könne und müsse noch schlimmer
werden, die ich hatte, nicht in Erfüllung ging, vielmehr das Uebel sich
ungefähr auf demselben Stande fortgehends erhielt.

Eine neue Epoche aber begann mit dem October. Es war am 1. October,
als ich infolge einer Alteration einmal rasch und ohne Rücksicht auf die
in meinem Kopfe sonst immer beim Sprechen sich geltend machenden übeln
Empfindungen rasch und lebhaft zu sprechen anfing. Aber diese übeln
Empfindungen traten diesmal nicht ein, ungeachtet Tags vorher wenige
Worte Sprechens mir schon zu viel erschienen. Ich maass diesen Umstand der stattfindenden Aufregung bei, ward indess dadurch ermuthigt,
auch wiederholt mit einer gewissen desperaten Schonungslosigkeit gegen
meinen Kopf zu sprechen, und fand, dass es ging, wenn ich nur immer
Pausen dazwischen machte. Ich fand, dass, wenn ich furchtsam sprach,
der Kopf litt, sprach ich aber so zu sagen darauf los, ohne es zu über-
treiben, so litt er nicht. Ich fand infolge dessen, dass es sich mit Besinnen und Nachdenken ebenso verhielt. Freilich viel durfte ich dem
Kopfe in allem diesem noch nicht zumuthen; aber es war doch ein Anfang, der weiter führte. Ich bemerkte nämlich, dass die Functionen des
Kopfes durch mit Selbstvertrauen und Vorsicht zugleich unternommene
Uebungen anfingen, sich wiederherzustellen, der Kopf an Kraft dadurch
gewann, das stete Brachliegen seiner Functionen aber seine Schwäche
nur unterhielt.

Diesem ersten Fortschritt zum Bessern, welcher den Kopf betraf,
folgte bald ein zweiter, welcher den Augen galt. Hiermit verhielt es sich
so: Man hatte mir von jeher ärztlicherseits empfohlen, meine Augen ja
nicht zu sehr vom Lichte zu entwöhnen, weil dies die Lichtscheu nur

steigern würde, vielmehr sie immer so vielem Lichte als möglich aus-
zusetzen, um sie allmählich wieder an einen höheren Lichtgrad zu ge-
wöhnen. Es bedurfte dieses Rathes bei mir nicht, da der Trieb, so viel
Helligkeit als möglich zu geniessen, ohnehin stark genug bei mir war:
aber statt den Augen damit aufzuhelfen, brachte ich sie dadurch nur immer
mehr herab; das Auge wollte sich eben an keinen höheren Lichtgrad ge-
wöhnen, und wenn es eine kurze Zeit einen solchen vertrug, so wurde es
durch eine längere Einwirkung desselben so gereizt, dass jedesmal eine
dauernde Verschlimmerung die Folge davon war. Die Anmahnungen,
das Auge doch dem Lichte zu öffnen, wiederholten sich auch jetzt, namentlich von Seiten des Prof. Günther, als das Auge so gut als gar kein
Licht mehr vertrug. Aber ich scheute mich, ihnen Folge zu geben, in
der Besorgniss, Entzündung, Schmerzen und einen Zustand des Auges dadurch herbeizuführen, der ihnen den Gebrauch der Binde und Maske unerträglich machte, wo ich dann in meiner finsteren Stube wahrhaft lebendig begraben gewesen wäre.

Indess ohne daran zu denken, dass hierdurch für das Auge etwas
gewonnen werden könnte, wagte ich es doch einige Male, bei einem mässigen Lichte einen Blick in das Gesicht meiner Frau oder auf einen
Blumenstrauss zu werfen, so jedoch, dass ich das Auge schnell wieder
schloss, noch ehe das Gefühl der Reizung eintrat, was stets Verschlimmerung nach sich zog; denn ich fand, dass es einige Augenblicke währte,
ehe sich dasselbe einstellte. Da ich keinen Nachtheil von solchen Versuchen bemerkte, fing ich an, sie öfter zu wiederholen und bald dies,
bald das anzusehen, indem ich dabei die wenigen Augenblicke, die es
mir gestattet war, das Auge zu öffnen, möglichst gut zu nutzen suchte
und mit einer Art Gier die Gegenstände, die ich betrachten wollte, mit
den Augen gleichsam verschlang, diese theils weit aufriss, theils ab-
wechselnd öffnete und schloss, da ich hierdurch den Zeitraum der Betrachtung etwas zu verlängern vermochte.

Es kam mir fast vor, als ob das Auge durch solche Versuche eher
gestärkt, als geschwächt würde, obschon ich anfangs hierüber nicht recht
ins Klare kam. Auch stellte ich diese Versuche anfangs nur selten an,
da ich doch nicht recht traute. Am 5. October indess, nach einer übel
zugebrachten Nacht, Morgens noch im Bette, fing ich in einer Art ver-
zweifelter Stimmung, welche Alles wagen lässt, an, dergleichen Versuche
hintereinander anzustellen, indem ich in die Kammer ein mässiges Dämmerlicht einliess und die vor mir befindlichen Gegenstände auf oben erwähnte
Weise betrachtete, so lange es ging, dann die Augen eine Zeit lang
schloss, darauf den Versuch wiederholte und so sehr als möglich durch
Anspannung meines Auges zu verlängern suchte. Nach mehrmaliger

Wiederholung gelang es mir auf einmal, das Auge dauernd offen zu
behalten, ohne dass sich das Reizgefühl einstellte. Ich konnte das Auge
ruhig umhergehen lassen.

Ich liess nun etwas mehr Licht in die Kammer, wiederholte die
Versuche und brachte es so dahin, dass das Auge schon eine ziemliche
Helligkeit zu vertragen anfing. Ich rief meine Frau herbei, und es lässt
sich denken, mit welchen Empfindungen wir beide diese Besserung be-
grüssten.

Worin lag es, dass diese Versuche das Auge stärkten, während
früher jeder starke Lichteinfluss nur Verschlimmerung herbeigeführt
hatte? Der Unterschied lag unstreitig in der Art, wie ich das Licht mit
den Augen auffasste oder ihm begegnete. Früher setzte ich das Auge
dem Lichte nur passiv oder selbst mit Furcht und Aengstlichkeit aus,
und der Reiz des Lichtes überwältigte dann ohne Weiteres das furcht-
same Organ. Bei den jetzigen Versuchen trat das Auge mit einer gewissen Desperation, die alle Lebenskraft dahin trieb, dem Lichte entgegen, mit Energie und Spannung, und die Ausübung seiner Thätigkeit
stärkte es jetzt. Auch bemerkte ich bald Anschwellung, Härte, ein Gefühl
von Druck und Völle in demselben, ganz entgegengesetzt allen früheren
Empfindungen. Unbedingt setzte mich der glückliche Erfolg dieser Versuche, die ich immer weiter zu treiben suchte, bald in eine Art fieber-
hafter Aufregung; ich konnte weder essen noch trinken und lebte gewissermaassen nur für die Augen und mit den Augen, und dies war
gewiss ein günstiger, den Erfolg unterstützender Umstand.

Ungeachtet es gewiss ist, dass sowohl an der Besserung des Kopfes
als der Augen die Kühnheit ihres Gebrauchs einen Hauptantheil hatte,
ist es doch möglich, dass überhaupt eine günstige Veränderung in meinem
Organismus sich schon längere Zeit vorbereitete, die nur hierdurch ihre
Entscheidung erhielt, da ich schon mehrere Wochen vorher von Morgens
bis Nachmittags einen ungewöhnlich schnellen Puls an mir verspürte, den
ich damals freudig als ein Zeichen von Hektik glaubte deuten zu können,
von der ich hoffte, sie würde meinen Leiden ein Ende machen. Dieser
schnelle Puls dauerte auch noch längere Zeit nach erfolgter Wiederherstellung fort und verlor sich nur später allmählich.

Ich blieb nun, nachdem ich den Gebrauch meiner Augen insoweit
wiedergewonnen, zuvörderst den grössten Theil des Morgens im Bette
liegen und liess mir ein Paar mit schönen Farben gestickte Kissen vor
das Bett stellen, die ich nicht müde wurde, zu betrachten.

Hierbei kam ich bald auf eine neue Methode, das Auge gegen das
Licht zu kräftigen. Ich bemerkte nämlich, dass, wenn ich einen der vor
mir befindlichen Gegenstände mit grosser Aufmerksamkeit und mit der

Intention betrachtete, recht kleine Details darin zu unterscheiden, Druck, Spannung und Völle des Auges bis zum Lästigwerden wuchsen und sich nur durch Zulassung von mehr Licht wieder zu einem bequemen Gefühle minderten. Dies Licht wurde jetzt nicht nur vom Auge vertragen, sondern sogar für die bezweckte Thätigkeit gefordert. Während also sonst dem Auge die geringste Lichtanregung zu viel war, fing es jetzt sogar an, Lichthunger zu spüren, wenn ich ihm eine Thätigkeit zumuthete, für welche das vorhandene Licht eben nicht genügte. Wiederholte ich bei dem erhöhten Lichtgrade, den das Auge solchergestalt hatte ertragen lernen, die scharfe Betrachtung des Gegenstandes, so trat abermals ein Bedürfniss von noch mehr Licht ein, und so vermochte ich die Energie des Auges in raschen Abstufungen immer mehr zu steigern, so sehr, dass ich, wenn ich nicht irre, noch desselben Tages, an dem ich Morgens so gut als gar kein Licht vertragen konnte, Nachmittags in die lichten Himmelswolken zu sehen vermochte.

Inzwischen ward ich und Andere ängstlich, dass der Fortschritt zu rasch sein möchte; ich brachte daher das Auge geflissentlich wieder mehr in die Dämmerung zurück und liess es nur zuweilen ein stärkeres Licht geniessen. Doch ging ich diesen (5. October) und nächsten Tag Morgens und Abends in den Garten, und ich kann es schwer beschreiben, welchen Eindruck auf mich die Pracht der Georginen und anderer Blumen machte. Alle Farben und Umrisse erschienen mir viel reiner und schöner, als ich sie je gesehen, und ich glaubte schon ganz neue Kräfte in meinem Auge zu entdecken, die es in weiterem Fortschritte selbst über gewöhnliche gesunde Augen stellen würden.

Inzwischen war mir das Licht doch noch nicht bequem; bald war Druck und Völle, bald wieder Reiz im Auge überwiegend; ich wusste es nicht recht zu behandeln, that bald zu wenig, bald zu viel; das Auge verlor sein Selbstvertrauen und hiermit wieder immer mehr seine Energie, und es trat ein Zeitpunkt ein, wo ich mich wieder zu völliger Dunkelheit verurtheilt sah. Ich fürchtete eine Zeit lang, nicht blos das gewonnene Sehvermögen, sondern auch die Fähigkeit, es wie das erste Mal wiederherstellen zu können, verscherzt zu haben, so gross war das Gefühl von Schwäche und Reizbarkeit, das sich in den Augen eingestellt hatte, und es fiel mir sehr schwer, den Verlust aller Hoffnungen wieder zu verschmerzen. Nach einigen Tagen indess nahm ich einen neuen Anlauf, begann die früheren Operationen, die das Auge so rasch gefördert hatten, von Neuem, und sie hatten den früheren Erfolg. Ich lernte die Augen allmählich besser behandeln; ich fand, dass zu viel Licht schädlich war, wenn die Augen nicht Muth und Kraft genug äusserten, um dem Lichte energisch entgegenzutreten, dass aber Furchtsamkeit und grosse

Schonung des Auges, geflissentlicher Aufenthalt in der Dämmerung u. s. w.
von einer anderen Seite schadeten und den Fortschritt der Besserung nicht
nur aufhielten, sondern selbst Rückschritte herbeiführten.

Fast gleichen Schritt mit der Besserung der Augen hielt die Besserung
des Kopfes bei analogem Verfahren mit seinem Gebrauche.

Während der ersten Tage, nachdem die Besserung der Augen eingetreten war, genoss ich nichts als Milch, fügte allmählich etwas Semmel
hinzu, und stufenweise wuchs mein Appetit zu einem staunenswerthen
Grade. Mein ganzes Aussehen und meine Körperkräfte verjüngten sich
hiermit; ich ward, während ich früher sehr mager war, von sehr völligem
Aussehen. Sowohl jener starke Appetit, als diese leibliche Zunahme
haben sich später wieder verloren.

Die so rasche günstige Umwandlung, die in meinem physischen
und psychischen Lebensprocess eingetreten war, die Art, wie sie erfolgt
war, versetzten mich im Laufe des Octobers und theilweise Novembers
in einen eigenthümlichen überspannten Seelenzustand, den ich vergeblich
zu schildern vermöchte, zumal mit dem Vorübergehen desselben auch die
klare Erinnerung grossentheils verschwunden ist. Gewiss ist, dass ich
damals glaubte, von Gott selbst zu ausserordentlichen Dingen bestimmt
und durch mein Leiden selbst dazu vorbereitet worden zu sein, dass ich
mich im Besitze ausserordentlicher physischer und psychischer Kräfte
theils schon wähnte, theils auf dem Wege dazu zu sein glaubte, dass
mir die ganze Welt in einem anderen Lichte erschien, als früher und als
jetzt, die Räthsel der Welt sich zu offenbaren schienen, mein früheres
Dasein geradezu erloschen und die jetzige Krisis eine neue Geburt zu
sein schien. Offenbar war mein Zustand dem einer Seelenstörung nahe,
doch hat sich allmählich Alles ins Gleichmaass gesetzt."

Wollte ich Fechner's Schilderung im Einzelnen besprechen, so würde
ich den verfügbaren Raum weit überschreiten. — Dem sachverständigen
Leser wird sich eine Fülle von Bemerkungen aufdrängen.

Es sei mir gestattet, über die in der ersten Arbeit beschriebenen
Kranken noch ein paar Worte hinzuzufügen.

1) Der Gymnasiallehrer befindet sich fast in demselben Zustande,
wie vor einem Jahre, in geistiger wie in körperlicher Beziehung. Die
regungslos auf der Bettdecke mit dem ulnaren Rande aufruhenden Hände
sind noch stärker verunstaltet, als früher.

Ich gab dem Kranken Fechner's Geschichte zu lesen und er fand
selbst die Aehnlichkeiten heraus. Auch er sei im Beginne seiner Krank-

heit ganz unfähig gewesen, zu essen. Er verdaute nicht, „Alles war Blähung", und er magerte in hohem Grade ab. Am ehesten hatte er noch Neigung zu Saurem, davon aber wollten die Aerzte nichts wissen. Besserung trat während der Reise nach einer Nervenheilanstalt ein, der Appetit kehrte ganz plötzlich zurück. In der Anstalt wurde der Zwang zum Essen sehr angenehm empfunden.

Auch die merkwürdige Erscheinung des schmerzhaften Denkens wider Willen war vorhanden. Anfänglich war es wie ein Schleier im Kopfe und jede geistige Arbeit wurde zur Anstrengung. Die Gedanken bildeten sich, aber es war, als könnten sie den Schleier nicht durchdringen und könnten nicht fertig gebildet werden. Allmählich wurde dem Kranken das Denken so peinlich, dass er versuchte, es ganz aufzugeben. Nun aber wurden die Gedanken selbständig. Wie im Traume knüpften sie sich an alle möglichen Gegenstände an und spannen sich weiter gegen den Wunsch des Kranken. Er versicherte auf das Bestimmteste, dass dieses ruhelose Gedankenspinnen direct schmerzhaft gewesen sei. Er sagte sich, um es zu unterdrücken, Stunden lang vor: „Sei nur still, sei nur still, du bekommst bald deine Medicin, und dann kommt Ruhe." Er bekam nämlich damals Opium. Die Gedanken kehrten aber wieder, sobald die Betäubung nachliess, und schliesslich schienen sie sich zu verwirren. Eine Zeit lang hat der Kranke gar nicht gesprochen, weil er überzeugt war, er würde irre sprechen.

Ich habe schon früher angegeben, dass dieser Kranke nicht hypnotisirbar sei. Im Sommer 1891 versuchte ich es mit Chloroform. Ich narkotisirte den Kranken 4mal, bis er in Schlaf verfiel und eigene Hallucinationen, bezw. Träume kundgab. Wohl gelang es zuweilen, ihm ein Traumbild zuzuführen, aber sonst haftete keine Suggestion. Einmal, als die Narkose ziemlich tief war, setzte ich ihm zu und erklärte mit eindringlicher Stimme, er werde den linken Arm ein wenig beugen. Anfänglich beachtete er es nicht, als ich aber das Gesagte wiederholte, verfinsterte sich sein Gesicht und mit rauher, sonst nie von ihm gebrauchter Stimme stiess er ein lautes „Nein" heraus, während er nachher gleich wieder von einer Madonna phantasirte. Man muss wohl annehmen, dass, bildlich gesprochen, solche Kranke von Autosuggestionen vollgepfropft seien, so dass nichts Fremdes mehr hineingeht.

2) Die 2. Kranke ist im Februar 1892 in der hiesigen Irrenklinik gestorben. Aus den freundlichen Mittheilungen des Herrn Assistenzarztes Hezel über den Verlauf und den Sectionsbefund theile ich Folgendes mit.

Nach der Aufnahme machte die Kranke mehrere Selbstmordversuche, sie äusserte Verfolgungvorstellungen, glaubte besonders, vergiftet zu

3*

werden, hatte lebhafte Sinnestäuschungen. Zeitweise war sie sehr erregt,
schrie laut, tobte und raufte sich die Haare aus. Da sie, wohl wegen
Geruch- und Geschmackhallucinationen, die Speisen für vergiftet hielt
und nicht essen wollte, magerte sie rasch ab und wurde kraftlos. Nach
mehreren Wochen bildete sich eine grosse Apathie aus. Die Kranke
war ganz theilnahmlos, nur auf Berührungen ihres Körpers reagirte sie
mit Abwehrbewegungen. Ob sie dabei Schmerzen empfand, oder ob sie
Wahnvorstellungen daran knüpfte, war nicht zu entscheiden. Später
wich die Apathie wieder, die Kranke wurde lebhafter und äusserte wieder
Wahnvorstellungen. Vielleicht war ihre körperliche Hinfälligkeit Ursache
davon, dass sie nun glaubte, ganz klein geworden zu sein und sich in
nichts aufzulösen. Zwischendurch trat heftige Erregung ein. Obwohl
allmählich die Ernährung sich hob, kehrte doch die Apathie zurück, in
der sie diesmal der Nahrungzufuhr keine Hindernisse in den Weg legte.
Im November 1891 erwachte die Kranke im Laufe einiger Tage aus
ihrer Apathie, war dann allen äusseren Eindrücken vollkommen zugänglich, nahm an Allem theil und zeigte das ihr früher eigene liebenswürdige
Wesen. Dabei hatte sie stets die Empfindung, dass sie sehr alt sein
müsse: sie sprach von einigen hundert Jahren. Nach relativ kurzem
Bestande der Remission begann die Kranke über Gliederschmerzen zu
klagen, wurde verstimmt und unfreundlich. Dann kehrten Sinnestäuschungen und Verfolgungswahn zurück. Stimmen beschimpften die
Familie der Kranken u. s. w. Schon im December war die Kranke wieder
dauernd bettlägerig, im Januar wurde sie wieder apathisch. Trotz leidlicher Nahrungsaufnahme verfiel sie rasch. Während der letzten Lebens-
wochen waren Contracturen der Glieder in wechselndem Grade vorhanden. In den letzten Tagen nahm die Kranke fast gar nichts mehr
zu sich, sie liess die Speisen zum Munde wieder herauslaufen.

Die Section ergab beträchtliche Trübungen und Verdickungen der
weichen Hirnhäute. Die Maschen des Pia-Gewebes waren mit Flüssigkeit erfüllt. Das Gehirn selbst war ausserordentlich trocken und fast
blutleer. Beginnende Schluckpneumonie. Starke Atrophie der Magen-
und Darmschleimhaut. Allgemeiner Marasmus.

3) Schliesslich möchte ich noch kurz eine Beobachtung von Atremie mittheilen, die jetzt durch den Tod der Kranken abgeschlossen
worden ist.

Am 25. Mai 1889 wurde eine 36jährige Frau S. zu mir gebracht
wegen Schmerzen in den Füssen, die sie am Gehen hinderten.

Ueber den Gesundheitzustand der Familie war nichts Rechtes zu
erfahren. Die Kranke, eine Jüdin, war schon als Kind reizbar gewesen.
Die Monatsregel war niemals eingetreten. Nach der Verheirathung hatte

ein Frauenarzt eine Untersuchung vorgenommen und hatte erklärt, es
bestehe eine Entwicklunghemmung der inneren Genitalien, und es sei
an eine Empfängniss nicht zu denken. Die Kranke war gut gewachsen,
blass, aber ziemlich fettreich. Aeussere Degenerationzeichen bestanden
nicht. Der Mann gab an, die Frau sei zwar im Allgemeinen gutartig
und heiter, sie habe aber von jeher eigentlich nur für ihre Person
Interesse gehabt, habe sich nie geistig beschäftigt, sei immer heftig und
zu hypochondrischer Auffassung geneigt gewesen. Ohnmachten oder
Krampfanfälle hatten nie bestanden. Seit Monaten hatte die Kranke über
Schwäche und Schmerzen in der rechten Körperhälfte geklagt. Dann
war auch der linke Fuss schmerzhaft geworden. Sie könne nicht auftreten, es steche und brenne in den Sohlen, und es werde durch Gehen
immer schlimmer.

Die Untersuchung ergab gar nichts. Im Sitzen und Liegen wurden
alle Bewegungen kräftig ausgeführt. Nirgends bestand Anästhesie oder
Hyperästhesie. Die oberen Sinnesorgane waren normal. Die Reflexe
waren weder gesteigert, noch herabgesetzt. Ich betone, dass während
des ganzen Vorlaufes niemals ein hysterisches Symptom im engeren
Sinne nachgewiesen wurde.

Um nicht weitläufig zu werden, will ich über den Verlauf nur
summarisch berichten. Es gab gute und schlechte Zeiten. In den guten
Zeiten begann die Kranke nicht nur im Zimmer, sondern auch in der
Wohnung herumzugehen, in die Küche u. s. w. Sie machte dann kleine
Ausgänge. Nach einem etwas grösseren Spaziergange erklärte sie, es sei
zu viel gewesen. Sie blieb dann zu Hause, ging nur vom Bette zum
Sopha, klagte über ein Brennen, Stechen, Wühlen im ganzen Körper.
Die Beine seien schwer, es gehe Alles von ihnen aus, und wenn sie
herumgehe, werde es unerträglich. In der Nacht schlief sie wenig und
unruhig, jammerte viel und behauptete, ihr sei nicht zu helfen. Freund-
liches Zureden und allerhand Arznei halfen wohl vorübergehend, änderten
aber an dem Zustande nicht viel. Schickte man die Kranke in ein Bad
oder in eine Nervenheilanstalt, so war sie nach kurzer Zeit wieder da,
weil sie sich mit den Aerzten gezankt hatte, oder weil ihr irgend etwas
unerträglich gewesen war. Hypnotisirbar war die Kranke nicht. Nachdem ich mich vergeblich bemüht hatte, bat ich Herrn Dr. v. Voigt, es
zu versuchen; er erreichte aber auch nichts, denn nach 2 Sitzungen
weigerte sich die Kranke fortzufahren. Allmählich wurde sie immer
unzugänglicher. Sie dachte nur noch an ihr Leiden, wurde besonders
in der Nacht sehr erregt und erklärte dann, sie werde sich tödten. Immer
häufiger kehrte diese Versicherung wieder. Den wiederholt gegebenen
Rath, die Frau in eine geschlossene Anstalt zu bringen, lehnte der Mann

ab. Im Frühjahre 1891 wollte die Kranke ein Bad nehmen, glitt neben
der Wanne aus und brach den rechten Arm. Obwohl der Bruch gut
heilte, klagte sie seitdem über fortwährende Schmerzen und konnte den
Arm fast gar nicht mehr benutzen. Auf meinen Rath hin miethete sie
sich auf dem Lande ein und liess sich in einem Fahrstuhle früh und
Nachmittags in den Wald fahren. Nach einigen Wochen kam sie ungebessert zurück und versuchte, sich in ihrem Zimmer durch Aufdrehen
des Gashahnes zu tödten. Nun fand die Aufnahme in die Irrenklinik
der Universität statt. Auch dort hielt sie an ihren Selbstmordgedanken
fest und bestürmte den Mann, wenn er sie besuchte, er möge ihr Gift
mitbringen. Nach mehreren Monaten wurde sie versuchsweise entlassen.
Am ersten Tage versuchte sie in ihrer Wohnung sich zu erdrosseln.
Am anderen Tage bestellte sie, als der Mann ausgegangen war, eine
Droschke und fuhr nach dem Dorfe, wo sie im Frühsommer gewohnt
hatte. An dem Flusse, der längs des Dorfes fliesst, liess sie halten,
und Landleute haben sie mit kräftigen Schritten an dem Wasser hingehen
sehen. Erst nach mehreren Tagen wurde die Leiche im Flusse gefunden.

Wir haben hier ein ziemlich klares Bild vor uns. Auf dem Boden
des angeborenen Schwachsinnes erwächst die Atremie. Obwohl zuletzt
anscheinend das ganze Denken der Kranken sich um den Selbstmord
drehte, handelte es sich doch nicht um eine Zwangvorstellung, sondern
um Verzweiflung über das lange Kranksein. Die schwachsinnige Kranke
tödtete sich, weil sie nicht gehen konnte.

Der 3. Aufsatz über Akinesia algera.

In diesem 3. Aufsatze will ich a) die Geschichte des Gymnasial-lehrers beenden und einige weitere Beobachtungen mittheilen, b) die bisher von anderen Autoren veröffentlichten Fälle zusammenstellen, c) das Facit aus den jetzt vorliegenden Mittheilungen ziehen.

a) Die Geschichte des Dr. K. hatte ich bis zum Jahre 1892 (vgl. S. 34) fortgeführt. Der weitere Verlauf war im Grossen und Ganzen ein langsames Schlechterwerden mit allerhand Episoden.

Früher war der Kranke gegen Wärme und Kälte ziemlich gleich-giltig gewesen. Im Winter 1891/92 aber war er in eine Wohnung im Dachstocke eines freistehenden Hauses gebracht worden und als nun scharfe Kälte eintrat, klagte er über heftige Schmerzen im Hinterkopfe und im Rücken. Er sagte, die Kältestrahlen drängen wie Pfeile aus den Wänden auf ihn ein und sobald in der Nacht das Zimmer kühler würde, empfinde er entsetzliche Schmerzen. Thatsächlich nahm er Tem-peraturerniedrigungen der Zimmerluft von 1—2 Grad durch Steigerung seiner Beschwerden wahr. Ueber Hals und Kopf verliess er die Woh-nung und liess sich in ein anderes, besser geschütztes Haus tragen. Doch auch hier und trotz des Eintrittes milder Witterung dauerte die Empfindlichkeit an. Sobald ein Fenster oder eine Thüre geöffnet wurde, wuchs der Rückenschmerz und zuweilen verband er sich mit einem Gürtelgefühl und mit Druck auf der Brust. Bei der grössten August-hitze mussten Fenster und Thüren stets geschlossen sein. Er behauptete, die Schmerzen nähmen ihm den Schlaf, wurde immer reizbarer. Er zankte mit der Frau, was er früher nie gethan hatte, versuchte sie mit dem Ellenbogen zu stossen, wenn er glaubte, er wäre nicht richtig ein-gepackt, erklärte zum ersten Male, er werde sich tödten, wenn sein Wille nicht geschähe. Manchmal ass er tagelang nicht, weil er „es satt hatte", einmal nahm er 3 Tage lang nur Grahambrod und Wasser. Seine geistige Lebhaftigkeit schwand, von geschichtlichen oder ästhetischen Büchern wollte er nichts mehr wissen, höchstens sah er sich die Bilder in den Journalen an. Dabei hatten seine Augen einen veränderten, eigenthümlichen Ausdruck angenommen, sodass die Frau sich vor ihm fürchtete. Gegen seine Schmerzen brauchte er verschiedene Mittel, nahm z. B. 3 Grm. Antifebrin pro die ohne wesentlichen Erfolg. Am besten schien ihm salicylsaures Natron zu sein; als er einige Wochen lang 1—2 Grm. täglich genommen hatte, nahmen die „rheumatischen" Schmerzen (wie er sie nannte) etwas ab. Am Ende des Jahres 1892 war der Zustand der Glieder wie früher, zu den von Bewegungen abhängenden Schmerzen waren die rheumatischen Schmerzen hinzugekommen, der geistige Zustand war entschieden verschlechtert.

Im Frühjahre 1893 traten neue Erscheinungen ein. Er hatte auf Zureden seiner Mutter einer als Heilkünstlerin betrachteten Frau in seiner Heimat ein Leinwandläppchen mit 3 Blutstropfen geschickt, damit eine „sympathetische Kur" ausgeführt werden könnte. Nach einigen Wochen hatte er eine grosse Aufregung in seinem Körper gefühlt, es war ihm gewesen, als ob ihm die „sympathetische Frau" etwas in den Rücken schüttete, das das Blut aufregte. Acht Tage etwa hatte er es ausgehalten, dann hatte er einen Brief an die Heilkünstlerin schreiben lassen, sie solle aufhören, und zwei Tage später war die „Aufregung" verschwunden gewesen. Ich stellte ihm nun vor, sein Glaube habe alles bewirkt, aber er schüttelte den Kopf und blieb dabei, die Frau habe etwas mit ihm gemacht. Deutete schon ein solches Verhalten auf einen bedenklichen geistigen Zustand, so wurde wenige Wochen später diese Sorge noch gesteigert. K. äusserte nämlich melancholische Wahnvorstellungen. Seine elende Lage sei Folge seiner Schuld; er, hätte besser für seine Geschwister sorgen, seine Zeit besser ausnützen sollen, er hätte im Beginne seiner Krankheit den unvernünftigen Anordnungen der Aerzte Widerstand leisten sollen; er sei ganz schlecht, er wolle büssen, er wolle das Schwerste auf sich nehmen, ja in die Universitätsklinik, in der er früher behandelt worden war, zurückkehren; würde er schlecht behandelt werden, so fände er Erleichterung, ginge er aber zu Grunde, so würden seine Angehörigen von ihm befreit. Der melancholische Zustand dauerte etwa 6 Wochen, dann trat eine neue Erscheinung auf, nämlich Magenschmerzen, die sich nur durch Essen, bez. Anfüllen des Magens bekämpfen liessen. Der Kranke sagte von diesen Schmerzen, sie gingen vom Magen aus, wüchsen, je leerer dieser würde, um so mehr, strahlten dann in den ganzen Rücken, in die Brust, ja in die Glieder aus und schliesslich sei es, als ob alles zerrissen würde. Dabei bestehe andauernd ein heftiges Hungergefühl ohne jede Lust. Er ass fast unausgesetzt; in der

Nacht musste die Frau aufstehen und ihn von Zeit zu Zeit füttern. In kurzer Zeit wurde er auffallend dick, bekam einen Schmerbauch, am Halse bildeten sich dicke Fettfalten und der kurze unförmliche Mann mit ausgestreckten unbeweglichen Gliedern bot einen wunderlichen Anblick dar. Dabei urtheilte er wieder sehr vernünftig über seinen Zustand, lächelte über die „sympathetische Frau" und erklärte seine melancholischen Gedanken für Irrthümer.

Seit Beginne des Jahres 1893 bekam K. Morphiumeinspritzungen. Ich hielt mich für verpflichtet, kein Mittel unversucht zu lassen. Freilich half auch das Morphium nicht viel, weder die Schmerzen noch die Schlaflosigkeit konnte es wirksam bekämpfen. Die Schlaflosigkeit quälte den Kranken sehr, aber auch 0,045 Morphium brachten keinen Schlaf. Nichtsdestoweniger war K. für das Mittel sehr dankbar, er habe nach jeder Einspritzung doch einige erträgliche Stunden. Dass er morphiumsüchtig wurde, war natürlich, aber die verständige Frau hielt ihn knapp und durch geraume Zeit reichten 2—3 Spritzen täglich von einer Lösung 1:25.

Lange standen das schmerzhafte Hungergefühl und die Schlaflosigkeit im Vordergrunde. Im September 1893 z. B. gab K. an, er habe seit 6 Monaten Tag und Nacht heftige Schmerzen, eigentlich aber sei es Hunger ohne Appetit; es beginne in der Magengegend zu reissen, zu drücken, zu brennen, und dann strahle es in den ganzen Körper aus; sei der Magen ganz voll, so lasse es ein klein wenig nach, beginne aber nach 15 Minuten schon wieder; habe er nichts zu essen, so werden die Schmerzen sehr stark und dann zucken Arme und Beine, so dass sie in die Luft fliegen. (In der That gab die Frau an, dass er zuweilen zuckende Bewegungen mit den Gliedern mache.) Die Schmerzen könnten wohl vorübergehend durch das Morphium gedämpft werden. aber Schlaf bekomme er durch dieses nicht; er müsse deshalb auch Chloralhydrat nehmen. Wohlthätig sei ihm das Massiren (Streichen mit der flachen Hand). aber die Frau dürfe es nur mit grosser Vorsicht ausführen. Der Rücken sei so empfindlich, dass er nicht angerührt werden dürfe. und dabei „gänzlich kraftlos"; werden nun Nacken, Arme und Beine gestrichen, so ströme das Blut zum Rücken und nehme dessen Kraftlosigkeit weg; der Rücken sei dann für einige Zeit wie „von einer schützenden Schicht bedeckt"; werde aber nur Eine Minute zu lange massirt, dann zerbreche diese Schicht oder Decke und der Rücken sei wieder „absolut kraftlos"; werde nur der Nacken gestrichen, so entstehe ein schützender Streifen in der Mitte des Rückens.

Wie man aus diesen Mittheilungen erkennt, war eine fortschreitende Abnahme der Geisteskraft vorhanden. Die subjectiven Leiden, Schmerzen und Schlaflosigkeit waren grösser als je. Dabei aber bestand nicht nur die Adipositas, sondern auch eine blühende Gesichtsfarbe. Die Beweglichkeit der Glieder nahm entschieden zu; zwar hat K. seit dem Sommer 1890 nie wieder gesessen, oder gar das Bett verlassen, aber seit die unwillkürlichen Zuckungen eingetreten waren, bewegte er die Hände mehr als früher. Einmal reichte er mir zu meinem Erstaunen die Hand. „Ich hätte es ja stets thun können, ich hielt nur still, weil ich weiss, dass mir jede Bewegung schadet. Aber in der Verzweiflung mache ich jetzt Bewegungen mit den Händen." Uebrigens bestand die früher beschriebene Verunstaltung der Hände nach wie vor.

Im October war eine weitere Verschlimmerung unverkennbar. Der Kranke war in der Nacht sehr unruhig, lag am Tage meist mit geschlossenen Augen regungslos, machte Kaubewegungen oder murmelte Unverständliches. Die nach seiner Angabe durch die Schmerzen hervorgerufenen Zuckungen wurden stärker und lebhafter. Zuweilen schrie er dabei laut, weil er „fürchtete, aus dem Bette zu fallen". Andere Male hatte er das Gefühl, „vornüber zu fallen". Verdauung und Stuhlgang waren immer vortrefflich. Nur einmal hatte er 14 Tage lang Durchfall, als er Ein Mal ein von einer Verwandten ihm übergebenes Geheimmittel, das angeblich Sennablätter enthielt, gebraucht hatte. Er verbrauchte damals etwa 0,25 Grm. Morphium täglich.

Immer mehr klagte der Kranke über seine Magenschmerzen. Im December fand ich ihn einmal ächzend, langsam lief aus den gerötheten Augen eine Thräne nach der anderen über die dicken Backen. Der Schmerz sei unerträglich, nur wenn der Magen ganz vollgepfropft sei, lasse er etwas nach; es zerreisse den Leib, „der ganze Körper werde nach oben gedrängt", die Beine werden „aus dem Leibe gedreht"; dabei seien die Arme ziemlich frei, aber ganz kraftlos, wie gelähmt. Plötzlich unterbrach er sich und sagte: „Ich wollte körperlich immer krank bleiben, nur nicht geisteskrank werden, aber ich werde geisteskrank, mein Kopf ist ganz wirr, ich kann nicht mehr denken, ich vergesse alles." Zu dieser Zeit nahm K. ausser dem Morphium wegen der anhaltenden Schlaflosigkeit Abends 2—3 Löffel Chloralhydratlösung und einige Gramm Sulfonal. (Ich schalte hier ein, dass ich den übergrossen Arzneiverbrauch kaum verhindern konnte. Wegen der grossen Entfernung konnte ich nicht oft zu dem Kranken kommen, ich hatte ihm deshalb selbst gerathen, einen nahe wohnenden Arzt im Falle der Noth um seinen Besuch zu bitten. Ueberdem hätte ich nicht den Muth gefunden, den Bitten des Kranken bei seiner trostlosen Lage energisch entgegenzutreten.) Obwohl der Harn damals normal war, dachte ich an eine Sulfonalvergiftung, rieth Sulfonal und Chloral wegzulassen und

verordnete Somnal (Abends 5,0 Grm. zu nehmen). Doch änderte sich der
Zustand nicht, das Somnal hatte gar keinen Schlaf gebracht. obwohl der
Kranke an mehreren Tagen 7 Grm. genommen hatte. Weinend bat der
Kranke um Sulfonal. Ich rieth, er möge wenigstens nicht mehr als 2 Grm.
nehmen. Bei dem blühenden Aussehen und dem vortrefflichen Zustande des Verdauungsrohres schien mir die Sache nicht sehr gefährlich
zu sein. Das war am 12. December 1893. In den nächsten Wochen
verhinderten mich äussere Umstände, K. zu besuchen, und erst am
14. Januar konnte ich wieder hinausfahren. Ich fand ihn wie gewöhnlich auf dem Rücken liegend, aber somnolent. Auf meine Anrede hin
öffnete er langsam die Augen, sah mich lange stumm an und sagte
dann mit grossen Pausen: „mein Verstand ist ganz hin" — „ich kann
nicht mehr denken" — „jetzt wird mir schon übel" — „ich kann nicht
mehr" — „meine Frau". — Nach langem Schweigen hob er den rechten
Arm in die Höhe und sagte: „Alles — wie — Pappe." Die Frau erzählte, seit 8 Tagen schlafe K. während der ganzen Nacht gut und
ausserdem während des grössten Theiles des Tages. Er spreche wenig,
aber nichts falsches. Seit 6 Tagen sei er verstopft und habe sehr wenig
gegessen. Statt 15 Spritzen habe er in den letzten Wochen nur 10—12
täglich bekommen, aber von Sulfonal habe er seit Weihnachten jeden
Abend 3—4 Grm. genommen. Seit 5 Tagen habe er auf den Rath des Arztes
hin nur Morphium erhalten. Harn war nicht vorhanden, die Frau hatte
bis dahin an dem Harn nichts auffälliges bemerkt. Am 15. December
war der Kranke geistig etwas frischer, aber er erbrach alles; das Gesicht und die Knöchelgegend waren ödematös, der Harn war (nach Aussage der Frau zum ersten Male) blutroth und seine Entleerung war
schmerzhaft. Der Harn setzte im Glase ein schleimiges Sediment ab.
Herr Prof. Lenhartz hatte die Güte, ihn genauer zu untersuchen: er
enthielt zahlreiche Blutringe (Schatten), Nierenepithelien, bei spectro-
skopischer Untersuchung zeigten sich Oxyhämoglobinstreifen. Am
16. December war K. sehr matt, aber geistig ganz klar, klagte über das
andauernde Erbrechen und das Brennen beim Harnlassen. Ausser dem
Oedem bestand geringe Cyanose. Der Harn war braunroth, enthielt
weniger Eiweiss. Während jahrelang die Sehnen-Reflexe normal gewesen waren, bestand jetzt starkes Fussphänomen. Die Vergiftungser-
scheinungen verschwanden in den folgenden Tagen. Am 21. war der
Harn wieder normal, Erbrechen, Oedem waren verschwunden. die Nahrungsaufnahme war leidlich. Das Fussphänomen war nicht mehr vorhanden. Ende Januar war der Zustand wieder wie im Herbste 1893.
die Schmerzen waren in der alten Stärke zurückgekehrt, der Kranke
fühlte sich äusserst matt, zu jeder· geistigen Thätigkeit unfähig, war im

Kopfe. Für die Zeit der Vergiftung bestand nur unklare Erinnerung.
Die Beweglichkeit der Glieder war leidlich, aber jeder stärkere Druck
wurde schmerzhaft empfunden. Natürlich bekam K. kein Sulfonal mehr.
Auch die Morphiumgabe war unter dem Eindrucke des Schreckens auf
6 Spritzen herabgesetzt worden.

In den nächsten Monaten trat keine wesentliche Veränderung ein.
Allmählich stieg der Morphiumverbrauch wieder auf 10—12 Spritzen;
andere Mittel wurden, abgesehen von gelegentlichen Chloralgaben, nicht
angewandt. Zuletzt habe ich K. Mitte Mai gesehen, der Zustand schien
etwa dem im September 1893 zu gleichen. Am 27. Mai erhielt ich die
Nachricht, K. sei vor einigen Stunden gestorben. Bis zum 25. hatte
der gewöhnliche Zustand gedauert. An diesem Tage waren Appetitlosigkeit und Schleimerbrechen eingetreten. Ebenso war es am 26., jedoch
hatte der Arzt keinen Grund zu Besorgniss gefunden, man hatte desshalb
weder mich noch die Frau, die für einige Wochen zu den Eltern des
Kranken gereist war, benachrichtigt. Am Mittage des 27. hatte K. über
ungewöhnlich heftige Schmerzen in Magen und Brust, über Athemnoth
und Angst geklagt, hatte mit beiden Händen fest den Arm der Schwester
umklammert und hatte unter Aufwand grosser Kraft aus dem Bette
springen wollen. Mit Mühe hielt ihn die Schwester zurück, er klagte
fortdauernd über Angst und über einen ihm bis dahin durchaus fremden
Kopfschmerz. Dann biss er die Zähne fest zusammen und schwieg ganz.
Nach 2—3 Stunden sei der Kopf plötzlich zur Seite gesunken, der Tod
eingetreten. Mit Bestimmtheit versicherte die Schwester, K. habe ausser
Morphium keine Arznei bekommen. Der Arzt konnte mir keine Aufklärung geben. Harn konnte ich nicht mehr erhalten. An der Leiche
war nichts Auffälliges wahrzunehmen. Meine Bitte, die Section machen
zu dürfen, wurde von den Angehörigen leidenschaftlich zurückgewiesen.
So endete ein räthselhafter Tod das räthselhafte Leiden. —

Im Juni 1893 wurde ich zu der 29jährigen Frau eines Unterbeamten
gerufen, bei der angeblich eine Lähmung im Wochenbette eingetreten
war. Die Patientin wusste nichts von Nervenkrankheiten in ihrer Familie.
Die gegenwärtigen Eltern machten den Eindruck ruhiger, verständiger
Leute. Die Kranke sei früher gesund gewesen, nur immer reizbar und
zum Weinen geneigt. Sie habe 5 mal ohne üble Folgen geboren. Die
6. Geburt war im Januar 1893 eingetreten und war ebenfalls normal
verlaufen. Aber am 4. Tage hatte die Wöchnerin (ohne dass Fieber
bestanden hätte) ein „innerliches Zittern" und Herzklopfen bekommen.
Der Arzt hatte Bromkalium verordnet. Beide Erscheinungen hatten
6 Wochen lang angedauert, dann hatten Schmerzen begonnen, von denen
die Kranke unermüdlich höchst wunderliche Schilderungen entwarf.

Hauptsächlich hatte sie in Rücken und Beinen Schmerzen, da „arbeiten die Nerven", alles zieht sich zusammen, drückt, brennt, schnürt. Jede Bewegung steigert die Schmerzen, am besten ist ganz Stilleliegen. Aufsetzen ist möglich, aber Aufstehen ist ganz unmöglich. Die Kranke hatte vor einigen Wochen versucht, sich im Bette aufzurichten, war aber beim Knieen zusammengebrochen und seitdem war alles viel schlimmer. Appetit und Stuhlgang waren in Ordnung. Die Menstruation war in der gewohnten Weise wiedereingetreten.

Die Frau war blass, aber gut genährt. Sie konnte im Liegen alle Bewegungen kräftig ausführen, weigerte sich aber nach wenigen Versuchen, fortzufahren. Die Sinnesorgane und die Hautempfindlichkeit waren vollständig normal, ebenso die Haut- und die Sehnenreflexe. Auffällig war nur grosse Empfindlichkeit der gesammten Muskulatur gegen Druck. Die Wirbelsäule war nicht empfindlich. Am Kopfe war überhaupt keinerlei Störung zu finden. Von vornherein war die hypochondrische Gemüthstimmung ausgesprochen; die Gedanken der Kranken drehten sich offenbar immer um die Krankheit und die Hoffnung fehlte.

Während der Beobachtung machte sich besonders der Umstand bemerklich, dass alle Eingriffe Verschlimmerung bewirkten. Abwaschungen steigerten die Schmerzen, indifferente Medicin rief Durchfall und allerhand wunderliche Sensationen hervor, u. s. f. Immer wunderlicher wurden die die Krankheit schildernden Ausdrücke.

Nach einigen Monaten rieth ich der Kranken versuchsweise, sie möchte sich in die Universitätsklinik aufnehmen lassen. Nach mehreren Wochen wurde sie zurückgebracht und erklärte, durch den Aufenthalt in der Klinik sei ihre Krankheit wesentlich gesteigert worden. Sie sei einmal elektrisirt worden, an den Folgen dieses Verfahrens leide sie noch jetzt, auch habe man ihr Medicin gegeben, die nachtheilig gewesen sei.

Ich lasse nun einige Beispiele der Bemerkungen folgen, die ich nach den Besuchen bei der Kranken niedergeschrieben habe.

Am 24. October 1893. Frau S. befindet sich immer noch in Rückenlage. Sie klagt wie gewöhnlich über das „fortdauernde Arbeiten der Nerven im ganzen Körper". Wenn sie sich aufsetzt, treten Herzklopfen, Angst, Zusammendrücken der Brust ein. Zuweilen ist es, als ob der ganze Körper voll Drähte wäre, zuweilen, als ob er ganz mit Bleikugeln bedeckt wäre. Vor 4 Wochen ist sie einmal aufgestanden und hat sich auf den Topf gesetzt, dadurch wurde sie für 3 Tage schwer krank. Vor 3·Wochen hat sie sich auf den Rath einer Bekannten hin einmal massiren lassen. Danach glaubte sie sterben zu müssen und noch jetzt fühlt sie, wie sehr das Massiren die Nerven verschlimmert hat. Die Kranke

weint viel, sie isst weniger als früher. Ausser der Blässe sind keine
Störungen nachweisbar. Der Harn ist (wie immer) normal.

Am 16. December 1893. Frau S. ist vor 14 Tagen wieder einmal
auf den Topf gegangen und seitdem ist es viel schlechter. Sie will von
nun an ganz still liegen. Den Stuhl entleert sie in der Seitenlage. Die
Arme kann sie frei, ohne üble Folgen bewegen. Die Stimmung ist sehr
weinerlich, auch während der Unterhaltung mit mir laufen fortwährend
Thränen über die Backen. Sie beschäftigt sich gar nicht, zeigt wenig
Interesse für ihre Kinder und die übrige Familie, will Fremde gar nicht
sehen. Die Krankheit ist ihr Alles. Ich sagte, wahrscheinlich würde
es besser, wenn sie wieder in andere Umstände käme, sie solle doch
Gelegenheit dazu bieten. Nein, erwiderte sie, solange ich krank bin,
will ich mit meinem Manne nichts zu thun haben. Sie hat ihrer Mutter
einige Bemerkungen dictirt. „Der Körper ist wie mit Blei ausgegossen,
manchmal fühle ich überall Eisenschienen. In Rücken und Beinen sind
schwere Knullen. (Die ‚Knullen‘ sind durch eine neuerliche Abwaschung
entstanden.) Darnach dann Zusammendrehen in Brust, Bauch und
Beinen. Dann das scharfe Arbeiten in den Nerven, als zöge es die
Beine vom Leibe, als quille der Körper auf, als stemmte es von unten
bis an den Kopf hinauf, dann als schliefe alles ein. Die Beine erstarren,
zittern und brennen“. Die Druckempfindlichkeit ist etwas geringer als
früher, doch schreit die Kranke, wenn die Angehörigen sie einmal etwas
fester anfassen.

Am 3. Januar 1894. Sie hat wieder aufschreiben lassen. „Früh,
wenn ich erwache, ist es, als hätte ich Steine im Körper, dann, als
ständen Eisenstangen im Körper, oder er quillt ganz auf und hinterher
ist es, als würde er immer kleiner. Wenn das Arbeiten nachlässt, ist
es, als drückte mich Eisen breit und schliefe alles ein. Den ganzen
Tag ist es mir furchtbar schwer, der ganze Körper senkt sich vor
Schwere“.

Am 15. Januar 1894. Es ist schlimmer als je. Die Kranke hat
seit einiger Zeit Anfälle von Angst. In einem solchen bildete sie sich
ein, gelähmt zu sein. Sie stand rasch auf, ging durch das Zimmer und
ins Bett zurück. Das Gehen hat alles ganz schlecht gemacht. Die
Nerven „arbeiten nicht mehr“. Der ganze Unterkörper ist furchtbar
schwer; im Leibe liegen Eisenkugeln, von der Magengegend an ist der
Leib wie mit Eisen überschüttet, die Beine liegen auf und unter Eisenschienen, als wären nur noch die Knochen dazwischen. Manchmal ist
es, als ob sie auf Eis läge und hin und her rutschte, manchmal, als ob
die Beine herumgeschleudert würden. Vor einigen Tagen hat sie einige

Tropfen der Sol. Fowleri genommen: danach war alles wie todt und es trat die grösste Angst ein.

Am 21. März 1894. Seit Januar hat sie ganz still gelegen. Der Appetit ist sehr gut, die Körperfülle nimmt sichtlich zu. Das Gesicht ist nicht mehr ödematös, aber sehr blass. Nirgends Anästhesie, Reflexe normal, Druckempfindlichkeit wie früher. Die Kranke spricht ausschliesslich von ihren Beschwerden. Als die Nerven noch arbeiteten, da ging es noch an, aber seit sie todt sind, ist es ganz unerträglich. Der Unterkörper ist wie plattgedrückt. „Dann, als wäre mir der Körper wie ein breit gedrückter Sack, dann hart, dann Bohren, dann als klebte mir alles an, dann als hüpfte der Körper auf Gummibällen herum, dann als stände alles still, dann als zitterten mir Eisensplitter im Körper herum".

Am 21. April 1894. Es sei wieder schlechter. Zu den früheren Beschwerden seien Anfälle von Schwäche hinzugekommen, in denen sie sich wie unbeweglich vorkomme. Die Mutter bezeugt, dass die Kranke in solchen Zuständen noch blässer als gewöhnlich und von Schweiss bedeckt sei. Die Aengstlichkeit und die Furcht vor Menschen sind gewachsen. Mann und Kinder dürfen nur für ganz kurze Zeit das Zimmer betreten; nur die Mutter duldet sie um sich. Heute früh ist unerwartet die Schwiegermutter hereingetreten: Frau S. bekam sofort Angst und Herzklopfen, sodass sie zu sterben glaubte. Erst nach 2 Stunden beruhigte sie sich einigermaassen.

Die Ernährung ist gut, die Brüste sind sogar sehr gross geworden. Das Gesicht ist blass und deutlich gedunsen.

Ich machte nun einen Versuch mit den englischen Thyreoidin-Pastillen und liess diese 4 Wochen lang nehmen. Irgendwelche Wirkung war nicht zu beobachten, Puls und Temperatur blieben nach wie vor normal.

Am 10. Mai 1894. Alles ist viel schlechter. Der Zustand ist kaum noch erträglich, die Schmerzen sind entsetzlich. Die Kranke hat das Gefühl, als läge sie zwischen 2 dicken Eisenplatten, „es bohrt überall in den Rücken ein wie Korkzieher". Sie kann nicht mehr auf der Seite liegen, es drängt sie nach unten und will sie aus dem Bette werfen. Sie kann niemand ausser der Mutter sehen; kommt jemand herein, so bekommt sie Herzklopfen, das Gefühl des Vergehens, „gesteigertes Arbeiten im Körper", Gesicht, Brust und Hände werden mit Schweiss bedeckt.

Das Gesicht ist noch gedunsen. Die Druckempfindlichkeit hat etwas abgenommen. Hautempfindlichkeit, Reflexe u. s. w. normal.

Auch jetzt (im Juli 1894) liegt die Kranke noch auf dem Rücken und bringt unaufhörlich ihre Beschwerden vor. Sie lässt sich füttern, verrichtet ihre Nothdurft auf dem Unterschieber, jammert bei jedem Waschen, jedem Umlegen im Bette.

Das einzige Mittel, was ihr gut thut, ist Bromkalium. Sie nimmt seit 1 Jahre jeden Abend 3 Grm. und schläft dabei ziemlich gut, während sie in der Nacht unruhig wird, sobald das Mittel einmal ausgesetzt wird. — Neben der ausgeprägten Akinesia algera giebt es, wie bei anderen Krankheiten auch, verwaschene Formen. Es handelt sich dann um Leute, die zwar nicht im Bette liegen, aber doch im Gehen und in allen anderen Thätigkeiten sehr eingeschränkt sind, weil jede über ein gewisses Maass hinausreichende Thätigkeit Schmerzen und andere Missempfindungen hervorruft. Wenn man will, kann man dann von einer Dyskinesia algera reden. In den von mir beobachteten Fällen war die Dyskinesia nicht eine Vorstufe der Akinesia, vielmehr blieb, soweit die Beobachtung reichte, bez. bis zum Tode, der Zustand gleich. Kennzeichnend war auch hier die Hartnäckigkeit der Beschwerden, die Erfolglosigkeit jeder Behandlung. Hysterische Symptome fehlten fast ganz, ebenso, wie es bei der eigentlichen Akinesia die Regel ist. Ich will 2 Beobachtungen kurz wiedergeben.

Eine 63jähr. Pastorsfrau untersuchte ich im November 1892. Sie stammte aus einer Familie, in der Tuberkulose und Nervenkrankheiten zu Hause waren. Einige ihrer Verwandten, darunter 2 Schwestern, habe ich gekannt. Alle waren in hohem Grade nervös; die eine Schwester lebte von aller Welt abgeschlossen und war zeitweise unfähig zu gehen. Die Mutter der Kranken hatte an schwerer Migräne gelitten. Die Kranke selbst war immer nervös gewesen, aber dabei leidlich gesund und leistungsfähig. Sie hatte mehrere Kinder geboren, aufgezogen und hatte den Haushalt immer gut geleitet. Zuweilen waren „Ohnmachten" vorgekommen. Die Krankheit, wegen deren sie mich befragte, bestand seit 14 Jahren und war nach einer heftigen Gemüthsbewegung eingetreten. Sie hatte damit begonnen, dass nach jedem Gehen Schmerzen im rechten Fusse sich zeigten. Nach einiger Zeit begann auch die rechte Hand bei geringer Ermüdung zu schmerzen. Später wurde die Kreuzgegend ein Hauptsitz der Schmerzen. Grössere Anstrengungen riefen Schmerzen „im ganzen Körper" hervor, immer aber blieben die rechten Glieder und das Kreuz bevorzugt. Neben den Schmerzen bewirkten Anstrengungen das Gefühl vollkommener Kraftlosigkeit. Je nach der Grösse der Ermüdung blieben Schmerzen und Abgeschlagenheit kürzere oder längere Zeit bestehen. Gehen, jede Art häuslicher Thätigkeit, Sprechen, alles wirkte in gleicher Weise. Meist sass oder lag die Kranke auf dem Sopha, sie las zuweilen, beaufsichtigte den Haushalt. Als ich sie kennen lernte, konnte sie etwa 5 Minuten lang gehen. Ueberschritt sie ihre

Grenze, so hatte sie es mit einem mehrtägigen Uebelbefinden zu büssen. Der Schlaf war unruhig, die Stimmung oft gereizt. Appetit und Verdauung waren gut.

Die Untersuchung ergab gar nichts, insbesondere keine Spur von Hysterie. Empfindlichkeit und Reflexe waren ganz normal.

Die Kranke war eine kluge und energische Frau. Sie hatte schon manche Therapie an sich erfahren. Alle Maassregeln waren gänzlich ohne Erfolg gewesen. Einzig und allein die Schonung hatte ihr wohlgethan. Wohl war der Zustand bald etwas schlechter, bald etwas besser gewesen, im Grossen und Ganzen aber hatte sich seit 12 Jahren nichts verändert. Auch meine Behandlung, die in indifferenten Verordnungen bestand, änderte nichts an dem Zustande und so zog die Kranke es nach mehreren Wochen vor, ohne Behandlung zu bleiben. Nach Jahresfrist erhielt ich die Nachricht, dass die Patientin einer acuten Tuberkulose, die sich an eine Influenzaerkrankung angeschlossen habe, erlegen sei. Der nervöse Zustand sei bis zuletzt gleich geblieben. Unmittelbar nach dem Tode der Mutter musste eine der Töchter wegen Wahnvorstellungen in eine Nervenheilanstalt gebracht werden. —

Eine 44jährige Kaufmannsfrau wurde im Frühjahre 1893 zu mir gebracht. Ueber die Familie war nur zu erfahren, dass der Vater nervös gewesen sein sollte. Die Frau war seit 20 Jahren krank und zwar war ihrer Aussage nach, die der Mann bestätigte, der Zustand immer ungefähr derselbe. Ich selbst hatte die Kranke schon im Jahre 1886 einmal untersucht und hatte damals, wie meine Notizen ergaben, das Gleiche wie 1893 gehört und beobachtet. Die Frau klagte über Schmerzen und Schlaflosigkeit, die ihrer Thätigkeit proportional wären. Die Schmerzen nahmen den ganzen Körper ein, waren aber rechts viel stärker und häufiger als links. Besonders Oberschenkel und Fuss, Kopf und Auge waren schmerzhaft. Arm und Unterschenkel waren in den ersten Jahren ganz frei gewesen und wurden auch später viel weniger befallen. Bald handelte es sich um blitzartig unter der Haut hinfahrende Schmerzen, bald um ein Brennen in der Haut, bald um ein dumpfes Bohren in der Tiefe. Fast jede häusliche Thätigkeit war der Kranken unmöglich. Sie ging selten aus, weil sie nur ganz kurze Strecken gehen konnte, ohne die Schmerzen zu steigern. Lesen und Sprechen ermüdeten rasch, hinterliessen dann besonders Kopf- und Augenschmerzen. Sehr quälend war die Empfindlichkeit gegen Geräusche. Ein geringes Geräusch während der Nacht vertrieb den Schlaf und ein schlechter Tag war die Folge. Der Mann klagte, seine Frau sei sehr reizbar und oft geradezu unleidlich. Sie gab dies ohne weiteres zu, versicherte aber mit Thränen in den Augen, sie habe den guten Willen, sowohl ihrer Stimmungen mächtig zu werden, als thätig zu sein. Doch jenes gelinge ihr nicht und jeder Versuch der Arbeit mache ihren geistigen und körperlichen Zustand nur schlimmer. Der Magen war sehr reizbar, viele Speisen wurden nicht vertragen. Der Stuhlgang war gut. Die Menstruation kehrte (bei der kinderlosen Frau) regelmässig wieder; während ihrer waren die Beschwerden besonders stark. Alle möglichen Kuren (Mediciniren, Elektrisiren, Massiren, Hydrotherapie) waren erfolglos angewandt worden, ja, nach der Meinung der Patientin hatten die meisten Kurversuche ihren Zustand nur verschlimmert. Auch das Hypnotisiren war versucht worden, ohne dass die Kranke beeinflusst worden wäre. Ich hatte sie vor 8 Jahren in eine Nervenheilanstalt geschickt, aus der sie ungebessert zurückgekehrt war. Der letzte Versuch war vor 4 Wochen gemacht worden, sie hatte auf den Rath eines Arztes hin Opium genommen. Darnach war ihre Haut von brennender Röthe, die am rechten Schenkel am stärksten war, überzogen worden und später hatte die Oberhaut sich stellenweise losgelöst. In der That schälten sich die Handteller noch zur Zeit meiner Untersuchung.

Die einzigen Abnormitäten, die ich nachweisen konnte, waren die, dass das Kniephänomen rechts etwas stärker war als links und dass die linken Glieder ein klein wenig schlechter zu fühlen schienen als die rechten. Im Uebrigen: Sinnesorgane, Hautreflexe u. s. w., alles normal.

b) Die mir bekannt gewordenen Beobachtungen anderer Autoren sind folgende.

1. Zur Akinesia algera; von Dr. W. Koenig in Dalldorf. (Centr.-Bl. f. Nervenheilkde. XI. p. 97. März 1892.)

Verf. fasst selbst das Wichtigste aus der Krankengeschichte in folgender Weise zusammen:

„Eine angeblich nicht hereditär belastete, 48jähr., an Paranoia chron. hypochondr. leidende Frau erkrankt ziemlich akut, ohne Temperaturerhöhung und Pulsbeschleunigung an intensiven Schmerzen, die hauptsächlich auf die Muskeln sich lokalisiren; die Schmerzen nehmen bei jeder Bewegung zu, zeitweise so, dass Pat. sich nicht bewegen kann. Dazwischen treten vielfache wechselnde Sensibilitätstörungen der Haut auf, sowie Störungen von Seiten der höheren Sinnesorgane (des Geruchs, des Geschmacks, des Gesichtsinnes), der Sprache und allerhand Zuckungen, die auch durch mechanische Reize ausgelöst werden können. Schlaf während der ganzen Zeit sehr mässig; Appetit ganz leidlich. Keine Störungen von Seiten der inneren Organe. Keine Veränderungen der elektrischen Erregbarkeit; kein Fieber. Keine Oedeme. Keine Abnahme des Körpergewichtes. Therapeutische Eingriffe ohne jeden Erfolg. Allmählich spontane Besserung; keine Heilung.

Angeblich hatte sie vor 25 Jahren einen ähnlichen Zustand, der 1 Jahr lang dauerte. Die Untersuchung einiger Muskelstückchen ergab einen annähernd normalen Befund.“

Verf. rechnet dieses Krankheitbild zur Akinesia algera. Er hebt hervor, dass in ihm hysterische und hypochondrische Symptome sich

mischten, dass aber das Ganze eine hypochondrische Färbung trug, wohl
'als hypochondrischer Anfall im Verlaufe der Paranoia anzusehen sei.
Ausser der durch die Schmerzen bewirkten Unbeweglichkeit bestanden
bei der schwachsinnigen Kranken des Vfs. Zuckungen, verschiedenartige
Störungen der Empfindlichkeit und eine wunderliche Sprachstörung.
Vf. bespricht diese Symptome im Einzelnen und weist ihre seelische
Natur nach.

2. **Zur Casuistik der „Akinesia algera";** von Dr. J. Longard in
Bonn. (Deutsche Ztschr. f. Nervenheilkde. II. 5. p. 455. 1892.)

Ein 1853 geborenes Mädchen, die Tochter eines an Paranoia leidenden Mannes,
hatte sich als Krankenpflegerin durch Nachtwachen und schwere Arbeit übermässig angestrengt. Sie bekam Schmerzen im Unterleibe und Blutungen. Sie arbeitete dann
als Näherin und obwohl sie sich oft unwohl fühlte, besonders über Schwere in den
Beinen zu klagen hatte, war sie gewöhnlich bis in die Nacht hinein thätig. Allmählich wurde sie hastig und aufgeregt, redete viel, schlief wenig; im Sommer 1891 stellten
sich die Schmerzen in Armen und Beinen ein, überdem Kopfschmerzen und Schlaflosigkeit.

Die wohlgenährte Kr. widersetzte sich Bewegungen, weil sie Schmerzen dabei
empfinde. Auch Betasten der Glieder erregte Schmerzen. Die Kr. stand am Tage nur
für kurze Zeit auf und schlich auf 2 Stöcke gestützt bis zum Lehnstuhle. Sie klagte
über Kopfschmerz, Magenbeschwerden, schlief in der Nacht sehr wenig.

Nach anfänglicher Besserung begann die Kranke über „ganz rasende Kopfschmerzen" zu klagen. Die Gliederschmerzen breiteten sich auf den übrigen Körper
aus; starkes Frostgefühl, hartnäckige Stuhlverstopfung, Harnverhaltung traten hinzu.
Alle Mittel waren erfolglos. Schliesslich lag die Kranke vollkommen unbeweglich im
Bette; nur den Kopf konnte sie etwas bewegen. Die Schmerzen allein hinderten jede
Bewegung. „Es ist ein Reissen, Ziehen, Stossen in allen Gliedern, ein Rasen, Wüthen
und Toben durch den ganzen Körper. Es sind Schmerzen und Empfindungen, die ich
gar nicht beschreiben kann." Jede Berührung war schmerzhaft. Der Schlaf fehlte
gänzlich. Stuhlverstopfung und Harnverhaltung dauerten an, Steigerung der Sehnenreflexe (auch Fussphänomen) trat hinzu.

Nachdem der Zustand sich durch längere Zeit unverändert erhalten hatte, wurde
die Kr., die anfangs ruhig und bescheiden gewesen war, unleidlich; bald höchst an-
spruchsvoll, heftig, streitsüchtig, bald schmeichelnd und übermässig weich. Im Januar
1892 verliess die Kr. die Klinik in Bonn und kehrte in ihre Wohnung zurück. Hier
trat ziemlich rasch Besserung ein. Die Harnverhaltung schwand, die Kr. konnte Hände
und Vorderarme wieder einigermaassen gebrauchen. Auch der seelische Zustand wurde
besser. Bei Abschluss der Beobachtung lag die Kr. noch zu Bette, hatte weniger
Schmerzen; die Sehnenreflexe an den Armen waren normal, links bestand noch das
Fussphänomen.

Im Wesentlichen schliesst sich L. meiner Auffassung an, wie denn
seine interessante Beobachtung fast vollständig meiner Schilderung der
Akinesia entspricht. Nur ist L. der Ansicht, dass „wesentliche Unterschiede von principieller Bedeutung" zwischen der Akinesia algera und
der „Spinalirritation" nicht zu finden seien; „höchstens stellt die Akinesia
algera den maximalen Grad der früher sogen. Spinalirritation dar". Be-

4*

kanntlich hat man die „Spinalirritation" wegen ihrer Verschwommenheit aufgegeben. Wollte man auch von dem Irrthume, der in der Annahme einer Neurose des Rückenmarkes liegt, absehen, so sind doch die Beschreibungen so unbestimmt, dass sie mehr zur Verwirrung als zur Aufklärung dienen. Man vergleiche Leyden's historische Darstellung. Aber auch aus Erb's Schilderung, die L. citirt, kann kein Mensch, wenn er die Akinesia algera nicht schon kennt, ihr eigenthümliches Bild herausfinden, wenngleich zuzugeben ist, dass unter den Symptomen der Spinalirritation die der Akinesia algera mitgenannt werden und dass E. wahrscheinlich auch Kr. mit Akinesia algera im Sinne gehabt hat. L. sollte doch unter den Krankengeschichten, die die Aufschrift Spinalirritation tragen, solche aufsuchen, in denen die Akinesia algera geschildert wird.

3. Zur Casuistik der „Akinesia algera"; von Prof. W. Erb. (Deutsche Ztschr. f. Nervenheilkde. III. 1—3. p. 237. 1892.)

Ein 47jähr. Mann aus nervenkranker Familie, der immer schwach und nervös gewesen war, sich in hohem Grade durch geistige Arbeiten überanstrengt hatte, war seit 22 Jahren krank. Das Leiden hatte begonnen mit Unfähigkeit zu gymnastischen Uebungen, die Herzschmerzen und Herzklopfen bewirkten. Allmählich hatten sich Schmerzen in den Beinen eingestellt, die dann auch die Schultern ergriffen. Stand zu jener Zeit der Kr. länger als 20 Min., oder sass er länger als 3 Std. 42 Min., so traten die Schmerzen ein. Nachdem er 6 Monate gelegen, begann Ohrenklingen. Jeder Versuch, durch Willenskraft den Zustand zu bekämpfen, führte zu Verschlimmerung. Auch Lesen, Schreiben, Lesenhören konnte der Kr. später nicht mehr vertragen. Im Jahre 1878 konnte er nur noch 2 Min. sitzen. Er überschritt zufällig diesen Termin und musste dann ganz horizontal liegen. Von 1878 bis 1888 lag er fast vollständig ohne Bewegung lang ausgestreckt, schlief wenig, befand sich aber im Uebrigen gut. Versuche, aufzusitzen, führten neue Verschlimmerung herbei. Es traten Schmerzen in den Ohren auf und der Kr. duldete nicht mehr, dass mehr als 2 oder 3 Worte vor ihm gesprochen wurden. Dabei konnte er selbst sprechen, so lange er wollte. Als E. den Kr. sah, lag dieser seit etwa 14 Jahren horizontal, konnte nur den Kopf frei bewegen. Dabei war seine Stimmung gut, der Kopf frei und klar, zum Nachdenken, Rechnen, Dichten, Dictiren fähig. Da auch E. nicht mehr als 2 Worte hintereinander sprechen und eine eingehende körperliche Untersuchung nicht vornehmen durfte, konnte er nur feststellen, dass die Beine mager waren, dass keine Störung der Empfindlichkeit vorhanden war, dass an den Armen und am Kopfe sich alles normal verhielt. Er bezeichnet den Kr. als einen hochbegabten, klaren, liebenswürdigen Mann.

E. hebt hervor, dass seine Beobachtung im Wesentlichen ganz meiner Schilderung entspricht, dass sie ausgezeichnet ist durch die lange Dauer des Leidens, dass hier alle Zeichen von Hysterie, von Hypochondrie und von Neurasthenie im gewöhnlichen Sinne des Wortes fehlen. Auch E. kann in dem Vorschlage Longard's, die Akinesia algera der verschwommenen Spinalirritation zuzurechnen, keinen Fortschritt erblicken. Mit Recht betont E., dass eine strenge Abgrenzung des als Akinesia algera bezeichneten Symptomencomplexes von anderen Formen der Entartung nicht möglich ist, dass aber doch das Bild sich genügend „scharf heraushebt". Nicht nur entsprechen in den bisher mitgetheilten Fällen die Symptome meiner Definition, sondern auch, was in praktischer Hinsicht das Wichtige ist, die Erfolglosigkeit aller Therapie ist immer dieselbe.

4. A case of akinesia algera; by J. J. Putnam. (Boston med. and surg. Journ. CXXVII. 10. p. 245. 1892.)

Bei einem Manne mittleren Alters, der aus einer nervenkranken Familie stammte, traten seit der Jugend nach jeder Anstrengung heftige Muskelschmerzen ein. Der Kr. konnte ein Stück ohne Schmerzen gehen, ging er länger, so wurden Ober- und Unterschenkelmuskeln schmerzhaft. Nach Arbeit der Arme traten Schmerzen in den Armen ein. Weitere Symptome bestanden nicht. — Bis jetzt liegt über P.'s Mittheilung nur ein kurzes Referat vor, hoffentlich beschreibt P. seine Beobachtung genauer. (Bis jetzt ist es nicht geschehen.)

5. Akinesia algera; by Dr. H. N. Moyer. (Med. Standard XIII. 1. Chicago. Jan., 1893.)

Ein 45jähr. Mann aus nervöser Familie, dessen Tante an Melancholie gelitten hatte, litt seit 3 Jahren an Schmerzen in den Gliedern, die früh begannen, im Laufe des Tages zunahmen, aber schwanden, sobald der Kr. sich niederlegte. Vor 6 Monaten war er ausgegangen und auf Händen und Füssen zurückgekrochen. Seitdem verliess er das Zimmer nicht mehr. Seine Bewegungen waren langsam und vorsichtig. Besonders die Thätigkeit der Beine verursachte Schmerzen. Der Kopf war frei beweglich. Beugte der Kranke die Beine im Hüftgelenke stark, so trat ein heftiger Anfall von Schmerz ein, bei dem er die Augen schloss und mit geröthetem Gesichte tief athmete. Tiefer Druck auf die Muskeln war empfindlich, der Rücken war sogar sehr empfindlich. Patient konnte ohne Schwierigkeit lesen und schreiben, doch trat bald Ermüdung ein. Sonst bestanden keine Störungen. Der Mann war gut genährt. Während 4monatiger Beobachtung keine Veränderung.

6. Ueber Akinesia algera; von W. v. Bechterew. (Neurol. Centr.-Bl. XII. 15. p. 531. 1893.)

v. B. stellte der neurol. Gesellschaft in Kasan einen 23jähr. Soldaten vor. Der Kr. hatte als Knabe an Nachtwandeln gelitten. Vor 2 Jahren waren ihm die Füsse überfahren worden. Er war heftig erschrocken, hatte das Bewusstsein verloren und war 2 Wochen lang krank geblieben. Seitdem hatte sich die Krankheit entwickelt: Schmerzen in den Füssen, Mattigkeit, Unempfindlichkeit der Haut, trübe Stimmung, Schwindel.

Der Kr. konnte nur mit Mühe einige Schritte gehen, lag gewöhnlich. Alle aktiven und passiven Bewegungen erregten heftige Schmerzen in den Muskeln. Diese, sowie Periost und Sehnen waren auch gegen Druck äusserst empfindlich (Pulsbeschleunigung, Pupillenerweiterung). Die Sehnenreflexe waren bei der Aufnahme deutlich gesteigert (Fussphänomen); später nur Lebhaftigkeit des Kniephänomens. Anästhesie der ganzen Körperoberfläche, Einschränkung des Gesichtsfeldes, starke Herabsetzung des Gehörs, Geruchs, Geschmackes. Schlechter Schlaf. Traurige Verstimmung. Beklemmung. Kopfschmerzen, Herzklopfen, allgemeine Schwäche.

Zwei ähnliche Kranke hat B. früher beobachtet. Der eine war ein Soldat, der wegen Schmerzen nur mühsam mit Krücken gehen konnte. In der Ruhe hörten die Schmerzen auf, aber die tiefen Theile waren sehr empfindlich, die Haut unempfindlich,

das Kniephänomen gesteigert. Später lag der Kr. ganz zu Bett. Zuckungen der Beinmuskeln traten auf. Der Kr. lallte wie ein Kind, antwortete schliesslich nur mit einem
Schnalzen. Nach dem durch eine Complikation herbeigeführten Tode wurde an Gehirn
und Rückenmark keine Veränderung gefunden.

Der 3. Kr. war ein 21jähr. Rekrut, der über Kopfschmerz und Athemnoth klagte
und erklärte, nicht gehen zu können. Es bestand auch hier Ueberempfindlichkeit der
Muskeln und Knochen, Unempfindlichkeit der Haut. Die Beschwerden waren zuerst
nach einer Erkältung aufgetreten.

B. ist der Ansicht, dass man es in diesen Fällen mit einer ganz
besonderen nervösen Störung zu thun habe. Er betont die Hyperästhesie
und Schmerzhaftigkeit der Muskulatur, der Gelenke und des Knochen-
gerüstes im Allgemeinen, wodurch die Bewegungen des Patienten beeinträchtigt werden und dieser nicht selten in einen unbeweglichen Zustand
gelangt. B. ist der Ansicht, dass die Schmerzen nicht oder nicht ganz
seelischen Ursprungs seien, weil die Schmerzreaktion der Pupillen und
andere reflektorische Erscheinungen vorhanden sind (?). Ueber die Beziehungen der Akinesia algera zur Hysterie und Hypochondrie sei vorläufig nichts Bestimmtes zu sagen.

7. H. Oppenheim (Lehrbuch der Nervenkrankheiten. Berlin, 1894.
p. 702) widmet der Akinesia algera einen Abschnitt und erzählt von
mehreren eigenen Beobachtungen.

In einem Falle waren „die Schmerzattacken" von lebhafter Beschleunigung der
Athmung und Pulsfrequenz begleitet. Auch passive Bewegungen erzeugten Schmerzen.
In einem anderen Falle beschränkten sich die Erscheinungen auf die rechte, anästhe-
tische Körperseite.

Bei einer Dame machte das Essen Schmerzen, so dass schliesslich Abzehrung
eintrat. Während des Hungerns befand sich die Kranke ganz wohl, sobald sie aber
das Geringste zu sich nahm, folgten die Schmerzen, die von Tachykardie, vasomotorischen
Störungen, Polyurie u. s. w. begleitet waren.

Ob man in dem Falle von rechtseitiger Akinesia und Hemianästhesia
von der echten Akinesia algera sprechen darf, ist mir doch zweifelhaft.
Das Gleiche gilt von einer Beobachtung O.'s, in der durch Vorsetzen
eines blauen Glases, Galvanisiren und Verordnen von Arsen die das
Sehen begleitenden Schmerzen beseitigt wurden. —

c) Ueberblickt man die vorliegenden Mittheilungen, so erkennt man,
dass die Angaben meines ersten Aufsatzes durch das Weitere bestätigt
und, wenn auch nicht wesentlich, ergänzt worden sind.

Zweifellos sind alle Patienten stärker Entartete, was theils aus
der erblichen Belastung, theils aus ihrem Verhalten vor der Erkrankung
zu ersehen ist. Zweimal litt der Vater an Paranoia (bei dem Gymnasiallehrer K. und bei der Kranken Longard-Schultze's), ernste Nervenkrankheiten, d. h. leichtere oder unbestimmtere Psychosen, waren wiederholt
in der Familie zu Hause (bei Fräulein L., bei dem Kranken Erb's, bei

der Pastorin, den Kranken Putnam's und Moyer's). Auch da, wo keine
Angaben über erbliche Belastung vorliegen, oder wo die Kranken, bez.
deren Familie solche nicht machen konnte, geht aus dem Vorleben der
Kranken die angeborene Instabilität hervor (Paranoia bei König's Patientin, maniakalische Erregung bei der Kr. Longard-Schultze's, Nachtwandeln bei dem 1. Kranken Bechterew's, Reizbarkeit und Weinerlichkeit bei der Frau S. u. s. f.). Eine Ausnahme macht Fechner, da bei
ihm weder Krankheiten in der Familie, noch krankhafte Züge im Vorleben nachweisbar waren. Doch ist diese Ausnahme wohl nur scheinbar
eine solche. Fechner war im vollen Sinne des Wortes ein Genie und
dadurch allein ist Instabilität gegeben. Mag man Moreau's Ausspruch
annehmen oder nicht, mag man Lombroso's Auffassung theilen oder
nicht, die Thatsachen werden von dem Wortstreite nicht berührt und sie
thun dar, dass die übermässige Entwickelung der geistigen Fähigkeiten
eine Abweichung von der Norm darstellt, die für ihren Träger sehr
gefährlich ist.

Die Gelegenheitursachen der Akinesia algera sind die aller
endogenen Krankheiten: Ueberreizung, d. h. ein Maass der Function, das
für die gegebenen Verhältnisse zuviel ist. Wie überall kann hier der
Reiz um so kleiner sein, je grösser die Anlage ist. Gewöhnlich handelt
es sich um geistige Ueberanstrengung, selten um vorwiegend intellectuelle,
gewöhnlich um vorwiegend gemüthliche. Vorwiegend intellectuelle Ueberreizung treffen wir besonders bei Fechner, sodann bei K. und bei dem
Patienten Erb's und es ist nicht zu verkennen, dass sie selbst schon
ein Zeichen der Instabilität ist. Gemischte Ueberanstrengung lag bei
Fräulein L., bei der Kranken Longard-Schultze's vor. Einmalige heftige
Gemüthsbewegungen scheinen bei der Pastorin und bei dem 1. Kranken
Bechterew's eine Rolle gespielt zu haben. Vereinzelt steht der Fall der
Frau S., die im Wochenbette erkrankte. Wegen der Analogie mit den
übrigen Fällen wird man hier nicht sowohl an eine infectiöse, bez.
toxische Einwirkung von aussen denken, als annehmen, dass die Anstrengungen der letzten Geburt und was damit zusammenhängt, sozusagen das Maass der Lebensreize bis zur krankmachenden Höhe ge-
füllt haben. Ob ausserdem giftigen Stoffwechselproducten eine Bedeutung
zuzuschreiben sei, mag dahingestellt bleiben. Schliesslich muss man doch
auch den geistigen Ueberanstrengungen von naturwissenschaftlichem
Standpunkte aus eine solche chemische Deutung geben.

Ich habe keine Veranlassung, noch einmal das Bild der Krankheit
zu entwerfen. Nur auf einzelne Punkte möchte ich an dieser Stelle eingehen. Man muss unterscheiden zwischen den der Akinesia algera eigenthümlichen Symptomen und den Begleiterscheinungen. Ob man die

letzteren und welche von ihnen man antrifft, das hängt wahrscheinlich grossentheils von der Individualität des Kranken ab. Bei dem einen werden leicht neurasthenische Symptome auftreten, bei dem anderen besteht eine Neigung zu hysterischen Erscheinungen. Ausser der Qualität der mitgebrachten krankhaften Anlage mögen auch die krankmachenden Umstände in Betracht kommen. Endlich hängt die Ausgestaltung des Bildes auch von der Intelligenz und der Willenskraft sowie von dem Bildungstande des Kranken ab. Die primäre Veränderung ist offenbar eine psychische Störung, doch fällt diese ins Gebiet des für uns Unbewussten, ist uns nicht fassbar. Unserer Beobachtung bieten sich als Cardinalerscheinung die von der Function abhängigen Schmerzen und die anderen Missempfindungen einerseits, die Einschränkung der Function andrerseits dar. Dass die Schmerzen psychischer Art seien, schliessen wir einmal aus dem Fehlen einer organischen, sie erklärenden Veränderung, zum anderen daraus, dass sie durch seelische Einwirkungen veränderlich sind und dass mit ihnen regelmässig seelische Symptome im engeren Sinne des Wortes verknüpft sind. Ausser den subjectiven Symptomen und den Veränderungen der willkürlichen Functionen kommen nur einzelne Erscheinungen in Betracht: Steigerung der Sehnenreflexe, örtliche Oedeme, örtlicher Muskelschwund. Diese könnten auf gröbere Veränderungen hindeuten, sie begleiten aber auch sonst psychische Störungen und es liegt kein Grund vor, ihretwegen die Auffassung des Ganzen zu ändern. Ueberdem sind sie unbeständig. Die Einwirkung seelischer Vorgänge wird am deutlichsten dadurch, dass Verschlimmerungen abhängen von Dingen, die an sich gar nichts schaden können (harmlose Medicamente, Abwaschungen, sympathetische Einwirkungen). Die stets und von vornherein vorhandenen seelischen Störungen sind schwer zu fassen. Am offenbarsten ist die Einschränkung der Suggestibilität. Die Kranken sind auch dann, wenn von eigentlicher Hypochondrie nichts zu bemerken ist, ausgesprochene δυσχολοι in Beziehung auf ihren Zustand. Während der Normale im Sinne der Hoffnung und in dem der Furcht beeinflusst werden kann, haften bei den an Akinesia algera Leidenden Heilsuggestionen gar nicht, sie gestalten alles unwillkürlich im Sinne der Verschlimmerung. Dass kann nur Wirkung der schon in diesem Sinne gefestigten Autosuggestionen sein und davon hängt offenbar auch die, wie es scheint, regelmässig vorhandene Unfähigkeit, hypnotisirt zu werden, ab. Als Wirkungen der erschlossenen (den Kranken selbst unbewussten) Autosuggestionen lassen sich auch das Vorwiegen der Gedanken über den körperlichen Zustand im Bewusstsein der Kranken und deren Urtheilsschwäche bei Urtheilen über ihren Zustand auffassen. Nur sind dergleichen „Einschränkungen" des Bewusstseins nichts der Akinesie Eigenthümliches.

Zu den secundären Symptomen gehören wahrscheinlich alle im engeren Sinne hysterischen Erscheinungen, besonders Veränderungen der Empfindlichkeit der Haut, beziehungsweise der Sinnesorgane. Schwer zu urtheilen ist über die Bedeutung des Kopfschmerzes und Kopfdruckes, sowie der Schlaflosigkeit. Es ist ein wesentlicher Zug im Bilde der Akinesia algera, dass der Kopf insofern frei bleibt, als Bewegungen des Kopfes keine Beschwerden verursachen. Selbst die Kranken, die sonst ganz unbeweglich sind, drehen und heben den Kopf ohne Bedenken, ja verrichten mit den Halsmuskeln zuweilen beträchtliche Arbeit. Ebenso sind die Kranken beim Bewegen der Augen- und der Gesichtsmuskeln unbehindert, sprechen ohne Anstrengung und ohne üble Folgen. Dagegen steigert der Gebrauch der oberen Sinnesorgane oft die Beschwerden im Ganzen, oder ruft peinliche Empfindungen in ihnen selbst, bezw. im Kopfe hervor. Alle Sinnesthätigkeit ist auch geistige Thätigkeit und diese im Allgemeinen gehört oft zu der schmerzerregenden Kinesis. Wie jedes Organ zunächst selbst durch seine Thätigkeit leidet, so rufen Sehen, Hören, Lesen, Schreiben, Sprechen, stilles Denken peinliche Empfindungen in der Schädelhöhle hervor, die sich bald als dumpfer Druck bald als eigentlicher Schmerz darstellen. Aber es schliessen sich diese Symptome, die denen bei Neurasthenie gleichen, direct an die Thätigkeit; andauernder Kopfschmerz oder Kopfdruck scheint wenigstens selten zu sein.

Die Schlaflosigkeit ist in der Regel vorhanden; bald ist sie mässig, sodass sie leicht überwunden wird, bald ist sie peinigend und höchst hartnäckig. Es scheint, das kein rechtes Verhältniss zwischen ihr und den übrigen Symptomen bestehe. So war bei Frau S. trotz des im Allgemeinen sehr schlechten Zustandes bei geringen Brom-Gaben der Schlaf eigentlich immer gut. Man könnte demnach in der Schlaflosigkeit ein secundäres Symptom sehen, doch halte ich es für richtiger, sie zu den Stigmata der Akinesie zu zählen. Thatsächlich scheint sie nie ganz zu fehlen und sie steht zur Thätigkeit in demselben Verhältnisse wie der Schmerz. Beim annähernd Normalen ruft nur ganz übermässige Thätigkeit Schmerz und Schlaflosigkeit hervor, bei unseren Kranken stört schon die zum Leben überhaupt gehörende Thätigkeit den Schlaf, macht Schmerz und allerhand Missempfindung. Dazu kommt wohl, dass, abgesehen von den Fällen, in denen der Schmerz am Schlafen hindert, die Schmerzempfindung am Tage eine schlafwidrige Ueberreizung ergiebt und dass die dem Ganzen zu Grunde liegende Bewusstseinsveränderung eine dauernde peinliche Spannung mit sich führt.

Eine Hauptsache ist bei der Akinesia algera der Verlauf, ja ich möchte sagen, er *ist die Hauptsache.* Denn, wenn gelegentlich da und dort das Bild der Akinesia algera aufträte, bei Hysterischen, oder bei

Hypochondrischen, und dann wieder verschwände, so wäre davon nicht
viel Aufhebens zu machen. Das, was der Sache ihre Bedeutung giebt,
ist die schlechte Prognose. Auf zweierlei ist zu achten, auf die Erfolglosigkeit, ja Schädlichkeit jeder activen Therapie und auf die natürliche
Tendenz der Akinesia algera zur Verschlimmerung. Ich stelle das Erstere
wegen seiner praktischen Wichtigkeit voran. Nichts Schlimmeres kann
einem Kranken mit Akinesia algera passiren, als wenn er in die Hände
eines hoffnungsfreudigen energischen Therapeuten fällt. Ich verweise auf
meine Krankengeschichten; sie sprechen deutlich genug und zeigen, dass
hier die Aerzte sich keine Lorbeeren erworben haben. Desshalb muss
der Arzt die Akinesia algera kennen, er muss wissen, wie grossen
Schaden er durch unbedachtes Vorgehen anrichten kann. Ich will ja
nicht sagen, dass es keine passende, erfolgreiche Behandlung geben
könnte, aber bisher kennen wir sie nicht. Die vorliegenden Erfahrungen
zeigen nur die Schattenseite der Energie. Bei der Voraussetzung, dass
dem Ganzen Autosuggestionen zu Grunde liegen, muss man die Nach-
theiligkeit der Eingriffe wohl so erklären, dass während der Mensch
sonst bei jedem Heilversuche sich fragt, wird es nützen oder schaden,
der Kranke mit Akinesia algera (mehr oder weniger unbewusster Weise)
die Ueberzeugung hegt, es wird und muss schaden, und desshalb thatsächlich geschädigt wird. Daneben kommen die Pein durch Zwang, die
Aufregung der Erwartung, die gesteigerten Beschwerden bei einer Therapie,
der Steigerung der Function wesentlich ist, u. A. als schädigende Umstände in Betracht.

Fragt man sich, wie ist der Verlauf bisher gewesen, so erschrickt
man geradezu über die Trostlosigkeit der Antwort. In einem einzigen
Falle, nämlich in dem Fechner's, der auch sonst 'eine besondere Stellung
einnimmt, ist es zu einer relativen Heilung gekommen. Von meinen
anderen Kranken ist der Gymnasiallehrer nach 7jähriger Krankheit, die
sich stetig verschlimmerte, aus unbekannter Ursache gestorben, Fräulein
L. ist paranoisch geworden und nach nicht ganz 3jähriger Krankheit gestorben, die Frau S. mit Atremie endete nach etwa 2¹/₂jähriger Krankheit durch Selbstmord, die Pastorin starb nach 15jähriger Krankheit an
Tuberkulose, 1 Kranker Bechterew's starb, wie es scheint blödsinnig, an
„einer Complication". Die übrigen Kranken sind nicht bis zum Ende
beobachtet worden. Frau S. ist seit dem Anfange der Krankheit bis jetzt
(1¹/₂ Jahr) immer schlechter geworden, die 44jährige Kaufmannsfrau ist
seit 20 Jahren krank, König's Kranke blieb ungeheilt, Longard's Kranke
blieb ungeheilt, Erb's Kranker war seit 22 Jahren krank und es war
immer schlimmer geworden, Moyer's Kranker war seit 3 Jahren krank,
über die anderen Kranken liegen ausreichende Angaben nicht vor. Die

Möglichkeit, dass es auch leichtere Erkrankungen giebt, die mit Genesung endigen, ist nicht zu leugnen. Vielleicht lernt man sie mit der Zeit kennen. Während des Verlaufes spinnen sich sozusagen die Kranken immer mehr in ihre Schmerzen ein; immer geringer wird das Maass der Function, das Schmerzen erzeugt, immer stärker und mannigfaltiger werden die Missempfindungen. Dazu kommt, dass offenbar mit der Zeit sich eine Neigung zu geistigen Störungen im engeren Sinne, zu den Syndromen, die als Melancholie, Manie, Paranoia u. s. w. bekannt sind, ausbildet. Der Gymnasiallehrer verfiel geistig zweifellos, bekam melancholische Zustände, Fräulein L. erkrankte an Paranoia, bei der Kranken Longard's trat maniakalische Erregung auf, der 2. Kranke Bechterew's scheint dement geworden zu sein. Eigentlich darf man sich über die zunehmende Verschlimmerung nicht wundern. Stammen die Schmerzen aus dem Gemüthe, so ist es begreiflich, dass ihre Dauer sie wachsen lassen muss, denn der Zustand des Gemüthes wird doch sicher durch die Schmerzen verschlimmert. Die Krankheit ist eine Art von Zwickmühle. Aehnlich ist es offenbar bei der schweren Hysterie, besonders der der Männer. Maassgebend ist wahrscheinlich das eintönige Fortbestehen der primären Autosuggestion.

Ist die Akinesia algera eine besondere Krankheit oder nicht? Mir scheint, der Streit läuft auf einen Wortstreit hinaus. Nach der hier vertretenen Auffassung, deren hypothetische Beschaffenheit ich aber betone, ist die Art und Weise, in der die Symptome bei der Akinesia algera entstehen, dieselbe wie bei der Hysterie. Will man also die Akinesia als eine besondere Form der Hysterie bezeichnen, so wäre nicht viel dagegen zu sagen. Doch muss man sich gegenwärtig halten, dass in der Regel die gewöhnlichen Symptome der Hysterie fehlen und dass die Reactionsweise der Kranken und der Verlauf eigenartig sind. Desshalb ist es aber praktisch nöthig, das Syndrom der Akinesia algera als etwas besonderes hinzustellen. Die verschiedenen Formen der endogenen Seelenstörungen sind im Grunde genommen überhaupt nur Syndrome. Je eigenartiger der Verlauf ist, mit um so mehr Recht fasst man diese oder jene Form als besondere Krankheit auf. Verfolgungsvorstellungen und Hallucinationen können unter sehr verschiedenen Bedingungen vorkommen. Weil der Verlauf charakteristisch ist, sondert man mit Recht die Paranoia chronica als besondere Krankheit ab und hebt aus dieser wieder die Paranoia completa heraus. In diesem Sinne, d. h. wegen der Prognose scheint es mir vernünftiger zu sein, in der Akinesia algera eine besondere Krankheit zu sehen. Bleibt aber jemand dabei, es handle sich doch nur um ein Syndrom, so mag er auch Recht haben,

Nachtrag.

1. Wenige Tage, nachdem ich den vorausgehenden Aufsatz in den Druck gegeben hatte, erhielt ich von Herrn Erb einen Brief, in dem er mir mittheilte, dass der von ihm beschriebene Kranke mit Akinesia algera geheilt sei. Der Kranke habe ihm geschrieben, er sei geheilt „aus eigener psychischer Anstrengung und Consequenz, nachdem er sich überzeugt zu haben glaubte, dass seine Schmerzen doch wohl nur eingebildete wären, dass sie aus der Angst vor den Schmerzen kämen."

Das ist eine sehr erfreuliche Nachricht. Dass die Heilung in einem Siege des vernünftigen Willens über die Autosuggestionen bestehen müsse, ist wohl zweifellos. Voraussetzung ist aber, dass der Kranke einen starken vernünftigen Willen habe, sozusagen einen grossen Fonds seelischer Kraft. Einen solchen durfte man nach Erb's Schilderung bei seinem Kranken voraussetzen, ein solcher war zweifellos auch bei Fechner vorhanden. Nun fragt man sich, wie kommt es, dass so willensstarke Menschen trotzdem so sehr und so lange von ihren Autosuggestionen überwältigt werden, warum vergeht so lange Zeit, bis der Wille siegt, da doch die Einsicht schon vorher vorhanden ist? Es ist schwer, zu antworten, und ich bitte, Fechner's höchst interessante Schilderung seiner Heilung nachzulesen. Auch er wagt nicht zu entscheiden, was den Ausschlag gegeben habe, er sagt, dass, obwohl sicherlich an der Besserung sowohl des Kopfes als der Augen die Kühnheit ihres Gebrauches einen Hauptantheil hatte, es doch möglich sei, dass überhaupt eine günstige Veränderung in seinem Organismus sich schon durch längere Zeit vorbereitete, die nur hierdurch ihre Entscheidung erhielt. Vielleicht muss man eine solche, weiter vorläufig nicht begreifliche „günstige Veränderung im Organismus" auch bei Erb's Kranken voraussetzen.

Uebrigens ist wohl das Wort „Heilung" mit Vorsicht zu gebrauchen. Wenigstens bei Fechner war von einer eigentlichen restitutio in integrum nicht zu reden. Zwar ist das, was er sein Kopfleiden nennt, meines Wissens nie wiedergekehrt, aber mit der Empfindlichkeit der Augen hat er Zeit seines Lebens zu kämpfen gehabt. Es gab bei ihm gute und schlechte Zeiten. In letzteren musste er die Augen sehr schonen und konnte oft lange Zeit gar nicht lesen. Im Winter 1872 z. B. las ich ihm regelmässig vor, weil er nicht lesen durfte. Er schrieb damals, benutzte aber dabei die Augen nicht und durfte sein eigenes Manuscript nicht durchsehen. Er trug einen Schirm vor den Augen und klagte über das lästige „Flackern" darin, das durch die geringste Anstrengung gesteigert werde. Die Linsentrübung war die geringere Störung.

2. Im Neurol. Centralblatte vom 15. August d. J. finde ich ein Referat über eine Arbeit A. Spanbock's: ein Fall von Hysterie mit den Symptomen von „Akinesia algera" (Medycyna. 1893. No. 35).

Ein 12jähr. Knabe aus nervöser Familie, dessen Eltern nahe verwandt waren, der sich durch Talmudstudien angestrengt hatte, klagte seit einigen Jahren über das anfallweise auftretende Gefühl des Erstickens, seit ½ Jahre über Schmerzen in den Händen, seit 5 Wochen über Schmerzen in Kopf, Bauch und Beinen. Die Schmerzen wurden durch Bewegungen gesteigert, sodass der Kranke weder lange stehen, noch gehen konnte und sowohl beim Niederlegen als beim Aufstehen jede Beugung des Rumpfes zu vermeiden suchte. Auch las er nicht mehr, weil er Augenschmerzen davon bekam. Zuweilen klonische Krämpfe in den Armen. Ueberempfindlichkeit des Bauches gegen Berührungen, die bei Ablenkung der Aufmerksamkeit abnahm. Beim Druck auf die Wirbelsäule zwischen den Schulterblättern traten manchmal „Krämpfe" auf, die durch Druck auf die Hoden zuweilen beseitigt werden konnten. Die meisten therapeutischen Versuche blieben ohne Erfolg. Anwendung des Paquelin-Brenners am Rücken besserte den Zustand, aber nur auf 3 Tage.

II.

Zur Lehre von der Nervosität.

1.

Bemerkungen über Neurasthenie.

[Vorbemerkung. Mit Ausnahme des Abschnittes über die Behandlung der Neurasthenie waren diese Bemerkungen niedergeschrieben, ehe das Handbuch von Müller erschien. Ich hatte damals die Absicht, den Gegenstand ausführlicher zu behandeln, gab sie aber auf und theile nur die Fragmente mit. Auch die Bibliographie war vor der Müller's zusammengestellt. M. hat ebenso wie ich den Index Catalogue benutzt. Später habe ich einige Citate der M.'schen Bibliographie entnommen: leider ist die Citirung meist sehr ungenau. Die neueren Arbeiten sind nachgetragen.]

Wieviel ein Name werth sein kann, zeigt sich bei der Neurasthenie. Gewiss war Beard's Schilderung in vielen Beziehungen vortrefflich, gewiss entsprach sein Buch einem Bedürfnisse der Zeit, und doch würde er nicht den gleichen Erfolg gehabt haben, wenn er statt „on neurasthenia" geschrieben hätte „on nervousness". Der neue Name bezauberte Aerzte und Laien, sodass rasch die „neue Krankheit" Bürgerrecht erhielt. Begreiflicherweise aber bestanden die Zustände, um die es sich handelt, schon früher und waren den Aerzten auch nicht unbekannt. Mir selbst ist die ältere Literatur nur zu einem kleinen Theile bekannt. Ich verweise ihretwegen auf Arndt's Buch, das viele historische Angaben enthält. Eine Geschichte der Spinalirritation findet man auch in Leyden's Klinik der Rückenmarkskrankheiten. Beard's directer Vorgänger, Bouchut, hat wenig Anerkennung gefunden und sein Buch über den Nervosismo vermochte, obwohl es eine 2. Auflage erlebt hat, nicht recht durchzudringen. Freilich vertritt Bouchut z. Th. wunderliche Anschauungen und gerade die Lehre, die ihm eigenthümlich ist, nämlich über den acuten Nervosismus, ist zweifellos verfehlt. Jedoch hat er in der Hauptsache Recht und die Schuld seines relativen Misserfolges lag weniger bei ihm

als bei den Anderen. Die Ursache davon, dass gerade zur Zeit des
Aufschwunges der Medicin die leichteren nervösen Störungen wenig
beachtet wurden und dass der, der von ihnen sprach, nicht gehört
wurde, dürfte in drei Umständen hauptsächlich zu suchen sein. Die neue
Medicin trug vorwiegend anatomisch-physiologischen Charakter. Die
anatomischen Veränderungen bei den Krankheiten zu erkennen, bei den
krankhaften Vorgängen die Ergebnisse der physiologischen Versuche zu
verwerthen, aus den pathologischen Beobachtungen Schlüsse auf die
Function der Theile im Organismus zu ziehen, das allein schien des
'wissenschaftlichen Arztes würdig sein. Da die sogenannten „functionellen
Störungen" in diesen Beziehungen keine oder wenig Ausbeute ver-
sprachen, wandte man sich von ihnen ab.

Das Zweite ist die Unkenntniss der, ja die Abneigung gegen die
Psychologie. Der Arzt hat den Menschen in der Hauptsache von
aussen aufzufassen und im physikalisch-naturwissenschaftlichen Sinne
zu betrachten. Obwohl das Seelische nicht weniger Natur ist als
das Körperliche, hat man doch von altersher die Psychologie als
einen Theil der Philosophie, nicht der Naturwissenschaft betrachtet.
Gerade in der ersten Hälfte dieses Jahrhunderts wirkte eine sogenannte
Naturphilosophie in verderblicher Weise, die natürliche Abneigung der
Physiker gegen die Philosophie steigerte sich zum Horror und mit der
Philosophie überhaupt verfiel die Psychologie in Missachtung. Obwohl
bald eine selbständige Psychologie entstand und sich im Sinne einer
Naturwissenschaft entwickelte, blieb doch die medicinische Auffassung eine
nur physikalische und im Grossen und Ganzen verkannten die Aerzte, dass
ein Theil des Menschlichen und auch ein Theil der menschlichen Krankheiten nur vom psychologischen Standpunkte aus verständlich wird. Da
nun eben die „functionellen Störungen" ohne psychologisches Verständniss nicht mit Erfolg studirt werden können, wurden die Aerzte von
ihnen nicht angezogen, sie erschienen den Aerzten, weil das Seelische
in gesetzlicher Weise hineinreichte, als gesetzlos. Diejenigen Aerzte,
deren Aufgabe das Studium der „Geisteskrankheiten" war, konnten dem
Uebelstande nicht abhelfen. Sie waren in die Irrenanstalten einge-
schlossen und hatten kein Mittel, die ärztliche Erziehung ernstlich zu
beeinflussen. Ueberdem entwickelte die Psychiatrie selbst sich nur
langsam und mühsam. Sie hatte genug zu thun mit der Bearbeitung der schweren Gehirnkrankheiten, deren Träger in die Anstalten gebracht werden. Gerade diese aber sind viel weniger
seelischer Natur als die leichten Nervenkrankheiten und seltsamerweise
ist die Psychologie dem Arzte in der Irrenanstalt weniger nöthig als
dem draussen.

Als drittes Hinderniss ist die frühere Beschränkung der Medicin
auf den schon kranken Menschen zu nennen. Erst in unserer Zeit ist
es allgemeine Erkenntniss geworden, dass die wichtigste Aufgabe der
Medicin im Verhüten der Krankheiten besteht und dass deshalb der
Arzt das Leben der Gesunden, die Gesellschaft, nicht nur die Krankenstube ins Auge fassen muss. Ein rechtes Interesse an der Nervosität
kann aber nur der fassen, der ihre sociale Bedeutung erkannt hat. Wie
in theoretischer Hinsicht die Beziehung zu den eigentlichen Psychosen,
so verleiht in praktischer Hinsicht die Beziehung zu den socialen Zuständen der Nervosität ein Interesse, das kaum noch ein anderer krankhafter Zustand beanspruchen kann.

Insofern nun als in den letzten Jahrzehnten die klinische Richtung
in der Medicin zweifellos erstarkte, als das Verständniss und die Theilnahme für seelische Störungen durch die Entwickelung der Psychologie
selbst, durch Beschäftigung der Kliniker mit psychischen Störungen,
durch das Wachsthum der Psychiatrie und ihre Verknüpfung mit den
übrigen Zweigen medicinischer Bildung zunahmen, als dem ärztlichen
wie dem allgemeinen Publikum die Sociologie näher trat, fanden B e a r d
und seine Nachfolger eine viel bessere Aufnahme als die Aerzte, die
sich früher mit der Nervosität befasst hatten. Ein weiterer begünstigen-
der Umstand war die zweifellose Zunahme der Nervosität selbst. Freilich darf man nicht vergessen, dass die hier erwähnten Entwickelungen
in der Hauptsache Unterströmungen darstellten und zum Theil noch darstellen, dass für B e a r d, um bei der Mehrzahl der Aerzte Erfolg zu
haben, noch Weiteres von Nöthen war. Wie oben erwähnt, bestand
dieses Weitere in erster Linie in dem neuen Namen Neurasthenie. Es
ist ja richtig, dass das Wort schon vor B e a r d bestand, aber es lag in
der Rumpelkammer, er schrieb es auf seine Fahne und dadurch erwarb
er sich seinen Sieg. Dieser zuerst von A r n d t ausgesprochenen Auffassung schliesse ich mich an. Der Name ist nie eine gleichgiltige Sache
und in unserer Angelegenheit ist er so wichtig gewesen, dass man seiner
besonders gedenken muss. Obwohl ich eigentlich aus Gründen, die ich
später darlegen werde, die Bezeichnung Nervosität vorziehe, bestimmt
mich doch gerade die Rolle, die das Wort Neurasthenie sozusagen als
Schiboleth bisher gespielt hat, auch meiner Abhandlung es vorzusetzen.

Wie im Eingange erwähnt wurde, waren auch die Eigenschaften
der Darstellung B e a r d 's seinem Erfolge förderlich. B. war ein origineller
Mensch, ein scharfer Beobachter, ein klarer Kopf und ein guter Schrift-
steller. Diese Vorzüge muss jeder Ehrliche in seinen Schriften finden.
Er war aber auch ein Praktiker, dem vielfach die tieferen Grundlagen
fehlten, der sich um den Zusammenhang seines Gegenstandes mit anderen

Gebieten nicht viel kümmerte, und ein enthusiastischer Therapeut ohne kritische Besonnenheit als solcher. Diese Schwächen waren ihm vielleicht beim ärztlichen Publikum noch förderlicher als jene Vorzüge.

Beard's Hauptschrift, die von Neisser ins Deutsche übersetzt worden ist, enthält die Symptomatologie, die Diagnose, die Prognose und die Therapie der Neurasthenie. Man kann, von einzelnen wunderlichen Behauptungen abgesehen, diese Schrift hauptsächlich in zwei Beziehungen tadeln. Einmal erkennt Beard den Zusammenhang „seiner Krankheit" mit den geistigen Störungen überhaupt nicht genügend, zum andern ist seine Schilderung der Symptome recht kritiklos, denn sie werden aufgezählt, ohne dass ihre ganz verschiedene Bedeutung und ihre Abhängigkeit unter einander gewürdigt würden. Trotz dieser Mängel ist das Buch gut und verdient, jederzeit mit Anerkennung genannt zu werden. Gerechterweise sollte es nicht allein beurtheilt werden, da Beard's „American nervousness" sozusagen die andere Hälfte bildet und die Aetiologie, die in jenem fehlt, enthält. Hier treten die Vorzüge B.'s klarer hervor und es ist zu bedauern, dass die amerikanische Färbung das weitere Bekanntwerden dieser Schrift verhindert hat. B. sucht nachzuweisen, dass die eigentliche Ursache der Neurasthenie die Civilisation sei, ein Satz, der cum grano salis verstanden durchaus richtig ist.

Nach Beard habe ich in meinem Buche über „Nervosität" eine Darstellung des Gegenstandes gegeben. Zu jener Zeit war mir die „American nervousness" noch nicht bekannt, ich bemühte mich daher, besonders die Aetiologie eingehend zu behandeln. Erst später sah ich, dass ich mit Beard in den Hauptpunkten zusammentraf. Meine Schrift war zunächst für gebildete Laien bestimmt, doch so gehalten, dass sie, wenigstens zum Theil, auch den Aerzten lesenswerth erscheinen konnte. Da es in der Natur der Sache liegt, dass eine Erörterung über Nervosität allgemeinverständlich abgefasst werden kann, vermag ich den Tadel, den ich wegen meines Unternehmens habe hören müssen, nicht anzuerkennen. Wenn man mit priesterlichem Ernste eine Popularisirung auch hier verbieten möchte, so sollte man doch bedenken, dass die Kranken, um die es sich handelt, unter allen Umständen sich Aufklärung durch Lesen zu verschaffen suchen, dass man sie deshalb sogut wie möglich befriedigen müsste und dass ihnen durch verständige Auseinandersetzungen mehr genutzt wird als durch Medicinverschreiben.[1] Natürlich kann ich nicht mehr alles vertreten, was ich vor 13 Jahren gesagt habe. Inwieweit meine Anschauungen sich verändert haben, wird aus der

---

[1] Später hat auch v. Krafft-Ebing in „Gesunde und kranke Nerven" eine populäre Darstellung gegeben.

folgenden Abhandlung zu ersehen sein. Immerhin glaube ich, damals
im Grossen und Ganzen das Richtige getroffen zu haben.

Einige Jahre später erschien R. Arndt's Buch über Neurasthenie.
Es besitzt grosse Vorzüge und grosse Schwächen. Zu jenen gehört
besonders die, kurz gesagt, psychiatrische Auffassung, die in der Neurasthenie nicht eine Krankheit für sich erblickt, sondern einen mit den
als Psychosen bezeichneten Krankheiten nahe verwandten und eng verbundenen Gehirnzustand. Auch findet man bei Arndt eine gründlichere
Erfassung der allen eigentlichen Psychosen zu Grunde liegenden Entartung als sonst. Andererseits fehlt Arndt dadurch, dass er die Neurasthenie auch als Vorstadium exogener Krankheiten, besonders der
Tabes und der progressiven Paralyse, betrachtet.[1]) Sehr bedenklich ist
A.'s Neigung zur Vermengung des Hypothetischen mit dem Thatsächlichen. Er trägt sehr fragwürdige Vermuthungen wie etwas Bewiesenes
vor, z. B. die regelmässige Verbindung von Neurasthenie und Chlorose.
Dass er durch seine Berufungen auf das Gesetz der Nervenerregung
und durch eine eigenthümliche Terminologie dem Leser die Sache erschwert, das ist von geringerer Bedeutung. Grossen Einfluss konnte bei
der an Schrullenhaftigkeit grenzenden Eigenart Arndt's Buch kaum
gewinnen.

In Frankreich fand die Neurasthenie ziemlich spät Berücksichtigung,
als Charcot sich ihrer annahm. Er hat zwar nie eine zusammenhängende
Darstellung gegeben, ist aber bei seinen Krankenbesprechungen wiederholt auf die Neurasthenie eingegangen. Blocq's Darstellung giebt Charcot's Lehre wieder und auch das Buch Bouveret's, das ins Deutsche
übertragen worden ist, entspricht ihr im Grossen und Ganzen. Charcot
eigenthümlich ist die Unterscheidung der neurasthénischen Stigmata, als
der Hauptsymptome, bez. dauernden Symptome, von den übrigen Symptomen.
Bouveret's Buch gehört zu den ausführlichsten neueren Darstellungen
der Neurasthenie. Sie ist zwar etwas trocken und in mancher Hinsicht
oberflächlich, aber doch empfehlenswerth, da die Schilderung der Symptome zutreffend ist und der Verfasser sich in zweifelhaften Angelegenheiten zurückhaltend zeigt.

Kürzere Besprechungen der Neurasthenie findet man in den meisten
neueren Lehrbüchern der Nervenkrankheiten oder der Geisteskrankheiten. Ich erwähne von den deutschen die Strümpell's und besonders
die Kraepelin's. Selbständige kurze Schriften haben der Neurasthenie
Ziemssen, Petrina u. A. gewidmet.

[1]) Gegen diese Irrlehre habe ich mich in einem besonderen Aufsatze gewendet
Zur Lehre von der Neurasthenie. Centr. Bl. f. Nervenheilk. VI. 5. p. 97. 1883).

Die Literatur über einzelne Stücke der Lehre von der Neurasthenie
ist schon sehr gross. Ich habe versucht, ein Literatur-Verzeichniss
zusammenzustellen, weiss aber sehr gut, dass es nach verschiedenen
Richtungen hin unvollständig ist. Abgesehen davon, dass ich natürlich manches übersehen und vergessen habe, und davon, dass die ältere
Literatur absichtlich nicht berücksichtigt ist, bringt der Umstand, dass
die Neurasthenie sich nicht streng von den verwandten Zuständen abtrennen lässt, es mit sich, dass auch in der Literatur eine Grenze zwischen
dem Anzuführenden und dem Wegzulassenden nur willkürlich gezogen
werden kann. Es ist nicht möglich, sich nur auf Arbeiten zu beziehen,
in deren Ueberschrift das Wort Neurasthenie vorkommt, andererseits
käme man ins Grenzenlose, wollte man alle Arbeiten nennen, die Beziehungen zur Lehre von der Neurasthenie haben. Da z. B. Beard u. A.
die „Phobien" zu den Zeichen der Neurasthenie rechnen, müsste man die
ganze psychiatrische Literatur, in der die Zwangsvorstellungen der
Entarteten besprochen werden, anführen. Ich erinnere ferner an die
grosse Literatur über Erblichkeit, an die zahlreichen Schriften über
Schulhygieine u. a. m. Besondere Schwierigkeit erwächst aus den nahen
Beziehungen zwischen Hysterie und Neurasthenie. Um Raum zu sparen,
habe ich von dem Citiren der Arbeiten über Hysterie ganz abgesehen
und nur insofern eine Ausnahme gemacht, als ich einige Arbeiten „über
traumatische Neurosen" namhaft gemacht habe. Wenn es sich bei
diesen „Neurosen" auch in der Hauptsache um Hysterie handelt, so sind
hier doch neurasthenische Zustände sehr oft neben der Hysterie vorhanden und mögen wohl auch selbständig, als „traumatische Neurasthenie"
vorkommen. Aber auch hier ist die Literatur schon so angeschwollen,
dass ich wegen der Arbeiten aus den letzten Jahren auf die Zusammenstellungen, die L. Bruns in „Schmidt's Jahrbüchern" gegeben hat, ver-
wiesen habe.

Endlich möchte ich noch gestehen, dass ich nicht alle angeführten
Arbeiten gelesen habe. Immerhin kenne ich die grosse Mehrzahl und hoffe,
dass von dem wirklich Wichtigen mir nichts entgangen sei.

Obwohl jeder ungefähr eine Vorstellung davon hat, was unter
Nervenschwäche zu verstehen sei, liegt doch die Hauptschwierigkeit bei
der Lehre von der Neurasthenie in der Definition und der Grund der
Abneigung, die noch heute Viele gegen sie hegen, ist die mangelhafte Abgrenzung. Ich glaube, dass man am leichtesten zur Klarheit gelangt, wenn
man von dem Begriffe der Ermüdung ausgeht. Thatsächlich sind die Zufälle
der Neurasthenie die Erscheinungen der Ermüdung. Der krankhafte Zustand
würde also am besten als gesteigerte Ermüdbarkeit zu bezeichnen sein

5*

und die nächste Frage wäre die nach den Bedingungen der gesteigerten
Ermüdbarkeit.

Ueber die Ermüdung liegt eine Reihe physiologischer Untersuchungen vor, so die zahlreichen Versuche am Nerv-Muskelpräparate,
die Untersuchungen Mosso's am Menschen, die psychophysischen Studien
Wundt's und seiner Schüler, insbesondere die Kraepelin's. Eine sehr
gute Uebersicht über einen Theil der bisherigen Erfahrungen giebt A. Mosso's
allgemeinverständlich geschriebenes Buch über die Ermüdung. Ich werde
später auf verschiedene Thatsachen, die durch exacte Prüfungen gewonnen
sind, zurückkommen. Vorläufig genügt es, auf die Erfahrungen des täg-
lichen Lebens zu verweisen. Alle Hauptsymptome der Neurasthenie können
wir tagtäglich an Solchen, die für vollständig gesund gelten, wahrnehmen,
sobald sie übermässig thätig gewesen sind: Muskelschwäche und Muskelschmerzen, Schweissausbrüche, Störungen der Herz- und Athemthätig-
keit, der Verdauung, der geschlechtlichen Thätigkeit, Kopfschmerzen und
Kopfdruck, Unaufmerksamkeit, Reizbarkeit, Schläfrigkeit und Schlaflosigkeit u. s. w. Wenn man also den Begriff der Neurasthenie möglichst scharf umschreiben will, so kann man sagen, wir sprechen von
Neurasthenie, wenn ein oder mehrere Zeichen der Ermüdung auftreten nach einer Thätigkeit, die sie beim Gesunden noch nicht hervorrufen würde. Der Unterschied läge also nur in den veränderten Bedingungen, die Erscheinungen blieben dieselben wie beim
Gesunden und wir würden nur dann berechtigt sein, eine Erscheinung
neurasthenisch zu nennen, wenn sie uns als Symptom der Ermüdung
bekannt wäre.

Gesteigerte Ermüdbarkeit treffen wir zunächst während der Ermüdung. Ehe die Erholung eingetreten ist, rufen Thätigkeiten, die
es im normalen Zustande nicht thun, Zeichen der Ermüdung hervor.
Wir können annehmen, dass sehr oft wiederholte, übertriebene Ermüdung
einen mehr oder weniger langen Zustand dauernd gesteigerter Erregbarkeit bewirken werde. Dieser wäre dann der Typus der Neurasthenie. Als
möglich ist daneben zu stellen, dass ein Zustand dauernder Ermüdbarkeit
durch einmalige übergrosse Ermüdung entstehe.

Der durch Thätigkeit erworbenen Neurasthenie des früher Gesunden
wäre die auf angeborener Schwäche beruhende gegenüberzustellen.

Drittens kann durch exogene Krankheiten, also in der Hauptsache
durch Vergiftungen von aussen, gesteigerte Ermüdbarkeit erworben werden.
Die meisten Reconvalescenten und viele chronisch Kranke kann man
neurasthenisch nennen.

Eine Krankheit ist eine aetiologische Einheit. Wollen wir von einer
Krankheit Neurasthenie sprechen, so ist zu fordern, dass in allen Fällen der

gesteigerten Ermüdbarkeit dieselbe Ursache vorhanden sei. Wir können
nun entweder von verschiedenen Neurasthenien oder von verschiedenen
Formen der Neurasthenie sprechen, je nachdem es sich um einen übermässig angestrengten Menschen oder etwa um einen Influenza-Reconvales-
centen handelt, oder aber wir können willkürlich bestimmen, dass die
Krankheit Neurasthenie nur da vorliege, wo eine bestimmte Ursache
vorliegt. Gegenwärtig wechselt der Sprachgebrauch. Ich möchte vorschlagen, die 3. Gruppe (Neurasthenie durch exogene Krankheiten) aus-
zuscheiden. Es kommen z. B. bei Alkoholisten Zustände gesteigerter Ermüdbarkeit vor. Rechnet man sie zur Neurasthenie, so kann das nur
zur Verwirrung führen, denn einen gewöhnlichen Neurasthenischen heilt
die Ruhe, den Alkoholisten aber die Entziehung des Alkohols. Dagegen
liegt kein genügender Grund vor, die beiden ersten Gruppen als erworbene und angeborene Neurasthenie zu trennen. Absolut Gesunde
treffen wir überhaupt nicht an und andererseits ist doch auch die angeborene Schwäche in der Regel nur relativ. Hier geht alles auf Grad-
unterschiede hinaus und immer führt eine je nach der Anlage verschiedene
Ueberanstrengung zur Neurasthenie.

Wir können also kurz so sagen: *Die Symptome der Neurasthenie sind
die der Ermüdung; die Neurasthenie ist eine durch Thätigkeit herbeigeführte
gesteigerte Ermüdbarkeit; je grösser die angeborene Anlage, um so geringer
braucht die krankmachende Thätigkeit zu sein.*

Will man übrigens unter Hinzufügung der Ursache von Typhus-
Neurasthenie, von Influenza-Neurasthenie u. s. w. sprechen, so ist dagegen nichts einzuwenden. Nur die Bezeichnung dieser Zustände schlechtweg als Neurasthenie ist nicht empfehlenswerth.

Bei dieser Fassung der Begriffe ist der der Neurasthenie nicht gleichbedeutend mit dem der Nervosität. Unter diesem wird man alle die Zustände zusammenfassen, bei denen leichtere Störungen der Function des
Nervensystems bestehen, ohne dass doch schon eine der uns bekannten
Nerven-, bez. Geisteskrankheiten vorläge. Man wird z. B. Menschen an-
treffen, die ihr Lebenlang an abnormer Reizbarkeit leiden, Schwarzseher
sind, zu hypochondrischen Vorstellungen neigen, dabei aber weder bei
geistiger noch bei körperlicher Thätigkeit rasch müde werden, kein Symptom der eigentlichen Neurasthenie zeigen. Man kann sagen, alle Neurasthenischen sind nervös, aber nicht alle Nervösen sind neurasthenisch,
d. h. Nervosität ist der weitere Begriff. Beide Namen im gleichen Sinne
zu verwenden, oder nur bei den schwereren, bez. leichteren Formen der
Nervosität von Neurasthenie zu reden, ist nicht gut. Im ersteren Falle
würde der Name Neurasthenie überflüssig und in beiden würde er un-
passend sein.

So scharf wie möglich muss man zwischen neurasthenischen und
hysterischen Erscheinungen unterscheiden. Ich habe vorgeschlagen, hysterisch alle diejenigen krankhaften Veränderungen zu nennen, die durch
Vorstellungen verursacht sind. Das Wesen des hysterischen Zustandes
besteht darin, dass Vorstellungen ungewöhnlich leicht und ungewöhnliche Veränderungen im Organismus bewirken. Theils handelt es sich
um eine Steigerung der auch beim Gesunden die Gemüthsbewegungen
begleitenden Veränderungen, oder um Wirkungen der Gemüthsbewegungen, die in dieser Form beim Gesunden nicht vorkommen, theils
um krankhafte Veränderungen, die dem Inhalte der wirkenden Vorstellungen entsprechen. Können schon beim Gesunden seelische Vorgänge vorübergehend das Bewusstwerden von Empfindungen verhindern,
dem Willen seine Macht rauben, nur Vorgestelltes in sinnlicher Fülle
erscheinen lassen, Bewegungen, Absonderungen u. s. w. hervorrufen, die
nicht gewollt werden, so leisten sie beim Hysterischen nicht nur dieses,
sondern schränken das Bewusstsein derart ein, dass er dauernd als an-
aesthetisch oder gelähmt erscheint, den Inhalt seines Gedächtnisses nicht
erreichen kann, und greifen andererseits so tief in die Leiblichkeit ein,
dass körperliche Veränderungen entstehen (Blutungen, Oedeme u. s. f.),
die uns aufs Höchste überraschen. Immer aber handelt es sich (sit
venia verbo) um eine Art von Zauber, es besteht keine Proportion
zwischen Ursache und Wirkung und die seelisch bewirkten Veränderungen können durch seelische Einflüsse plötzlich wieder aufgehoben
werden. Man hat in der Physiologie von Dynamogenie und Hemmung gesprochen, diese Ausdrücke scheinen den hysterischen Symptomen gegenüber am Orte zu sein. Bei Hysterie können ein Krampf, eine Neuralgie, eine Lähmung Jahre lang bestehen und können dann mit einem
Schlage verschwinden, ein Wort kann sie hervorgerufen haben, ein
Wort kann sie beseitigen. Die Möglichkeit des plötzlichen Entstehens
und Aufhörens lässt die hysterischen Symptome am augenfälligsten sich
von den neurasthenischen unterscheiden. Dort wird sozusagen durch
Lösen oder Anziehen einer Schraube der Gang des Werkes beschleunigt
oder gehemmt, hier stockt die Maschine in dem Grade, in dem ihr die
bewegende Kraft entzogen wird. Dort Hemmung, hier Erschöpfung[1]).

So sehr nun auch zwischen hysterischen und neurasthenischen Symptomen zu unterscheiden ist, so lassen sich doch Hysterie und Neurasthenie
nicht scheiden. Beide Zustände kommen überaus oft zusammen vor, ein
Umstand, den die von Charcot erfundene Bezeichnung Hystéro-neurasthénie ausdrückt. Da fast immer Hysterie und Neurasthenie auf dem Boden der

---

[1]) Genaueres über den Begriff der Hysterie findet man im 1. Hefte der Beiträge.

Nervosität erwachsen, giebt es Fälle, in denen man mit nahezu gleichem
Rechte einen der 3 Namen brauchen kann. Man wird sich in der Regel
nach den Hauptsymptomen richten. Das Wesentliche wird immer sein,
dass man die Erscheinungen analysirt und ihre Entstehung zu begreifen
sucht. In Fällen schwerer Hysterie werden neurasthenische Symptome
wohl nie fehlen und manche Erscheinungen, die man hysterisch nennt,
sind in Wirklichkeit neurasthenische. Dagegen sind Fälle reiner Neurasthenie
viel häufiger, denn neurasthenisch kann schliesslich jeder werden, während
zum Auftreten ausgeprägter Hysterie-Symptome eine ganz besondere
Anlage erforderlich zu sein scheint.

Eine Krankheit H y p o c h o n d r i e giebt es eigentlich nicht, da hypochondrische Vorstellungen bei allen Formen geistiger Störung vorkommen
können, allein aber nie vorhanden sind. Die sog. leichte Hypochondrie ist
nur eine Abart der Nervosität, sie kann natürlich mit der Neurasthenie
verbunden sein und ist es thatsächlich sehr oft. Haben die hypochondrischen
Vorstellungen den Character der Wahnvorstellungen, so spricht man besser
von Paranoia, doch ist begreiflicherweise der Uebergang von der hypochondrischen Nervosität zur hypochondrischen Paranoia ein allmählicher. Als
Theilerscheinung der Neurasthenie kann man die hypochondrischen Vorstellungen nicht ansehen, denn auch sie setzen eine besondere Anlage
voraus, können nicht als Symptome der Ermüdung betrachtet werden.

Aehnlich ist das Verhältniss zwischen Neurasthenie und den Z w a n g s -
v o r s t e l l u n g e n. Diese sind zweifellos Stigmata hereditaria und zwar deuten
sie stets auf eine ernstliche Schädigung hin. Zwar könnte man darauf hinweisen, dass auch in der Ermüdung des annähernd Gesunden Erscheinungen
auftreten, die an die Zwangsvorstellungen erinnern. Es kann dann z. B.
Einer eine Melodie oder sonst eine Erinnerung nicht loswerden, oder die
Gedanken kehren immer zum Gegenstande der Thätigkeit zurück, oder
die Antwort auf eine Frage wird auch bei der nächsten Frage wiederholt, obwohl sie hier nicht passt. Aber zwischen diesen Dingen und
der Zwangsvorstellung ist ein weiter Abstand. Dort fehlen durchaus das Gefühl der Ueberwältigung und die Angst beim Widerstande.
Ueberdem verfahren die, die die Zwangsvorstellungen als Symptome der
Neurasthenie anführen, gewöhnlich so, dass sie sich nur auf die anscheinend
harmlosen Zwangsvorstellungen einlassen, dagegen die zu Handlungen, etwa
zum Morde treibenden bei Seite lassen, obwohl doch der Inhalt der
Zwangsvorstellungen nicht Eintheilungsgrund sein kann. Ich halte es
daher für richtig, bei Schilderung der Neurasthenie von den Zwangsvorstellungen, bez. -trieben ganz abzusehen.

Zweifelhaft kann man den sog. „Phobien" gegenüber sein. Bei diesen
handelt es sich darum, dass in irgend einer Lage peinliche Empfindungen

eintreten, die der Gesunde nicht hat, und dass deshalb die bedenklichen Situationen nach Kräften vermieden werden. Auch die Phobien gehören eigentlich zu den Zeichen der erblichen Belastung, kommen bei der einfachen Ermüdung nicht vor. Aber sie deuten auf eine weit geringere Schädigung hin als die eigentlichen Zwangsvorstellungen und es ist seit Beard allgemein üblich, sie unter den Symptomen der Neurasthenie anzuführen.

Man hat auch von *neurasthenischem Irresein* gesprochen. Krafft-Ebing hat in seinem Lehrbuche einen ziemlich grossen Abschnitt über neurasthenische Psychosen, in dem eine ganze Reihe verschiedener Formen genannt wird. Als solche werden angeführt die melancholische Folie raisonnante, Zustände transitorischen Irreseins, Dementia acuta, Melancholia masturbatoria, Irresein durch Zwangsvorstellungen, Paranoia neurasthenica angeführt. Ich verstehe nicht recht, warum die mitgetheilten Beobachtungen etwas Eigenthümliches haben sollen. Es handelt sich doch nur um die verschiedenen Gestalten des Irreseins der Entarteten und mit demselben Rechte wie die von Krafft-Ebing mitgetheilten Beobachtungen könnte man alle Fälle von Irresein auf Grund angeborener Entartung als neurasthenisches Irresein bezeichnen, d. h. den grössten Theil aller Psychosen. Zuzugeben ist natürlich, dass bei einem Kranken, der vorher neurasthenisch war und nachher irre wird, die früheren Symptome andauern können und damit eine gewisse Färbung in das Bild der Krankheit hineinbringen können. —

. In Summa, es wäre wohl das Richtigste, die Neurasthenie als chronische Ermüdung zu definiren, nicht von der Krankheit, sondern nur von dem Syndrom Neurasthenie zu reden. Beobachten wir chronische Ermüdung bei einem annähernd gesunden Menschen, so besteht die einfache Neurasthenie; im Uebrigen finden wir Neurasthenie mit Nervosität, mit Hysterie, mit der leichten Form des Entartungsirreseins u. s. w. verbunden, beobachten sie nach infectiösen Krankheiten, bei Vergiftungen und kennzeichnen den Zustand dann durch ein Beiwort als eigenartigen.

Man pflegt die Neurasthenie zu den „functionellen Neurosen" zu rechnen und will damit sagen, dass keine groben, keine sichtbaren Veränderungen im Nervensysteme zu finden seien. Ich möchte auch an dieser Stelle betonen, dass ich den Ausdruck „functionelle Neurosen", der überdem nach dem Sprachgebrauche eine Tautologie enthält, für schlecht halte. Er führt nur zu Missverständnissen und Unklarheiten. Richtig ist ja zweifellos, dass heutzutage niemand das Gehirn eines Neurasthenischen von dem eines Nichtneurasthenischen unterscheiden kann, dass wir von der pathologischen Anatomie z. Z. nichts zu erwarten haben. Aber man darf doch fragen, ob man sich nicht eine Vorstellung davon machen könne, welche Theile in der Neurasthenie verändert seien und worin etwa die Veränderung bestehen möchte.

Da wir die Ermüdung als das Vorbild der Neurasthenie ansehen, müssen wir uns wohl zunächst daran erinnern, was über die Ermüdung gelehrt wird. Der Muskel und das Gehirn werden leicht müde, die Nerven schwer oder gar nicht. Bei Ermüdung durch willkürliche Bewegungen werden wir Veränderungen im Gehirn und in den Muskeln zu erwarten haben. Ob bei Ermüdung durch Sinnesempfindungen Veränderungen in den peripherischen Sinnesorganen (abgesehen von der Netzhaut) dargethan worden sind, weiss ich nicht. Die interessanteste Thatsache scheint mir der von Mosso geführte Nachweis zu sein, dass bei Ermüdung durch ausschliesslich cerebrale Thätigkeit eine Veränderung der Muskeln eintritt. Nach diesem dürfen wir vermuthen, dass es sich auch bei der Neurasthenie besonders um Gehirn und Muskeln handeln werde.

Als sicheres Ergebniss geht aus den neueren Untersuchungen hervor, dass die Ermüdung eine Vergiftung ist. Das Blut des ermüdeten Thieres ist giftig. Wir können die durch den Zerfall bestimmter Nerven- und Muskelbestandtheile entstehenden Gifte mit den von aussen in den Organismus gebrachten Giften vergleichen und die übermässige Ermüdung etwa einem Alkoholrausche gleich setzen. Wie durch viele Räusche chronischer Alkoholismus entstehen kann, so mag oft wiederholte übermässige Ermüdung dauernde Veränderungen im Körper bewirken, die sich möglicherweise als gesteigerte Ermüdbarkeit, als Neurasthenie darstellen. Wahrscheinlich werden die Ermüdungsgifte zunächst die Stellen ihrer Entstehung, das centrale Nervensystem und die Muskeln, schädigen; da sie aber in den Kreislauf eintreten, ist es nicht ausgeschlossen, dass von ihnen auch Veränderungen anderer Organe, etwa der Gefässwände, gewisser Schleimhäute, der Nieren abhängen können. Von diesem Gesichtspunkte aus erscheint es als sehr wohl denkbar, dass feinere Methoden der Untersuchung wahrnehmbare Läsionen bei Neurasthenie nachweisen würden, sei es, dass chemische, sei es, dass unter dem Mikroskop sichtbare Veränderungen sich ergeben. Möglicherweise sind auch manche der heute wahrnehmbaren pathologischen Zustände (Parenchym-Schwund, Gefässentartung) Wirkungen der Ermüdung.

Das Beispiel des Alkoholismus lässt sich auch bei der Vererbung neurasthenischer Zustände anziehen. Mag man über die Vererbung erworbener Eigenschaften denken wie man will, die Beeinflussung der Keimstoffe durch im Körper kreisende Gifte wird man nicht leugnen können. Zudem reden die Thatsachen der Pathologie gerade hier eine laute Sprache und lassen nicht daran zweifeln, dass Trunksucht der Erzeuger Entartung der Erzeugten bewirkt. Ist nun die oft wiederholte übermässige Ermüdung einer chronischen Vergiftung gleich zu achten, so wird man sie als Ursache der Schwächlichkeit, Widerstandslosigkeit der Nachkommen begreifen. Auch ist begreiflich, dass die Schwächlichkeit vorwiegend eine solche des Gehirns ist, da es eben in der Natur der wirkenden, durch Gehirnarbeit entstandenen Gifte liegt, vorwiegend das Gehirn zu schädigen und sie in diesem Sinne auch auf die Keimstoffe wirken werden.

Genauer zu sagen, welcher Art die angeborene Gehirnschwäche sei, sind wir vorläufig nicht im Stande. Die von Arndt ausgesprochene Vermuthung, dass in solchen Fällen das Nervensystem relativ zu klein sei, mag als kühner Versuch, die Sache einfach aufzufassen, betrachtet werden. Man könnte meinen, sie werde durch den Befund relativer Kleinheit des ganzen Rückenmarkes bei Friedreich's Krankheit (Fr. Schultze u. A.) gestützt, aber es ist doch sehr fraglich, ob die genannten Befunde einen wesentlichen Zug der Krankheit ausmachen und weiter ob die Friedreich'sche Krankheit die Nervosität erläutern könne. Mosso meint, man müsse vermuthen, dass die Neurasthenischen verminderte Widerstandsfähigkeit gegen die Vergiftung durch die Ermüdungsproducte zeigen, oder einen zu geringen Vorrath von Energie in den Nervenzellen haben, oder die Verluste, die durch Ermüdung entstehen, zu langsam ersetzen. Mag vorläufig die Sache auf sich beruhen. Vielleicht ist es gestattet, hier eine beiläufige Bemerkung zu machen. Aus dem Umstande, dass bei der Ermüdung neben dem Gehirne besonders die Muskeln leiden, fällt vielleicht auf die Thatsache, dass ausser Gehirnkrankheiten besonders Muskelkrankheiten auf ererbter Anlage beruhen (Dystrophie, Myotonie), etwas Licht.

Ermüden kann, was thätig ist. Im Organismus kämen also das Nervensystem, die Muskeln und die Drüsen zunächst in Betracht. Unsere Erörterungen aber können sich, da die Drüsenthätigkeit der Willkür fast ganz entzogen ist und die Muskeln uns hauptsächlich interessiren, sofern sie unter bewussten Antrieben sich contrahiren, vorläufig auf das Gehirn beschränken. Im allgemeinen kann man sagen, je mehr Thätigkeit, um so mehr Ermüdung. Aber nicht jede cerebrale Thätigkeit macht gleichmässig müde. Ausser der Dauer und der Grösse der Leistung sind besonders zwei Umstände zu beachten: je willkürlicher einerseits, je unlustvoller andrerseits die Thätigkeit, um so eher tritt Erschöpfung ein. Nehmen wir das Clavierspiel als Beispiel. Eine halbe Stunde ermüdet natürlich mehr als 15 Minuten, ceteris paribus ein Presto mehr als ein Andante. Je unbekannter uns ein Stück ist, je mehr wir aufmerken

müssen, um die richtigen Bewegungen zu machen, um so grösser ist die
Anstrengung, während diese sich mindert mit der Wiederholung, die
allmählich dazu führt, dass die Finger nahezu von selbst ihren Weg
finden. Je mehr Zuhörer vorhanden sind, um so leichter tritt Beängstigung und Furcht vor Beschämung ein. Hängt gar von unserem Spiele
eine wichtige Entscheidung ab, handelt es sich etwa um eine Schluss-
prüfung, so kann die peinliche innere Spannung in's Ungemessene wachsen
und wird das Spiel auf's Aeusserste erschöpfen. Wenn man will, kann
man, abgesehen von den quantitativen Beziehungen, intellectuelle und
moralische Anstrengung unterscheiden. Jene besteht in dem Erfassen
des Neuen, in der Verknüpfung des noch nicht verknüpft Gewesenen,
dem Combiniren. Sowohl die Aneignung neuer Eindrücke, als die Bildung
neuer Urtheile, als die Ausführung neuer Bewegungen strengt an. Je
mehr Altes neue Thätigkeit enthält, um so leichter wird sie vollzogen.
Das Neue ist nur im hellsten Lichte des Bewusstseins möglich, die Wiederholung kann auch im Halbdunkel vor sich gehen. Die moralische Anstrengung liegt in der die Thätigkeit begleitenden Gemüthsbewegung.
Es ist da an Verschiedenes zu erinnern. Die Thätigkeit kann Widerwillen erregen und geschieht dann mit Selbstüberwindung. Oder letztere
ist erforderlich, weil das Interesse durch Anderes abgezogen wird und
das vernünftige Wollen nur mit Mühe der Aufmerksamkeit gebietet.
Oder aber es knüpfen sich an die Thätigkeit Erwartungen, Befürchtungen,
mag unser oder Andrer Wohl und Wehe in Frage kommen. Die Gemüthsbewegungen und der Schmerz sind auch, abgesehen vom Denken
und Handeln, eine anstrengende Thätigkeit, denn sie sind eben die Reaction
unseres Willens gegen eine gewaltsame Einwirkung. Die plötzlichen starken
Erregungen ermüden mehr als alles andere, wie denn der Schreck eine
nicht wieder ausgleichbare Erschöpfung bewirken zu können scheint.

Je andauernder, je rascher, je willkürlicher, je erregter gearbeitet
wird, um so eher wird der Arbeiter müde und andererseits wird er um
so eher und um so mehr müde, je weniger seine Kräfte beim Beginne
der Thätigkeit unversehrt waren. Die Erholung muss erst die Wirkungen
früherer Arbeit beseitigt haben. Das am leichtesten ermüdende Organ,
das Gehirn, bedarf der ausgiebigsten Erholung und findet sie im Schlafe.
Entbehren des Schlafes führt zu den höchsten Graden der Gehirn-
ermüdung.

Das Hervortreten und die Verknüpfung der bisher genannten Umstände bestimmen die Beziehungen der verschiedenen menschlichen
Thätigkeiten zur Neurasthenie.

Mit Recht pflegt man die vorwiegende körperliche, d. h. muskuläre
der vorwiegend geistigen, d. h. cerebralen Thätigkeit entgegenzustellen·

Muskelarbeit allein würde nur etwa in dem Falle zur chronischen Ermüdung führen, wenn ein äusserer Zwang sie in's Ungemessene steigerte.
Denn ist der Arbeitende sich überlassen, so wird bei eintretender Ermüdung das Gefühl der Müdigkeit so stark, dass die Arbeit unterbrochen
wird, und der Schlaf ist um so intensiver, je stärker die Arbeit gewesen
ist. Jedoch tritt fast immer zur körperlichen Arbeit eine mit mehr oder
weniger gemüthlicher Erregung verbundene Anspannung des Willens
hinzu. Anders als bei den Thieren ist bei den Menschen fast nie die
Bewegung Wirkung eines einfachen Triebes, die Motivation ist complicirt
und abstracte Vorstellungen sind fast immer die Ursache unserer Bewegungen. Bei jeder „Arbeit" im gewöhnlichen Sinne des Wortes setzen
wir abstracte Zielvorstellungen voraus. Auch die einfachste Arbeit ist
nicht ohne Selbstüberwindung möglich, auch beim blossen „Handarbeiter"
spielt die Gehirnanstrengung eine Rolle. Immerhin darf man wohl annehmen, dass ohne complicirende Umstände die körperlichen Arbeiten nicht
zur Neurasthenie führen können. Als solche Complicationen kommen Schlaflosigkeit und willkürliche Steigerung der Leistung in der Zeiteinheit
hauptsächlich in Betracht. Während auch schwere Arbeiten gut vertragen
werden, sobald die Nachtruhe genügend ist, leiden Arbeiter, deren Arbeit
leicht ist, wenn sie nicht ausschlafen können. Natürlich kann dies gelegentlich bei den verschiedensten Classen der körperlich Arbeitenden
vorkommen, besonders aber kommen die unteren Beamten im Eisen-
bahndienste und bei anderen Verkehrsanstalten, Kellner, Dienstboten in
Betracht. Z. B. habe ich Zustände chronischer Ermüdung bei Pferde-
bahnschaffnern beobachtet, bei denen wirklich Mangel an Schlaf die einzige
Krankheitsursache zu sein schien. Allzu intensive körperliche Arbeit
wird bei Lohnarbeitern kaum vorkommen, wohl aber giebt der Ehrgeiz
zu ihr Veranlassung. Es genüge, an die verschiedenen „Sport"-Leistungen
erinnert zu haben. Ausser ihnen kann man gewisse Notharbeiten nennen,
z. B. Gewaltmärsche, Arbeiten bei einem Dammbruche u. dgl. mehr. Doch
dürften durch diese Ueberanstrengungen, die naturgemäss vorübergehend
sind, nur vorübergehende Störungen entstehen. Dagegen giebt es einzelne
Formen der körperlichen Arbeit, bei denen falsche Bewegungen Gefahr
bringen, bei denen also ein hoher Grad von Aufmerksamkeit dauernd
nöthig ist. Solches kommt bei verschiedenen Maschinenbetrieben vor,
bei manchen Hochbauten u. s. w. Den gefahrvollen Arbeiten kann man
die Präcisionsarbeiten anreihen, bei denen wegen der Kostbarkeit des
Materials oder wegen der Feinheit der Arbeit jede Bewegung genau ab-
gemessen werden muss. Zwar wird man nicht oft neurasthenische Zustände bei den erwähnten Arbeitern beobachten, wenn nicht ausser der
Arbeit andere Schädlichkeiten eingewirkt haben, aber es ist doch zu

bedenken, ob nicht die Leichtigkeit, mit der Unfälle tiefgehende Störungen bei Handarbeitern oft hervorrufen, auch aus Ueberanstrengung durch vorausgehende gefahrvolle oder sonst peinliche Arbeiten erklärt wird.

Vielleicht gehört zu den Complicationen, die, sei es körperliche, sei es geistige Arbeit schädlich machen können, auch Ueberanstrengung der Sinnesorgane. Früher sagte man in Venedig, wer die catena fina mache, werde mit 30 Jahren blind, und manche Metallarbeiter, die argen Lärm aushalten müssen, werden bei Zeiten taub. Doch ist mir über cerebrale Störungen bei einschlagenden Arbeiten nichts bekannt geworden und bei der grossen Unempfindlichkeit, die die sogenannten geringen Leute gegen Lärm zu zeigen pflegen, glaube ich nicht, dass die Anstrengung der Sinnesorgane bei den Handarbeitern eine Rolle spiele. Anders ist es bei den Kopfarbeitern. Für sie ist besonders der Lärm zweifellos schädlich. Zwar wirkt er in erster Linie dadurch, dass er zu gesteigerter Aufmerksamkeit nöthigt, aber auch die starke Sinneserregung selbst ermüdet. Allen anderen starken Sinnesreizen kann man, von Ausnahmen abgesehen, sich verhältnissmässig leicht entziehen, das immer offene Ohr aber ist schwer zu schützen. Eine ganz besondere Stellung nimmt die Musik ein. Ihr Wesen besteht darin, dass durch Töne Gemüthsbewegungen hervorgerufen werden. Ihre Ausübung bringt gleichzeitig Anstrengung des Ohres und ein Uebermaass von seelischer Erregung mit sich. Dazu kommen die Nothwendigkeit, zur Erfassung kleiner Tonunterschiede die Aufmerksamkeit anzuspannen, und die durch die Thätigkeit sich steigernde Empfindlichkeit gegen Missklänge. Anstrengung der Augen kommt vor beim Mikroskopiren, bei gewissen physikalischen Versuchen, beim Entziffern von Handschriften, doch ist sie ziemlich selten und daher kaum von practischer Bedeutung.

Man hat auch behauptet, dass andauernde Erregungen der Gefühlsnerven, wie sie durch Erschütterungen (Eisenbahnfahren, Arbeit an manchen Maschinen) hervorgerufen werden, chronische Ermüdung begünstigen. Es ist fraglich, ob man die Seekrankheit als Ermüdungserscheinung auffassen darf, aber sicher besteht doch auch bei ihr eine Ueberreizung sensibler Nerven. Sieht man nun, dass bei empfindlichen Personen durch Fahren im Wagen der Seekrankheit ganz ähnliche Erscheinungen hervorgerufen werden, so erscheint es als wahrscheinlich, dass auch beim Gesunden trotz seiner Anpassungsfähigkeit andauernde Körpererschütterungen nachtheilig wirken. Auch hier erhebt sich die Frage, ob der Fahrdienst nicht die Widerstandsfähigkeit gegen Schreck durch Unfall vermindere.

Bei der vorwiegend geistigen Arbeit kommen so verschiedene Umstände in Betracht, dass sich ausser dem, was im Eingange gesagt wurde, wenig Allgemeines beibringen lässt, dass jeder Fall seine eigene Be-

urtheilung fordert. Wie lange eine Arbeit fortgesetzt werden kann, ohne
zu ermüden, das liegt an der Eigenart des Arbeitenden, an der Art der
Arbeit und an den Nebenumständen. Auch bei den annähernd Gesunden
finden wir die grössten Verschiedenheiten, und es ist sehr schwer zu
sagen, wie sie sich erklären lassen. Offenbar hängen sie nicht nur von
der verfügbaren Menge „geistiger Kraft" ab, sondern auch von der
individuellen Art der Gedankenverknüpfung, von der gemüthlichen Reizbarkeit, von den Ergebnissen der früheren Arbeit, von örtlichen und zeit-
lichen Einflüssen. Man spricht von Anlagen und Gaben, der eine lernt
leicht Sprachen, der andere beherrscht die Sprache, dieser kann geometrische
Verhältnisse erfassen, jener nicht u. s. f. Die Arbeit ist um so anstrengender,
je neuer sie für den Arbeitenden ist. Auf der einen Seite haben wir
den nahezu mechanischen Ablauf eingeübter Folgen, auf der andern das
geistige Schaffen, d. h. das Trennen und Verknüpfen von Vorstellungen,
das noch nie ausgeführt worden ist. Zwischen beide Extreme schieben
sich unzählige Abstufungen. Da nie dieselben Umstände wiederkehren,
gehört schliesslich zu jedem Denken und Thun etwas Lernen oder Schaffen.
Dass aller Anfang schwer ist, liegt eben hauptsächlich daran, dass die
Verknüpfung von Vorstellungen ermüdender ist, als die Wiederholung.
Das geistige Schaffen im engeren Sinne ist keine häufig vorkommende
Thätigkeit, aber die, die seiner fähig sind, mag es sich um wissenschaftliche oder um künstlerische Thätigkeit handeln, wissen, dass es kein
Spiel, sondern eine im höchsten Grade erschöpfende Arbeit ist. Es ist
wohl richtig, dass das Ergebniss sich oft als „Einfall" darstellt, jedoch
die Einfälle kommen nicht ohne vorausgehende anstrengende Arbeit.
Auch da, wo man nicht vom Schaffen im engeren Sinne sprechen kann,
wo das Material schon vorhanden ist, aber doch zusammengesucht werden
muss, wo es sich mehr um Ordnung und Klärung handelt, ist die Anstrengung ziemlich gross. Jeder weiss, dass die schriftliche Darstellung
dessen, was man ungefähr schon kennt, nicht ohne Anstrengung möglich
ist. Aber auch jedes Lernen ermüdet verhältnissmässig rasch, weniger
natürlich das Auswendiglernen, als das Verstehen, d. h. die Bildung neuer
Urtheile. Während aber das Urtheilen die Urtheilskraft steigert und
hier eine Abstumpfung nicht zu befürchten ist, hat die Uebung des Gedächtnisses ihre nicht allzuweit gesteckten Grenzen und es tritt bei über-
mässiger Anstrengung des Gedächtnisses leicht eine Ueberspannung, eine
Schädigung der Merkfähigkeit ein. Hier spielen die Altersunterschiede
eine grosse Rolle, eine grössere Rolle aber die Intensität der Auffassung. Viele prägen sich z. B. leicht die Erscheinung eines Thieres ein,
sodass sie es wiedererkennen können, aber nur Wenige sind im Stande,
dann das Bild, sei es durch Zeichnung, sei es durch genaue Beschreibung

der einzelnen Theile, wiederzugeben. Der Grad der Aufmerksamkeit, von dem offenbar in erster Linie die Ermüdung abhängt, ist so ausserordentlich wechselnd, dass bei scheinbar gleicher Arbeit Verschiedener oder zu verschiedener Zeit ein sehr verschiedenes Maass von Ermüdung sich ergeben kann. Auch insofern, als vom Stoffe der Arbeit das Ergebniss abhängt, dürfte der Grad der Aufmerksamkeit das Wesentliche sein. Man hält gewöhnlich eine geistige Arbeit für um so anstrengender, je mehr sie sich mit Abstractem befasst und besonders mathematische Thätigkeit gilt für ermüdend. Je umfangreicher die Begriffe sind, um so leichter kommen falsche Urtheile vor und um so angestrengtere Aufmerksamkeit ist erforderlich, um die Sphären der Begriffe zu überblicken. Bei der Mathematik gesellt sich zu der abstracten Natur des Materials noch die Nöthigung, von dem nur Gedachten in der Phantasie eine Art von Schema zu entwerfen, nicht nur Schlüsse zu ziehen, sondern auch den „Seinsgrund" zu erfassen. Sehr wesentliche Unterschiede ergeben sich aus der Geschwindigkeit des Arbeitens und aus der die Arbeit begleitenden inneren Erregung, die theils von der Natur der Arbeit abhängt, theils von zufälligen Umständen.

Ueber die Behandlung der Neurasthenie ist schon so reichlich geschrieben worden, dass man glauben möchte, alles weitere sei überflüssig. Ich will mich auch mit einigen kurzen Bemerkungen begnügen.

Wenn man die Bücher über Neurasthenie liest und vernimmt, wieviel und wie mächtige Mittel und Methoden wir besitzen und wie exact, wie physiologisch alles begründet ist, da wundert man sich, dass die Kranken noch nicht aufgehört haben, krank zu sein. Da ist die Hydrotherapie, die Balneologie, die Lehre von der Massage und Gymnastik, die Elektrotherapie u. s. w., alles auf physiologischer Grundlage. Da wird auseinandergesetzt, wie in Anstalten die Kranken geleitet, gepflegt, geheilt werden. Alles klingt sehr gut und die Autoren sind mit den erreichten Erfolgen sehr zufrieden. Die da schreiben, sind zum grossen Theile Anstalts-, Kur-, Badeärzte und es scheint, dass sie eine günstigere Auffassung von den Dingen haben als die Aerzte in der Stadt. Wenn man, wie ich, die Patienten aus den Bädern, Kurorten, Anstalten zurückkommen sieht, ihre Berichte hört und sie nachher beobachtet, so erscheinen die Erfolge bei Neurasthenie als weniger glänzend. Mir scheint, man kann die Kuranden in 3 Gruppen theilen. Zur ersten Gruppe gehören die, die geheilt oder entschieden gebessert zurückkommen. Sie ist die kleinste. Ob einer zu ihr gehört, das scheint weniger davon abzuhängen, dass er da oder dort gewesen ist, das oder jenes gebraucht hat, sondern davon, dass er ein annähernd normaler Mensch ist und

weniger durch seine Natur als durch äussere Einflüsse krank war. Die
zweite Gruppe ist die grösste, ihre Mitglieder kommen im Grunde genau
so wieder, wie sie fortgegangen sind. Sie haben sich vielleicht während
der Kur recht wohl gefühlt, aber nach der Rückkehr in die alten Verhältnisse ist wieder alles beim alten, oder die Leute sind ein paar
Wochen thatsächlich frischer, die Besserung hält jedoch nicht Stand.
Die Angehörigen der zweiten Gruppe sind theils stärker Entartete, theils
Leute, bei denen die ursächlichen Schädlichkeiten (übermässige Arbeit,
peinliche Verhältnisse u. s. w.) nicht zu beseitigen sind. Die 3. Gruppe,
die gar nicht klein ist, besteht aus solchen, die schlechter wiederkommen,
als sie gegangen sind. Der Eine hat seine 4 oder 6 Wochen in Kälte
und Regen zugebracht, der Andere behauptet durch die Kur selbst geschädigt zu sein, der Dritte hat so viel Aergernisse und kleine Unfälle
gehabt, dass er erst recht krank geworden ist, u. s. f. u. s. f. Leider
sind auch recht Viele dabei, denen die Aerzte geschadet haben. Unpassende Verordnungen kommen ja oft vor, aber im Allgemeinen schaden
sie weniger als unpassende Worte. Wie Viele habe ich nun schon gesehen, denen durch unbedachte Aeusserungen aus ärztlichem Munde
nachhaltige schädliche Suggestionen eingepflanzt waren, die dadurch
mehr Nachtheil erlitten hatten, als irgend eine Kur „auf physiologischer
Grundlage" ihnen hätte nützen können.

Kurz gesagt, ich glaube, dass bei der heutzutage gebräuchlichsten
Art, die Neurasthenie zu behandeln, nicht viel herauskomme.

Natürlich hat man bei Behandlung der Neurasthenie das Negative
und das Positive zu unterscheiden. Bei der Neurasthenie im engeren
Sinne, d. h. der einfachen chronischen Ermüdung, reicht das Negative
vollständig aus. Der Kranke braucht sich nur auszuruhen; sobald die
Ursachen der Ermüdung wegfallen, tritt schneller oder langsamer Erholung ein. Nun sind Fälle von Neurasthenie, die wirklich als chronische Ermüdung eines gesunden Menschen angesehen werden können,
nicht häufig, vielleicht ein paar unter hundert. Aber je mehr der Fall
sich sozusagen dem Ideal nähert, je geringer der Grad der vorher vorhandenen Entartung ist, um so mehr kann man sich auf die Beseitigung
der Schädlichkeiten beschränken. Liegt die Schädlichkeit in der Vergangenheit, wie etwa bei den Ermüdungzuständen nach Infectionskrankheiten, so ist die Sache am einfachsten; der Kranke erholt sich
unter den verschiedensten Umständen, wenn er nur ausreichende Schonung findet. Daher die grosse Beliebtheit, deren sich Reconvalescenten
in allen Bädern und Kurorten erfreuen. Ebenso einfach ist die Kur,
wenn es sich um gewisse schlechte Gewohnheiten handelt, z. B. bei der
sogenannten Alkoholneurasthenie: die Abstinenz genügt. Gewöhnlich

aber sind schwer zu beseitigende Bedingungen des individuellen Lebens
Ursache der Neurasthenie: ein anstrengender, verantwortungsreicher
Beruf, übergrosse Familienpflichten u. s. w. Diese Fälle bilden die
Hauptgruppe und sie meine ich. In ihnen sagt der Arzt: „Sie müssen
einmal ausspannen, Sie müssen einen Urlaub nehmen, oder Sie müssen
während der Ferien in's Gebirge, an die See, in jenes Bad, in diese
Wasserheilanstalt gehen." Dass Einer oder Eine für 8 Wochen ab-
kommen kann, ist schon recht selten, gewöhnlich sind 4, höchstens 5 Wochen
das Maximum. Wenn man sich nun 11 Monate lang der Schädlichkeit aussetzt und im 12. allein sich ihr entzieht, was kann man davon
erwarten? Ich denke, man sollte dem Kranken klar machen, dass nur
die Aenderung des Lebens hilft, dass für 4 Wochen zur Kur gehen und dann
wieder weiter leben wie vorher, dasselbe ist, als wenn einer sich
Ablass kauft und dann von neuem sündigt. So wird die Seligkeit
nicht erworben.

Bei den schweren Formen der Neurasthenie und bei der grossen
Mehrzahl derer, die gewöhnlich neurasthenische genannt werden, eigentlich dégénérés supérieurs sind und an chronischer Ermüdung leiden,
weil sie überhaupt den Anforderungen des Lebens gegenüber zu schwach
sind, reicht man mit dem Negativen nicht aus. Die Bäder, die Kurorte,
die Anstalten behaupten ja auch, Positives zu bieten. Fragt sich, wie
kann man positiv einwirken? Der Theoretiker möchte antworten, dadurch, dass man durch Beschleunigung des Stoffwechsels die Ermüdungstoffe fortzuschaffen sucht. Doch macht unser Mangel an den nöthigen
Kenntnissen es rathsam, vom rationellen Wege abzugehen und zu fragen,
welche Einwirkungen bekommen gemäss der Erfahrung den Neurasthenischen gut? Man kann die in Frage kommenden Agentia theilen in
solche, die von oben, und in solche, die von unten eingreifen, d. h. in
Mittel, die sich an die Seele, und andere, die sich zunächst an das
Körperliche wenden. Beginnen wir mit jenen, so bietet sich zunächst
die Suggestion dar, die in der Hypnose, im Wachen durch das Wort
oder indirect durch scheinbar physikalische Methoden gegeben werden
kann. Meine Ueberzeugung geht dahin, dass die Suggestion nur denen
wirklich helfen kann, die, kurzgesagt, an Erinnerungen leiden. Ich
meine solche, deren Functionen durch Vorstellungen in ihnen mehr oder
weniger unbewusster Weise gehemmt werden. In wechselndem Grade
leiden alle die in Betracht kommenden Kranken an Erinnerungen, ein
gewisses Maass der Hülfe kann daher die Suggestion allen bringen.
Aber das Hauptübel kann die Suggestion nur dann beseitigen, wenn in
unserem Sinne keine Neurasthenie mehr besteht. Die wirkliche chronische Ermüdung und angeborene Insufficienz widerstehen natürlich

der Suggestion. Diese hat daher, mag man an Hypnotisirung oder an
Elektrotherapie u. s. w. denken, bei der Neurasthenie nur ein beschränktes
Feld, kann nicht als Hauptmittel gelten. Die hypnotische Suggestion
ist übrigens bei den Neurasthenischen eine so schwierige Sache,
dass den meisten Aerzten das Geschick oder die Geduld dazu oder
beides fehlen wird. Ich gestehe offen, dass ich mich auch zu „den
meisten" rechne.

Das beruhigende, tröstende, ermuthigende Zureden ist gewiss viel
werth, aber die Hauptsache. kann es auch nicht leisten.

Mir scheint, das psychische Hauptverfahren muss die systematische
Anleitung zur Thätigkeit sein. Die Gewöhnung an die richtige Art der Arbeit,
das Ruhenlassen des ermüdeten Werkzeuges durch Inanspruchnahme der
noch frischen Organe u. s. f., das ist das Wichtigste. Dazu gehören
natürlich die Aufklärung des Kranken, die Hinweisung auf die zu ver-
meidenden Schädlichkeiten, die Berathung über die in jedem Falle
zweckmässige Gestaltung des Lebens und schliesslich die Förderung der
Einsicht in den Sinn des Lebens überhaupt. Es handelt sich bei dieser
Nosagogie um ärztliche Seelsorge im weitesten Sinne des Wortes. Soll
sie in der rechten Weise ausgeübt werden, so darf der Arzt nicht nur
ein mit naturwissenschaftlichen Kenntnissen versehener Gewerbtreiben-
der sein. Freilich gewährt die Vorbereitung zu seinem Berufe dem
Arzte bis jetzt in der Regel nicht das Ausreichende. Man muss fordern,
dass ganz anders als bisher durch den medicinischen Unterricht das
Verständniss des seelischen Lebens[1]) gefördert werde. Die Betrachtung
des Lebens ausschliesslich vom naturwissenschaftlichen Standpunkte aus
macht auf die Dauer beschränkt und roh (exempla docent, sunt autem
odiosa). Ein wirklicher Arzt und besonders ein Arzt für Nervenkranke
muss aber nicht nur das Seelenleben seiner Kranken zu berücksichtigen
und zu verstehen suchen, sondern er muss, wenn er wirklicher
Seelsorger sein soll, auch wissen, dass ohne irgend eine Art von Metaphysik
der Mensch zu Grunde geht. Wer das nicht einsehen kann, der beschränke sich auf Laboratoriumarbeiten oder wolle wenigstens nicht
„Nervenkranke" behandeln.

Von den sich an das Körperliche wendenden Behandlungsweisen
wirkt ein Theil sicher nur durch Suggestion, bei allen spielt die Suggestion eine grosse Rolle. Wieweit und wie eine physikalische Heilwirkung stattfinde, das lässt sich schwer bestimmen und wir wissen
so gut wie nichts. Trotz aller Untersuchungen, die „eine physiologische Basis" schaffen sollen, und trotz der Zuversicht, mit der Viele

---

[1]) Die auf den Universitäten vorgetragene Psychologie meine ich damit nicht.

von „der" Wissenschaft sprechen, als redeten sie von ihrer Tante, ist
unser Wissen arges Stückwerk und das therapeutische Wissen mehrt
als alles andere. Mir scheint, dass eins oft übersehen wird, nämlich die grosse Anpassungsfähigkeit des Organismus. Angenommen, dass
die in Betracht kommenden Einflüsse (besonders Klima, Wasseran-
wendungen, Gymnastik) nützliche Reize darstellen, so tritt eben doch
nach verhältnissmässig kurzer Zeit Gewöhnung ein und damit geht auch
der Nutzen verloren. Man gewöhnt sich an jedes Klima, an kaltes und
an warmes Wasser u. s. w., kurz, was uns anfänglich erregt, erregt uns
nach einiger Zeit nicht mehr. Das kommt bei so langwierigen Zuständen,
wie bei den schweren Formen der Neurasthenie, sehr in Betracht. Es
fällt mir nicht ein, die erwähnten Heilverfahren als nutzlos oder überflüssig zu bekämpfen, vielmehr halte ich sie für unentbehrliche Unter-
stützungsmittel der Behandlung. Ich kann sie aber nicht für die Hauptsache erachten und es ist zweckmässig, auch an ihre Mängel zu erinnern.
Zweifellos gehören zu den besten Methoden die, die eine Uebung und
Kräftigung der Muskulatur anstreben. Früher rieth man zu Fussreisen,
zu Holzhacken, Holzsägen u. s. w., jetzt werden ärztlich geleitetes Turnen,
die sogenannte Medicomechanik und Aehnliches empfohlen. Die ärztlichen Verfahren haben manche Vortheile: durch Ueberwachung können
Schäden vermieden werden, die Arbeit ist messbar, die verschiedenen
Muskeln können systematisch herangezogen werden u. s. f. Den Vor-
theilen stehen jedoch grosse Nachtheile entgegen: Mit jeder Bewegung
wird der Patient daran erinnert, dass er einer ist; die öde Langweilig-
keit der Thätigkeit wird auf die Dauer unerträglich und weil die Arbeit
kein Ergebniss liefert, macht sie keine Freude. Wenn ich auf einen
Berg steige oder in einem Kahne rudere, so kann ich sehen, was ich
geleistet habe; wenn ich gar einen Haufen Holz zerkleinert habe, so bin
ich gewissermaassen stolz und befriedigt. Jede Arbeit erfreut und er-
frischt in dem Grade, als sie ein brauchbares Ergebniss liefert. Wen
kann das Arbeiten an einem Ergostaten, an einem Bergsteigapparate im
Zimmer oder ähnlicher Firlefanz befriedigen? Nur ein eingefleischter
Hypochonder hält dergleichen aus.

Schliesslich kommt man immer auf die einfachsten Dinge zurück.
Das einzige, wessen man nie überdrüssig wird, was immer erfreut, beruhigt und stärkt, Geist und Körper fördert, das ist eine vernünftige
Arbeit, d. h. eine solche, die dem Individuum angemessen ist und in
der rechten Weise mit Ruhe wechselt. Irgendwie thätig sind wir, so lange
wir leben, absolute Ruhe giebt es nicht und auch der Kranke soll und
kann sie nicht haben. Wenn wir daher von Arbeit und Ruhe, von
Uebung und Schonung reden, so können wir damit nur den vernünftigen

Wechsel in der Thätigkeit meinen. Die Leute werden krank durch
schädliche, übertriebene, einseitige Thätigkeit, sei es, dass die Noth oder
der Ehrgeiz sie zwingt, sei es, dass Faulheit und Dummheit sie ihre
Kräfte an Läppisches vergeuden lassen. Auch die Gemüthsbewegungen
sind nur falsche Arbeit. Das Ideal wäre, dass der Arzt die Thätigkeit
des Patienten so regelte, wie ein guter Verwalter eine in Unordnung
gerathene Wirthschaft. Durch Sparsamkeit da, durch Anspannung der
Kräfte dort, durch Ausschaltung unergiebiger oder Verlust bringender
Betriebe, durch Einfügung neuer müsste das verschuldete Gut in ein
zinstragendes verwandelt werden.

Der Arzt, der so den Patienten führte, der ihn zugleich zu einer
einfachen, naturgemässen Lebensführung nöthigte und ihm mit Rath
und Trost zur Seite stünde, der würde wohl bei Behandlung der Neurasthenie die besten Erfolge haben.

Es ist ersichtlich, dass sich das Alles am leichtesten in einer Anstalt
ausführen liesse. Aber gegen die Anstalten für Nervenkranke, wie sie
jetzt sind, lassen sich manche Bedenken erheben. Ich spreche nicht von
denen, die nur Hotels sind, die ein Arzt dirigirt und in denen man
ausser den gewöhnlichen Bedürfnissen auch elektrische Bäder u. dgl.
bekommen kann. Ich meine solche, die nach unseren jetzigen Begriffen
gut geleitet werden, die in den Händen eines ehrlichen und tüchtigen
Arztes sind. Zunächst sind die Anstalten viel zu theuer. Die meisten
Menschen sind nun einmal arme Teufel und können die Kosten des An-
staltaufenthaltes entweder gar nicht oder doch nur mit Ach und Krach für
kurze Zeit erschwingen. Die Folge davon ist nicht nur, dass sehr vielen
die Anstalt überhaupt verschlossen ist, sondern auch, dass viele, die hin-
einkommen, viel zu kurz bleiben, während ihres Aufenthaltes ängstlich
den Geldbeutel betrachten und mit der sorglichen Frage „ob ich wohl
gesund werde, ehe er leer ist" ihr Gesundwerden stören. Nun kann
man freilich den Besitzern der Anstalten nicht zumuthen, dass sie ohne
Nutzen arbeiten sollten. Eine Besserung wäre nur zur erwarten, wenn
der Staat oder Genossenschaften Anstalten gründeten. Gegenwärtig hat
man es gut, so bald man schwer geisteskrank wird, denn dann nimmt
der Staat sich eines an, wenn man kein Geld hat, und sorgt dafür, dass
man in eine gut eingerichtete Anstalt kommt. Ist man aber nur leicht
geisteskrank, so ist Hülfe schwer zu finden. Immerhin dürften auf ab-
sehbare Zeit hin nur in Utopia die staatlichen Nervenheilanstalten errichtet werden. Eher könnte man durch freiwillige Vereinigung etwas
erreichen. Wenn z. B. die deutschen Lehrer auf gemeinsame Kosten
die Anstaltgründung unternähmen, derart, dass jeder Beitragzahlende
im Falle der Erkrankung Anspruch auf Aufnahme gegen geringe Ver-

gütung hätte, so ginge die Sache gewiss. Vieles Gold wird jetzt ganz
unnütz ausgegeben. Der Kranke braucht ein luftiges Zimmer, dessen
Wände möglichst wenig Geräusch durchlassen, ein gutes Bett; alles
andere muss peinlich sauber, kann aber sehr einfach sein. Das schlich-
teste Häuschen genügt, denn ein halbwegs verständiger Mensch bedarf
zum Gesundwerden nicht eines stilvollen Hauses mit Sandsteinschmuck
u. s. w. Vor allen Dingen müsste auch die Beköstigung vereinfacht
werden. Unbedingt zu verbannen wären alle geistigen Getränke. Manche Anstalten erinnern gerade in dieser Hinsicht an Gasthäuser; ich hoffe es, wage
es aber nicht zu behaupten, dass in keiner Anstalt stillschweigend eine
Art von „Weinzwang" ausgeübt werde. Ueppige Mahlzeiten von so und
so viel Gängen taugen gar nichts. Wir essen alle zu viel. Einfache
Kost, so einfach wie irgend möglich, ist eine wichtige Bedingung. Wohl
giebt es Kranke, die besser genährt werden müssen, als bisher, aber der
Mehrzahl thäte Hunger gut. Man erinnere sich doch an die Trappisten-
klöster; die Mönche essen schlecht und wenig, dabei sind sie gesund,
arbeitsfähig und werden alt. Auch an den Japanern sind die Zahlen,
die „die Wissenschaft" ausgerechnet hat, in die Brüche gegangen. Es
kommt doch darauf an, was der Darm aufnimmt, nicht darauf, was der
Mund aufnimmt. Unter im übrigen günstigen Lebensbedingungen aber
wächst offenbar die Resorptionsfähigkeit. Je weniger unnütz durch den
Darm getrieben wird, um so weniger werden die Organe abgenutzt, um
so weniger schädliche Stoffe entstehen im Körper. Ganz besonders
sollte in den Anstalten für Nervenkranke die Fleischfütterung verboten
sein und es wäre ein Verdienst der Aerzte, wenn sie dahin wirken
möchten, dass auch in Kurorten die jetzt übliche, geradezu unsinnige
Fleischfresserei, zu der durch die Sitte auch der Widerstrebende gezwungen wird, eingeschränkt würde. Höchst trübselig sind jetzt die
Wohnungsverhältnisse in den Kurorten und z. Th. auch in den Anstalten,
insofern, als der Gast, der vielleicht zu Hause eine sehr behagliche
Wohnung besitzt, gewöhnlich ausser seinem Schlafzimmer keinen befriedigenden Aufenthaltsort hat, denn die gemeinsamen Räume sind fast
immer ungenügend, ja es wird einem zugemuthet, sich da aufzuhalten,
wo Billard oder gar Clavier gespielt wird. In einer Anstalt sind weite
Hallen ein unbedingtes Bedürfniss.

Der Hauptfehler aber der jetzigen Anstalten besteht darin, dass
sie keine Arbeit bieten. Der Müssiggang schadet mehr als Massage,
Bäder u. s. w. nützen. Bekanntlich hat die Psychiatrie in der Einrichtung
der colonialen Anstalten einen ganz wesentlichen Fortschritt gemacht.
Ich glaube, dass für die leicht Kranken die geregelte Thätigkeit noch
nöthiger ist, als für die schwer Kranken der Irrenanstalt. Freilich wird

es auch unter jenen manche geben, die zeitweise zu einer nützlichen
Beschäftigung unfähig sind, aber sie bilden sicher eine verhältnissmässig
kleine Minderheit. Die grosse Schwierigkeit liegt in der Beschaffung
der Arbeit. Nachahmen kann man die landwirthschaftliche Irrenanstalt
nicht, denn die meisten Kranken der Nervenheilanstalten kommen nicht
aus landwirthschaftlichen Betrieben, sind zu schwerer Arbeit gar nicht
brauchbar. Gewiss, manche landwirthschaftliche Beschäftigung passt auch
für sogenannte Gebildete, die Gärtnerei vermag einige oder mehrere zu
beschäftigen, aber das reicht bei weitem nicht aus. Weibliche und auch
männliche Patienten könnten einen Theil der häuslichen Verrichtungen
besorgen (wodurch an Dienerschaft gespart würde), denn niemand darf
sich einer Arbeit schämen, zu der alle verpflichtet sind, und das, dass
einer allen dient, hat grossen moralischen Werth. Aber auch damit
würde man nicht auskommen. Vielleicht liessen sich diese oder jene
Betriebe einrichten, die theils Kopf-, theils Muskelarbeit forderten. Ich
habe mir die Sache vielfach überlegt, kann aber bestimmte Vorschläge nicht
machen und möchte hier nur zur Erörterung der Angelegenheit anregen.
Wenn ich auch nicht sagen kann, wie es im Einzelnen zu machen ist,
so steht mir doch fest, dass die rechte Arbeit das Haupttheilmittel
sein muss.[1]

Bibliographie.

Allbutt, T. Clifford, On intestinal neuroses. Lancet I. 11. 12. 14. March,
April 1884. (Schmidt's Jahrbb. CCII. p. 133. 1884.) — Alt, Konrad, Ueber d. Ent-
stehen von Neurosen u. Psychosen auf d. Boden v. chron. Magenkrankheiten. Arch. f.
Psych. u. Nervenkrkh. XXIV. 2 p. 403. 1892. — Altdorfer, M., Zur Diät bei Dyspepsia
nervosa. Deutsche Med.-Ztg. X. 26. 1889. — André, G., Les névroses de l'intestin.
Gaz. hebd. 2. S. XXIX. 51. 1892. — Anjel, Experimentelles zur Pathologie und Therapie der cerebralen Neurasthenie. Arch. f. Psychiat., Berl. 1884, XV. 618—632. —
Apollonio, C., Le paranoie rudimentarie (idee fisse) considerate come forme speciali di
neurastenia. Mantova. 1889. — Arcari, G., Sulla neurastenia. Bull. d. Comit. med.
cremonese, Cremona, 1887, VII, 200, 247. — Arndt, R., Ueber die neuropathische Diathese. Berl. klin. Wchnschr. XII. 16. 1875. — Arndt, Rud., Neurasthenie. Eulenburg's
Realencyclopädie der ges. Heilkunde. Wien 1882. — Arndt, R., Die Neurasthenie
(Nervenschwäche); ihr Wesen, ihre Bedeutung und Behandlung vom anatomisch-physiologischen Standpunkte. X. 8°. Wien u. Leipzig 1885. — Arndt, Ueber Koprostase
aus Nervosität. Deutsche med. Wchnsch. XVI. 21. p. 457. 1890. — Arnold, A. B.,

---

[1] Bemerkung während der Correctur. Soeben erhalte ich den kleinen Aufsatz Forel's „zur Behandlung der Psychopathen" (Corr. Bl. f. schweizer Aerzte XXIV.
18. 1894), der ähnliche Anschauungen kundgiebt, wie ich sie oben dargelegt. Ich freue
mich aufrichtig, mit dem hochgeschätzten Manne auch hier zusammenzutreffen.

On Neurasthenia. Philad. med. and surg. Rep. LVI. 8. 9. — Averbeck, H., Die akute Neurasthenie, die plötzliche Erschöpfung der nervösen Energie, ein ärztliches Kulturbild. Deutsche Med. Ztg. Berl. 1886, VII, 293, 301, 313, 325, 337. — Axenfeld, A., Des névroses. 8⁰. Paris 1864. cf. Requin, A. P., Pathologie médicale. Paris 1863. IV. 125—695. — Axenfeld, A., Traité des névroses. 2. éd. augmentée de 700 pages par H. Huchard. 8⁰. Paris 1883. — Babes, V., Ueber d. Behandl. d. genuinen Epilepsie u. d. Neurasthenie mittels subcutaner Injektion von normaler Nervensubstanz. Deutsche med. Wchnschr. XVIII. 30. 1892. — Babes, V., Sur le traitement de la neurasthénie, la mélancolie et l'épilepsie essentiale au moyen des injections de substance nerveuse normale. Roumanie méd. 1 l. p. 28. — Deutsche med. Wchnsch. XIX. 12. 1893. — Bannas, S., Ein objectives Augensymptom der Neurasthenie. Irrenfreund XXXV. 9 u. 10. 1893. — Barduzzi, D., Sulla agorafobia. Il raccoglitore med. XXXVIII. 17. 1875. — Barrau, Des troubles musculaires dans la neurasthénie. Thèse de Bord. 1892. — Bartholow, R., What is meant by nervous prostration? Proc. Philad. Co. M. Soc. Phil. 1843—44, VI. 120. 131. — Beard, G. M., Neurasthenia, or nervous exhaustion. Boston Med. u. Surg. Journ. 1869. N. S. LXXX. 217—221. — Beard, G. M., Certain symptoms of nervous exhaustion. Virginia M. Month. Richmond 1878. v. 161—185. — Beard, G. M., Neurasthenia (nervous exhaustion) as a cause of inebriety. Quart. J. Inebr. Hartford, 1878—79. III. 193—201. — Beard, G. M., The nature and diagnosis of neurasthenia (nervous exhaustion). New-York M. J. 1879. XXIX. 225—251. — Beard, G. M., Other symptoms of neurasthenia (nervous exhaustion). Journ. of Nerv. & Ment. Dis. Chicago 1879. VI. 246—261. — Beard, G. M., The symptoms of sexual exhaustion (sexual neurasthenia). Independ. Pract. Balt. 1880. I. 221, 271. — Beard, G. M., A practical treatise on nervous exhaustion (neurasthenia), its symptoms, nature, sequences, treatment. 8. New-York, 1880. — Beard, G. M., Nervous exhaustion (neurasthenia), with cases of sexual neurasthenia. Maryland M. J. Balt. 1880. VI. 289—297. — Beard, G. M., The sequences of neurasthenia. Alienist & Neurol., St. Louis, 1880. I. 18—29. — Beard, G. M., Traumatic neurasthenia N. Eng. M. Month, Newtown, Conn. 1881—82. I. 246—249. — Beard, G. M., American nervousness, its causes and consequences, a supplement to nervous exhaustion (neurasthenia). New-York 1881. 8⁰. XXII u. 346 S. (Besprochen von Möbius im Centr.-Bl. f. Nervenheilk. V. p. 333. 1882.) — Beard, Geo. M., Die Nervenschwäche (Neurasthenia), ihre Symptome, Natur, Folgezustände und Behandlung. Mit einem Anhange: d. Seekrankheit u. d. Gebrauch der Brommittel. Uebers. v. M. Neisser. 3. Aufl. Leipzig, F. C. W. Vogel. Gr. 8. VIII u. 198 S. 1889. (Die 1. Auflage ist besprochen von Möbius im Centr.-Bl. f. Nervenheilk. IV p. 290. 1881.) — Beard, G. M. u. A. D. Rockwell, Die sexuelle Neurasthenie, ihre Hygiene, Aetiologie, Symptomatologie u. Behandlung. Mit einem Anhang von Receptformeln. 2. Aufl. Autoris. deutsche Ausgabe. Leipzig u. Wien. Franz Deuticke. 8. X u. 177 S. 1890. — Benedict, M., Ueber Platzschwindel. Allgem. Wien. med. Zeitg. 1870. 37, 40. — Benedict, Moriz, Ueber Neurasthenie. Wien. med. Bl. XIV. 3. 6. 1891. — Benedict, M., Zur Therapie der Neurasthenie und der functionellen Neurosen überhaupt. Internat. klin. Rundschau. 1891. 5. — Berger, O., Zur Neurasthenie. Jahresber. der Schles. Gesellsch. f. vaterl. Cultur, 1882. — Berger. P., Die Nervenschwäche (Neurasthenie); ihr Wesen, ihre Ursachen und Behandlung. 2. Aufl. 8. Berlin, W. 1885. — Berger, Paul, Die Nervenschwäche (Neurasthenia). Ihr Wesen, ihre Ursachen u. Behandlung. 8. Aufl. Berlin. Steinitz' Verl. Gr. 8. 61 S. M. 1.50. 1889. — Bertololy, Die traumat. Neurosen. Ver.-Bl. d. Pfälzer Aerzte IX. p. 147, 170. Juli, Aug. 1893. — Bernhard, Ueber Gesichtsfeldstörungen u. Sehnervenveränderungen bei Neurasthenie u. Hysterie.

Diss. inaug. Zürich. 1890. — Binswanger, O., Zur Behandlung der Erschöpfungs-neurosen. Allg. Ztschr. f. Psychiatrie XL. 4. p. 638. 1883. — Binswanger, Otto, Ueber psychisch bedingte Störungen des Stehens u. Gehens. Berl. klin. Wchnschr. XXVII. 20. 21. 1890. — Blanc-Champagnar, Etude pathogénique et théra-peutique sur la dilatation de l'estomac et sur son influence dans la neurasthénie. Paris. 1890. — Bloch, E., Neuropathische Diathese und Kniephänomen. Arch. f. Psychiatrie. XII. 2. p. 471. 1881. — Blocq, Paul, La neurasthénie et les neur-asthéniques. Paris. Impr. F. Levé. 1891. S. 32 pp. — Blocq, Paul, La neur-asthénie et les neurasthéniques. Gaz. des Hôp. 46. 1891. — Blocq, Paul, Sur un syndrome caractérisé par de la Topoalgie. Gaz. hebd. 2. S. XXVIII. 22. 23. 1891. — Blum, A., De l'hystéro-neurasthénie traumatique. Arch. gén. p. 458. Oct. 1893. — Bordaries, De la neurasthénie. Thèse de Bordeaux. 1890. — Borel, V., Unter-suchungen über die allgemeinen Neurosen und den Nervosismus insbesondere. 8. Bern 1871. — Borel, V., Le nervosisme et les affections nerveuses fonctionnelles. Précédé de quelques considérations sur la constitution intime de l'être humain. 8. Paris 1878. — Bouchut, E., De l'état nerveux aigu et chronique, ou nervosisme appelé névropathie aiguë cérébro-pneumo-gastrique; diathèse nerveuse; fièvre nerveuse; cachexie nerveuse; névropathie protéi-forme: nevrospasmie et confondu avec les vapeurs, la surexcitabilité nerveuse, l'hystéricisme, l'hystérie, l'hypocondrie, l'anémie, la gastralgie etc. 8. Paris 1860. — Bouchut, E., Du nervosisme aigu et chronique et des maladies nerveuses. 2. éd. 8. Paris 1877. — Bouveret, Neurasthenia. Journ. of nerv. and ment. Dis. XVI. 8. p. 496. Aug. 1891. — Bouveret, L., Die Neurasthenie (Nervenschwäche). Nach d. 2. französ. Aufl., deutsch bearb. von O. Dornblüth. Wien 1892. Deuticke. 8. VII. u. 292 S. M. 6.—. — Brauns, P., Die Neurasthenie, ihr Wesen, ihre Ursachen, Behandlung und Verhütung. Wiesbaden, Bergmann 1891. Gr. 8. VII. u. 77 S. M. 1.60. — Brissaud, E., De l'asthme essentiel chez les névropathes. Revue de Méd. X. 12. 1890. — Brown, J., Neurasthenia, or nervous exhaustion. Tr. Wisconsin, M. Soc. Milwaukee 1878. XII. 106—118. — Brown-Séquard, Lectures on the diagnosis and the treatment of functional nervous affections. Philadelphia 1868. — Bruck, C., Ein Fall von schwerer Neurasthenie, getheilt durch das Weir-Mitchell'sche Behandlungs-verfahren. Diss. inaug. Berlin 1887. — Brück, A. Th., Ueber Schwindelangst (aura vertiginosa) u. deren Behandlung in Driburg. Deutsche Klinik 1869. 5. — Brügel-mann, W., Ueber neurasthen. Asthma. Therap. Monatsh. VI. 6. 7. p. 282. 351. 1892. — Bruns, L., Neuere Arbeiten über die traumat. Neurosen. Schmidt's Jahrb. CCXXX. p. 81. 1891, CCXXXI. p. 21. 1891. CCXXXIV. p. 25. CCXXXVIII. p. 73. 1893. — Buch, Max, Wirbelweh, eine neue Form d. Gastralgie. Vorläuf. Mitthlg. Petersburger med. Wchnschr. N. F. VI. 22. 1889. — Burkart, R., Zur Pathologie der Neurasthenia gastrica (Dyspepsia nervosa). Bonn 1882. 8. 51 S. — Burkart, R., Zur Behandlung schwerer Formen von Hysterie und Neurasthenie. Volkmann's Samml. klin. Vortr. No. 245. 1884. — Burkart, R., Zur Behandlung der Hysterie und Neurasthenie. Berl. Klin. Wchnschr. XXIV. 45. 46. 47. 1887. — Bystrow, N. J., Ueber Kopfschmerzen der Schulkinder, hervorgerufen durch Gehirnübermüdung. Jesh. Klin. Gas. 1886. 19. — Campbell, H., A treatise on nervous exhaustion and the diseases induced by it. With observations on the nervous constitution, hereditary and acquired, and on the origin and nature of nervous force and animal electricity. 4. Ed. 12. London 1874. — Cantani, A., Neurasthenia. Il Morgagni, 1890, 11. — Capitan, Traitement de la neurasthénie. Revue d'hyg. thérap. 1891. 247. — Carrière, E., Sur l'agoraphobie. L'union méd. 1878, 118. — Chappel, W. F., Neurasthenia and neuralgia from traumatism. of the nasal passages. New-York med. Record. XXXVII.

19. May 1890. — Charcot, J. M. Leçons du mardi à la Salpêtrière. Rec. par Blin, Charcot fils et Henri Colin. Tome I. 1888. 606 pp. Tome II. 1890. 579 pp. Paris, F. Lecrosnier et Babé. — Clark, F., Some remarks on nervous exhaustion and on vasomotor action. Journ. of Anat. & Physiol. Lond. 1843—4. XVIII. 239—56. — Clark, A., Some observations concerning what is called neurasthenia. Lancet, Lond. 1886. I. 1. — Clausse, Contribution à l'étude de la neurasthénia Thèse de Paris 1891. Cordes, E., Ueber Platzangst. Arch. f. Psychiatrie u. Nervenkrankh. III. 3. 1873. X. 1. p. 48. 1880. — Cowles, Edward, Neurasthenia in its mental symptoms. Boston med. and surg. Journ. CXXV. 3—9. p. 49. 93. 97. 125. 153. 181. 209. July, Aug. 1891. — Cullerre, A., Nervosisme et névroses. Paris 1887. — Cullerre, A., Die Grenzen des Irreseins. Deutsch von O. Dornblüth. Hamburg. Verlagsanstalt. 1890. 8. 270 S. — D., C. L., Des neurasthénies et de leur traitement. Union med. Paris 1883. 3. s. XXXVI. 869; 883. — Dana, C. L., On the pathology and treatment of certain forms of chronic nerveweakness. Med. Rec. N. Y., 1883. XXIV. 57—62. Dana, Charles L., On a new type of neurasthenic disorders: angioparalytic or „pulsating" neurasthenia. Savannah med. Journ. I. 1. p. 8. Jan. 1894. — Debove, Sur un cas d'agoraphobie. Gaz. des hôp. 1891. 116. — Decker, J., Ueber nervöse Dyspepsie. Münchn. med. Wchnschr. XXXVI, 22. 23. 1889. — Dejerine, J., L'hérédité dans les maladies du système nerveux. 8°. Paris 1886. I. d. conn. méd. prat. Paris 1886. 3 S. VIII. 201 ; 209. — Dehio, K., Ueber nervöses Herzklopfen. Petersb. med. Wchnschr. N. F. III. 31. 32. 1887. — Dercum, F. X., The treatment of neurasthenia, with special reference to the rest-cure. Therap. Gaz. 3. S. IX. 12. p. 793. Dec. 1893. — Deschamps, Albert, La Femme nerveuse. Bull. de Thér. LXI. 6. p. 97. Févr. 15. 1892. — Desmartis, F. P., Du nervosisme. 8. Bordeaux 1859. — Desrosiers, H. E., De la neurasthénie. Union méd. du Canada, Montréal 1879. VIII. 145; 201. — Deusen, C. H. van, Observations on a forme of nervous prostration (neurasthenia), culminating in insanity. Amer. Journ. of insan. 1869, April. — Dowse, T. S., On neurasthenia, or nervous exhaustion and its treatment. Proc. M. Soc. Lond. 1879—81. V. 153. — Dowse, T. S., On brain and nerve exhaustion, „neurasthenia"; its nature and curative treatment. Revised ed. 8. London 1887. — Dragomanoff, A. P., Sluch. neurasthenii, osloj. psichichesk. elementar. razstroist. (Case of neurasthenia, involving psychiatric elementary perturbation) Archiv psichiat. etc., Charkov 1887. IX. no 2, 68—76. — Draper, F., Neurasthenia of the ganglionic nervous centres. Tr. Vermont M. Soc. 1881. St. Albans, 1882, 59—68. — Dubay, Nikolaus, Ueber die Behandlung der funktionellen Neurosen mittels Metallotherapie. Wien. med. Wochenschrift. XLIV. 21. 1894. — Dujardin-Beaumetz, De la dilatation de l'estomac comme cause de la Neurasthénie. Berl. klin. Wchschr. XXVII. 31. 1890. — Dujardin-Beaumetz, Des neurasthéniques gastriques (déséquilibrés du ventre) et de leur traitement. Bull. de Ther. LVIII. 44. p. 433. Nov. 30. 1889. — Dunin, Theod., Ueber habituelle Stuhlverstopfung, deren Ursachen u. Behandlung. Berliner Klinik. Heft 34. April 1891. — Dutil, Hystérie et neurasthénie associées. Gaz. méd. de Paris. 1889. No. 10. — Dutil, A., Syphilis et neurasthénie. Gaz. de Par. 49. 1893. — Eisenlohr, C., Differentialdiagnose zwischen Tabes u. Neurasthenie. Deutsche med. Wochenschr. X. 21. 1884. — Engelhorn, Ueber allgemeine Faradisation. Centr.-Bl. f. Nervenhlk. IV 1. 1881. — Erb, W., Ueber die wachsende Nervosität unserer Zeit. Heidelberg, G. Koester. Gr. 8°. 32 S. 1894. — Eulenburg, A., Lehrbuch der functionellen Nervenkrankheiten auf physiologischer Basis. 8. Berlin 1871. — Evans, Rufus, E., Case of neurasthenia treated by hypodermic injections of nerve extract. Brit. med Journ. Dec. 16. p. 1321. 1893. — Ewald, C. A., Die Neurasthenia dyspeptica. Berl. klin.

Wochenschr. 1884. XXI, 321; 342. — Ewald, C. A., Ueber Enteroptose u. Wander-
niere. Berl. klin. Wchschr. XXVII. 12. 13. 1890. — Eyselein, O., Tisch für
Nervenkranke. (Wiel's diätet. Behandl. d. Krankheiten d. Menschen IV.) Karlsbad.
Feller. 8. VII u. 267 S. M. 4.— — Féré, Ch., La famille névropathique. Arch.
de Neurol. VII. p. 1 et 173. 1888. — Féré, Ch., La famille névropathique. Paris.
F. Alcan. 8°. 334 pp. 1894. — Fischer, F. W., Neurasthenia. Boston M. et S. J.
1872. LXXXVI, 65—72. — Fischer, F., Die allgemeine Faradisation. Arch. f. Psychiatrie. XII. 3. 1882. — Fournier, Les formes cliniques de la neurasthénie syphilitique. Gaz. des Hôp. 101. 1893. — Fournier, Diagnostic, pronostic et traitement
de la neurasthénie syphilitique. Gaz. des Hop. 104. 1893. — Fowler, W. H., Neurasthenia. Med. Bull. Philad. 1881. III. 254—256. — Frankl-Hochwart, L. von,
Zur Kenntniss d. cerebralen Anästhesien. Wien. med. Presse. XXXIV. 8. p. 303. 1893.
— Friedmann, M., Ueber Nervosität u. Psychosen im Kindesalter. Münchner med.
Wchschr. XXXIX. 21. 22. 24. 25. 1892. — Fürbringer, Ueber Impotentia
virilis. (Verh. d. VIII. Congr. f. innere Med. Wiesbaden, 1889. J. F. Bergmann. p. 242.)
— Gaston, Paul, Nervosisme. Arch. gén. p. 79. Juillet 1893. — Gerhardt, C.,
Ueber einige Angioneurosen. Volkmann's Samml. klin. Vortr. No. 209. — Ghose,
K. D., An instructive case of nervous exhaustion simulating intermittent fever. Indian
M. Gaz. Calcutta, 1874. IX. 259. — Glatz, P., Un traitement des céphalalgies ner-
veuses et neurasthéniques. Bull. gén. de Thérap. 1886. 69. — Glatz, P., Etude sur
l'atonie et les névroses de l'estomac (neurasthenia vago-sympathica). Paris. 1891. —
Glax, J., Ueber nervöse Dyspepsie. Volkmann's Samml. klinisch. Vortr. No. 223. —
Glénard, F., Application de la méthode naturelle à l'analyse de la dyspepsie nerveuse.
Détermination d'une espèce. De l'entéroptose. Lyon 1885. Voir aussi Soc. méd. des
hôp. de Paris, Mai 1886. — Glénard, Dyspepsie nerveuse; détermination d'une espèce.
Paris 1887. — Goodell, Will., Ueber die Beziehungen der Neurasthenie zu den Krankheiten der Gebärmutter. Transactions of the american gynaecol. soc. VIII. p. 25.
Boston 1879. (Schmidt's Jahrb. CLXXXVII. p. 204. 1880. — Gorhan, A., Ueber
das Wesen und die Behandlung der erworbenen Neurasthenie. Internat. klin. Rundschau, 1889. 50. — Graham, Douglas, Local massage for local neurasthenia. Boston
med. and surg. Journ. CXVII. 24. p. 572. 581. Dec. 1887. — Gray, Landon Carter,
Neurasthenia, its differentiation and its treatment. N.-York med. Record XXXIV. 18.
p. 546. Nov. — Boston med. and surg. Journ. CXIX. 19. p. 459. Nov. — Philad. med.
and surg. Reporter LIX, 23. p. 701. Dec. 1888. — Greene, J. S., Neurasthenia; its
causes and its home treatment. Boston. Med. et Surg. Journ. 1883, CIX, 75—78. —
Gugl, Hugo, Die Grenzformen schwerer cerebraler Neurasthenie. Neuropathol. Studien.
p. 124. 1892. — Hack, Wilh., Reflexneurosen u. Nasenleiden. Wien. med. Wchnschr.
XXXII. 49—51. 1882. Berl. klin. Wchnschr. XIX. 25. 1882. — Hack, W., Ueber
die operative Radicalbehandlung bestimmter Formen von Migräne, Asthma, Seefieber,
sowie zahlreicher verwandter Erscheinungen. Wiesbaden 1884. J. F. Bergmann. —
Hamilton, Nervous diseases, their description and treatment. London 1878. — Ham-
mond, W. A., Treatise on disorders of the nervous system. New-York 1871. — Hauc,
A., Ueber einen seltenen Fall von sexueller Neurasthenie. Wien. med. Bl. X. 5. 18. —
Handbuch d. Neurasthenie, bearb. von R. v. Hösslin, G. Hünerfauth, J. Wil-
helm, K. Lahusen, F. Egger, C. Schütze, E. Koch, F. C. Müller u. v.
Schrenck-Notzing, herausgeg. von Franz Carl Müller. Leipzig 1893. F. C. W.
Vogel. Gr. 8. VII u. 611 S. Mk. 12. — Harkin, A., Neurasthenia spinalis. Dubl.
Journ. of med. sc. 1887. — Hasebrock, K., Ueber die Nervosität u. den Mangel an
körperlicher Bewegung in der Grossstadt. Hamburg, 1891. — Hecker, Zur Behandl.

d. neurasthen. Angstzustände. Berl. klin. Wchschr. XXIX. 47. 1892. — Hedley, W. S., The insomnia of neurasthenia. Lancet. 23; June 1893. — Hegar, A., Der Zusammenhang der Geschlechtskrankheiten mit nervösen Leiden und über die Castration bei Neurosen. 8°. Stuttgart 1885. (Wien. med. Bl. 1885. VIII. 705 741. 777. 839. W. Schlesinger.) — Hein, Contribution à l'étude de la dyspepsie chez les neurasthéniques. Thèse de Paris, 1893. — Herzog, Jos., Der nervöse Schnupfen (Rhinitis vasomotoria). Mittheilungen des Vereins der Aerzte in Steiermark. Wien, 1882. — Herzog, L., Beitrag zur Kenntnis der nervösen Dyspepsie. Ztschr. f. klin. Med. XVII. 3 u. 4. p. 321. 1890. — Hildebrandt, W., Nervöse Störungen im Gefolge von Magenkrankheiten. Tübingen 1891. — Hill, Edwin, Kopfschmerz u. nervöse Erschöpfung. Philad. med. and surg. Rep. XLV. 4. July 23. 1881. — Hinsdale, Guy, On Neurasthenia. Philad. med. and surg. Rep. XLV. p. 429. Okt. 15. 1881. (Über N. bei Schülerinnen). — Hirschfeld, A., Diätetik für Nervenkranke. Wien 1879. — Hirschkron, Hanns, Die Nervenschwäche (Neurasthenie) beim Erwachsenen u. im Kindesalter, ihre Behandlung durch Willenseinfluss, angemessene Erziehungen u. anderw. moderne Kurbehelfe. Wien. W. Altmann. 8. IV. u. 139 S. Mk. 2 1893. — Hirt, L., Pathologie u. Therapie der Nervenkrankheiten. Wien 1888.. — Hirt, L., Über Neurasthenie und ihre Behandlung. Wien. med. Chr. XXX. 36. 37. 18 . . — Holbrook, H. C., Dissertation on certain forms of nerve-weakness. Tr. N. Hampshire M. Soc., Manchester, 1886, 93—97. — Holst, V., Die Behandl. d. Hysterie, d. Neurasthenie u. ähnl. allgem. funktioneller Neurosen. 3. Aufl. Stuttgart. Ferd. Enke 1891. Gr. 8. IV. u. 98 S. M. 2.40. — Hovell, D. de B., On some conditions of neurasthenia. 8. London 1886. Hovell, D. de B., On some further conditions of neurasthenia; a psychological study. 8. London 1887. — Huchard, H., De la neurasthénie. Union med. Par. 1882, 3. 5. XXXIII. 978; 989. — Huchard, Henri, Les neurasthénies locales. Arch. gén. p. 642. Dec. 1892. — Huchard, Des Algies centrales ou psychiques des neurasthéniques. Bull. med. 1893. No. 16. Vgl. Neurol. Centralbl. XIII. 16. p. 601. 1894. — Hughes, C. H., Notes on neurasthenia; from an alienist's standpoint, intended. mainly, to introduce the views of a pioneer American writer. Alienist u. Neurol. St. Louis 1880. L 437—449. — Hughes, C. H., Note on the essential psychic signs of general functional neuratrophia or neurasthenia. Tr. M. Ass. Missouri, St. Louis, 1882 XXV. 115—124. — Hutchinson, W. F., A report of three typical cases of neurasthenia. Med. Rec. N. Y. 1880. XVIII. 398—401. — Jacobs, J. K., Bijdrage tot de kennis van de neurasthenia cerebralis. Geneesk. Tijdschr. voor Nederl. Indië XXXII. 5. Jhg. 693. 1892. — Jahn, Ueber Behandlung von Neurasthenien. Deutsche Med. Ztg. Berl. 1885. II. 949—951. — Jakovieff, A. A.,, Neskolko sluch. neurast. s. presbladan. javienii so storony psichiki (Some cases of neurasthenia with predominating phenomena of cerebral region). Arch. psichiat. etc. Charkov 1887. IX. 1—25. — Jastrowitz, M., Ueber d. Behandl. der Schlaflosigkeit. Deutsche med. Wchnschr. XV. 31. 1889. — Jewell, J. S., The treatment of neurasthenia, or chronic nervous exhaustion. Chicago M. Gaz. 1880. I. 60; 89. — Jewell, J. S., The varieties and causes of neurasthenia. Journ. of Nerv. u. Ment. Dis. Chicago, 1880. u. s. v. 1—16. — Jhring, J., Die nervöse Dyspepsie u. ihre Folgekrankheiten. Volkmann's Samml. klin Vortr. No. 283. — Johnson, Anna H., Neurasthenia. Philad. M. Times. 1880—81. XI. 737—744. — Johnstone, J., Case of George, Lord Syttelton. In his: Med. Essays u. Obs. 8. Evesham, 1795, 223—234. — Jolly, Ueber Hypochondrie. (v. Ziemssen's Handbuch. Suppl.-band 1878). — Jones, Studies on functional nervous diseases. London 1870. — Joseph. L., Zur Aetiologie der Neurasthenie. Wien. med. Wchnschr. XLII. 23—24. 1892. — Kaan, H., Der neurasthenische Angsteffect bei Zwangsvorstellungen und der primordiale Grübelzwang.

Wien, med. Jahrb. 1892. Sep.: Leipzig u. Wien 1893. — Kahn, L. J., Nervous exhaustion; its cause and cure (etc.) 16. New-York (1876). — Keller, Théod., De la céphalée des adolescents. Arch. de Neurol. VI. 16. p. 1. 1883. — Kestewen, W. A., On neurasthenia. Journ. of. mental sc. XXVIII. 176. — Kirn, Ueber Diagnose u. Therapie d. Neurasthenie. Bad. ärztl. Mitt. XLVI. 19. Irrenfreund XXXIX. 7 u. 8. 1892. — Koch, J. L. A., Die psychopathischen Minderwertigkeiten. 1. Abteilung 1891. 2. Abtcil. 1892. Ravensburg, O. Maier. — Koenig, W., Ueber Gesichtsfeldermüdung u. deren Bezieh. zur concentr. Gesichtsfeldeinschränkung b. Erkrankungen d. Centralnervensystems. Leipzig, F. C. W. Vogel. Gr. 8. VI. u. 152 S. M. 4. 1893. — Kornig, Umgangs-Handbuch f. d. Verkehr mit Nervösen. Berlin u. Leipzig. Hugo Steinitz. 8. 113 S. M. 2.—. — Kothe, G., Das Wesen u. die Behandlung der Neurasthenie. S. A. aus No. 4 der Corr. Bl. d. ärztl. Vereins von Thüringen. Weimar. 1894. Gr. 8. 32 S. — Kothe, G., Das Wesen u. d. Behandlung d. Neurasthenie. Jena. Gust. Fischer. Gr. 8. 32 S. 1894. — Kowalewky, P. von, Neurasthenie u. Syphilis. Coblenz. Gr. 8. 12 S. M. —40. 1893. — Kowalewsky, P. J., Zur Lehre vom Wesen der Neurasthenie. Centr. Bl. f. Nervenhkde. u. s. w. N. F. I. p. 294. Okt. 1890. — Kowalewsky, P. L., Neurastenija i patophobija. Arch. psichiat. etc. Charkov, 1885. VI. p. 3, 49—53. (Uebers.: Centralbl. f. Nervenh. Leipzig, 1887. X. 65—70). — Kowalewsky, Paul von, Neurasthenie u. Syphilis. Centr.-Bl. f. Nervenheilk. u. Psych. N. F. VII. p. 113. März 1893. — Kraepelin, E., Lehrbuch der Psychiatrie. 4. Aufl. 1893. Abschnitt „Neurasthenie". — Kraepelin, E., Ueber geistige Arbeit. Jena. 1894. G. Fischer. Gr. 8. 26 S. — von Krafft-Ebing, Transitorisches Irresein auf neurasthenischer Grundlage. Irrenfreund 1883. No. 8. — von Krafft-Ebing. Ueber gesunde und kranke Nerven. 3. Aufl. Tübingen 1886. 8. VI. u. 157 S. M. 2. — von Krafft-Ebing, Ueber Nervosität. 3. Aufl. Graz 1884. — von Krafft-Ebing, Ueber Neurasthenia sexualis beim Manne. Wien. med. Pr. XXVIII. 5. 6. v. Krafft-Ebing, Zur Differential-Diagnose der Dementia paralytica u. der Neurasthenia cerebralis. Festschr. z. 50j. Jubiläum der Anstalt Illenau. 1892. — Kühner, A., Die Nervenschwäche (Neurasthenie) mit besond. Berücksicht. d. Geschlechtsnervenschwäche (sexuelle Neurasthenie) u. verwandter Zustände. 3. u. 4. Aufl. Berlin. Issleib. 1891. 8. 50 S. M. 1.— — Lafosse, Etude clinique sur la céphalée neurasthénique. Thèse de Paris, 1887. — Langstein, Hugo, Die Neurasthenie (Nervenschwäche u. ihre Behandlung in Teplitz-Schönau). Wien 1886. W. Braumüller. 8. 64 S. M. 1.20. — Laufenauer, Karl, Therapie d. Hysterie u. Neurasthenie. Centr. Bl. f. Nervenhlkde. u. s. w. XII. 13. 1889. — Legrand du Saulle, Etude clinique sur la peur des espaces, nevrose émotive. — Lehr, G., Die nervöse Herzschwäche (Neurasthenia vasomotoria) u. ihre Behandlung. Wiesbaden. 1891. J. F. Bergmann. Gr. 8. VIII u. 85 S. M. 2.70. — Lemoine, G., Pathogénie et traitement de la neurasthénie. Ann. med.-psycholog. 7 S. VIII 2. p. 235. Sept. 1888. — Letulle et Meslay, Neurasthénie; morte subile; dilatation congénitale de l'oesophage et des ventricules latéraux. Bull. de la Soc. anat. 5 S. VIII. 6. p. 193. Févr.—Mars, 1894. — Leube, Ueber nervöse Dyspepsie. Neurol. Centr. Bl. III. p. 283. 1884. Berl. klin. Wchnschr. XXI. 21. 1884. Deutsches Archiv f. klin. Med. 1878. — Levillain, F., La neurasthénie, maladie de Beard. Paris 1891. — Levillain, F., Hygiène des gens nerveux. Paris 1891. — Levillain, F., La neurasthénie au point de vue médico-légal. Ann. d'hyg. publ. 1891. — Lévy, Albert, Sur un cas singulier de neurasthénie viscérale d'origine grippale. Gaz. des Hôp. 69. 1893. — Leonhardt, J. S., Neurasthenia. Amer. Pract. and News XV. 7. p. 248. April 1393. — Lookwood, Neurasthenia. New York. med. Journ. July 1891. — Loh, Die Neurasthenie u. ihre Behandlung. Wiesbaden. Moritz

u. Münzel. 8. 10 S. M. —.40 1890. — Löwenfeld, L., Die moderne Behandlung der Nervenschwäche (Neurasthenie), der Hysterie und verwandter Leiden. Mit besonderer Berücksichtigung der Luftkuren, Bäder. Anstaltsbehandlung und der Mitchell-Playfair'schen Mastcur, 8. Wiesbaden 1887. — Loewenfeld, Die moderne Behandl. d. Nervenschwäche (Neurasthenie), d. Hysterie u. verwandter Leiden. Mit besond. Berücks. d. Luftkuren, Bäder, Anstaltsbehandlung u. d. Mitchell-Playfair'schen Mastkur. Wiesbaden, Bergmann. Gr. 8. X. u. 131 S. M. 2.70. 1889. — Löwenfeld, L., Die nervösen Störungen sexuellen Ursprungs. Wiesbaden, J. F. Bergmann. 1891. 8. IX. u. 169 S. M. 2.80. — Löwenfeld, L., Die objektiven Zeichen d. Neurasthenie. Münchn. med. Wchnschr. XXXVIII. 50. 51. 52. 1891. XXXIX. 3. 1892. — Löwenfeld, L., Die objektiven Zeichen der Neurasthenie. (Münchn. med. Abhandl. VI. R. 3.) München, 1892. J. F. Lehmann. Gr. 8. 55 S. M. 1.60. — Löwenfeld, L., Pathologie u. Therapie d. Neurasthenie u. Hysterie. 1. Abth. Wiesbaden. J. F. Bergmann. Gr. 8. V u. 320 S. M. 6.— 1893. — Loewenfeld, L., Pathologie u. Therapie d. Neurasthenie u. Hysterie. Wiesbaden 1894. J. F. Bergmann. Gr. 8. XIII u. 477 S. M. 12.65. — Luzenberger, Augusto di, Sul mericismo nella neurastenia. Nuova Rivista I. 15. 16. — Neurol. Centr.-Bl. XII. 14. p. 490. 1893. — Maienfisch, Ueber allgemeine Faradisation. Schweizer Corr. 13. XI. 22. p. 721. 1881. — Mantegazza, Paul, Das nervöse Jahrhundert. Leipzig 1888. F. W. Steffens. Kl. 8. 156 S. — Mathieu, Albert, Neurasthénie et hystérie combinées. Progrès méd. XVI. 30. 1888. — Mathieu, Alb., Neurasthénie. Paris 1892. — Mathieu, Albert, Le traitement de la neurasthénie par les injections hypodermiques. Gaz. des Hôp. 102. 1893. — Mathieu, Albert, Neurasthénie et arthritisme. Gaz. des Hôp. 125. 1893. — Meige, H., Le Juif-errant à la Salpêtrière. Nouv. Iconogr. de la Salp. VI 5. 6. p. 277. 333. Sept.-Dec. 1893. — Melotti, G., Della neurastenia cerebrospinale (esaurimento nervoso). Ann. univ. di med. e chir. Milano 1883. CCLXIII. 369—413. — Mesnard, L., Symptômes vésicaux dans la neurasthénie et l'hystérie. Ann. de la Policlin de Bord. III. 1. p. 24. Juillet 1893. — Meynert, Theod., Ueber functionelle Nervenkrankheiten. Anz. d. k. k. Ges. d. Aerzte in Wien. 23. — Meynert, Th., Die durch Ueberbürdung an den Mittelschulen bedingten Nerven- u. Geisteskrankheiten. Wien. med. Bl. X. 32. — Meynert, Theod., Zum Verständniss der functionellen Nervenkrankheiten. Wien. med. Bl. 1882. 481. 517. — Michelson, Eduard, Untersuchungen über die Tiefe des Schlafes. Diss. Dorpat, 1891. — Mitchell, Samuel Weir, On rest in the treatment of nervous disease. 20 pp. 8. N. York. G. P. Putnam's Sons 1875. (Am. Clin. Lect. by Seguin No. 4. v. 1.) — Mitchell, Samuel Weir, Fat and blood, and how to make them. 101 pp. 12°. Philadelphia, J. B. Lippincott & Co. 1877. — Mitchell, S. W., Neurasthenia, hysteria and their treatment. Chicago M. Gaz. 1880. I. 155. — Mitchell, S. W., Lectures on diseases of the nervous system, especially in women. 8. Philadelphia 1881. — Mitchell, Samuel Weir, An essay on the treatment of certain forms of neurasthenia and hysteria. 4. Ed. 166 pp. 8. Philadelphia, J. B. Lippincott Co. 1885. — Mitchell, S. Weir, Die Behandlung gewisser Formen von Neurasthenie u. Hysterie. Deutsch von G. Klemperer. Berlin 1887. A. Hirschwald. gr. 8. M. 2.40. — Mitchell, S. W., Lecture on diseases of the nervous system, especially in women. An essay on the treatment of certain forms of neurasthenia and hysteria. 4. Ed. 8. Philadelphia 1885. — Möbius, P. J., Neurasthenia cerebralis. Memorabilien. Heilbr. 1879. XXIV. 23—31. — Möbius, P. J., Ueber die allgemeine Faradisation. Berlin. klin. Wchnsch. 1880. — Möbius, P. J., Zur Lehre von der Neurasthenie. Centralbl. f. Nervenh. Leipz. 1883. VI. 97—99. — Möbius, P. J., Ueber nervöse Familien. Allg. Ztschr. f. Psychiatrie. XL. 1883. — Möbius, P. J.,

444444444

Ueber nervöse Verdauungsschwäche des Darms. Centr. Bl. f. Nervenheilk. VII. 1. 1884. — Möbius, P. J., Die Nervosität. 2. Aufl. 12. Leipzig 1885. — Morel, Bénédict Augustin. Traité des dégénérescences physiques, intellectuelles et morales de l'espèce humaine, et des causes, qui produisent ces variétés maladives. Accompagné d'un atlas. XIX, 700 pp. 8. atlas, 23 pp., 12 pl., fol. Paris, J. B. Baillière 1857. — Morel, Bénédict-Augustin, Traité des maladies mentales. XVI, 866 pp. 8. Paris, V. Masson, 1860. — Mosso, A., Die Ermüdung. Deutsch von J. Glinzer. 8. 333 S. u. 30 Holzschn. Leipzig 1892. S. Hirzel. — Mounier, Des troubles gastriques dans la neurasthénie. Thèse de Paris (249). 1890. — Müller, F. C., Die hydropathische Behandlung der Neurasthenie (Bericht der 1. Generalvers. des allgem. deutschen Bäderverbandes. Misdroy 1893.). — Müller, O., Ueber die künstliche Erwärmung als Heilmittel bei verschied. Neurosen. Allg. Ztschr. f. Psychiatrie. XLVI, 2 u. 3. p. 322. 1889. — Näcke, P., Die Rumination ein seltenes und bisher kaum beachtetes Symptom der Neurasthenie. Neurol. Centr.-Bl. XII. 1. 1893. — Neurasthénie et entéroptose. Revue critique. Revue de Méd. VII. 1. p. 64. 1887. — Nicolas, La neurasthénie. Paris 1890. — Nordau, Max, Entartung. 2 Bände. Berlin 1893. C. Duncker. — Oppenheim, Herm., Die traumat. Neurosen nach den in der Nervenklin. d. Charité in den S JJ. 1883—1891 gesammelt. Beobacht. 2. Aufl. Berlin, A. Hirschwald, 1892. Gr. 8. VIII u. 253 S. M. 6. — Oser, Die Neurosen des Magens. Wiener Klinik. 1885. — Page, H. W., On the abuse of bromide of potassium in the treatment of traumatic neurasthenia. Med. Times u. Gaz. London 1885. I. 437—441. — Paul, Constantin, Du traitement de la neurasthénie par la transfusion nerveuse. Bull. de l'acad. 3. S. XXVII. 7. p. 202. Févr. 16. 1892. — Paul, Constantin, Du traitement de la neurasthénie par la transfusion nerveuse. Bull. de Thér. LXI. 15. p. 58. Avril 23. 1892. — Paul, Constantin, Du traitement de la neurasthénie par la transfusion nerveuse. Bull. de l'Acad. 3. S. XXIX. 17. p. 445. Avril 25. 1893. — Paul, Constantin, Du traitement de la neurasthénie par la transfusion nerveuse. Bull. de Thér. LXII. 33. 35. 37. p. 139. 159. 167. Sept. 8. — Oct. 8. 1893. — Paul, Constantin, Du traitement de la neurasthénie par la transfusion nerveuse. Bull. de Thér. LXII. 39. p. 167. Oct. 23. 1893. — Pelizaeus, Zur Differentialdiagnose der Neurasthenie. Deutsche Med. Ztg. X. 27. 28. 1889. — Pelizaeus, Fr., Ueber artificielle Neurasthenie. Deutsche med. Wochenschr. XVII. 24. 1891. — Pelman, C., Nervosität und Erziehung. Bonn, Strauss. gr. 8. 41 S. M. 1.—. 1883. — Petrina, Die Neurasthenie u. ihre Behandlung. (Med. Wandervortr. 12.) Berlin. Fischer's med. Buchhandl. Gr. 8. 18 S. M. —.50. 1889. — Petrina, Die Neurasthenie und ihre Behandlung. Prag. med. Wochenschr. XIV. 37. 38. 1889. — Peyer, Alex., Beiträge zur Kenntniss der Neurosen des Magens und Darms. Schweiz. Corr.-Bl. XVIII. 20. 1888. — Peyer, Alexander, Die nervösen Affektionen des Darmes b. d. Neurasthenie des männl. Geschlechts (Darmneurasthenie). (Wien. Klin. 1; Jan. 1893.) Wien 1893. Urban u. Schwarzenberg. Gr. 8. 40 S. M. —.75. — Pfannenstill, S. A., Nevrasteni och hyperaciditet. Ett bidrag till nevrasteniens symptomatologi. Nord. med. ark. N. F. I. 4. Nr. 17. 1892. — Piorry, P. A., Discussion sur le nervosisme. Bull. de l'Acad. de Méd. Paris. XXIV. p. 532. 1858—59. — Pippingsköld, Om neurastheniens förekomst bland kroppsarbetare. Finska läkaresällsk. handl. XXIX. 11. S. 604. 1887. — Pitres, A., La neurasthénie. L'écho méd. Toulouse. 1889. — Pitres, A., De la neurasthénie et de l'hystéro-neurasthénie traumatique. Prog. méd. XVIII. 49. 1890. — Playfair, W. S., Ueber Behandlung Nervenschwacher nach Weir Mitchell. Lancet I. 22. 24. May, June 1881. (Schmidt's Jahrbb. CXCI. p. 140. 1881.) — Playfair, Die systematische Behandlung von Nervosität und Hysterie. Deutsch von A. Tischler. Berlin 1883. Hempel. S. 80 S. M. 2.—. — Playfair, W. S., Some observations concerning what is called neurasthenia. Brit. Med. Journ. Lond. 1886. II. 853—855. — Pollak, Zur Frage der Nervosität. Pester med. u. chir. Presse. 1880. p. 853. — Pospischill, O., Schwere cerebrale und vasomotorische Neurasthenie. Bl. f. klin. Hydrother. 1892. 12. — Prince, M., Association neuroses, a study of the pathology of hysterical joint affections, neurasthenia and allied forms of neuromimesis. Journ. of nerv. and mental dis. 5. 1891. — Putzel, A., A treatise on common forms of functional nervous diseases. New-York 1880. — Rauzier, G., De la neurasthénie. Semaine méd. XIII. 65. 1893. — Régis, E., Les neurasthénies psychiques (obsessions émotives ou conscientes). Journ. de Méd. de Bordeaux. 1891. 36. 38. — Reich, E., Studien zur Aetiologie der Nervosität bei den Frauen. 2. Ausg. S. Neuwied und Leipzig. 1877. — Rembielinski. Beitrag zur Symptomatologie der Neurasthenie. Gac. lekarska 1891. 27. — Reinstädter (Cöln), Ueber weibliche Nervosität. Volkmann's Samml. klin. Vortr. Nr. 188. 1880. — Revington, G. T., The neuropathic diathesis, or the diathesis of the degenerate. Journ. of ment. Sc. XXIII. p. 497. Jan. 1888. — Riadore, J. E., A treatise on the irritation of the spinal nerves as the source of nervousness, indigestion, functional and organical derangements of the principal organs of the body, and on the modifying influence of temperament and habits of man over diseases and their importance as regards conducting successfully the treatment of the latter and on the therapeutic use of water. S. London 1843. — Richter, F., Ueber nervöse Dyspepsie und nervöse Enteropathie. Berl. klin. Wochenschr. XIX. 13. 14. 1882. — Richter, F., Die Neurasthenie und Hysterie. Deutsche Med. Ztg. Berl. 1884. I. 405. 413. 425. — Rieger, K., Functionelle und organische Nervenkrankheiten; ihre für den Praktiker wichtigen Symptome. Deutsche Med. Ztg. VII. 18. — Riva, G., Sopra tre casi di neurastenia. Riv. sper. di freniat. Reggio Emilia 1883. IX. 237—252. — Robinson, W. F., Electrotherapeutics of neurasthenia. Detroit. Davis. S. X and 72 pp. 1893. — Rockwell, A. D., Neurasthenia and lithaemia. Journ. of nerv. and ment. dis. XIII. 2. p. 138. Febr. N. York med. Record XXXIII. 10. p. 284. March 1888. — Roscioli, R., Follia paralitiforme neurastenica. Il Manicomio moderno IV. p. 191. 1888. — Rosenbach, P., Ueber Neurasthenie. Neurol. Centr.-Bl. VIII. p. 214. 1889. — Rosenbach, O., Ueber nervöse Herzschwäche (Neurasthenia vasomotoria). Bresl. ärztl. Ztschr. 1886. VIII. 181, 193. — Rosenbach, O., Ein häufig vorkommendes Symptom der Neurasthenie. Central.-Bl. f. Nervenheilk. IX. 17. — Rosenthal, M., Magenneurosen Magenkatarrh. Wien u. Leipzig 1886. Urban u. Schwarzenberg. Gr. S. VI. u. 193 S. Rossbach, M. J., Nervöse Gastroxynsis als eine eigene genau charakterisirbare Form der nervösen Dyspepsie. Deutsches Arch. f. klin. Med. XXXV. p. 383. 1884. — Rouse, W. H., Neurasthenia. Proceed. San. Convent. Detroit. Lansing 1880. 58—61. — Rumpf, Th., Mitteilungen aus dem Gebiete der Neuropathologie u. Elektrotherapie. Deutsche med. Wochenschr. 32. 36. 37. 1881. — Runge, F., Ueber Kopfdruck. Arch. f. Psychiatrie VI. p. 627. 1876. — Sachaff, N. A., Sluchai tiajeloi neurastenii, izliechennoi po nieskolko izminenunomu sposobu Weir Mitchel' ja. (Grave neurasthenia treated by a modification of the method of Weir Mitchell.) Vrach St. Petersb. 1883. IV. 513—515. — Sadowsky, Zur Lehre vom Wesen der Neurasthenie. Übers. im Centr.-Bl. f. Nervenhlk. 1890. Okt. — Sanctis, S. de, Sulla nevrastenia. Milano 1890. — Savage, J. P., Hints on nervous exhaustion (neurasthenia). Cincin. Lancet and Clinic. 1880 u. s. V. 158. — Sawyer, H. C., Nerve waste, practical information concerning nervous exhaustion in modern life. San Francisco 1888. — Schott, Th., Über Neurasthenie, bes. Neurasthenia cordis. Veröffentl. d. Hufeland'schen Ges. in Berlin.

12. Balneologen-Verf. Berlin 1890. p. 86. — Schranz, J., Unsere Zeit und unsere Nerven. Ein Beitrag zur Pathologie der Menschheit. 8. Innsbruck 1884. — Schreiber, Joseph, Zur Behandl. gewisser Formen von Neurasthenie u. Hysterie durch d. Weir-Mitchell-Kur. Berl. klin. Wchnschr. XXV. 52. 1888. — von Schrenck-Notzing, Ein Beitrag zur psych. u. suggestiven Behandlung d. Neurasthenie. Ztschr. f. Hypnot. II. 1. 2. 3. 4. p. 1. 87. 94. 118. 1894. Als S. A. bei Brieger. Berlin. 48 S. — von Schrenck-Notzing, Ein Beitrag zur psych. u. suggestiven Behandl. d. Neurasthenie. Berlin. H. Brieger. Gr. 8. 48 S. M. 1.50. 1894. — Schwabe, J., Die seeklimatische Cur für neurasthenische und anämische Kinder. Deutsche med. Wchnschr. Berl. 1888. XIV. 78. — Schwarz, Arthur, Ueber akute nervöse Erschöpfung. Wien, med. Wchnschr. XLIV. 20. 21. 22. 1894. — Soltmann, Die funktionellen Nervenkrankheiten. Tübingen 1870. — Standish, Myles, Partial Tenotomies in cases of neurasthenia. Boston med. and surg. Journ. CXXI. 11. 1889. — Stiller, B., Die nervösen Magenkrankheiten. Stuttgart 1884. 8º. 202 S. — Stillmann, W. O., Neurasthenia. Med u. Surg. Reporter. Philad. 1879. XL. 397; 419. — Strahan, J., Puzzling conditions of the heart and other organs dependent on neurasthenia. Brit. Med. Journ. Lond. 1885. II. 435—437. — Strahan, J., Neurasthenia, acute and chronic, and its importance. Dublin J. M. Sc. 1885. 3. 5. LXXX. 195—220. — Strümpell, Adolf, Ueber die traumat. Neurosen. (Berl. Klinik 3). Berlin, Fischer's med. Buchh. 8. 29 S. M. —.60. 1888. — Strümpell, A., Lehrbuch der inneren Medicin. 7. Aufl. 1892. II. 1. Abschnitt „Neurasthenie". — Summers, T. O., Neurasthenia. South. Pract. Nashville 1881. III. 367— 370. — Tanzi, E., La diatesi di incoercibilita psichica nei neurasthenici. Arch. ital. per le mal. nerv. 1891. — Thayer, C. C., Neurasthenia. Phil. med. and surg. Rep. LIV. 17. 18. — Thomson, W. H., Functional nervous diseases and their relations to gastrointestinal derangements. Journ. of nerv. and ment. Dis. XV. 4. p. 227. April 1890. — Ufer, Chr., Nervosität u. Mädchenerziehung in Haus u. Schule. Wiesbaden. J. F. Bergmann. 8. VIII. u. 104 S. M. 2.—. 1890. — Valenta, Alois, Ueber den sog. Coitus reservatus als eine Hauptursache der chronischen Metritis u. der weiblichen Nervosität. Memorabilien XXV. 11. 1880. — Vanderbeck, C. C., Interesting case of nervous exhaustion. Med. u. Surg. Reporter. Philad. 1877. XXXVII. 3. — Vigoureux, R., Neurasthénie et Arthritisme. Paris. A Maloine. 1893. Vgl. Neurol. Centr.-Bl. XIII. 16. p. 593. 1894. — Vigouroux, R., Le traitement électrique de la neurasthénie. Gaz. des hôp. 1891. 107. — Wagner, R., Zur Begriffsbestimmung u. Therapie d. Neurasthenie. Schweiz. Corr.-Bl. XVIII. 8. 9. 1888. — Whittle, F. G., Congestive Neurasthenia, or insomnia and nerve depression. 1889. — Wiederhold, Varicocele u. Neurasthenie u. Verwandtes, nach Beobachtungen in meiner Anstalt. Deutsche med. Wchnschr. XVII. 37. 1891. — Wilbrand, H., Ueber neurasthenische Asthenopie u. sog. Anaesthesia retinae. Arch. f. Augenhlk. XII. 2. p. 163. 3. p. 263. 1883. — Wilbrand, Hermann, Ueber typ. Gesichtsfeldanomalien b. funktionellen Störungen d. Nervensystems. Hamburger Jahrbb. I. p. 381. — Neurol. Centr.-Bl. X. 1. p. 23. 1891. — Wilbrand, H. u. A. Saenger, Ueber Sehstörungen b. funktionellen Nervenleiden. Leipzig, F. C. W. Vogel 1892. Gr. 8. VI. u. 190 S. mit Abbild. M. 4. —. — Wilbrand, H. u. A. Saenger, Weitere Mitteilungen über Sehstörungen b. funktionellen Nervenleiden. Jahrb. d. Hamb. Staatskrankenanstalten II. 1892. — Wilheim, Die Nervosität (Neurasthenie), deren Verlauf u. Heilung. 2. Aufl. Wien, Huber u. Lahme. 8. XII. u. 127 S. M. 2.— 1890. — Wilheim, Die Nervosität. deren Verlauf und Heilung. Eine hygiein. Studie. 5. Aufl. mit Anhang: über die Kneip'sche Kur in ihrer Anwendung b. d. chron. Nervenschwäche. Wien, Huber u. Lahme. 1891. 8. XI, u. 160 S. M. 2.40. — Wilheim, Die nervöse Erschöpfung. Allg.

Wien. med. Ztg. 1881. XXVI. 237. 246. 262. — Williams, J. L., Overdraft of vital or nerve power as affecting general and special health. Journ. of the Am. Md. Ass. Chicago 1885. IV. 122. — Wittmann, De la nonidentité de l'hystérie et du nervosisme. Thèse de Strassbourg. 1868. — Wood, H. C., Neurasthenia. Syst. Pract. M. (Pepper), Philad. 1886. V. 353—362. — Wooton, E., Mimosis inquieta. J. Psych. M. Lond. 1882—83, n. s. VIII. 191—221. — Young, P. A., Two cases of neurasthenia of long standing successfully treated by the Weir Mitchell method. Edinb. Clin. u. Path. J. 1883—84. I. 905—909. — Zerner jun, Theodor, Die Behandlung d. Neurasthenie. Wien. med. Wchnschr. XLII. 48. 49. 1892. — Ziemssen, H. v., Die Neurasthenie u. ihre Behandlung. Klin. Vortr. IV. 2. Leipzig, F. C. W. Vogel. Gr. 8. 34 S. M. —.60 1887.

Ueber Neurasthenia cerebralis.[1]

M., 19 Jahre alt, Student, war ein zartes, gutartiges, aber sehr zum Weinen geneigtes Kind gewesen. Er hatte als solches Masern und heftigen Scharlach, der rechtseitige Schwerhörigkeit zurückliess, durchgemacht, sich aber im übrigen guter Gesundheit erfreut. Geschlechtliche Excesse waren nie und in keiner Richtung vorgekommen.

Die Mutter hatte früher an Migräne gelitten, war aber nicht nervös, sondern wie ihre ganze Familie sehr rüstig. Der Vater war gesund, ein etwas leidenschaftlicher Mann mit vorwiegendem Gefühlsleben. Alle Glieder der väterlichen Familie zeichneten sich durch Intelligenz und eine gewisse Sentimentalität aus. Eine Schwester des Vaters war in hohem Grade nervös. Die Geschwister des Patienten waren frühzeitig an Scharlach und Croup gestorben, ein älterer Bruder war gesund, aber nervös reizbar. Im Sommer 1877 nun, als Patient das letzte Jahr in der Prima des Gymnasium sass, erkrankte er mit leichten Verdauungsbeschwerden: Druck in der Magengegend, zeitweise Appetitmangel, Stuhlverstopfung. Dabei wurde die früher meist heitere Stimmung gedrückt. Indessen diese Beschwerden wurden nicht weiter beachtet, der Arzt verschrieb ein salinisches Pulver, das ohne weiteren Erfolg gebraucht wurde. Als ich im November den Kranken flüchtig sah, fiel mir auf, dass das Gesicht magerer geworden war. Mitte December wurde mir gemeldet, der junge Mann könne die Schule nicht mehr besuchen und befinde sich in sehr schlechtem Zustande.

Status praesens am 21. December 1877. — Patient ist etwa 160 cm. gross, zart gebaut, macht einen sehr jugendlichen Eindruck. Die Haut ist dünn und schlaff, mässig trocken. Das Fettgewebe ist am ganzen Körper bis auf einen geringen Rest geschwunden, so dass Patient, besonders im Gesicht, das Bild erschreckender Magerkeit darbietet. Die

---

[1] „Memorabilien" 1879 Heft 1.

früher sehr gut entwickelte Muskulatur ist noch ziemlich erhalten. Die physikalische Untersuchung der Lungen ergiebt durchaus normale Verhältnisse, ebenso die des Herzens, nur ist die Action des letzteren verlangsamt: 58—60 Schläge in der Minute. Der Puls ist klein und etwas hart. Die Organe der Bauchhöhle zeigen sich gesund mit Ausnahme der Leber, die 2-fingerbreit den Rippenrand überragt. Sensibilität und Motilität sind ungestört, die Pupillen gleich, gut reagirend. Die linke Gesichtshälfte ist deutlich röther als die rechte und etwas cyanotisch. Beide Hände und Füsse sind ziemlich stark cyanotisch.

Die Klagen des Patienten beziehen sich zunächst auf ein Gefühl excessiver Hinfälligkeit, dumpfen Druck im Kopfe, Unfähigkeit zu jeder geistigen Thätigkeit, fliegende Hitze des Gesichts, andauernde Kälte der Extremitäten, unruhigen, durch wüste Träume gestörten Schlaf. Dabei besteht Magendruck, öfter Uebelkeit, hartnäckige Verstopfung. Das Befinden ist an den verschiedenen Tageszeiten verschieden. Die schlimmste Zeit ist der Morgen. Patient wacht sehr früh aus beängstigenden Träumen auf; der Kopf ist sehr benommen, die Stimmung äusserst gedrückt, es besteht Herzklopfen. Der Puls beträgt früh ca. 80 Schläge in der Minute. Im Laufe des Tages bessert sich der Zustand etwas und in den spätern Nachmittagstunden fühlt sich Patient am besten. Die meiste Zeit verbringt er in einer Art von Halbschlaf, „Dusel“. Nur mit Anstrengung geht er täglich ein Stück spazieren.

Ordination: Eisblase auf den Kopf, Milchdiät, Chinin mit Eisen, Clysmata. Ohne wesentliche Veränderung bestand der Zustand bis Mitte Februar 1878. Da trat plötzlich blutiger Auswurf ein, unter mässigem Husten wurden etwa 400 Gr. leicht schaumigen Blutes entleert. Es wurde ein Infus. digital. gegeben und nach zwei Tagen war der Anfall vollkommen vorüber. Während dessen war ich nicht zur Stelle, konnte daher leider die Lungen nicht untersuchen. Eine kurze Zeit darnach vorgenommene, möglichst eingehende Untersuchung ergab durchaus normale Percussions- und Auscultationsverhältnisse. Seit der Hämoptyse nun besserte sich der Kranke zusehends. Die Ernährung hob sich, die subjectiven Beschwerden minderten sich und Ende März bot Patient das Bild eines Reconvalescenten: volle Wangen, ziemlich guter Schlaf, trefflicher Appetit. Das Schwächegefühl und der Kopfdruck bestanden indess, wenn auch in minderem Grade, fort, auch der Stuhlgang musste noch durch tägliche Clysmata in Gang gehalten werden. In den Sommermonaten besuchte Patient mit gutem Erfolge ein Nordseebad. In die alten Verhältnisse zurückgekehrt, fühlte er sich jedoch von Neuem schlecht und kam nun auf meinen Rath nach Leipzig, um sich von mir elektrisch behandeln zu lassen. Ich wandte die centrale Galvanisation

an, Ka in der Hand, An auf der Stirn, Ein- und Ausschleichen mittelst
des Rheostaten: zugleich Faradisation des Kopfes und Halses, An im
Nacken, Ka auf die Halsgefässe. Daneben gab ich im Anfang täglich
0,3 Chin. sulf., später nur an „schlechten" Tagen. Bei dieser Behandlung machte Patient die erfreulichsten Fortschritte und ist jetzt als in
der Hauptsache genesen zu betrachten. Es besteht noch eine ziemliche
gemüthliche Reizbarkeit und leichte Ermüdung bei geistiger Arbeit. Nach
intellectueller Anstrengung tritt wie im Anfange die halbseitige Röthung
des Gesichtes ein, auf die der faradische Strom, wie es scheint, gar
keinen Einfluss gehabt hat. Die Leberdämpfung überragt den Rippenrand um höchstens 0,5 cm. Patient ist als Student eingeschrieben,
hört täglich 1 Stunde Colleg und macht auf Laien durchaus den Eindruck
eines gesunden Menschen.[1]

Ich habe diesen Fall ausführlich mitgetheilt, weil ich glaube, dass
er zu einigen nicht unwichtigen Betrachtungen Anlass geben könne.

Ein junger, hereditär neuropathisch nicht gerade belasteter, aber
doch disponirter Mann, der in der Vorbereitung zum Maturitätsexamen
begriffen und daher zu angestrengter geistiger Thätigkeit genöthigt ist,
erkrankt mit allgemeinen Schwächesymptomen, magert rapid ab, bekommt
eine Lebervergrösserung und wirft schliesslich Blut aus. Die Diagnose
ist nicht leicht, der Verdacht auf Tuberkulose drängt sich fast gewaltsam
heran. Ich gestehe, dass ich eine kurze Zeit schwankte. Aber schon
ehe der Verlauf der Krankheit meine ursprüngliche Diagnose auf Neurasthenia cerebralis bestätigte, befestigten diese folgende Erwägungen.
Das wichtigste Moment war mir, dass die hereditären Verhältnisse entschieden gegen eine tuberkulöse und für eine neuropathische Affection
sprachen. Nie war in der Familie, sowohl der des Vaters als der
Mutter, Phthise vorgekommen, dagegen war in ihr, wie oben geschildert,
Nervosität zu Hause. Weiter sprachen in dem Krankheitsbilde selbst
mehrere Züge für seine nervöse Natur: Die halbseitige Gesichtsröthe,
der entschiedene Kopfdruck, die im Verhältniss zu dem Befunde übergrosse Schwäche, die Langsamkeit der Herzaction.

Das letztere Symptom hat Charcot neuerdings bei Affectionen des
Halsmarkes studirt und (Leçons etc. Deutsche Ausgabe, Bd. II, S. 149 ff.)
besonders betont. Dieser Autor glaubt, dass die Pulsverlangsamung,
soweit sie nicht in organischen Erkrankungen des Herzens ihren Grund
hat, auf Affectionen des Halsmarkes oder der Oblongata zu beziehen

---

[1] Der Kranke, der lange leistungsfähig war, hatte im 33. Lebensjahre von neuem
an neurasthenischen Erscheinungen ernstlich zu leiden. Seine Lungen sind immer
gesund geblieben. 1894.

sei. Es ist bekannt, dass bei Traumen, die die ersten Halswirbel treffen, exquisite Verlangsamungen des Pulses mit syncopeartigen Anfällen vorkommen. Charcot bezieht nun seine Hypothese zunächst auf palpable irritative Affectionen. Es ist aber auch nach Diphtherie das in Rede stehende Symptom beobachtet worden und ich möchte glauben, dass es bei Neuropathien überhaupt nicht allzu selten ist, wenn es auch meines Wissens bisher bei solchen Störungen, die ohne nachweisbare anatomische Veränderungen verlaufen, noch nicht beschrieben worden ist.[1])

Eine zweite interessante Erscheinung war die Lebervergrösserung. Sie entstand mit der allgemeinen Abmagerung und verschwand mit dieser. Es ist wohl zweifellos, dass es sich hier um eine Fettinfiltration handelte. Als das subcutane Fett schwand, mehrte sich das Fett der Leber und umgekehrt. Ob es sich um eine Deposition in der Leber oder um eine vermehrte Thätigkeit der Leberzellen, eine Nothhülfe der Natur, dem kranken Körper leicht assimilirbare, zu seiner Forterhaltung nothwendige Fette zu liefern, handelt, bleibt dahingestellt. Die Fettleber ist beobachtet worden bei Säuferkrankheit, bei allgemeiner Fettsucht, bei Tuberkulose, bei Phosphorvergiftung und bei acuter Trichinose. Ein ähnlicher Fall wie der meinige ist mir aus der Literatur nicht bekannt.

Ein drittes auffallendes Symptom ist die Hämoptyse. Carré hat neuerdings einen grösseren Aufsatz über die Hémoptsie nerveuse (Arch. gén. 1877, 1.—3. Heft) veröffentlicht. Er beschreibt darin die bei Hysterie, Melancholie und einigen anderen Neuropathien hie und da beobachteten Lungenblutungen ohne organische Erkrankung der Lunge und erklärt diese aus einer vasomotorischen Paralyse in Folge eines vorausgehenden Excitationstadium. O. Berger beobachtete eine während des epileptischen Anfalls wiederholt auftretende copiöse Hämoptoe (Deutsche Zeitschr. f. prakt. Med. 1878, S. 245). Er hält Carré's Erklärung für nicht ausreichend und glaubt (ausser dem mechanischen Moment der Convulsionen im vorliegenden Fall) auf eine besondere, prädisponirende Zerreisslichkeit der Gefässwandungen recurriren zu müssen.

Sicher wird es im einzelnen Falle nicht leicht sein, zu beweisen, dass eine Lungenblutung nervöser Natur sei. Es ist bekannt, dass die Hämoptoe oft die erste Erscheinung ist, durch die die Phthise sich merklich macht, dass oft zu dieser Zeit die physikalische Untersuchung nicht im Stande ist, krankhafte Veränderungen der Lunge nachzuweisen, dass gerade Lungenphthise und neuropathische Zustände nicht selten sich combiniren. Den Ausschlag kann, meines Erachtens, nur der Verlauf

---

*) Allerdings sinkt die Zahl der Pulsschläge hier wohl nie so tief wie bei Halswirbelfracturen (15—30 Schläge in der Minute).

der Krankheit geben. Wenn, wie in meinem Falle, seit der Blutung
eine wesentliche Besserung des ganzen Zustandes eintritt, wenn darnach
die Ernährung sich auffallend hebt, wenn im Verlaufe eines Jahres
die Besserung fortschreitet und keinerlei Lungensymptome beobachtet
werden, so darf die Diagnose einer nervösen Hämoptyse wohl als gesichert betrachtet werden. Natürlich wird man immer die Anamnese
in Betracht ziehen müssen und diese wird, sofern sie keinen Verdacht
auf Phthise, insbesondere keine erbliche Belastung ergiebt, die Diagnose
wesentlich unterstützen. Eine ausreichende Erklärung der nervösen
Hämoptyse dürfte sich zur Zeit nicht geben lassen. Man wird zunächst
an analoge Erscheinungen denken, die auch nicht gerade klar sind, an
das nervöse Nasenbluten, an die zuweilen vorkommenden Nieren-
blutungen ohne organische Veränderungen, an manche Hämorrhoidal-
blutungen etc. Eine von vornherein abnorme Zerreisslichkeit der Gefässwände anzunehmen liegt ja sehr nahe, indessen ist diese Annahme
bis jetzt rein hypothetisch. Auf jeden Fall spielt bei allen Neuropathien,
bei denen Blutungen vorkommen, die Erkrankung des vasomotorischen
Systems eine grosse Rolle. Sicher führt nun die Gefässparalyse an sich
nicht zur Blutung, aber vielleicht kommt den vasomotorischen Nerven
auch ein trophischer Einfluss auf die Gefässe zu, der ihre geringe
Widerstandsfähigkeit erklärt. Die nach der Blutung eintretende Besserung
war ganz zweifellos. In welcher Beziehung beide Vorgänge stehen,
bleibt dunkel. Auch bei starker Chlorose hat man nach künstlicher
Blutentziehung einigemale Besserung eintreten sehen.

In der Beschreibung der Neurasthenie ist die Hämoptyse bisher
noch nicht erwähnt worden. —

Schliesslich möchte ich mir noch einige Bemerkungen über die
Natur des in Rede stehenden Krankheitsbildes erlauben. Beard und
Rockwell (Practic. Treatise on the uses of Electricity etc. 1871, p. 249)
haben zuerst die bis dahin „wilden" Fälle von „Nervosismus", „Nervenschwäche" etc. unter der Bezeichnung Neurasthenia zusammengefasst
und eine gemeinsame Characteristik von ihnen gegeben. Weiter hat
man eine cerebrale und spinale Form unterschieden, von welcher letzteren
Erb (Ziemssen's Handbuch Bd. 11, II. S. 389 ff.) eine classische Darstellung geliefert hat. Mit der cerebralen Neurasthenie ist das Krankheitsbild, das Runge (Arch. f. Psych. und Nervenkr. 1876) „Kopfdruck"
nennt, identisch. Dieser Autor und Anjel (Ueber vasomotor. Neurasthenie etc. Arch. f. Psych. und Nervenkr. VIII, S. 394) betrachten als
Wesen der Krankheit eine Affection des vasomotorischen Apparates. Es
besteht überhaupt gegenwärtig die Neigung, den Gefässnerven alles
Mögliche aufzubürden und die verschiedensten Affectionen, wenn nicht

gerade palpable Veränderungen vorliegen, von Circulationstörungen abzuleiten. Dagegen hat sich in sehr beachtenswerther Weise Freusberg
(Arch. f. Psych. u. Nervenkr. Bd. VI, Heft 1. Ueber das Zittern) ausgesprochen und ich möchte auch speziell für die Neurasthenie die primäre
Natur der vasomotorischen Störung nicht anerkennen. Auch Runge
und Anjel nehmen an, dass die primäre Erkrankung ein nervöses
Centrum, das Gefässcentrum, treffe, dass also die wirksame Schädlichkeit
zunächt eine Veränderung in Ganglienzellen hervorbringe. Nun aber
ist gar nicht einzusehen, welchen besonderen Eigenschaften es das Gefässcentrum verdanken soll, den locus minoris resistentiae zu bilden,
und warum die übrigen Ganglienzellen nicht ebenso gut von der Noxe
direct getroffen werden sollen. Bei geistiger Anstrengung z. B. wird
allerdings, behufs vermehrter Nahrungzufuhr, das Gefässcentrum reflectorisch erregt, zunächst aber gehen doch wohl moleculäre Veränderungen
in den Zellen der Rinde vor sich. Wird die geistige Anstrengung
übermässig, so ist es am wahrscheinlichsten, dass Ueberanstrengung
ebendieser Zellen, pathologische Structurveränderungen in ihnen, die
nächste Folge sind und dass die veränderte Blutzufuhr, die Veränderung
des Gefässcentrums eine secundäre oder wenigstens coordinirte Erscheinung ist. Aehnlich liegt die Sache bei geschlechtlicher Anstrengung,
nur dürften hier die Zellen des Rückenmarks in Frage kommen. (Es
scheint, dass nach geschlechtlichen Excessen häufig die spinale, selten
die cerebrale Neurasthenie beobachtet wird). Diejenigen Schädlichkeiten,
die Neurasthenie verursachen, treffen direct die nervöse Substanz, als
Erschöpfung dieser ist daher die Neurasthenie zu definiren. Natürlich
soll damit nichts gegen die Wichtigkeit der vasomotorischen Symptome
gesagt sein. Sie treten der Beobachtung zunächst entgegen, ihr Mehr
oder Minder lässt sich beurtheilen, in Beziehung auf Diagnose, Prognose
und Therapie sind sie der Theil der Krankheit, mit dem der Arzt direct
verhandelt, in praktischer Hinsicht also stehen sie in erster Reihe.
Jedoch auch der praktische Arzt darf nicht vergessen, dass keineswegs
immer die vasomotorischen Störungen den nervösen im engeren Sinne
direct proportional sind. In meinem Falle besteht heute noch die halbseitige Röthung des Gesichts wie im Anfang, während doch alle schweren
Krankheitserscheinungen geschwunden sind. Aehnliche Fälle hat man
nicht allzuselten zu beobachten Gelegenheit.

3

Ueber nervöse Verdauungschwäche des Darms.[1]

Weder in der neuerdings erschienenen umfassenden und ausführlichen Monographie De niau's über „hystérie gastrique," noch in der sonstigen Literatur, soweit sie mir bekannt ist, finde ich eine Erscheinung erwähnt, die ich bei Neurasthenischen oft beobachtet habe und die mir nicht ohne Interesse zu sein scheint.[2] Dieselbe besteht darin, dass die Kranken bei gutem Appetite, reichlicher Nahrungsaufnahme und ohne alle subjectiven Verdauungsbeschwerden mehr und mehr abmagern, beziehungsweise in ihrer Abmagerung verharren. Solche Kranke haben anscheinend normale, aber übermässig reichliche Stuhlgänge und es wird bei ihnen offenbar ein grosser Theil der Nahrungstoffe unresorbirt entleert. In sehr ausgeprägter Weise beobachtete ich diesen Zustand vor einigen Jahren bei einer jungen Dame. Diese, 29 Jahre alt, war vor 10 Jahren erkrankt, hatte früher melancholische Verstimmung mit zwischenlaufender Aufregung gezeigt, auch einige Selbstmordversuche gemacht. Als ich sie sah, litt sie an schwerer, nervöser Erschöpfung, die sich in allgemeiner Körperschwäche, Unfähigkeit zu geistigen Leistungen, Schlaflosigkeit, Schweisssucht, Kopf- und Rückenschmerzen, Dysmenorrhoe u. s. w. zeigte. Sonst waren durchaus keine objectiven Störungen vorhanden. Die Dame war von erschreckender Magerkeit, aber ziemlich gesunder Gesichtsfarbe, sie ass mit vortrefflichem Appetite ganz beträchtliche Speisemengen, hatte nie irgendwelche Magenbeswerden. Dabei erfolgten jeden Tag drei reichliche Stuhlentleerungen von breiiger Be-

---

[1] Centralblatt für Nervenheilkunde etc. VII. 1. 1884.

[2] Auch die Lehrbücher der Psychiatrie enthalten keinerlei bez. Notiz. Doch soll der oben als Symptom der Neurasthenie beschriebene Zustand (d. h. Abmagerung bei gutem Appetit, reichlicher Nahrungsaufnahme, aber übermässig reichlicher Stuhlentleerung) in psychiatrischen Kreisen nicht unbekannt sein. Er soll bei Melancholie öfters beobachtet werden. Immerhin scheint er mir auch dort weniger Beachtung gefunden zu haben, als er verdiente.

schaffenheit und gewöhnlicher dunkelbrauner Farbe. Ich habe die Kranke mehrere Monate beobachtet, ohne dass sich ihr Zustand wesentlich verändert hätte. Andere Kranken gaben an, dass sie über ihren Stuhl gar nicht zu klagen hätten, im Gegentheil, seit sie krank wären, leerten sie zweimal täglich aus, früher nur einmal. Andere wieder erkannten an der Vermehrung der Stühle eine Verschlimmerung ihres Zustandes. Jedesmal, z. B. im Hochsommer, wenn sie sich matt und gedrückt fühlten, trat sie ein. Findet man bei einer nervösen Person einen schlechten Ernährungzustand, so verordnet man reichliche Nahrung, Milch, Fett u. s. w. Zuweilen wird der Rath befolgt, die Kranken unternehmen eine wahre Mastkur, verdauen anscheinend vortrefflich, aber der einzige Erfolg ist, dass die Fäces, die zuweilen auffallend hell gefärbt sind, vermehrt werden. Dann etwa tritt eine günstige Wendung in der Lebenslage der Kranken ein, die ihnen neuen Lebensmuth einflösst, und von da an werden die Stühle seltener, die Ernährung hebt sich. Immer ist das in Rede stehende Symptom ein Ausdruck des Allgemeinbefindens und schwindet, sobald dieses sich entschieden bessert. Damit ist Prognose und Therapie gegeben.

Welche die nächste Ursache der nervösen Verdauungschwäche des Darms ist, wage ich nicht zu entscheiden. Der Magen scheint gar nicht betheiligt zu sein, denn, wenn auch natürlich sog. Dyspepsie gleichzeitig vorkommen kann, so ist für die reinen Fälle doch das Fehlen jeder Magenbeschwerde charakteristisch. Man könnte an Vermehrung der peristaltischen Bewegungen denken, doch pflegt diese Beschwerden zu verursachen. Auch stimmt zu der Schlaffheit der Neurasthenischen nicht eine anhaltend gesteigerte Darmbewegung. Fasst man die im Darme stattfindende Resorption als eine active Zellenthätigkeit auf, so ist es wohl denkbar, dass diese trotz normaler Drüsensecretion und normaler Muskelthätigkeit geschwächt werden kann, sei es durch directen nervösen Einfluss, sei es auf andere Weise. Es liegt nahe, den schlecht verdauenden Darm mit der schlecht auffassenden und merkenden Gehirnrinde zu vergleichen. Möglicherweise könnte auch eine Hypersecretion des Darmsaftes eine Rolle spielen, die ein Analogon in den nervösen Schweissen und der nervösen Polyurie fände. Auch an die Angstdiarrhoe ist hier zu denken. Andere mögen die Entscheidung treffen. Ich begnüge mich, auf das in Rede stehende Symptom hinzuweisen und die Collegen zu weiteren Beobachtungen aufzufordern.

4.

Ueber nervöse Familien.[1]

„Bei Beurtheilung erblicher pathologischer Zustände sind die Grenzen möglichst weit zu ziehen, ein Punkt, der in der ärztlichen Praxis zu wenig gewürdigt wird. Nicht bloss der Gesundheitszustand der Eltern, Grosseltern und Geschwister ist zu berücksichtigen, sondern möglichst vieler Verwandten (Cognaten) bis auf mehrere Generationen zurück. Im Interesse wissenschaftlicher Beobachtungen, sowie der Familien selbst ist die Anlage von Familienstammbäumen mit besonderer Berücksichtigung krankhafter Processe möglichst zu empfehlen." Diesen Satz entnehme ich dem Vortrage O. Bollinger's über Vererbung von Krankheiten (Stuttgart, 1882). Er ermuthigt mich in meiner Absicht, die Geschichte einiger neuropathischen Familien zu erzählen. —

Ob und wie Krankheiten des Nervensystems sich vererben, hat man theils dadurch zu erkunden gesucht, dass man möglichst viele Kranke einer Art fragte, ob bei ihren Angehörigen dieselbe oder ähnliche Krankheiten vorgekommen seien, theils dadurch, dass man die familiären Beziehungen des einzelnen Kranken möglichst weit zu verfolgen strebte. Die statistische Methode ist von den Irrenärzten vielfach angewandt worden. Für andere Krankheiten des Nervensystems als die Psychosen, ist sie nur mit grossen Schwierigkeiten zu verwerthen. Die betreffenden Kranken werden nicht in staatlichen Anstalten, grossentheils nicht von Fachärzten behandelt. Die Zahl der Kranken, die der einzelne Facharzt kennt, ist meist nicht gross. Die von Verschiedenen herrührenden Angaben sind oft schwer zu vergleichen. Kurz, das Material zu statistischen Aufstellungen ist nicht leicht zu beschaffen. Es ist daher erklärlich, wenn wir über die Häufigkeit der Vererbung bei den Nervenkrankheiten noch ziemlich wenig wissen. Nur bei wenigen Krankheiten, Epilepsie, Hysterie und einigen anderen, liegen brauchbare

---

[1] „Zeitschrift für Psychiatrie etc." Bd. 40. 1884.

Zahlen vor. Sehr wenig Zuverlässiges wissen wir über die Erblichkeit
bei den verschiedenen Formen der Nervosität. Man fasst unter dieser
Bezeichnung zusammen die einfachen nervösen Erschöpfungzustände,
die Neurasthenie, die leichten verwaschenen Formen von Hysterie und Hypochondrie, alle die zahlreichen psychischen Abnormitäten, die sozusagen
embryonale Psychosen sind. Wie häufig bei diesen leichtesten und ver-
breitetsten Formen psychischer Erkrankung erbliche Uebertragung statt-
findet, ist unbekannt. Die Schwierigkeit, brauchbare anamnestische Angaben zu erlangen, ist hier noch viel grösser als bei den wirklichen
Psychosen und den organischen Nervenkrankheiten. Unwissenheit, absichtliche Irreführung, Gleichgültigkeit hemmen hier wie dort. Während
jedoch eine wirkliche Psychose, ein Selbstmord, eine Lähmung der Beachtung auch des Stumpfsinnigen nicht entgehen, wissen von den feineren
Störungen ihrer Angehörigen die Kranken, besonders die der unteren
Classen, auch beim besten Willen oft gar nichts zu sagen. Am ehesten
würden die Aerzte an Wasser- und offenen Heilanstalten im Stande
sein, statistische Angaben zu machen.

Im Allgemeinen lehrreicher als die grossen Zahlen ist die möglichst
eingehende Untersuchung einzelner Beispiele gewesen. Durch die Aufstellung von Stammbäumen hat man zuerst die intime Verwandtschaft
zwischen den verschiedenen Psychosen und Neurosen erkannt. Daraus,
dass dieselben in Einer Familie einander vertraten, lernte man sie als
Zweige Eines Stammes auffassen. Auf demselben Wege fand man die
Beziehung zwischen Krankheit und Verbrechen, Selbstmord, Originalität,
Genie. Man sah sich daher aufgefordert, durch Verfolgung der Stammbäume weitere Aufschlüsse zu suchen. In der That ergab sich, z. B.
aus den von Doutrebente aufgestellten Geschlechtsregistern, eine Reihe
interessanter Thatsachen, besonders in Betreff der progressiven Degeneration. Auch spätere Arbeiten haben eine Anzahl interessanter Stammbäume geliefert. Ueberaus lehrreich für die Beziehung gewisser soma-
tischer Abnormitäten zu psychischen Erkrankungen sind aus neuerer
Zeit besonders der Stammbaum Thomsen's und die von Bloch mitgetheilten Genealogien. Indessen scheint der Gegenstand noch durchaus
nicht erschöpfend bearbeitet zu sein.

Ich will nun über einige Familien berichten, in denen es sich vorwiegend um leichtere psychische oder nervöse Affectionen handelt. Diese
verdienen eine grössere Beachtung, als sie bisher gefunden haben, theils
wegen ihrer enormen Häufigkeit, theils wegen ihrer Verknüpfung mit
den schweren Formen, als deren Ausläufer sie bei divergirender, als
deren Vorstufen sie bei convergirender Vererbung erscheinen. Ich ver-
fuhr bei Aufstellung der Stammbäume derart, dass ich, wo persönliche

Kenntniss der Personen mir abging, mich zunächst an die Haus-, bez.
Anstaltsärzte wendete. Ich erkenne mit Dank an, dass die betreffenden
Collegen mir freundlich ihre Notizen zur Verfügung gestellt haben.
Musste ich mich auf die Angaben von Laien verlassen, so suchte ich die
Aussagen zweier von einander unabhängigen Personen zu vergleichen
und nahm auf, was beide übereinstimmend angaben. Trotz vieler Mühe
habe ich nicht die erwünschte Vollständigkeit erreicht. Immerhin glaube
ich, dass bei dem bisherigen Mangel an thatsächlichen Unterlagen, für
die naturphilosophische Speculationen nicht entschädigen können, meine
Angaben nicht ganz werthlos seien.

I.

Die erste der hier zu schildernden Familien bestand aus 6 Geschwistern, von denen 3 zweifellos psychisch krank waren. Ihre Eltern
waren gesund gewesen und in höherem Alter gestorben. Blutsver-
wandtschaft hatte zwischen ihnen nicht bestanden. Der Vater, dessen
Eltern nachweisbar gesund gewesen waren, hatte als heiterer Mensch
und tüchtiger Geschäftsmann ein Alter von 86 Jahren erreicht. Nur
war er etwas verwachsen gewesen. Die Mutter, die als gescheidte
und energische, aber etwas phantastische Frau geschildert wurde, war
mit 54 Jahren an Peritonitis gestorben. Von ihrem Vater scheint sie
ein übles Erbe empfangen zu haben, denn es ergab sich, dass dieser
durch Trunksucht verarmt und mit 50 Jahren im Delirium tremens gestorben war. Wie an ihr selbst scheint auch an ihren 3 Schwestern
die Sünde des Vaters nicht heimgesucht worden zu sein, da sie alle
von gröberen nervösen oder psychischen Affectionen frei blieben. Indessen wird von ihnen berichtet, dass die eine einen hypochondrischen
Sohn, die andere eine epileptische Tochter hatte. Die Kinder jener Frau
nun waren folgende.

1) Eine Tochter. Diese, intelligent, aber von jeher aufgeregt,
phantastisch und zu Misstrauen geneigt, hatte als Kind an Krämpfen gelitten
und verheirathete sich mit 19 Jahren an einen zwar gutmüthigen, aber
jähzornigen und trunkliebenden Mann, der frühzeitig, wahrscheinlich an
Tuberkulose, starb. Ihr einziger Sohn war geistig normal, litt aber als
Kind an Hüftgelenkentzündung und später an einer chronischen Lungen-
affection. Ihre ältere Tochter, zart aber anscheinend normal, starb bei
der ersten Geburt durch Eklampsie. Die Mutter, damals nahezu 50 Jahre
alt, wurde durch diesen Unglücksfall so erschüttert, dass sie an Melancholie mit Selbstmordneigung erkrankte und einer Irrenanstalt übergeben werden musste. Sie kehrte zwar aus derselben nach einigen

Grossvater, Potator, † mit 50 J. im Delirium tremens.

Mutter, gesunde, nur etwas erregte Frau, verheirathet mit gesundem Mann.

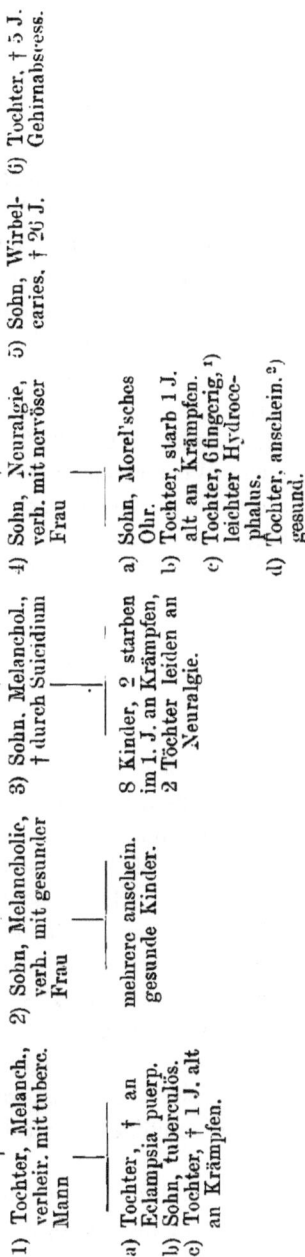

1) Tochter, Melanch., verheir. mit tuberc. Mann

a) Tochter, † an Eclampsia puerp.
b) Sohn, tuberculös.
c) Tochter, † 1 J. alt an Krämpfen.

2) Sohn, Melancholic, verh. mit gesunder Frau

mehrere anschein. gesunde Kinder.

3) Sohn, Melanchol., † durch Suicidium

8 Kinder, 2 starben im 1 J. an Krämpfen, 2 Töchter leiden an Neuralgie.

4) Sohn, Neuralgie, verh. mit nervöser Frau

a) Sohn, Morel'sches Ohr.
b) Tochter, starb 1 J. alt an Krämpfen.
c) Tochter, 6fingerig,[1] leichter Hydrocephalus.
d) Tochter, anschein.[2] gesund.

5) Sohn, Wirbel-caries, † 26 J.

6) Tochter, † 5 J. Gehirnabscess.

[1]) Seit Jahren petit mal [die Anmerkungen sind 1894 hinzugefügt].
[2]) Leichte hysterische Zufälle.

Monaten zurück, blieb aber sehr erregt und wackelte mit dem Kopfe. Sie zeigte später das Bild einer leichten Hysterie. Ein drittes Kind starb im 2. Lebensjahre an Krämpfen.

2) Ein Sohn. Litt viel an Kopfschmerzen, neigte in seiner Jugend zu Jähzorn, war später überaus pedantisch. Er war ein geschätzter Beamter, erkrankte aber 53 Jahre alt an Melancholie mit Selbstmordtrieb. Nachdem er ein Jahr lang in einer Heilanstalt gewesen, kehrte er „gebessert" in die Familie zurück. Seine Kinder, welche von einer gesunden Frau geboren wurden, zeigen bis jetzt nichts Besonderes.

3) Ein Sohn. Er entwickelte sich normal und wurde ein starker, blühender Mann mit gutmüthigem, heiterem Charakter. In seinen 30er Jahren aber äusserte er von Zeit zu Zeit melancholische Ideen, machte sich ohne allen Grund über seine Vermögenslage Scrupel u. s. w. Kurze Zeit hielt er sich in einer Heilanstalt auf. Anscheinend geheilt zurückgekehrt, machte er später einen ganz unerwarteten Versuch, sich zu erhängen und vergiftete sich vier Wochen später durch Strychnin. Seine kräftige gesunde Frau hatte ihm acht Kinder geboren. Zwei starben im 1. Lebensjahre an Krämpfen. Alle andern sind körperlich sehr gut entwickelt. Die vier Söhne scheinen geistig normal zu sein und ähneln der Mutter. Die ältere der beiden Töchter bekam mit 20 Jahren nach einer Gemüthsbewegung mehrere epileptiforme Anfälle. Beide Töchter leiden an Trigeminusneuralgie. Bemerkenswerth ist, dass bei beiden der galvanische Strom sehr günstig wirkte. Wenige Sitzungen genügten, um den Schmerz für mehrere Monate zu beseitigen.

4) Ein Sohn. Leichtlebig, zum Jähzorn geneigt, gut begabt. Leidet seit Beginn seines 4. Jahrzehnts an neuralgischen Schmerzen in beiden Beinen, ohne dass sonst spinale Symptome bis jetzt nachzuweisen wären. Seit früher Jugend hat er eine leichte Skoliose, „schiefe Hüfte", ähnlich wie sie sein Vater hatte. Mit einer zarten, leicht hysterischen Frau verheirathet, zeugte er vier Kinder. Das älteste, ein Knabe, fällt nur dadurch auf, dass an beiden Ohren der Helix zum Theil fehlt. Das zweite starb im 1. Lebensjahre an Krämpfen. Das dritte, ein Mädchen, kam mit sechs Fingern zur Welt, hat einen abnorm grossen Kopf und neigte in den ersten Lebensjahren zu Krampfanfällen. Das vierte hat ebenfalls einen etwas grossen Kopf, ist aber sonst ganz normal.

5) Ein Sohn. Gutmüthig und intelligent. Starb mit 26 Jahren an Wirbelcaries.

6) Eine Tochter. Starb mit 5 Jahren an einem Gehirnabscess. —

Aller Wahrscheinlichkeit nach war die neuropathische Diathese dieser Familie auf die Trunksucht des Grossvaters mütterlicherseits zurückzuführen. Auffallend ist, dass die gleiche Störung mehrmals wiederkehrt:

drei Glieder der Familie litten an Melancholie mit Selbstmordneigung drei litten an Neuralgien.

II.

Von dem höheren Beamten H. ist nur bekannt, dass er als Knabe an Chorea gelitten hatte, später immer sonderbare Züge zeigte, etwas verwachsen war und schliesslich im höheren Alter an einer Darmaffection starb. Seine unverheirathete Schwester, die sehr alt wurde, litt bis an ihr Ende an „Nervenzufällen". Er verehelichte sich mit einer Frau, die ebenfalls aus einer neuropathischen Familie stammte, selbst aber keine deutlichen Störungen darbot. Nur etwas „huckig" soll sie gewesen sein, d. h. der Kopf soll zwischen den Schultern gesteckt haben. Sie gebar folgende Kinder.

1) Eine Tochter. Diese war seit der Jugend etwas verwachsen und ausgeprägt hysterisch. Sie verheirathete sich mit einem kräftigen, gesunden Mann, der nichts weniger als nervös war, und bekam vier Töchter. Die älteste glich der Mutter, hatte wie diese Lach- und Weinkrämpfe, neigte zur Simulation, affectirte Furcht vor der Heirath u. s. w. Sie verheirathete sich dann mit einem gesunden Mann und soll jetzt relativ gesund sein. Ueber ihre Kinder ist nichts bekannt. Auch die zweite Tochter war hysterisch. Im 20. Jahre steigerte sich der Zustand nach einer Gemüthserschütterung soweit, dass sie eine Zeit lang in einer Anstalt behandelt werden musste. Dort wurde hysterisches Irresein mit erotischer Färbung constatirt. Sie heirathete später und galt dann für gesund. Ihre Kinder sind noch klein. Die dritte Tochter scheint nur eine leicht hysterische Färbung zu tragen. Sie ist kinderlos verheirathet. Während die älteren drei Töchter die kräftige Constitution des Vaters geerbt zu haben schienen, war die vierte zart, träumerisch und starb mit 22 Jahren an Tuberculose.

2) Ein Sohn. Er litt als Knabe an Chorea, war klein, schielte etwas, der Kopf steckte zwischen den Schultern. Geistig entwickelte er sich glänzend und wenn er später auch die auf ihn gesetzten Hoffnungen nicht ganz erfüllte, so errang er sich doch eine angesehene Stellung als Gelehrter. In seinen jüngeren Jahren litt er vielfach an hypochondrisch-melancholischer Verstimmung, war excentrisch, hatte heftige „innere Kämpfe". Geringe gemüthliche Erregungen bewirkten eine flüssige Darmentleerung. Mit einer gesunden Frau zeugte er fünf Kinder, von denen der älteste Knabe an heftigen Krampfanfällen litt und in geringem Grade schwachsinnig war.

3) Eine Tochter. Sie war etwas verwachsen und blieb frei von gröberen psychischen Störungen. In einer wenig glücklichen Ehe gebar

H., in der Jugend Chorea, intelligent, vielfach eigenthümlich, etwas verwachsen, verheirathet mit Frau aus neuropath. Familie.

1) Tochter, verwachs., hysterisch, verheir. mit gesundem Mann

- a) Tochter, verwachs., hysterisch, verheir.
- b) Tochter, hysterisch.
- c) Tochter, nervös erregt.
- d) Tochter, träumerisch, tubercul.

2) Sohn, litt an Chorea, intelligent, neigt zur Hypochondrie, verheirathet mit gesund. Frau

- a) Sohn, litt an Krampfanfällen.
- b—c) z. Z. kleine Kinder.

3) Tochter, verwach., nur leichthysterisch, verheir. mit gesundem (?) Mann

- a) Tochter, scrophulös, nervös.ruberossent.
- b) Tochter, taub.
- c) Tochter, scrophulös, verwachsen.
- d) Tochter, nervös.

4) Sohn, intelligent, von wechselnder Stimmung, verheirathet mit geistig gesunder, aber tubercul. Frau

- a) Tochter, scrophulös, nervös.
- b) Tochter, krankhaft erregt, † früh.
- c) Tochter, nervös, mit Neigung zur Melancholie.
- d) Sohn, unbekannt.

5) Tochter, litt an Chorea, später an hysterischem Irresein.

sie vier Töchter. Alle waren scrophulös und nervös. Die älteste litt
an Gesichtszucken und Rubor essentialis, die zweite war taub, die dritte
verwachsen, die vierte stiess mit der Zunge an.

4) Ein Sohn. Er entwickelte sich körperlich und intellectuell gut,
erreichte im Staatsdienst eine höhere Stellung. Sein gemüthliches Gleichgewicht war labil, er war lebhaft, heiter, etwas sinnlich, galt als Lebe-
mann, unterlag aber zeitweise melancholischen Verstimmungen. Eine
erste Verlobung wurde von ihm ohne ersichtlichen Grund wieder aufgehoben. Seine spätere, geistig gesunde Frau starb an Tuberculose.
Seine Kinder, drei Töchter und ein Sohn, waren alle scrophulös und
nervösen Temperaments. Von gröberen Störungen ist bei ihnen nichts
bekannt. Er starb ca. 60 Jahre alt an Carcinom.

5) Eine Tochter. Sie litt als Kind an Chorea, war später exquisit
hysterisch und wurde zeitweise in Heilanstalten verpflegt. Dem Anstalts-
arzte, welcher sie längere Zeit behandelte, verdanke ich folgende Notizen.
Fräulein H., die an hysterischem Irresein mit überwiegendem Charakter
der Beängstigung leidet, war von Jugend auf seltsam, zeigte allerhand
närrische Züge, später hysterisch-melancholische Anwandlungen, die in
hypochondrische Form übergingen, besuchte mehrere Anstalten für Nervenkranke. Nach Aufhören der Menses klagte sie über Blasenkrampf,
Obstruction, Schmerz im linken Hypogastrium (Ovarie?), Globus, Husten-
und Würgekrampf. Es bestanden Präcordialangst, Willenlosigkeit, Selbst-
vorwürfe, Zweifelsucht, Bedürfniss endlosen Schwatzens über ihren
Zustand. Sucht sich Trostgründe sagen zu lassen. Viel Stimmungs-
schwankungen, oft chamäleonartig, speciell Schwanken zwischen lebe-
männischem Naturell, der Sucht zu witzeln und hypochondrischem
Kleinmuth mit Thränen, Seufzen, übertriebenen Phrasen. Besonders am
Morgen bestanden Beängstigungen, Herzklopfen, Schwindel. Nie Lebensüberdruss.

In der hier geschilderten Familie waren beide Eltern neuropathisch.
Einen Beweis, dass auch in der Familie der Mutter das hysterische Irresein zu Hause war, liefert die Krankengeschichte einer Cousine mütterlicherseits der sub 5 erwähnten Kranken, die in derselben Anstalt
wie letztere behandelt wurde. Auch bei ihr handelte es sich um Hysterie
mit melancholischer Färbung und Präcordialangst. Ausser allerhand
Scrupeln traten besonders Teufelsphantasmen in den Vordergrund. Obwohl sie glaubte, wegen ihrer Sünden dem Teufel verfallen zu sein, bewahrte sie eine Neigung zu humoristischen Ergüssen, sie kokettirte sozusagen mit dem Teufel. Ihren Lebensüberdruss äusserte sie in eigenthümlicher Weise. Sie suchte bei dem gemeinsamen Mittagstisch mit

dem Tischmesser sich die Adern zu öffnen und affectirte Nahrungscheu.
Sie klagte trotz ihres psychischen Schmerzes über Langeweile u. s. w.

Die Irreseinsform der beiden zuletzt erwähnten Personen war sozusagen nur die Carricatur des Familiencharacters, der bei jedem
Gliede der Familie mehr oder weniger ausgeprägt war. Alle trugen bei
guter Intelligenz ein hysterisches Stigma an sich, allen war Launenhaftigkeit eigenthümlich, bald trat die Neigung zu heiterem Lebens-
genuss und zum Witzeln, bald die zu hypochondrischer Melancholie mehr
hervor. Zu dem hysterischen Grundzug stimmt gut, dass bei drei Fami-
liengliedern Chorea auftrat.

III.

Ein Kaufmann, der früher immer gesund gewesen, war im höheren
Alter nach Vermögensverlusten „wahnsinnig" geworden. Von seinen
drei Söhnen war der älteste gesund, erreichte ein hohes Alter und starb
an Krebs; der zweite litt an Epilepsie; der dritte war zwar gesund, aber
etwas Sonderling, er starb als Junggeselle.

Die Kinder des ersten Sohnes waren zwei Söhne und eine Tochter.
Der eine Sohn war gesund, kinderlos verheirathet. Die Tochter war
lebhaft und intelligent, litt aber zeitweise an Aufregungzuständen mit
Selbstmordneigung, die sowohl vor als nach ihrer Verheirathung auftraten. Sie gebar als Frau eines gesunden Mannes mehrere bis jetzt
gesunde Kinder. Der zweite Sohn endlich war geistig und körperlich
gut entwickelt, führte aber ein sehr liederliches Leben, inficirte sich und
erkrankte nach seiner Verheirathung im 27. Lebensjahre an progressiver
Paralyse, der er nach zwei Jahren erlag. Er hinterliess seiner wohlgenährten
und etwas beschränkten Frau zwei Kinder, ein jetzt 7 Jahre altes Mädchen,
das ganz gesund zu sein scheint, und einen jetzt 6 Jahre alten Knaben.
Die Kinder wurden gezeugt, als der Vater offenbar schon an Paralyse
litt. Der Knabe ist zwar körperlich wohl entwickelt und nicht dumm,
zeigt aber eine Neigung zum Renommiren, die an Grössenwahn erinnert.
Er erzählt seinen Kameraden, bei seiner Mutter sei alles von Gold und
Silber, behauptet seiner Mutter gegenüber, er sei der schönste und stärkste
Junge, seine Sachen seien die schönsten in der Welt u. s. w.

Der zweite Sohn starb frühzeitig und hinterliess einen Sohn, der
sich gut entwickelte, aber ebenfalls in den Jugendjahren an Epilepsie
litt. Die Anfälle wurden dann seltener und verloren sich schliesslich
ganz. Gegenwärtig zeigt er ausser den Resten einer wahrscheinlich
syphilitischen Iritis des einen Auges zweifellose Symptome von Tabes:
lanzinirende Schmerzen, Fehlen des Kniephänomens, mässige Anästhesie
bis zum Knie, Bronchokrisen. Bemerkenswerth ist, dass die lanzinirenden

Schmerzen bei dem jetzt etwa 50 jährigen Manne seit 15 Jahren bestehen und dass in den letzten 5 Jahren das Krankheitsbild sich kaum geändert hat. Von vier Töchtern, die eine gesunde Frau geboren hat, gleicht die älteste am meisten dem Vater. Sie ist schwächlich, nervös und leidet an Ohnmachtsanfällen, deren Natur bis jetzt noch nicht festgestellt werden konnte.

In dieser Familie treten ausser den Neurosen organische Läsionen des Nervensystems auf: progressive Paralyse und Tabes, jene bei einem zweifellos, diese bei einem wahrscheinlich Syphilitischen. Es liesse sich wohl denken, dass unter dem Einfluss der Syphilis die neuropathische Diathese zur organischen Krankheit würde.

IV.

Die folgende Familiengeschichte erzählt von den Verwüstungen, welche der Alkohol anrichtet. Leider ist dieselbe ziemlich unvollständig, insbesondere gelang es mir nicht, über die Eltern der Patientin zuverlässige Nachricht zu erlangen.

Eine Frau, deren Vater wahrscheinlich Säufer war, erkrankte im ersten Puerperium an Manie mit religiöser Färbung. Es trat zwar Genesung ein, aber in den nächsten Wochenbetten erkrankte die Patientin von neuem und im 3. Anfall starb sie. Der Bruder ihres Vaters trank und starb im Delirium tremens, ebenso dessen Sohn, ein ausschweifender Mensch, der sich im Delirium aus dem Fenster stürzte. Ferner war ein Bruder der Patientin Säufer und ging am Alkoholismus zu Grunde, zwei Schwestern waren hysterisch, zwei starben früh und nur ein Bruder war gesund. Sie selbst war mit einem einfachen, gutmüthigen Mann verheirathet und hinterliess zwei Kinder. Die Tochter war hysterisch. Der Sohn ist zwar zu einem brauchbaren Geschäftsmann geworden, ist aber zeitweise aufgeregt, schlaflos, sieht Geister, deren hallucinatorische Natur er erkennt, und trägt eine gewisse verrückte Religiosität zur Schau. Seine noch jugendlichen Kinder sind sämmtlich neuropathische Individuen.

V.

Diese letzte Familiengeschichte habe ich schon einmal kurz erzählt (Memorabilien XXVI. p. 459. 1881). Seitdem ist es mir gelungen, den Ausgangspunkt der nervösen Störungen in dem Wahnsinn eines Ahnen zu entdecken und von mehreren Gliedern der Familie nähere Kenntniss zu erlangen. Ich halte es daher für gerechtfertigt, noch einmal den Stammbaum zu verfolgen.

R., Musikus, wurde mit 50 Jahren wahnsinnig, † 53 J.

Sohn, gesund, † 81 J.

Sohn, gesund, † 68 J. verheirathet mit gesunder Frau

Nachkommenschaft angeblich gesund.

1) Sohn, klein, verwachsen, Augstanfälle, † 74, verheirathet mit gesunder Frau

2) Tochter, un-bekannt, ver-heirathet mit gesundem Mann

3) Tochter, un-bekannt, ver-heirathet mit ge-sundem Mann

4) Tochter, son-derbar, † 63, tastevoll, bei-kinderl. ver-heirathet.

5) Tocht., phan-tig, † 70, verh. m. ges. Mann

6—11) starben früh

a) Tochter, in-dolent, eigen-thüml., † 49, verh. mit 2a.

b) Tochter, vor-wachsen, sehr nervös, verh. mit 3b.

c) Tocht., verwachsen, nervös, verh. m. ihr. Neffen.

d) Sohn, ver-wachsen, be-schränkt, † 1 a.

e) Tocht., etwas verwachsen, nervös, verh. 34.

4 Kind, darunter eine chronisch irrsinnige Tocht.

α) Tocht., nerv.
β) Sohn, unbe-kannt.
γ) Tocht., † Ma-nia puerp., 5 Kinder.
δ) Tochter, epi-leptisch, kin-derlos.
ε) Sohn, unbe-kannt.
ζ) Tochter, ner-vös, 2 Kinder.

a) Sohn, bizarr u.starrsinnig, † 36, verh. m. † 1a.

b) Tochter, un-bekannt, ihr Sohn heirath. 1 c.

a) Sohn, bizarr † 41.
b) Sohn, gesund, † 72, heirath.

a) Sohn, nervös, heirathet mit gesund. Frau.

a) Sohn, hypo-chond., ver-heirathet mit gesund. Frau.

b) Tochter, ver-wachs, höchst nervös, verheir. mit nervös.Mann.

c) Sohn, nervös, verheirath. m. gesund. Frau.

α) Tochter, neur-asthenisch.
β) Sohn, inel-lectuell und moralisch schwach.
γ) Tochter, ge-sund.[1]
δ) Sohn, † früh.

α) Tochter, höchst kinderlos.
β) Sohn, neur-asthenisch.
γ-ε) † früh.

α) Sohn, nervös kinderlos.
β) Sohn, neur-asthenisch.
γ-ε) † früh.
δ) Sohn, † früh. an einer Ge-hirnaffection.

[1]) Hysterische Zufälle.
[2]) Senile Melancholie.

Der Musikus R., 1700 geboren, wurde 1750 irrsinnig und starb nach dreijähriger Krankheit. Er hinterliess 7 Kinder. Doch nur über die Nachkommen von zwei derselben liegen genauere Nachrichten vor. Der ältere Zweig scheint sich einer guten Gesundheit erfreut zu haben. Dagegen trugen fast alle Nachkommen des jüngeren Sohnes an ihrer erblichen Belastung. Dieser jüngere Sohn selbst freilich blieb frei, er war ein thätiger Arzt, nahm an den Angelegenheiten seiner Mitbürger lebhaften Antheil und stand bei ihnen in hohem Ansehen. Seine Frau, über deren Familie mehrfache Notizen vorhanden sind, wird als kräftig und gesund geschildert. Seine Kinder waren folgende:

1) Ein Sohn. War klein, etwas verwachsen, nicht sehr begabt, sehr erregt. Später litt er an Angstanfällen. Er starb 74 Jahre alt und hinterliess aus seiner Ehe mit einer schönen, aber etwas oberflächlichen Frau, drei Töchter und einen Sohn.

2) Eine Tochter, über die nichts Näheres bekannt ist. Sie war mit einem Apotheker verheirathet, starb frühzeitig und hinterliess einen Sohn und eine Tochter.

3) Eine Tochter, ebenfalls unbekannt, mit einem kräftigen gesunden Pfarrer verehelicht, starb mit 32 Jahren, hinterliess zwei Söhne.

4) Eine Tochter. Dieselbe war gescheidt und lebhaft, aber eine sonderbare Persönlichkeit, von deren befremdenden Charakterzügen besonders Geiz und bis ins hohe Alter dauernde Naschhaftigkeit hervorgehoben werden. Sie starb 68 Jahre alt, kinderlos verheirathet.

5) Eine Tochter. Von kleinem Wuchs, sehr intelligent, phantasievoll, aber excentrisch, überaus heftig, von schwankender Stimmung, zuweilen von Beängstigungen heimgesucht. Sie war im höheren Alter blind und starb 70 Jahr alt an Magencarcinom. Ihr Gatte war ein etwas zarter, aber ganz gesunder Gelehrter, welcher ebenfalls ein hohes Alter erreichte. Sie hinterliessen zwei Söhne und eine Tochter.

6—11) Kinder, welche in jugendlichem Alter starben.

Die Kinder von 1) waren:

1a) Eine Tochter, klein, indolent, „eigenthümlich", an Kopfschmerzen leidend, starb 49 Jahre alt, war verheirathet mit 2a), ihrem Vetter.

1b) Eine Tochter, klein, verwachsen, geistig lebhaft. Sie verlor angeblich nach einem Bade als junges Mädchen die Menstruation, die nie wiederkehrte. Im höheren Alter litt sie an vielfachen nervösen Beschwerden: Migräne, neuralgischen Schmerzen, Schlaflosigkeit, Dyspepsie, war gereizt und unleidlich, kurz sie bot das Bild einer altgewordenen Hysterica. Sie war kinderlos verheirathet mit 3b), ihrem Vetter.

1c) Eine Tochter. Klein, nur wenig verwachsen, geistig gut bean-
lagt, zeigte in der Entwickelungszeit sonderbare Gelüste. Sie war verheirathet mit ihrem Neffen und starb mit 47 Jahren.

1d) Ein Sohn. Klein, sehr verwachsen, geistig schwach und ver-
schroben. Starb 34 Jahre alt, unverheirathet.

Die Kinder von 2) waren:

2a) Ein Sohn. „Bizarr und starrsinnig“, später melancholischen Anwandlungen unterworfen, aber intellectuell tüchtig. Verheirathet mit
seiner Base 1a). Starb 58 Jahre alt an Diabetes mellitus.

2b) Eine Tochter. Unbekannt. Ihr ältester Sohn war ein tüchtiger
Rechtsanwalt, verheirathete sich mit seiner gleichaltrigen Tante 1c), galt
in späteren Jahren als Sonderling.

Die Kinder von 3) waren:

3a) Ein Sohn. Intellectuell tüchtig, im Allgemeinen für „nervös“
geltend. Ueber seine Nachkommen ist nichts Näheres bekannt, nur wird
angegeben, dass eine Tochter erster Ehe nervös gewesen sei und dass
er in zweiter Ehe vier Kinder gehabt habe. Er starb 41 Jahre alt.

3b) Ein Sohn. Ein in jeder Beziehung tüchtiger Mann, der
als Kaufmann eine bedeutende Thätigkeit entfaltete. Pathologisch war
höchstens an ihm eine überaus grosse Heftigkeit. Er war verheirathet
mit seiner Base 1b) und starb mit 72 Jahren an Magencarcinom.

Die Kinder von 5) waren:

5a) Ein Sohn. Intellectuell tüchtig, ein geachteter Gelehrter. Von
weichem Gemüth, „weltfremd“, für einen Sonderling geltend. In seinen
späteren Jahren litt er an schwerer nervöser Dyspepsie, wurde hypochondrisch, weinte sehr leicht. Er hatte eine Frau mit gesundem Nervensystem, die früh an Typhus starb.

5b) Eine Tochter. Sehr verwachsen, geistig lebhaft, aber nur mittel-
mässig begabt, sentimental, von haltloser Stimmung. Sie führte, mit
einem nervösen, bizarren Mann verheirathet, eine unglückliche Ehe. In
ihren späteren Jahren bot sie das Bild schwerer Nervosität, ohne
eigentlich hysterische Züge.

5c) Ein Sohn. Intellectuell tüchtig, lebhaft, heiter, phantasievoll,
von wechselnder Stimmung, aufbrausend, von weichem Gemüth. Er
verlor ca. 40 Jahre alt Geschmack und Geruch, litt später an leichteren
Angstzuständen, weinte leicht und ermüdete rasch bei geistiger Anstrengung. Seine Frau stammte aus einer Familie, in der leichte
Neurosen hie und da vorgekommen waren, war selbst rüstig trotz Migräne, erkrankte aber im höheren Alter an einer Herzneurose (Symptome
von Vagusparese).

Die Kinder von 1a) und 2a) waren:

α) Eine Tochter, eine lebhafte, aber reizbare, nervöse Frau, die von einem gesunden Manne fünf Söhne gebar. Einer derselben ist mir bekannt als ausgeprägt neuropathische Persönlichkeit.

β) Ein Sohn, von dem nur bekannt ist, dass er seinem Vater geistig und körperlich ähnlich sei.

γ) Eine Tochter erkrankte an Mania puerper. und starb im wiederholten Anfall, 25 Jahre alt.

δ) Eine Tochter, von Jugend auf epileptisch, war kinderlos verheirathet.

ε) Ein Sohn, unbekannt.

ζ) Eine Tochter, reizbar, nervös, war nach dem Tode eines Kindes längere Zeit melancholisch.

Die Kinder von 1c) waren vier, darunter eine Tochter, die mit 13 Jahren psychisch erkrankte und unheilbar wurde. Von den übrigen war ein Sohn nachweislich gesund, angeblich auch die anderen.

Die Kinder von 5a) waren:

α) Eine Tochter, körperlich der Mutter des Vaters ähnlich, gutmüthig, weich, erkrankte mit 16 Jahren an ausgeprägter Neurasthenie.

β—γ) Töchter, beide der Mutter ähnlich und gesund.

δ) Ein Sohn, † früh, wahrscheinlich an einer Gehirnaffection.

Die Kinder von 5b) waren:

α) Eine Tochter, mässig begabt, schlaff, träumerisch, bald kindischläppisch, bald melancholisch, in Thränen schwimmend, dabei unzuverlässig und zum Lügen geneigt.

β) Ein Sohn. Dieser soll keine eigentlich krankhaften Erscheinungen zeigen, aber in intellectueller und moralischer Hinsicht schwach sein.

γ) Ein Sohn, starb mit 3 Jahren an einer acuten Gehirnaffection.

Die Kinder von 5c) waren:

α) Ein Sohn, mehr der Mutter ähnlich. Seit dem 20. Jahre an Kopfschmerzen leidend, intolerant gegen Alkohol, melancholischen Perioden unterworfen, doch intelligent. Kinderlos verheirathet.

β) Ein Sohn, mehr dem Vater ähnlich. Erkrankte mit 19 Jahren an schwerer Neurasthenie. Es ist derselbe, dessen Krankengeschichte ich unter dem Titel „Neurasthenia cerebralis" früher (Memorabilien XXIV p. 23, 1879) veröffentlicht habe.

γ—ε) starben früh an Infectionskrankheiten. —

In dieser Familie scheint das erbliche Uebel mit jeder Generation schwerer zu werden, ein Verhalten, das Morel wohl mit Unrecht als die Regel betrachtet. Die zweite Generation scheint ganz frei geblieben zu

sein, in der dritten fehlen schwerere Störungen ganz, die Mehrzahl ihrer
Glieder scheint kaum durch krankhafte Züge aufgefallen zu sein. In
der vierten Generation kommen schon ernstere Zustände vor und weitaus am schwersten ist die fünfte Generation betroffen. Indessen ist diese
Steigerung wohl, zum Theil wenigstens, anderen Umständen zuzurechnen
als der progressiven Natur der Degenerescenz. Einmal ist es mir feste
Ueberzeugung, dass die Entwickelung der socialen Verhältnisse das Entstehen nervöser Störungen begünstigt, dass die Art des modernen Lebens,
besonders die Hast desselben die Neurosen häufig macht. Seit Beginn
unseres Jahrhunderts ist die Geschwindigkeit des Lebens sozusagen um
ein Vielfaches gewachsen. Die Veränderungen unserer Lebensweise
durch die Einführung der Dampfmaschinen, durch das Wachsen der
Städte, durch die politische und religiöse Entwickelung, sie bedingen
eine raschere Abnutzung des menschlichen Nervensystems. Daher scheint
es begreiflich zu sein, wenn bei den jüngeren Generationen nervöse
Störungen häufiger sind als bei den im Beginne dieses oder am Ende
des vorigen Jahrhunderts lebenden. Damit stimmt, dass eigentlich neurasthenische Formen erst in der fünften Generation unseres Stamm-
baumes auftreten.

Die schwersten Erkrankungen kamen in Familien vor, wo die
Eltern entweder blutsverwandt oder doch beide nervös waren, wo es
sich also um multiplicirende Vererbung handelte. Bei den Kindern der
einen Verwandtenehe traten Puerperalmanie und Epilepsie auf, bei
einem Kinde der andern chronisches Irresein. Bei 5 b und c waren
beide Eltern nervös, bei 5 b überdem disharmonisch.

Ein pathologischer Familiencharakter lässt sich kaum auffinden.
Verwaschene Formen herrschen vor. Doch scheint bemerkenswerth,
dass Chorea, eigentliche Hysterie, Selbstmordneigung ganz fehlen. Trunksucht und syphilitische Infection kamen aller Wahrscheinlichkeit nach
gar nicht vor, Tabes und progressive Paralyse wurden nicht beobachtet.

Von eigentlicher Degeneration kann man trotz der neuropathischen
Diathese kaum reden. Die Lebensdauer, die Fruchtbarkeit verhalten
sich kaum anders als in gesunden Familien. Die Intelligenz der mir
bekannten Familienglieder war durchschnittlich eine gute, mehrmals eine
hohe und, wenn auch nervöse Unbeständigkeit und Mangel an Energie
die Ausnutzung der Intelligenz vielleicht mehr oder weniger hinderten,
so waren doch die Leistungen im Allgemeinen der Intelligenz ent-
sprechend. Moralische Entartung war nicht vorhanden, mehrere nervöse
Familienglieder, die ich kannte, zeichneten sich vielmehr durch Güte
des Herzens aus. —

Die allgemeinste Beobachtung, die sich bei der Betrachtung solcher Genealogien, wie die meinigen sind, aufdrängt, ist die, dass der Einfluss der erblichen Belastung ein grösserer, tiefergehender ist als man wohl gewöhnlich annimmt. Fasst man nur die schweren Erkrankungen ins Auge, so scheint es, als ob nur einzelne von den Nachkommen einer kranken Persönlichkeit betroffen würden, als ob die Mehrzahl frei ausginge. Je sorgfältiger man aber die Glieder einer solchen Familie betrachtet, je mehr man auch auf die kleinen Züge achtet, desto deutlicher sieht man, wie auch die anscheinend Gesunden keine normalen Menschen sind, desto häufiger treten einem die Stigmata hereditatis entgegen. Bei Lichte betrachtet sind auch die sogenannten leichten Formen für den Befallenen ein schweres Schicksal. Scheint auch das Leiden in einem gegebenen Moment nicht gross, so ist doch die Summe des Leids, das dem Belasteten aus seinem Erbtheil im Laufe des Lebens erwächst, eine recht beträchtliche. Abgesehen von positiven Uebeln, fehlt ihm die rechte Lebensfrische und Lebensfreude; dass er anders ist wie andere, sagt ihm ein dunkles Bewusstsein, schmerzlich empfindet er viele Reize, die den Normalen nicht erregen, innere Unruhe treibt ihn und bei Anstrengungen versagt ihm rasch die Kraft. Derartige Personen neigen, wenn anders sie nachdenken, zu einer pessimistischen Auffassung der Dinge. Es ist bekannt, dass man versucht hat, Schopenhauers pessimistische Weltanschauung durch seine Angehörigkeit zu einer neuropathischen Familie zu erklären.

Von den Zügen, die Morel und seine Nachfolger den verschiedenen Stufen des hereditären Irreseins zugeschrieben haben, habe ich in den beschriebenen Familien nur wenige auffinden können. Insbesondere scheint mir die moralische Entartung bei guter Intelligenz, die jene Autoren in den Vordergrund stellen, bei erblich Nervösen doch relativ selten zu sein. Nur einige Male ist mir bei dergleichen Personen aufgefallen, dass dieselben, obwohl sie gerecht und mitleidig waren, für Liebe und Freundschaft sich wenig empfänglich zeigten und zu ihrem eigenen Befremden die Empfindungen ihrer Umgebung, z. B. bei Todesfällen, nicht recht theilen konnten. Periodicität des Verlaufes habe ich bei erblich Nervösen mehrmals wahrgenommen, doch ist es schwer, über diese Dinge etwas genaueres zu sagen.

Noch möchte ich die Aufmerksamkeit auf die körperlichen Stigmata lenken, die auch bei leichten Formen nicht fehlen. Besonders häufig kommt in meinen Stammbäumen Krümmung der Wirbelsäule vor. Dieselbe schien sich meist im Laufe des Lebens ohne wahrnehmbare Ursache entwickelt zu haben. Legrand du Saulle erwähnt die Skoliose nicht. Ob ich irre, wenn ich die Skoliose mit der nervösen Belastung

in Beziehung bringe, weiss ich nicht. Bloch fand bei seiner Untersuchung des Kniephänomens an Kindern ein Mädchen mit Lordose der
Lendenwirbelsäule und ohne Kniephänomen. Letzteren Mangel lässt er
durch die Lordose bewirkt sein. Wiewohl bei dem Kinde eine erbliche Belastung nicht nachzuweisen war, könnten doch beide Veränderungen Symptome der neuropathischen Diathese sein.

In practischer Hinsicht ziehe ich den Schluss, dass im Hinblick auf
die Häufigkeit der erblichen Uebertragung und auf die ernste Bedeutung
auch der sogenannten leichteren Formen der Arzt sich ernstlich bedenken
soll, ob er zur Verehelichung neuropathischer Personen oder zur Verbindung mit solchen rathen darf. Bollinger citirt folgenden Satz Rom-
berg's: „In Familien, wo neuropathische Zustände pathologische Fidei-
commisse sind, werde die Verheirathung der Mitglieder unter einander
verhütet und das Veterinärprincip, Kreuzung mit Vollblutrasse, einge-
führt." Ich glaube aber, dass man weiter gehen muss. Jede Person,
bei der irgend schwerere Formen der nervösen Degeneration aufgetreten sind, sollte überhaupt nicht heirathen. Ob ihr das eheliche
Leben zuträglich ist, diese Frage verschwindet neben dem Bedenken,
dass ihr Uebel eine ganze Generation anstecken möchte. Die „Kreuzung
mit Vollblut" kann zwar zum Guten führen, sicher aber wird die Fortpflanzung des Uebels nur durch Ausschliessung der kranken Person
von der Fortpflanzung verhindert. Nur belasteten, nicht kranken Personen direct die Ehe zu widerrathen wird der Arzt sich kaum ent-
schliessen; wenn er aber Berather des „Vollblut" ist, das zur Verbesserung der Rasse benutzt werden soll, wird er verpflichtet sein, seine
warnende Stimme zu erheben. Endlich halte ich es für nöthig, das
Publicum aufzuklären über die Bedeutung der Vererbung, und ich kann
bisher diese von Andern bestrittene Ansicht nicht für unrichtig erkennen.
Mag auch eine solche Schilderung auf das Gemüth der Nervösen de-
primirend wirken, so wird durch sie doch vielleicht hie und da Unheil
verhütet und somit jener vorübergehende Schaden reichlich aufgewogen
werden.

[Heute (1894) denke ich über manche Begriffe anders als 1883, z. B. über den der
Hysterie. Ich kann wegen dieser und anderer auf meine neueren Arbeiten verweisen.
Dass aber die Morel'sche Auffassung irrig ist, dass die progressive Entartung nur
dann eintritt, wenn besondere Verhältnisse (sp. cumulative Vererbung) vorliegen, das ist
mir im Laufe der Jahre immer sicherer geworden.]

III.

Ueber Seelenstörungen bei Chorea.[1]

Es ist geradezu erstaunlich, wieviel schon über Chorea geschrieben worden ist.[2] Trotz der Masse der Arbeiten ist die Lehre keineswegs abgeschlossen, sondern es herrschen vielfach Widersprüche und Unklarheit, ein Umstand,'der die Beschäftigung mit der Chorea-Literatur unerfreulich macht. Zu so missgünstigen Betrachtungen fühlte ich mich angeregt, als neulich ein Fall von seelischer Erkrankung bei Chorea mir Veranlassung gab, die Literatur wieder durchzusehen. Die Ursache der Unklarheit scheint mir, wie oft, zuerst in dem Mangel an deutlicher Bestimmung des Begriffes zu liegen. Die Autoren fassen unter dem Namen Chorea die verschiedensten Dinge zusammen. Bis in die neueste Zeit wird das Symptom mit der Krankheit verwechselt. Unwillkürliche ungeregelte Bewegungen sind das Symptom Chorea, und einige Krankheiten, bei denen dieses Symptom eine wichtige Rolle spielt, haben von ihm auch den Namen Chorea erhalten. Das Symptom kommt bei Hemiplegien durch Gehirnblutung oder andere Herderkrankung des Gehirns vor, bei verschiedenen acuten und chronischen Psychosen, bei Hysterie; alles Zustände, die von der eigentlichen Chorea Sydenham's grundverschieden sind. Bekanntlich ist früher die Verwirrung noch dadurch gesteigert worden, dass man auch Bewegungen, die nicht ungeregelt sind, Chorea nannte. Die Chorea magna ist jetzt wohl allgemein aufgegeben; was man so nannte, sind hysterische Anfälle. Dass auch die Chorea rhythmica, zu der sich die unglückliche Chorea electrica gesellt, theils zur Hysterie, theils zu den Tics der Entarteten gehört, hat Charcot dargethan.

Die Vermengung von Morbus Chorea mit dem Symptom Chorea würde nicht so häufig sein, wenn nicht ein materieller Irrthum zu dem

---

[1] Münchener Med. Wochenschrift No. 51 u. 52, 1892.
[2] Im Index Catalogue vom Jahre 1882 füllt die Chorea-Literatur 26 Spalten.

formellen sozusagen verlockte. Der Uebelthäter ist das Wort Neurose.
Es heisst: die Chorea ist eine Neurose, und damit ist dem Unheil Thür
und Thor geöffnet. Nach dem bei uns herrschenden Sprachgebrauche
ist eine Neurose eine Krankheit, bei der man nach dem Tode nichts
Unrechtes findet. Eine solche ganz negative Definition bewirkt natürlich, dass Krankheiten, die gar nichts miteinander zu thun haben, in
einen Sack gesteckt werden, wie man aus den Inhaltsverzeichnissen
unserer Lehrbücher sehen kann. Dass man keinen grossen Unterschied
zwischen einem Symptom und einer Krankheit mit negativen Merkmalen
macht, ist schliesslich auch begreiflich. Aber auch dann, wenn man,
wie es Charcot und seine Schüler thun, dem Worte Neurose einen
Inhalt dadurch giebt, dass man die nervösen Störungen, die Ausdruck
ererbter Entartung sind, so nennt, auch dann ist die Behauptung, die
Chorea Sydenham's sei eine Neurose, meiner Ueberzeugung nach ein
Irrthum. Hält man an diesem Irrthume im Sinne der Franzosen fest,
so ist allerdings nicht einzusehen, warum man zwischen einem maniakalischen Entarteten, der choreatische Bewegungen macht, und einem
Choreakranken, der irre wird, einen grundsätzlichen Unterschied annehmen soll.

Ehe ich weiter gehe, muss ich ein paar Worte über die Krankheit
sagen, die man chronische, degenerative, erbliche, familiäre oder Huntington's Chorea nennt. Man versteht darunter eine chronische Krankheit, die Erwachsene befällt, immer eine Reihe von Jahren dauert, deren
Symptome Choreabewegungen einerseits, seelische Störungen, die mit
Verblödung endigen, andererseits sind, deren Ursache wohl immer erbliche Entartung, oft gleichartige Vererbung ist. Diese ziemlich seltene
„Neurose", die erst in der neueren Zeit genauer bekannt geworden ist,
hat mit der Chorea Sydenham's nichts zu schaffen, wenn man ihr auch,
wie die Dinge einmal liegen, den Namen Chorea nicht mehr nehmen
kann. Die Wesensverschiedenheit beider Formen scheint mir ganz unverkennbar zu sein. Auf jeden Fall hebe ich hervor, dass ich im Folgenden von der Chorea Huntington's nicht mehr spreche.

Die Chorea Sydenham's oder Chorea schlechtweg[1]) ist eine sehr
häufige Krankheit, die Kinder oder Jugendliche befällt, in der Regel
einige Monate dauert, oft Rückfälle macht, gewöhnlich in Genesung,
selten in Tod ausgeht, deren Hauptsymptom Choreabewegungen sind,
bei der leichte Verstimmung die Regel, eine ernste Seelenstörung eine

---

[1]) Den Namen Chorea minor sollte man ganz aufgeben. Wo minor ist, muss auch
major sein. Da es aber eine Chorea magna nicht giebt, hat eine Chorea parva oder
minor keinen Sinn.

Seltenheit ist, bei der aber häufig Endocarditis, ziemlich häufig rheumatische Gelenkerkrankung auftritt. Diese Chorea ist eine infectiöse Krankheit. Nur in aller Kürze will ich an die wichtigsten Gründe für diesen Satz erinnern: 1) Vorher ganz gesunde Menschen können an Chorea erkranken. Jeder, der viel Choreakranke sieht, muss unter ihnen nicht wenige finden, bei denen weder eine ererbte noch eine persönliche Anlage zu entdecken ist. Dass auch viele nervöse oder sonst geschwächte Kinder darunter sind, darf nicht wunder nehmen, denn schwächliche Kinder erkranken überhaupt leichter als kräftige, und eine Infection, die das Nervensystem schädigt, wird leichter an einem schlecht ausgestatteten Nervensystem haften als an einem robusten. Die Statistiken, die eine erbliche Anlage darthun sollen, beweisen übrigens recht wenig. Vielleicht fände man unter den nicht an Chorea leidenden Kindern gerade so viele mit einigen kranken Verwandten; man möge nur die Probe machen. 2) Der Verlauf der Chorea ist der einer infectiösen Krankheit, nicht der einer Neurose. Welche Kinderneurose dauert einen oder ein paar Monate, um dann ganz zu verschwinden, oder nach einem, bezw. einigen Jahren wiederzukehren? Die Polyarthritis verläuft so. 3) Man kann an der Chorea sterben. An Neurosen stirbt man nicht. Wer glaubt noch an die tödtliche Hysterie? Die Epilepsie kann tödten, aber indirect, und überdem ist sie eine organische Gehirnkrankheit, die wenigstens sehr oft auf einer Infection beruht. 4) Das Hauptargument ist die Häufigkeit der Endocarditis, bezw. der Gelenkerkrankung.[1] Ich setze voraus, dass man die infectiöse Natur der Endocarditis zugebe, denn andererseits wäre es besser, die Verhandlung abzubrechen. In schweren Fällen von Chorea ist das Vorhandensein der Endocarditis die Regel, denn man hat sie in der grossen Mehrzahl der Sectionen vorgefunden. Sie kann sich vor oder nach einer Chorea entwickeln, auch ohne dass je eine Gelenkerkrankung vorhanden war. Die Parallelität zwischen Chorea und Polyarthritis acuta ist so augenscheinlich, dass ich mich wundere, wie noch jemand sie bezweifeln kann. Dazu kommt die Häufigkeit der Verbindung beider Krankheiten und das Folgen der Chorea auf die Polyarthritis. Das mir bekannte Material ist von P. Koch (13) verarbeitet worden. Ich habe seitdem nur Erfahrungen im gleichen Sinne gemacht.

Ist die Chorea eine infectiöse Krankheit, so kann man sich nach Analogie mit anderen Infectionen von vornherein sagen, welche Seelenstörungen bei ihr zu erwarten sind. Sollten aber diese Erwartungen

---

[1] Thomas hat neuerdings auch Nephritis bei Chorea beobachtet. (Deutsche med. Wochenschrift XVIII. 29. 1892. Arch. f. Psych. XXIV. 2. p. 634. 1892.)

durch die Erfahrung bestätigt werden, so würde darin wieder eine Bestätigung der infectiösen Natur der Chorea zu finden sein.

Das, was allen infectiösen oder allgemeiner gesprochen allen toxischen Seelenstörungen wesentlich ist, scheint ein traumhafter Zustand zu sein. Jeder kennt ihn aus eigener Erfahrung, da das Fieberdelirium und der Rausch als seine Typen gelten können und er im Grunde von dem Traume des gesunden Lebens nicht sehr verschieden ist. Bildliche Ausdrücke, wie Einschränkung oder Umdämmerung des Bewusstseins, mögen wohl zur Beschreibung dienen, wenn sie auch keine Erklärung sind. Immer sind bei ihm vorhanden Mangel an Auffassungsvermögen, Anarchie der Vorstellungen, die sich sozusagen von selbst verknüpfen, nicht von einem klaren Willen zum Ziele gelenkt werden, und Neigung zur Umbildung der Vorstellungen zu scheinbaren Wahrnehmungen, d. h. zu Hallucinationen. Mit anderen Worten, in der Sprache der Irrenärzte: alle Gifte bewirken hallucinatorische Verwirrtheit. Die Beschaffenheit des Giftes einerseits, die des Individuum andererseits ändern das Bild, ohne seinen Grundcharakter aufzuheben. Wächst die Benommenheit, so dass die seelischen Vorgänge im Ganzen immer mehr aufhören, so kommt es zu Stupor oder acuter Demenz; fehlt die Ausbildung der Phantasievorstellungen zur sinnlichen Fülle, so haben wir einfache Verwirrtheit; ist die Aufregung gross, so liegt oder lag die Bezeichnung Manie nahe; bei relativer Besonnenheit mag wohl das entstehen, was manche Irrenärzte acute Paranoia nennen. Immer bleibt der traumhafte Zustand die Grundlage. Allen diesen Seelenstörungen ist ferner gemeinsam, dass sie rasch entstehen und nach einem acuten oder subacuten Verlaufe, sofern der Kranke am Leben bleibt, mit Genesung endigen, seltener eine andauernde Geistesschwäche zurücklassen.

Ist diese Skizze des toxischen, beziehungsweise infectiösen Irreseins richtig, so entspricht das Bild der Choreapsychose vollständig dem der infectiösen Psychosen überhaupt. Fast alle Beobachtungen der Autoren, bei denen eine Psychose als Theilerscheinung der Chorea Sydenham's beschrieben wird, bestätigen diesen Satz und auch die Krankheit des von mir beobachteten Patienten bietet einen Beleg. Ich schicke die neue Krankengeschichte voraus und will dann einen kurzen Ueberblick über die Literatur geben.

Der 17jährige L. stammt aus gesunder Familie. Mutter und Schwester kenne ich persönlich, die genaueste Befragung liess keine nervöse Belastung erkennen. L. ist früher immer gesund gewesen, hat weder schwere Krankheiten durchgemacht, noch Zeichen von Nervosität dargeboten. In der Schule hat er leicht gelernt, wenn er auch nicht gerade lernbegierig war. Im Mai d. Js. erkrankte L. an leichtem Gelenkrheumatismus; verschiedene Gelenke waren schmerzhaft, am meisten das linke Knie, an dem allein Schwellung bemerkt wurde. L. lag nur kurze Zeit zu Bett und bemerkte nachher noch durch einige Wochen Empfindlichkeit und Steifigkeit des linken Knies. Am 15. Juni d. Js. starb der Vater an einem chirurgischen Uebel. L. wurde dadurch natürlich schmerzlich bewegt und er musste allerlei Geschäfte, die für ihn neu und anstrengend waren, übernehmen. Etwa in der Mitte des Juli fiel ihm auf, dass seine rechte Hand ungeschickt war, dass er schlecht schrieb, oft Gegenstände fallen liess, dass die Hand unwillkürliche Bewegungen machte. Auch wurde ihm oft das Sprechen schwer. Seine Angehörigen fanden ihn launisch, reizbar. Man glaubte, eine nervöse Ueberanstrengung zu erkennen, und beschloss, der junge Mann solle sich durch eine Reise in's bayerische Gebirge erholen. Am 2. August fuhr L. mit einem sogenannten Vergnügungszuge von Leipzig nach München. Es war ziemlich heiss und der Wagen war voll. Als L. am 3. August früh in München ankam, gerieth er nach seiner Angabe mit dem Portier des Bahnhofes in Streit, weil dieser sich in ungebührlicher Weise mit L.'s Gepäck zu beschäftigen schien. Er ging erst in der Stadt herum, dann auf die Polizei, um sich zu beschweren. Was zunächst weiter geschehen ist, weiss ich nicht. Nach seiner etwas verworrenen Erzählung ist er mehrmals verhört worden, ist mit einem Herrn in einer Droschke herumgefahren worden, hat irgendwo zu Mittag gegessen und ist schliesslich unter dem Vorwande, man wolle ihm ein schönes Gebäude zeigen, in ein Krankenhaus gelockt worden. Dort stürzten sich, obwohl er ganz ruhig war, acht Männer auf ihn, schlugen und fesselten ihn. Während der Nacht hörte er die Stimmen seiner Verwandten auf dem Vorsaale.

Die folgenden Berichte verdanke ich der Güte des Herrn Dr. Rehm in Neufriedheim. L. wurde am 3. August auf polizeiliche Anordnung hin in das Krankenhaus l./I. gebracht. Er war ziemlich ruhig und es fielen an ihm nur einzelne unwillkürliche Bewegungen im Gesicht und an den Gliedern auf. Als er jedoch auf das Zimmer gebracht werden sollte, leistete er den hartnäckigsten Widerstand, schlug unter lautem Schreien auf die Umgebung los, so dass man sich veranlasst sah, ihn an das Bett zu fesseln. Er tobte die ganze Nacht durch. Am andern Morgen war er ruhiger und nahm ein Frühstück zu sich. Mittags aber erklärte er, er wolle nichts essen, und gerieth wieder in grosse Aufregung, die sich erst am Morgen des 5. legte. An diesem Tage kam die telegraphisch herbeigerufene Mutter an. L. erkannte sie und schien durch ihr Zureden beruhigt zu werden. Doch kehrte Nachmittags die Aufregung zurück. Er sei nicht verrückt, man sperre ihn unrechterweise ein. „Er stiess die Möbel über den Haufen, stellte die Bettlade

in die Höhe, warf das Bett heraus, zerstörte die Leitung des Telegraphen,
riss sich das Hemd vom Leibe, legte sich wiederholt unter lautem
Schreien zu Boden, schlug mit Armen und Beinen um sich, stürzte nackt
im Zimmer umher." Wegen andauernder Unruhe wurde L. am 6. August
in das Asyl Neufriedheim gebracht. Am 11. August wurde dort notirt:
„Die tiefe Verwirrtheit, in der Patient sich befand, ist einem ruhigeren
klareren Vorstellungsvermögen gewichen. Die Hallucinationen schwächen
sich allmählich ab. Wenn auch Patient oft noch wirres, zusammenhang-
loses Gespräch mit sich selbst und mit dem Arzte führt, so ist doch nicht
zu verkennen, dass sich zwischenhinein ein klares, der Wirklichkeit ent-
sprechendes Urtheil bildet." Zuweilen war L. noch gewaltthätig, musste
isolirt werden, lärmte dann und zerriss Alles. Im Allgemeinen aber
nahmen die Zeiten der Ruhe zu, die der Aufregung ab. „Schlendernder
Gang" und unsichere Bewegungen wurden bemerkt. Am 20.. machte
L. einen Fluchtversuch. Dann blieb er leidlich ruhig und wurde am
29. auf sein Drängen hin nach Hause entlassen. Er legte die Reise, die
ohne Schwierigkeiten verlief, mit der Mutter und einem Wärter zurück.

Am 19. September wurde L. mir zugeführt. Er war ein hoch-
gewachsener, blasser junger Mann, an dem auf den ersten Blick Chorea-
bewegungen der rechten Hand und des rechten Fusses auffielen. Die
Sprache war sonderbar, es machte den Eindruck, als ob der Kranke mit
grosser Mühe die Laute bildete, und langsam folgte Wort auf Wort.
Dabei waren aber weder im Gesicht noch an der Zunge deutliche
Choreabewegungen wahrzunehmen. In umständlicher, ungeschickter
Weise erzählte er von seinen Erlebnissen in München. Er schien sich
auf Alles zu besinnen, gab auch zu, dass er, als er die Stimmen seiner
Verwandten gehört und allerhand Gestalten im Zimmer gesehen, Sinnestäuschungen gehabt habe, leugnete aber seine Ausschreitungen und behauptete steif und fest, man habe ihn ohne Anlass misshandelt, am
Halse gewürgt u. s. w. Manche Tage kämen ihm allerdings wie ein
Traum vor. Er befinde sich jetzt ziemlich wohl, sei aber matt und unfähig zu geistiger Arbeit. Wenn er lese, verwirren sich rasch die Gedanken. Appetit, Stuhlgang, Schlaf gut. Die Antworten, die er gab,
waren alle richtig, wenn er auch etwas lange Zeit dazu brauchte. Die
körperliche Untersuchung ergab nichts Weiteres. Das Herz war gesund.
An dem linken Knie, das in Neufriedheim wieder schmerzhaft gewesen
sein sollte, war nichts Abnormes wahrzunehmen.

In der Folge schritt die Besserung langsam fort. Die im Anfange
grosse Reizbarkeit mit zornmüthigen Aufwallungen nahm ab. Die Choreabewegungen hörten auf, die Sprache wurde leichter und natürlicher, die

Schrift wieder möglich; L. beurtheilte die Vergangenheit richtiger und
fing an, sich in angemessener Weise zu beschäftigen.

Diese Beobachtung scheint mir eindeutig zu sein. Ein junger Mann
aus gesunder Familie erkrankt an leichtem Gelenkrheumatismus. Zwei
Monate später beginnt eine Chorea und nach einer unvernünftigen Ueberanstrengung bricht plötzlich eine von Sinnestäuschungen begleitete Verwirrtheit aus. Schon nach zwei Wochen beruhigt sich der Kranke und
wird wieder klar. Es bleibt zunächst eine gewisse geistige Mattigkeit
zurück, dann aber kommt es zu körperlicher und geistiger Genesung.

Die nun folgenden Beispiele aus der Literatur sind weder an Zahl
noch in Beziehung auf ihren Inhalt vollständig. Zeitschriften, die älter
als 20 bis 30 Jahre sind, kann man in der Regel schwer erhalten und
von den älteren Mittheilungen ist mir daher ein Theil gar nicht zugänglich gewesen, andere habe ich nur aus Referaten kennen gelernt.
Aber auch die Originale fassen sich zum Theile so kurz, dass man über
manchen diagnostischen Zweifel nicht hinauskommt. Indessen sind doch
in der Regel die beiden Hauptsymptome: Verwirrtheit und Hallucinationen
verschiedener Sinne, in der Beschreibung zu erkennen. Die Citate sind
am Schlusse der Arbeit alphabetisch zusammengestellt.

1859. Die Arbeit Marcé's konnte ich nicht erhalten. Mairet giebt an, sie
enthalte 4 Beobachtungen. Von 3 Fällen habe Blache nachgewiesen, dass sie soit des
cas de délire aigu, soit des cas de méningite rhumatismale darstellen. Im 4. habe es
sich um ein 22 jähriges Mädchen gehandelt, das an einer Chorea mittleren Grades litt
und durch fortwährende Hallucinationen in hohem Grade aufgeregt war. Sie sah eine
Zigeunerin am Fusse des Bettes, man rief ihr zu, sie sei verdammt, sie wollte nicht
essen, da die Speisen vergiftet seien.

Barker: 16 jähriges Mädchen. Nach einem Schrecke einige hysterische Anfälle.
5 Wochen später Beginn der Chorea, die sehr heftig wurde. Besserung nach 3 Wochen.
Während der Reconvalescenz trat eine Art von Stupor ein: Die Kranke sass mit
blödem Ausdrucke still, antwortete auf Fragen verkehrt. Nach 14 Tagen kurzer Rückfall der Chorea. Dann rasche Besserung und vollständige Genesung.

1864. Lelion: 19 jähriger Jüngling, von jeher beschränkt und zornmüthig.
Erkrankte zugleich an Chorea und heftigen Delirien. Der Kranke schlug um sich,
sprach verwirrt. „Hallucinationen des Gesichts und des Gehörs, theilweise erschreckender Art." Sehr heftige Chorea; zerbissene Zunge. Kein Fieber. Am 3. Tage Tod.
Starke Hyperämie der Hirnrinde und der Pia.

1865. Thore: 1) Erwachsenes Mädchen. Am 17. Mai Gelenkrheumatismus. Am
25. Mai links, am 2. Juni rechts pleuritisches Exsudat, dann Endocarditis. Am 10. Juni
begannen Choreabewegungen des linken Arms, dann auch des rechten und des Gesichts.
Am 12. bis 14. Juni Abends „ängstigende Hallucinationen des Gesichts, Gehörs und
Gefühls", am 15. auch Morgens. Am 17. Nachlass der Chorea und der Sinnestäuschungen.
Am 21. war die Kranke „nur noch nachdenklich, weichmüthig". Genesung.

2) 16 jährige Näherin. Heftige Chorea. Nach 6 Wochen wurde die Kranke, die
schon seit einem im 11. Jahre überstandenen Typhus traurig verstimmt gewesen war,
irre. Gesichts- und Gehörshallucinationen traurigen Inhalts, „Ideengang incohärent",

Selbstmordversuch. Nach wieder 6 Wochen nahmen Chorea und „Melancholie" ab. Genesung.

1869. Russel: 1) 19 jähriges Mädchen. Schwere Chorea seit 9 Tagen; andauernde Schlaflosigkeit. Am 10. Tage she became delirious. Viele narkotische Mittel. Am 12. Tage hörte das Delirium auf, der Schlaf kehrte zurück und die Besserung schritt dann fort.

2) 17 jähriges Mädchen. Eine Woche nach Amputation eines Beines wegen Nekrose begannen Choreabewegungen. Die Kranke sprach immer mit sich selbst. Die Bewegungen wurden heftig, die Sprache unverständlich. Nach etwa 2 wöchiger Krankheit trat 9 stündiger Schlaf ein. Seitdem liess die Chorea nach, der geistige Zustand aber verschlimmerte sich. Die Kranke war verwirrt und aufgeregt, glaubte, man wolle sie tödten, viele Leute kämen zu ihr. Zwischendurch lachte und sang sie. Sie liess alles unter sich gehen. Dann wurde sie apathisch, verharrte in beliebigen Stellungen, gab kein Zeichen von Verständniss. Ein Abscess bildete sich über beiden Parotiden und aus beiden Ohren floss Eiter. Nachdem die Dementia acuta etwa 4 Wochen gedauert hatte, trat Besserung ein. Nach 3 monatigem Aufenthalte konnte die Kranke aus dem Hospitale entlassen werden.

3) 16 jähriger Jüngling. Erythema nodosum beider Beine und Chorea. Am 3. Tage Hallucinationen; das Essen sei vergiftet. Grosse Aufregung, Schlaflosigkeit, heftige Choreabewegungen. Viel Schreien. Ausbrüche von Wuth. Nach einigen Wochen Besserung. Der Kranke blieb noch eine Zeit lang wunderlich.

1870. Meyer: 22 jähriges Mädchen. Nach rheumatischen Beschwerden Entwickelung heftiger Chorea. Nach einigen Wochen wurde die Kranke aufgeregt, zerriss Bettzeug, lärmte, lief nackt umher u. s. w. Sie gab dabei richtige und zusammenhängende Antworten, obwohl die Sprache sehr erschwert war. Sie greife ihre Nachbarn thätlich an, weil es ihr vorkomme, als ob diese sie verhöhnten; sie wolle die Thüre einstossen, weil ihre Mutter dahinter sässe; die Kleider brannten sie auf dem Leibe. Zunächst bei Schlaflosigkeit Verschlimmerung zu unverständlichen Lauten, Heulen, Lachen, Schreien, dann rasche Besserung der Chorea und der Geistesstörung. Letztere hatte 6 Tage gedauert.

1873. Ritti: 19 jähriges Mädchen. „Nach Liebeskummer" Chorea. Patientin sang Tag und Nacht. antwortete richtig auf Fragen, schweifte aber auf ganz fremde Dinge ab, lachte, weinte viel. Hallucinationen des Geruchs, Gesichts, Gehörs und Gefühls. Choreabewegungen des ganzen Körpers. Genesung. (Hysterie?)

1876. Bradbury: 20 jähriger Mann. Malaria. Nachdem drei Wochen lang ein Schmerz im rechten Knie bestanden hatte, begann eine Chorea, die sich zu ganz ausserordentlicher Heftigkeit entwickelte. Der Kranke war „körperlich und geistig höchst erregt". Als nach 2 Wochen die Chorea sich einigermaassen ermässigt hatte, wurde der Kranke „delirious". Die Beschreibung des geistigen Zustandes ist ungenügend. Gelegentlich wird bemerkt, dass der Kranke hinter der Wand Stimmen hörte. Zwischendurch war er klar. Das Delirium dauerte etwa 3 Wochen. Der Patient wurde dann als körperlich und geistig gesund entlassen.

1882. Wiglesworth: 1) 21 jährige Frau. Subacuter Rheumatismus mit Endocarditis. In der 4. Woche Chorea. „Délire maniaque d'une violence modérée avec hallucinations de l'ouïe, de la vue et illusions du toucher." Später Benommenheit. Genesung.

2) Mädchen. Endocarditis. Chorea. „C'est encore une maniaque subaigue avec hallucinations multiples (ouïe, vue, goût, toucher)." Nach 2½ Monaten geheilt entlassen.

1887. Schochardt: 4. Beobachtung. 18 jähriger Zimmermann. der nach Polyarthritis acuta an Endocarditis und heftiger Chorea erkrankte. Der fiebernde Kranke begann zu toben und zu schreien. In der Anstalt war er benommen und heiter, zeitweise sehr unruhig. Nach 14 tägiger Krankheit Tod.

1888. Köppen: 6. Beobachtung. 21 jährige Frau. Puerperium-Erkrankung von 3 monatiger Dauer. Nach 14 tägiger Gesundheit Rheumatismus. 3 Tage später Delirium: Aengstlichkeit, Vorstellung von Versündigung, Gesichts- und Gehörshallucinationen. Fieber. Nach 3 Wochen Beginn sehr heftiger Chorea. Unverständliche einzelne Worte. Hohe Temperaturen. Nach 8 Tagen Beruhigung. Verwirrtheit mit lebhaften Gesichts- und Gehörshallucinationen, Apathie, Nachahmungssucht. Schmerzhafte Gelenkschwellungen. Systolisches Herzgeräusch. Allmähliche Besserung. Später maniakalische Erregtheit.

1890. Powell: 1) 19 jähriger Jüngling. Rheumatismus. Chorea. Nach einigen Tagen Aufregung und Sinnestäuschungen. Dann wilder irrer Blick bei Unmöglichkeit zu sprechen. Systolisches Herzgeräusch. Vorübergehende Abnahme der Chorea bei Fortdauer der seelischen Störung. Grosse Aufregung, Glaube, die Speisen seien vergiftet. Nach 14 Tagen von Neuem heftige Chorea, Sopor, Tod.
Hyperämie des Gehirns. Endocarditis.

2) 20 jähriges Mädchen. Vor 6 Wochen Depression; einige Tage später „hysterischer Anfall", d. h. die Kranke lag 4 Tage lang im Bette und weinte unaufhörlich. Dann Beginn schwerer Chorea. Dabei Aufregung, Gesichts- und Gehörshallucinationen. Bei der Aufnahme war die Kranke anscheinend klar, konnte aber nicht sprechen. In der Nacht schrie sie. In den nächsten Tagen geistige Klarheit, aber zunehmende Erschöpfung. Nach 8 Tagen Tod.
Hyperämie des Gehirns. Verdickung der Mitralklappe.

Scholz: 29 jährige Frau. Acuter Gelenkrheumatismus mit Endocarditis. Nach 3 Monaten Chorea „und im Anschluss an letztere starke psychische Erregung". Die Kranke litt „an starken Angstgefühlen, sowie an Gesichts- und Gehörshallucinationen. Sie sieht schreckhafte Gestalten und hört fortwährend Glockenläuten, das auf ihre bevorstehende Hinrichtung deutet". Sie schlief und ass wenig, wollte das Bett verlassen. Die choreatischen Bewegungen waren stark. Nach 3 Monaten wurde die Kranke genesen entlassen.

Russell bemerkt mit Recht, man müsse die Fälle schwerster Chorea, in denen sich schliesslich zu dem körperlichen Toben ein geistiges gesellt, von denen trennen, wo kein directes Verhältniss zwischen Chorea und Psychose besteht. Wenn auch in manchen Fällen schwerer tödtlicher Chorea bis zuletzt keine geistige Störung besteht, so verlieren doch solche von dem Hin- und Herwerfen und von der Schlaflosigkeit erschöpfte Kranke oft ihre Klarheit, es kann zu Verwirrtheit mit Sinnestäuschungen kommen, oder nur Heulen und Schreien, wilde Blicke verrathen die Aufregung der sprachlosen Kranken. Das Bild erinnert dann an die Beschreibung des „Delirium acutum". Russell rechnet seinen ersten Fall hierher. Wiederholt sind solche Zustände vor dem Tode der Kranken beschrieben worden.

In der Regel besteht keine Parallelität zwischen Choreabewegungen und geistiger Störung. Diese kann leichte Chorea begleiten, sie tritt zuweilen erst auf, wenn die Chorea im Rückgange ist, ganz wie es bei anderen infectiösen Krankheiten auch ist. Sind auch die Beschreibungen oft kurz und zum Theil unvollständig, so erkennt man doch ohne Schwierigkeit, wie immer die Hauptsymptome: Verwirrtheit und Sinnestäuschungen wiederkehren. Die letzteren sind in Barker's Beobachtung: Stupor in der Reconvalescenz, nicht erwähnt. Die Dauer der Psychose wechselt von Tagen zu Monaten, beträgt im Durchschnitt einige Wochen. In den meisten Fällen wird von vollständiger Genesung berichtet.

Der auffallendste Umstand scheint mir das Alter der Kranken zu sein. Während die Choreakranken in der grossen Mehrzahl Kinder unter 15 Jahren sind, beträgt das durchschnittliche Alter bei den hier beschriebenen Kranken ziemlich 19 Jahre. Zum verwundern ist es nicht, dass gerade ältere Patienten seelische Störungen zeigen, denn bei anderen Krankheiten macht man dieselbe Beobachtung. Das Organ des geistigen Lebens muss erst eine gewisse Entwickelung erreicht haben, ehe es von der Krankheit gefährdet wird. Bei der relativen Immunität des kindlichen Gehirns darf man wohl daran erinnern, dass auch bei Classen und Völkern, deren geistiges Leben wenig entwickelt ist, manche Krankheiten das Gehirn seltener schädigen als bei uns. Die progressive Paralyse z. B. scheint der Syphilis um so häufiger zu folgen, je mehr ihr Träger mit dem Gehirne thätig ist. Vielleicht hängt es auch vom Einflusse des Alters ab, dass bei der Chorea der Schwangeren besonders häufig geistige Störungen vorkommen.[1] Ich will auf dieses Verhältniss nur hingewiesen haben, sehe im Uebrigen von den durch Schwangerschaft complicirten Fällen ab. Unter den mir bekannten Beobachtungen finde ich nur zwei, die Kinder unter 15 Jahren betreffen. Beidemale war das Bild ein abweichendes.

1890. Gay: 7jähriger Knabe aus gesunder Familie. Von jeher nervös, litt an nächtlichem Aufschrecken. Seit 10 Wochen (nach einem Schreck) Chorea paralytica. Unruhe, Reizbarkeit, Heftigkeit. In den letzten 14 Tagen „Delirien". Der Knabe war anscheinend gelähmt, einzelne Zuckungen, beim Ausstrecken der Hände und Zeigen der Zunge Choreabewegungen. Bald ruhig und verständig, bald faselnd, bald wild und heftig. Genesung nach einigen Wochen.

1891. Schönthal: 1. Beobachtung. 11jähriger Knabe. Gesunde Familie, aber 8 Geschwister an Krämpfen gestorben. Ohne bekannte Ursache Erkrankung an Chorea und an seelischer Störung. Gereiztheit gegen Eltern und Brüder, Schimpfen, Drohen, Schlagen, Unaufmerksamkeit, Drang zum Fortlaufen, Angst, Schlaflosigkeit. Wollte in der Nacht schwarze Männer sehen. Nach 5—6 Wochen Nachlassen der Chorea, Steigerung der Aufregung. Anfälle von Zorn, in denen der Kranke sich niederwarf

[1] Gay giebt an, dass von 23 Fällen „of maniacal chorea" 5 männliche (14—19 Jahre), 18 weibliche Wesen (14—25 Jahre) betrafen. Darunter waren 9 Schwangere. Ich weiss nicht, woher G. diese Statistik nimmt.

und um sich schlug. Nach 3 Monaten Aufnahme. Noch geringe Choreabewegungen
der linken Glieder. Gute Intelligenz, wechselnde Stimmung. Rasche Besserung. Nach
1 Monat geheilt entlassen.

In Gay's Beobachtungen werden Sinnestäuschungen gar nicht erwähnt. Schönthal's Patient sah in der Nacht schwarze Männer um
sein Bett, aber solche Zustände kommen doch bei krankhaft erregten
Kindern überhaupt leicht vor und sind den eigentlichen Hallucinationen
kaum gleichzustellen. Verwirrtheit scheint allerdings bei Gay's Patienten
vorhanden gewesen zu sein, bei dem Schönthal's war sie sicher nicht
vorhanden. Da bloss diese zwei Fälle vorliegen, dürfte es nicht rathsam
sein, Vermuthungen auszusprechen, die die Verschiedenheit der Auf-
regungzustände dieser Kinder von dem Irresein der älteren Choreakranken erklären möchten. Weitere Erfahrungen müssen zeigen, ob die
Verwirrtheit mit Sinnestäuschungen nicht auch bei Kindern auftreten kann.

Die geistige Erkrankung von Choreapatienten kommt offenbar sehr
selten vor. Wenn Russell in 38 von 99 Fällen emotional development
or mental disturbance gefunden hat, so bezieht er sich ersichtlich auf
die leichten Störungen, Launenhaftigkeit, Weinerlichkeit, Zerstreut-
heit u. s. w., die, wie alle Lehrbücher angeben, bei Chorea ausserordentlich häufig sind. Russell theilt nur drei Fälle von wirklichem Irresein
mit, aber auch das Verhältniss von 1 zu 33 ist sicher nicht richtig. In
dem Berichte Stephen Mackenzie's (18) über die englische Sammel-
forschung, in dem 439 Fälle von Chorea bearbeitet sind, werden unter
den Complicationen gezählt: emotional disturbance zweimal, ungovernable
temper einmal, delirium einmal, loss of memory einmal. Ich selbst habe
unter mehr als 100 Fällen von Chorea nur den einen, hier beschriebenen
von Irresein beobachtet.

Dabei sei bemerkt, dass auch multiple Neuritis höchst selten bei
Chorea zu sein scheint. Ich kenne nur eine derartige Beobachtung, die
von Frank-Fry (9). Auch in diesem Falle erheben sich Bedenken, da
das Bild sehr an Arsenikneuritis erinnerte und das Mädchen Arsenik,
wenn auch nicht viel, bekommen hatte. Es dürfte gut sein, in Zukunft
auf neuritische Symptome bei Chorea zu achten.

Auf die Frage, ob nicht zuweilen eine Choreapsychose durch rheu-
matisches Irresein vorgetäuscht worden sei, ist zu erwidern, dass eine
strenge Trennung beider Formen gar nicht möglich ist. Die nahe Beziehung zwischen Chorea und Polyarthritis acuta zeigt sich eben auch
darin, dass beide zu den gleichen seelischen Störungen führen können.
Treten alle drei Zustände zusammen auf (wie in Köppen's Falle), so
sind sie eben als verschiedene Wirkungen derselben Schädlichkeit zu

betrachten. Kraepelin (Ueber den Einfluss acuter Krankheiten u. s. w., Archiv f. Psychiatrie XI. 2. p. 338. 1881) erwähnt, dass er in der gesammten, ihm vorliegenden Casuistik der rheumatischen Geistesstörung Chorea 19 Mal gefunden habe.

Von einer Choreapsychose kann man natürlich nur in dem Sinne sprechen, dass man annimmt, das die Chorea verursachende Gift wirke in specifischer Weise auf das Gehirn ein. Es ist aber wohl denkbar, dass die Chorea auch als agent provocateur thätig sein könne, als Anstoss, der bei Entarteten das labile geistige Gleichgewicht aufhebt. Sie wirkt dann sozusagen nicht qualitativ, sondern nur quantitativ und leistet dasselbe, was eine beliebige andere Schädigung auch leisten kann. Am häufigsten werden wohl hysterische Zufälle durch die Chorea ausgelöst. es kann sich aber auch um andere geistige Störungen handeln. So ist wohl Schuchardt's 3. Beobachtung zu verstehen: ein 14jähriger schwachsinniger Knabe, der während einer Chorea erschreckt und gehänselt wird, bekommt Zustände von Angst und Aufregung mit Ausbrüchen grosser Heftigkeit.

Eine weitere Gruppe, die wichtig genug zu sein scheint, um besondere Hinweisung zu veranlassen, wird von Fällen gebildet, in denen jugendliche Entartete an einem von Choreabewegungen begleiteten Irresein erkranken. Schüle (29) sagt bei Schilderung der periodischen Manie, man könne auch einen Typus annehmen, „bei welchem sich ein ausgesprochener choreatischer Zug durch die Qualität der manischen Entäusserungen hindurchzieht." Er habe diese Form besonders bei jugendlichen Kranken in der Pubertät beobachtet. Aehnliche Fälle hat offenbar Mairet (19) als Manie choréique beschrieben. Der 1. Fall Mairet's ist ungefähr folgender:

Ein zur Zeit 18jähriger Jüngling, dessen Mutter vorübergehend geisteskrank gewesen war, war vor 2 Jahren nach einem Schreck zugleich von Choreabewegungen und geistiger Störung befallen worden. Beide Symptome waren in der Folge bald stärker bald schwächer gewesen, derart, dass bei grösserer Aufregung die unwillkürlichen Bewegungen stärker waren und umgekehrt. Der Kranke lief hin und her, schrie, sang, neckte die Umgebung, war reizbar, wurde leicht thätlich. Dabei Choreabewegungen des ganzen Körpers. Zwischendurch anfallsweise Steigerung der Erregung; der Kranke rannte krampfhaft lachend oder bellend fort, suchte zu zerreissen. Versuchte man ihn aufzuhalten, so gerieth er in Wuth u. s. f. Allmähliche Genesung.

Mairet beschreibt kurz noch 4 ähnliche Kranke. Es handelt sich nach ihm um eine Folie de la puberté und zwar um Manie choréique simple. Als Nebenform beschreibt er eine Manie choréique hallucinatoire, die mit jener gleichen Wesens und von ihr nur durch das Hinzutreten von Sinnestäuschungen verschieden sei. Von der hallucinatorischen Form giebt er nur ein Beispiel und diese Krankengeschichte ist so unvollständig, dass die Frage, ob es sich um eine Choreapsychose oder um Irresein der Entarteten mit Choreabewegungen gehandelt habe, unbeantwortet bleiben muss.

Endlich ist es vielleicht nicht unnöthig, daran zu erinnern, dass auch Fälle vorkommen werden, in denen eine sichere Diagnose nicht möglich ist, wie es denn schon sehr schwer fallen kann, die echte Chorea von ihrer hysterischen Nachahmung zu unterscheiden, ein Umstand, auf den neuerdings B. Auch6 (2) hingewiesen hat. Als Beispiel solcher zweifelhaften Fälle möchte ich die 2. Beobachtung Schönthal's anführen. Immerhin halte ich es für wahrscheinlich, dass sie zu Mairet's Manie choréique gehöre.

13½jähriges Mädchen, Grossvater litt an Krämpfen, Vater an Hypochondrie, 6 Geschwister waren an Krämpfen gestorben. Im Alter von 6 Jahren ein Krampfanfall. Am 10. heftiges Erschrecken. Am Abend ein hysterischer Anfall, dem am 2. Tage wieder einer folgte. Bald danach Choreabewegungen auf beiden Seiten und seelische Störung. „Das Mädchen arbeitete nicht mehr, war unmotivirt heiter, zu allen Streichen aufgelegt .., sang, pfiff, sprach viel, auch unanständige Redensarten, schlug die Geschwister, die Mutter, war ungehorsam, lief weg, trieb läppische Spiele. Körperliche Zeichen der Entartung. Geringe Intelligenz. Wechselnde Stimmung. Habe in der Nacht weisse Gestalten „so wie Gespenster" gesehen."

In der Anstalt rasche Abnahme der Bewegungen und der Aufregung. Nach 1 Monat geheilt entlassen. —

Ich fasse den Inhalt meiner Arbeit in folgenden Sätzen zusammen:

1) Die Chorea Sydenham's ist eine durch Infection entstehende Krankheit.

2) Die seltene Choreapsychose besteht, gleich allen toxischen Delirien, in einem traumhaften Zustande, der sich durch Verwirrung, Neigung zu Täuschungen mehrerer Sinne, Wahngedanken und Aufregung kundgiebt.

3) Die Chorea kann den verschiedenen Formen des Irreseins der Entarteten als Gelegenheitursache dienen und andererseits kommen besonders bei jugendlichen Entarteten hysterische und manieartige Zustände vor, zu deren Symptomen Choreabewegungen gehören.

Nachtrag.

In recht erfreulicher Weise bestätigt eine Beobachtung A. Joffroy's („De la folie choréique"; *définition et nature de la chorée;* Semaine méd. XIII. 12. 1893) meine Angaben, wenn auch die Auffassung J.'s eine ganz andere ist.

Eine 26 jähr. Frau kam am 30. Nov. 1892 wegen Chorea in die Salpêtrière.

Ihr Vater, der Sohn eines Säufers, war schwachsinnig und trank. Ihre Mutter, deren Mutter und Grossmutter an Altersschwachsinn gelitten hatten, war sehr nervös. Ihre Schwester litt an grosser Hysterie. Zwei Brüder waren früh gestorben, hatten Krämpfe gehabt.

Die Kr. hatte mit 11 J. einen Typhus gehabt und hatte dabei mehrere Tage lang lebhaft delirirt. Bei ihrer ersten Entbindung hatte sie ebenfalls 2 Tage lang delirirt. Nach dem Tode ihres 2. Kindes war sie übermässig traurig gewesen. Etwas später waren grosse hysterische Anfälle aufgetreten.

Zur Zeit litt sie seit 3 Wochen an Chorea, die im rechten Arme begonnen, rasch die anderen Glieder ergriffen, nach 8 Tagen auch das Sprechen und Schlingen erschwert hatte. Sie zeigte keine geistigen Störungen, war ausser Bett, zog sich allein an und ass allein. Ihr Puls schlug 72mal in der Minute.

Am 3. Dec., nach einer unruhigen Nacht, beklagte sie sich, man lege ihr Sachen in's Bett, die ihr Jucken verursachten. Die Lippen waren trocken und aufgesprungen, es bestand Fieber (38° C.), der Puls schlug 136mal, der erste Ton an der Spitze war unrein. Die Kr. konnte nicht mehr schlucken, musste mit der Sonde gefüttert werden. Trotz 4g Chloralhydrat war die nächste Nacht sehr unruhig. Die Kr. sprach mit eingebildeten Personen, die von ihrem Manne Schlechtes sagten und sie tödten wollten. Sie sprang aus dem Bette, wollte entfliehen und schlug die Umgebung. Plötzlich stürzte sie sich nach Hülfe schreiend auf eine benachbarte Kranke und wollte sie erwürgen. Mit Mühe legte man ihr die Zwangsjacke an, sie zerriss sie und mehrere Personen mussten sie festhalten. Am anderen Morgen erzählte die Kr. von ihren nächtlichen Erlebnissen. Sie hatte am Kopfende des Bettes feindliche Leute gehört und gesehen. Sie erkannte ihre Umgebung, war aber von der Thatsächlichkeit der nächtlichen Abenteuer überzeugt. Temperatur 38.2°, Puls 112. Auch die folgende Nacht war trotz 6g Chloral [!] sehr unruhig. Die Kr. glaubte sich bedroht, war in Todesangst, schrie „Hülfe, Mörder", behauptete, man lege ihr „gekräuselte Eidechsen" und andere schreckliche Thiere in's Bett und klagte über arges Jucken. Nach 10 Tagen trat Besserung ein. Die Kr. schlief besser, hatte aber noch Hallucinationen und sprach von Leuten, die sie zwar nicht sähe, die ihr aber nachsagten, sie liebe Mann und Kind nicht, sie lasse sich mit den Aerzten ein. Erst Ende December hörten die Hallucinationen auf, doch hielt die Kr. trotzdem an ihren Wahnvorstellungen fest, man wolle sie umbringen, mehrere Personen stellten ihr nach. Der letzte Rest des Irreseins waren schreckhafte Träume. Während der ganzen Zeit war die Chorea ziemlich im Gleichen geblieben. Die Schluckbeschwerden hatten nur 1 Tag gedauert. Am Herzen hatte sich ein deutliches Reibegeräusch über der Basis eingestellt, das mehrere Tage anhielt. Allmählich war die Tachykardie wieder geschwunden.

Es handelt sich also in diesem Falle um eine erblich stark belastete Hysterische, die an einer gewöhnlichen Chorea erkrankt. Plötzlich unter Fieber und den Symptomen einer acuten Herzerkrankung beginnt eine hallucinatorische Verwirrtheit, die an ein Alkoholdelirium erinnert. 10 Tage auf der Höhe bleibt, dann im Laufe mehrerer Wochen allmählich verschwindet.

Bei alledem erwähnt J. das Wort Infection gar nicht, sondern er deutet die Chorea und die Seelenstörung als Symptome der geistigen Entartung, die der Hysterie sozusagen aufgepfropft seien. Seine Schlusssätze lauten: Die Chorea ist eine Kundgebung der Entartung des Nervensystems; ihre Gelegenheitursachen sind Rheumatismus, Pneumonie, Aufregungen u. s. w. Die choreatische Seelenstörung ist eine Kundgebung der Entartung der seelischen Organe; ihre Gelegenheitursache ist die Chorea.

Literatur.

1) Arndt, Rud., Chorea und Psychose. Archiv f. Psychiatrie und Nervenkr. I. 3. p. 509. 1868—69. (Ueber allerhand unwillkürliche Bewegungen bei Geisteskranken. 12 Beobachtungen, darunter kein Fall von Chorea).

2) Auché, B., De la chorée hystérique arythmique. Progrès méd. 2. S. XIV. 49. 1891.

3) Banks, J. T., Acute mania supervening on chorea. Dublin. Hosp. Gaz. N. S. VII. 53. 1860. (Nicht zugänglich.)

4) Barker, Chorea associated with hysteria, followed by temporary dementia. Lancet, March 12, 1859.

5) Bergeron, Chorée avec hallucinations. Gaz. des hôp. XXXIV. 109. 1861. (Nicht zugänglich.)

6) Bradbury, J. B., A severe case of chorea, attended with delusions during convalescence. Brit. med. Journ. June 10. 1876.

7) Breton, A., Etat mental dans la chorée. Thèse de Paris. 1893.

8) Delasiauve, Du trouble mental dans la chorée. Journ. de Méd. Paris IX. p. 70. 1869. (Nicht zugänglich.)

9) Emminghaus, H., Die psychischen Störungen des Kindesalters. Tübingen 1887. p. 286.

10) Fry, Frank R., A case of chorea attended with multiple neuritis. Journ. of nerv. and mental dis. XV. p. 389. 1890.

11) Finkenstein, Louis, Ueber psych. Störungen bei Chorea. Inaug. Diss. Berlin. 1894.

12) Gay, William, Chorea insaniens. Brain, XII. p. 151. 1890.

13) Gowers, W. R., Handbuch der Nervenkrankheiten. Deutsche Ausgabe 1892, III. p. 13. (G. spricht von „maniakalischer Chorea", die besonders in der Pubertät oder bei Frauen in der Schwangerschaft vorkomme. Es sollen neben den Chorea-Bewegungen Sinnestäuschungen, Aufregung und Benommenheit bestehen, nicht die der Manie zukommende Geschwätzigkeit. G. schildert also das Bild der hallucinatorischen Verwirrtheit.)

14) Handford, H., Chorea, with an account of the microscopic appearances in two fatal cases. Brain XII. p. 129. 1890. (Mikroskop. Untersuchung von Gehirn und Rückenmark der von Powell beschriebenen Kr.: Hyperämie und zahlreiche kleine Blutungen.)

15) Koch, Paul, Zur Lehre von der Chorea minor. Deutsches Archiv f. klin. Med. XL. p. 544. 1887.

16) Köppen, Max, Ueber Chorea und andere Bewegungserscheinungen bei Geistes-kranken. Archiv für Psychiatrie u. N. XIX. 3. p. 707. 1888. (6 Beobachtungen. In 4 handelt es sich um Manie, in der 5. um Verwirrtheit mit vorübergehenden Choreabewegungen; in der 6. scheint eine echte Chorea bestanden zu haben.)

17) Leidesdorf, M., Die Chorea minor in ihren Beziehungen zu psychischen Störungen. Vierteljahrsschrift für Psychiatrie, Neuwied und Leipzig, 1868—69, II. p. 294. Wiener med. Pr. X. p. 348, 1869. (Nicht zugänglich.)

18) Lelion, Gaz. des hôp. 145, 1864. Vgl. Schmidt's Jahrb. CXXVIII. p. 327.

19) Lewis, Bevan, A case of chorea associated with mania, terminating fatally by cerebellar apoplexy. Med. Times and Gaz. 1876. II. No. 1387. (Choreabewegungen und Aufregung bei einem gehirnkranken 56jährigen Manne.)

20) Mackenzie, Steph., On Chorea. Brit. med. Journ. Febr. 26. 1887.

21) Mairet, A., Manie choréique. Ann. méd.-psychol. 7. S. IX. p. 353. X. p. 27. 1889.

22) Marcé, De l'état mental dans la chorée. 4°. Paris 1860. — Mém. de l'Acad. de Méd. 1859—60. XXIV. p. 1. Bull. de l'Acad. de Méd. 1858—59. XXIV. p. 741. (Nicht zugänglich.)

23) Meyer, Ludwig, Chorea und Manie. Archiv f. Psychiatrie und Nervenkr. II. 3. p. 535. 1870.

24) Powell, Evan, Two fatal cases of acute chorea, with insanity. Brain XII. p. 157. 1890.

25) Ritti, A., Chorée; troubles mentaux; hallucinations multiples; guérison. L'Union méd. 3. S. XVI. p. 721. 1873. (Vgl. Schmidt's Jahrb. CLXII. p. 197.)

26) Ruhemann, W., Ueber Chorea gravidarum. Diss. inaug. Berlin, 1889. Ref. in Neurol. Central.-Bl. VIII. p. 480. 1889. (5 Beobachtungen. Bei den ersten 2 Kranken Psychose: Verstimmung, Schlaflosigkeit, Hallucinationen, Unklarheit.)

27) Russell, James, A contribution to the clinical history of chorea. Mental and emotional disturbance. Med. Times and Gaz. 1869. I. No. 968.

28) Schönthal, Beiträge zur Kenntniss der in frühem Lebensalter auftretenden Psy-chosen. Arch. f. Psych. XXIII. 3. p. 799. 1891.

29) Scholz, Friedrich, Lehrbuch der Irrenheilkunde. Leipzig. 1892, p. 204. (Den auf p. 189—90 ausgesprochenen Ansichten des Verfassers kann ich mich allerdings nicht anschliessen.)

30) Schuchardt (Sachsenberg). Chorea und Psychose. Allg. Zeitschrift für Psychiatrie XLIII. 4 u. 5. p. 337. 1887. (6 Beobachtungen. Nur in 2 handelt es sich um Sydenham's Chorea).

31) Schüle, H., Klinische Psychiatrie. 1886. p. 292.

32) Séglas, J., Quelques considérations sur l'état mental dans les chorées. Bull de la Soc. mentale de Belgique. 1888, No. 51. Ref. in Neurol. Centr.-Bl. VIII. p. 485. 1889.

33) von den Steinen, K., Ueber den Antheil der Psyche am Krankheitsbilde der Chorea. 8°. Strassburg, 1875. (Nicht zugänglich.)

34) Thore, De la chorée dans ses rapports avec l'aliénation mentale. Ann. méd.-psy-chol. 4. S. V. p. 157. 1865. (Vgl. Schmidt's Jahrb. CXXVIII. p. 326.)

35) Voisin, A., et Marie, Délire et chorée. Ann. méd.-psychol. 7. S. XII. p. 71. 1890. (2 Beobachtungen. Im 1. Falle handelt es sich sicher, im 2. wahrscheinlich um das Hinzutreten hysterischer Zufälle.)

36) Wiglesworth, J., Journ. of mental sc. 1882. (Ref. in Annales méd.-psychol. 7. S. I. p. 313. 1885.)